Flash CS3动画制作

本书编委会　编著

電子工業出版社
Publishing House of Electronics Industry
北京 · BEIJING

内容简介

本书是指导初学者学习如何进行Flash CS3动画制作的入门书籍。书中详细介绍了Flash CS3的相关知识。全书共分为13章，分别介绍了Flash CS3基础知识、Flash基本图形绘制、色彩的编辑、Flash文本编辑、编辑Flash的对象、帧操作及动画制作、使用图层、使用元件和库、特效的应用、声音和视频的应用、ActionScript基础应用、Flash组件应用以及优化和发布动画等内容。

本书内容新颖，语言浅显易懂，创新地将知识点讲解和动手实战结合在一起，只要跟随“动手练”一边学习一边实践，就能够轻松掌握操作要点。另外通过每章配搭的“疑难解答”，帮助读者拓展知识面，同时巩固所学的知识。

本书不仅适合电脑初学者阅读，对于具有一定电脑基础的用户和急需提高业务水平的办公用户也同样适用。

图书在版编目(CIP)数据

Flash CS3动画制作 / 本书编委会编著.—北京：电子工业出版社，2009.3
（无师通）
ISBN 978-7-121-07783-8

I. F… Ⅱ.本… Ⅲ.动画—设计—图形软件，Flash CS3 Ⅳ.TP391.41

中国版本图书馆CIP数据核字（2008）第178170号

责任编辑：郝志恒 李 锋
印 刷：北京市天竺颖华印刷厂
装 订：三河市鑫金马印装有限公司
出版发行：电子工业出版社
北京市海淀区万寿路173信箱 邮编：100036
开 本：787×1092 1/16 印张：20.75 字数：531千字
印 次：2009年3月第1次印刷
定 价：39.00元（含光盘一张）

凡所购买电子工业出版社图书有缺损问题，请向购买书店调换。若书店售缺，请与本社发行部联系，联系及邮购电话：（010）88254888。

质量投诉请发邮件至zlts@phei.com.cn，盗版侵权举报请发邮件至dbqq@phei.com.cn。

服务热线：（010）88258888。

前　　言

电脑是现在人们工作和生活的重要工具，掌握电脑的使用知识和操作技能已经成为人们工作和生活的重要能力之一。在当今高效率、快节奏的社会中，电脑初学者都希望能有一本为自己“量身打造”的电脑参考书，帮助自己轻松掌握电脑知识。

我们经过多年潜心研究，不断突破自我，为电脑初学者提供了这套学练结合的精品图书，可以让电脑初学者在短时间内轻松掌握电脑的各种操作。

此次推出的这套丛书采用“实用的电脑图书+交互式多媒体光盘+电话和网上疑难解答”的模式，通过配套的多媒体光盘完成书中主要内容的讲解，通过电话答疑和网上答疑解决读者在学习过程中遇到的疑难问题，这是目前读者自学电脑知识的最佳模式。

丛书的特点

本套丛书的最大特色是学练同步，学习与练习相互结合，使读者看过图书后就能够学以致用。

- **突出知识点的学与练：**本套丛书在内容上每讲解完一小节或一个知识点，都紧跟一个“动手练”环节让读者自己动手进行练习。在结构上明确划分出“学”和“练”的部分，有利于读者更好地掌握应知应会的知识。
- **图解为主的讲解模式：**以图解的方式讲解操作步骤，将重点的操作步骤标注在图上，使读者一看就懂，学起来十分轻松。
- **合理的教学体例：**章前提出“本章要点”，一目了然；章内包括“知识点讲解”与“动手练”板块，将所学的知识应用于实践，注重体现动手技能的培养；章后设置“疑难解答”，解决学习中的疑难问题，及时巩固所学的知识。
- **通俗流畅的语言：**专业术语少，注重实用性，充分体现动手操作的重要性，讲解文字通俗易懂。
- **生动直观的多媒体自学光盘：**借助多媒体光盘，直观演示操作过程，使读者可以方便地进行自学，达到无师自通的效果。

丛书的主要内容

本丛书主要包括以下图书：

- Windows Vista操作系统（第2版）
- Excel 2007电子表格处理（第2版）
- Word 2007电子文档处理（第2版）
- 电脑组装与维护（第2版）
- PowerPoint 2007演示文稿制作
- Excel 2007财务应用
- 五笔字型与Word 2007排版
- 系统安装与重装
- Office 2007办公应用（第2版）
- 电脑入门（第2版）
- 网上冲浪（第2版）
- Photoshop与数码照片处理（第2版）
- Access 2007数据库应用
- Excel 2007公式、函数与图表应用
- BIOS与注册表
- 电脑应用技巧

- 电脑常见问题与故障排除
- 常用工具软件
- Photoshop CS3图像处理
- Photoshop CS3特效制作
- Dreamweaver CS3网页制作
- Flash CS3动画制作
- AutoCAD机械绘图
- AutoCAD建筑绘图
- 3ds Max 2009室内外效果图制作
- 3ds Max 2009动画制作

丛书附带光盘的使用说明

本书附带的光盘是《无师通》系列图书的配套多媒体自学光盘，以下是本套光盘的使用简介，详情请查看光盘上的帮助文档。

- **运行环境要求**

操作系统： Windows 9X/Me/2000/XP/2003/NT/Vista简体中文版

显示模式： 1024×768像素以上分辨率、16位色以上

光驱： 4倍速以上的CD-ROM或DVD-ROM

其他： 配备声卡、音箱（或耳机）

- **安装和运行**

将光盘放入光驱中，光盘中的软件将自动运行，出现运行主界面。如果光盘未能自动运行，请用鼠标右键单击光驱所在盘符，选择【展开】命令，然后双击光盘根目录下的“Autorun.exe”文件。

丛书的实时答疑服务

为更好地服务于广大读者和电脑爱好者，加强出版者和读者的交流，我们推出了电话和网上疑难解答服务。

- **电话疑难解答**

电话号码： 010-88253801-168

服务时间： 工作日9:00~11:30，13:00~17:00

- **网上疑难解答**

网站地址： faq.hxex.cn

电子邮件： faq@phei.com.cn

服务时间： 工作日9:00~17:00（其他时间可以留言）

丛书的作者

参与本套丛书编写的作者为长期从事计算机基础教学的老师或学者，他们具有丰富的教学经验和实践经验，同时还总结出了一套行之有效的电脑教学方法，这些方法都在本套丛书中得到了体现，希望能为读者朋友提供一条快速掌握电脑操作的捷径。

本套丛书以教会大家使用电脑为目的，希望读者朋友在实际学习过程中多加强动手操作与练习，从而快速轻松地掌握电脑操作技能。

由于作者水平有限，书中疏漏和不足之处在所难免，恳请广大读者及专家不吝赐教。

目　录

Chapter 01

第1章 Flash CS3基础知识

本章要点

- *简述Flash CS3*
- *安装Flash CS3*
- *Flash CS3的工作界面*
- *Flash CS3的基本设置*

Flash是目前功能最强大的矢量动画制作软件之一，广泛应用于网页设计和多媒体创作等领域。Adobe Flash CS3是美国Adobe公司兼并Macromedia公司之后出品的Flash动画制作软件的最新版本。使用Flash软件，可以轻松创作网页上动态或交互的多媒体内容。本章主要介绍Flash CS3的基础知识。

1.1 简述Flash CS3

Flash CS3是网页“三剑客”CS3系列中第一个采用全新Creative Suite 3界面的成员，这对于Macromedia界面来说，绝对是一个提高。因为在Macromedia的传统界面上，杂乱的面板往往使用户无所适从（Dreamweaver CS3和Fireworks CS3现仍然延续使用Macromedia的传统界面）。

Flash CS3兼具多种功能，同时操作简易，是一种应用比较广泛的多媒体创意工具，还可用于创建生动且富有表现力的网页。

1.1.1 Flash CS3动画的特点

知识点讲解

在进入Flash动画制作行列之前，我们首先了解一下Flash动画的特点，为以后提高学习兴趣奠定基础。Flash动画的特点造就了Flash动画在网络中的流行，其具体特点主要表现在以下几个方面。

- 使用流播放技术——Flash动画的最大特点就是以流的形式来进行播放，即不需要将文件全部下载，只需下载文档的前面部分内容，然后在播放的同时自动将后面部分的文档下载并播放。
- 动画作品的数据量非常小——Flash动画对象可以是矢量图形，因此动画大小可以保持为最小状态，即使动画内容很丰富，其数据量也非常小。
- 适用范围广——Flash动画适用范围极广。它可以应用于MTV、小游戏、网页制作、搞笑动画、情景剧和多媒体课件等领域。
- 表现形式多样——Flash动画可以包含文字、图片、声音、动画以及视频等内容。
- 交互性强——Flash具有极强的交互功能，开发人员可以轻松地为动画添加交互效果。

Adobe Flash CS3除了继承传统Flash动画的以上优点之外，还具有以下一些突出特点。同时，Flash CS3中还加入了Bridge资源管理工具以及针对小团队使用的Version Cue版本管理系统。

- Adobe Photoshop 和 Illustrator导入——Flash CS3从Illustrator和Photoshop中借用了一些创新的工具，最重要的是PSD和AI文件的导入功能，作为艺术工具，它们比Flash更好用。我们可以非常轻松地将元件从Photoshop 和 Illustrator中导入到Flash CS3，然后在Flash CS3中编辑它们。

Flash CS3可与Illustrator共享界面，Illustrator中所有的图形在保存或复制后都可以导入到Flash CS3中。

当用户将AI和PSD文件导入到Flash中时，一个导入窗口会自动跳出，上面显示了大量单一元件的控制使用信息。用户可以从中选择要导入的图层，决定它们的格式、名称及文本的编辑状态等，还可以使用高级选项在导入过程中优化和自定义文件。

- 将动画转换为 ActionScript——即时将时间线动画转换为可由开发人员轻松编辑并再次使用的 ActionScript 3.0 代码。
- Adobe界面——享受新的简化的界面，该界面强调与其他Adobe

Creative Suite 3 应用程序的一致性，并可以进行自定义以改进工作流和最大化工作区空间。

- ActionScript 3.0开发——使用新的ActionScript 3.0语言可以节省时间，该语言具有改进的性能、增强的灵活性及更加直观和结构化的开发性。
- 丰富的绘图功能——比起Illustrator、Photoshop以及其他一些专业级别的设计工具来说，Flash 8的绘图工具是非常逊色的，而Flash CS3则“借用”了Illustrator 和 After Effects中的钢笔工具，可以让用户对点和线进行Bezier曲线控制。

使用智能形状绘制工具以可视方式调整工作区上的形状属性，使用Adobe Illustrator 所倡导的新的钢笔工具创建精确的矢量插图，并将这些插图粘贴到 Flash CS3 中。

- 用户界面组件——使用新的、轻量的、可轻松设置外观的界面组件为ActionScript 3.0创建交互式内容。使用绘图工具以可视方式修改组件的外观，而不需要进行编码。
- 高级QuickTime导出——使用高级QuickTime 导出器，将在SWF文件中发布的内容渲染为QuickTime视频，导出包含嵌套的MovieClip的内容以及ActionScript 3.0生成的内容和运行的效果（如投影和模糊）。
- 复杂的视频工具——使用全面的视频支持，创建、编辑和部署流和渐进式下载的Flash Video。使用独立的视频编码器、Alpha通道支持、高质量视频编解码器、嵌入的提示点、视频导入支持、QuickTime导入和字幕显示等，确保获得最佳的视频体验。
- 省时编码工具——Flash CS3使用了新的代码编辑器增强功能，能节省编码时间。功能强大的新ActionScript 调试器提供了极好的灵活性以及与Adobe Flex Builder 2 调试的一致性。

1.1.2 Flash的应用

随着电脑网络技术的发展和提高，Flash软件的版本也在不断升级，性能逐步提高。因此Flash也越来越广泛地应用到各领域。利用Flash制作的动画作品，风格各异、种类繁多，目前Flash的应用领域主要有以下几个方面。

- 网络动画

Flash具有强大的矢量绘图功能，可对视频、声音进行良好的支持，同时利用Flash制作的动画能以较小的容量在网络上进行发布，加上以流媒体形式进行播放，使Flash制作的网络动画作品在网络中大量传播，并且深受闪客的喜爱。Flash网络动画中最具代表性的作品主要有搞笑短片、MTV和音乐贺卡等。

使用Flash制作的网络动画一般嵌入到网页中，用于表现某一主题，如图1-1所示。

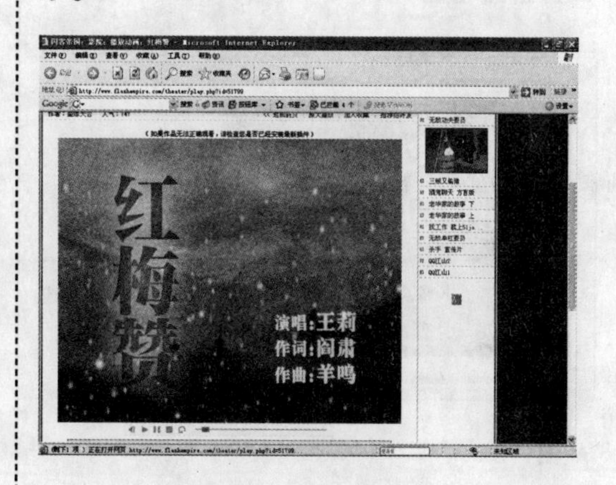

★ 图1-1

▶ 网络广告

通过Flash还可以制作网络广告，网络的一些特性决定了网页广告必须具有短小、表达能力强等特点，而Flash可以充分满足这些要求，同时其出众的特性也得到了广大用户的认同，因此在网络广告领域得到了广泛的应用。

网络广告一般具有超链接功能，单击它可以浏览相关的网页，如图1-2所示。

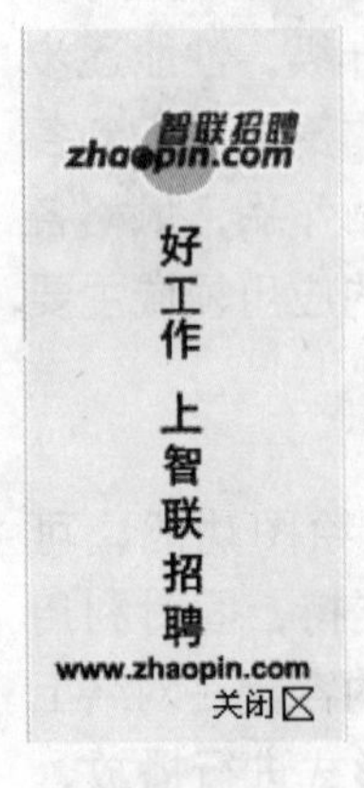

★ 图1-2

▶ 在线游戏

利用Flash中的动作脚本语句可以编制一些简单的游戏程序，配合Flash强大的交互功能，可制作出丰富多彩的网络在线游戏，如图1-3所示。

★ 图1-3

这类游戏操作比较简单，趣味性强，老少皆宜，深受广大网络用户的喜爱。

▶ 多媒体教学

Flash除了在网络商业应用中被广泛采用，在教学领域也发挥出重要作用，利用Flash还可以制作多媒体教学课件，如图1-4所示。

★ 图1-4

凭借其强大的媒体支持功能和丰富的表现手段，Flash课件已在越来越多的教学中被采用，并且还有继续发展和壮大的趋势。

▶ 动态网页

使用Flash制作的网页具备一定的交互功能，使得网页能根据用户的需求产生不同的网页响应，如图1-5所示。

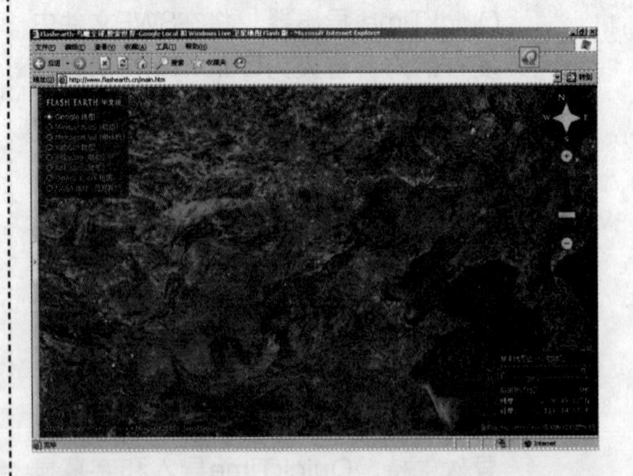

★ 图1-5

利用Flash制作的网页具有动感、美观

及时尚等特点，由Flash制作的动态网页在网络中日益流行。

1.1.3　Flash 动画制作的基本流程

我们在网络上看到的Flash动画都是按照一定流程经过多个制作环节才制作出来的。要想制作出优秀的Flash动画，任何一个环节都不可忽视，其中的每个环节都会直接影响作品的质量。

Flash动画的制作流程大致可分为以下几个环节。

▶ 整体策划

在制作动画之初，应先明确制作动画的目的。明确制作目的之后，就可以为整个动画进行策划，包括动画的剧情、动画分镜头的表现手法、动画片段的衔接以及为动画中出现的人物、背景和音乐等进行构思。

动画策划在Flash动画制作中非常重要，对整个动画的品质起着决定性的作用。

▶ 搜集素材

搜集素材是完成动画策划之后的一项很重要的工作，素材的好坏决定着作品的效果。因此在搜集时应注意有针对性、有目的性地搜集素材，最主要的是应根据动画策划时所拟定好的素材类型进行搜集。

▶ 制作动画

Flash动画作品制作环节中最为关键的一步是制作动画，它是利用所搜集的动画素材表现动画策划中各个项目的具体实现手段。在这一环节中应注意的是，制作中的每一步都应该保持严谨的态度，对每个小的细节都应该认真地对待，使整个动画的质量得到统一。

▶ 调试动画

完成动画制作的初稿之后，便可以进行动画的调试。调试动画主要是对动画的各个细节、动画片段的衔接、声音与动画之间的协调等进行局部的调整，使整个动画看起来更加流畅，在一定程度上保证动画作品的最终品质。

▶ 测试动画

测试动画是在动画完成之前，对动画效果、品质等进行的最后测试。由于播放Flash动画时是通过电脑对动画中的各个矢量图形及元件的实时运算来实现的，因此动画播放的效果很大程度上取决于电脑的具体配置。

注　意

在测试时应尽可能多地在不同档次、不同配置的电脑上测试动画，然后根据测试的结果对动画进行调整和修改，使动画在较低配置的电脑上也可以取得很好的播放效果。

▶ 发布动画

Flash动画制作过程的最后一步是发布动画，用户可以对动画的生成格式、画面品质和声音效果等进行设置。动画发布时的设置将最终影响到动画文件的格式、文件大小以及动画在网络中的传输速率。

注　意

在进行动画发布设置时，应根据动画的用途和使用环境等进行参数设置。

提　示

要学好Flash还要掌握正确的学习方法，这样不仅可以节约时间，还可以提高学习的效率。用户可参考以下方法。

- 打好基础——熟练掌握Flash CS3最基本的功能和操作，再学习其他较为深入的、更具难度的操作。
- 注重实际操作——了解Flash CS3的基本操作之后，试着利用所学知识制作一些简单的动画作品，也可对一些简单且具代表性的作品进行临摹，在不断尝试和演练的过程中，逐步提高自身的水平。

- 善于汲取经验——可下载一些Flash作品的源文件，或反复观摩网络上的经典作品，从中分析一下别人使用的技巧和手段，通过仔细观察和认真思考，发现作品的亮点，然后将这些学到的知识应用于自己的作品中。
- 加强交流——在有条件的情况下，可经常访问一些知名Flash网站和论坛，与其他Flash爱好者一起学习探讨，交流经验。

1.2 Flash CS3的安装与启动

要使用Flash CS3进行动画制作，首先需要用户在电脑上安装Flash CS3。

1.2.1 Flash CS3的安装

知识点讲解

由于Flash CS3的安装对电脑的硬件和软件配置有一定的要求，因此在安装Flash CS3之前，先要检查电脑的硬件和软件配置是否满足需求。Flash CS3的系统配置需求如表1-1所示。

表1-1 Flash CS3的系统配置需求

名称	配置需求
CPU	Intel Pentium 4、Intel Centrino、Intel Xeon 或Intel Core Duo处理器
内存	512MB内存（建议使用1GB）
硬盘可用空间	2.5GB的可用硬盘空间（在安装过程中需要的其他可用空间）
操作系统	Microsoft Windows XP（带有 Service Pack 2）或Windows Vista Home Premium、Business、Ultimate 或Enterprise（已为32 位版本进行验证）
显示	1024×768 分辨率的显示器（带有16 位视频卡）
光驱	DVD-ROM 驱动器
其他注意事项	多媒体功能需要QuickTime 7.1.2 软件 DirectX 9.0c 软件 产品激活需要网络或电话连接 使用Adobe Stock Photoshop 和其他服务需要宽带网络连接

动手练

在使用Flash CS3之前，需要先将Flash CS3下载并安装到电脑上，读者可以在网上下载Adobe Flash CS3的免费试用中文版，此软件不需要激活即可使用。请读者根据下面的操作步骤练习Flash CS3的安装。

安装Flash CS3的具体操作步骤如下：

1 首先关闭其他应用程序。

2 将Flash CS3的压缩包解压到桌面上，然后双击Flash CS3的安装程序文件，会出现初始化Adobe Flash CS3的画面，如图1-6所示。

★ 图1-6

3 稍后会出现【许可协议】对话框，如图1-7所示。

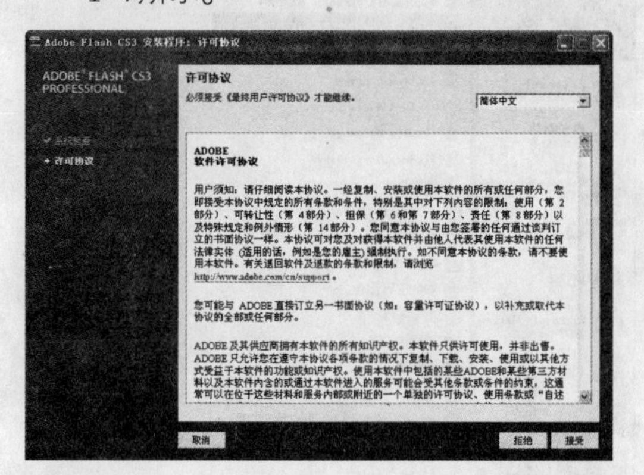

★ 图1-7

4 单击【接受】按钮，弹出【安装选项】对话框，如图1-8所示。

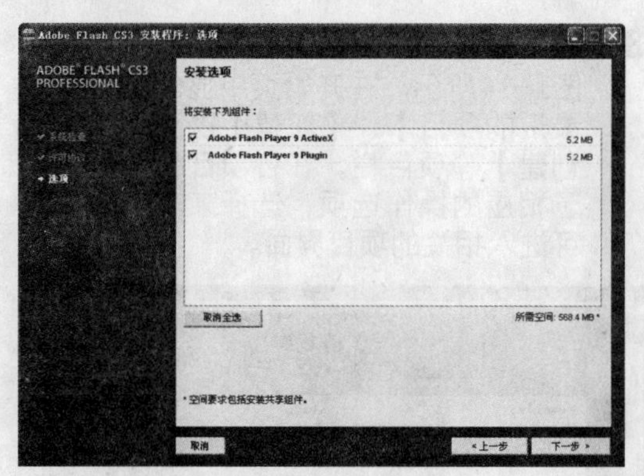

★ 图1-8

5 单击【下一步】按钮，弹出【安装位置】对话框，如图1-9所示。

6 单击【浏览】按钮，打开【浏览文件夹】对话框，可将Flash CS3安装到指定的文件夹中。本例将Adobe Flash CS3安装到本地磁盘（D:）上。

7 单击【下一步】按钮，弹出Adobe Flash CS3的【安装摘要】对话框，如图1-10所示。

8 单击【安装】按钮，弹出显示安装进度的对话框，如图1-11所示。

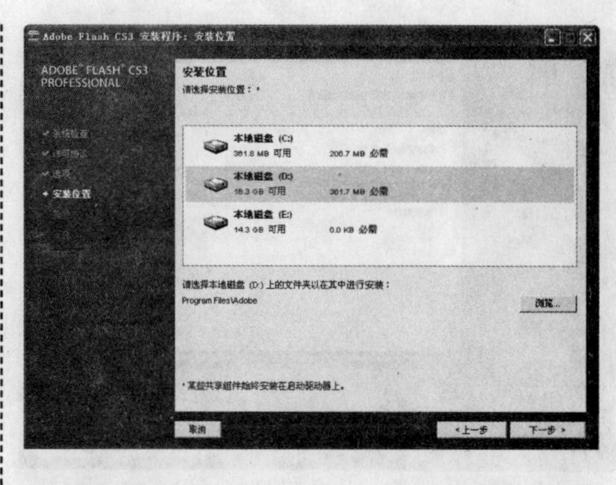

★ 图1-9

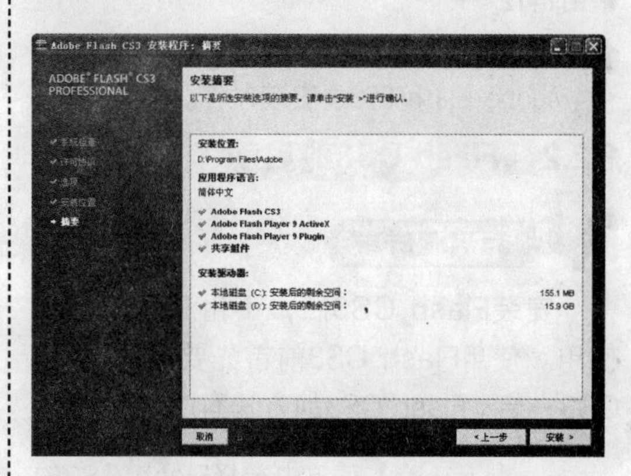

★ 图1-10

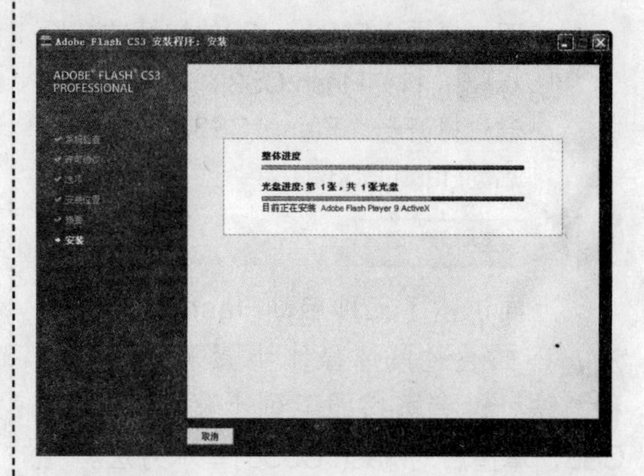

★ 图1-11

9 稍后会出现【安装完成】对话框，如图1-12所示。

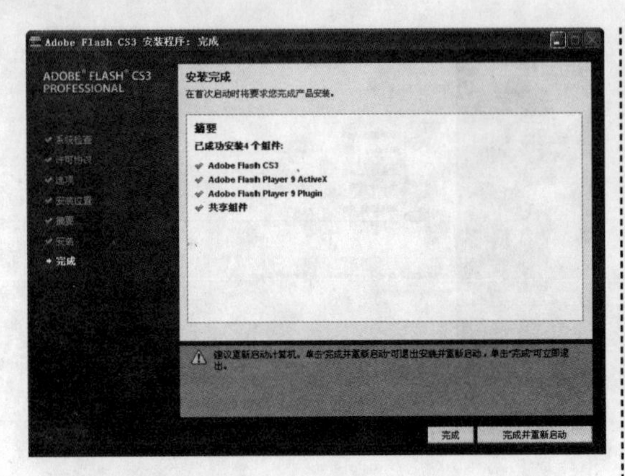

★ 图1-12

10 单击【完成并重新启动】按钮，结束Adobe Flash CS3的安装过程。

1.2.2 Flash CS3的启动

知识点讲解

安装Flash CS3后，不用激活就可以使用。使用Flash CS3前首先要启动Flash CS3，启动Flash CS3的方法有以下三种。

- 在【开始】菜单中选择Flash CS3的启动项。
- 双击桌面上Flash CS3的快捷方式图标，打开Flash CS3的开始页。
- 通过打开一个Flash CS3动画文档，启动Flash CS3。

动手练

上面讲述了三种启动Flash CS3的方法，下面通过具体操作步骤来介绍第一种方法，读者可按照下列步骤启动Flash CS3，掌握启动Flash CS3的基本方法。

1 在桌面上单击【开始】按钮，打开【开始】菜单。

2 执行【所有程序】→【Adobe Flash CS3 Professional】命令，如图1-13所示。

★ 图1-13

3 稍等片刻，Flash CS3的开始页打开，如图1-14所示。在开始页中显示了【打开最近的项目】、【新建】以及【从模板创建】等项目栏，在各项目栏中还包含了相应的操作选项，选择某一个选项即可进入相关的项目界面。

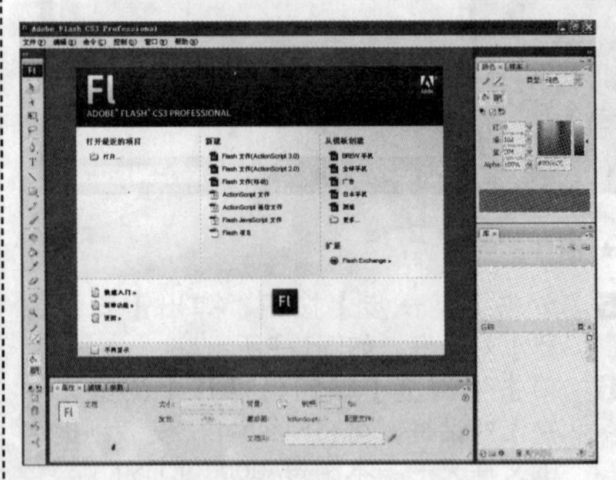

★ 图1-14

4 在【新建】栏中选择【Flash文件（ActionScript 3.0）】选项，新建一个Flash CS3空白文档，此时即可进入Flash CS3的主界面，完成Flash CS3的启动。

1.3 Flash CS3的工作界面

启动Flash CS3后，就要熟悉一下其工作界面，为以后的学习打下坚实的基础。

1.3.1 开始页的基本操作

如果用户不打开任何文档就运行Flash CS3，便会出现开始页，如图1-15所示。使用开始页，可以轻松地访问经常使用的操作。

★ 图1-15

开始页包含以下4个区域：

- 【打开最近的项目】——此区域用来打开最近使用过的文档。单击【打开】图标显示【打开文件】对话框，选择要打开的文件。
- 【新建】——此区域列出了 Flash文件类型，如Flash文档、ActionScript文件和Flash项目等。单击所需的文件类型可以快速创建新的文件。
- 【从模板创建】——此区域列出了创建新的Flash文档所常用的模板。单击所需模板可以创建新的文件。
- 【扩展】——此区域链接到Macromedia Flash Exchange Web站点，通过该站点可以下载 Flash 辅助应用程序等。

开始页还提供了对帮助资源的快速访问，可以浏览快速入门、新增功能和文档的资源等资料。

动手练

在使用Flash CS3的过程中，用户可根据需要隐藏或再次显示开始页。读者可根据下面的提示练习开始页的显示和隐藏。

- 在开始页上，选中【不再显示】复选框，则下次启动时将不再显示开始页。
- 执行以下操作，可以在启动时再次显示开始页。单击Flash CS3工作界面的菜单栏中的【编辑】菜单，在其下拉菜单中选择【首选参数】选项，打开【首选参数】对话框。然后在【常规】类别中的【启动时】下拉列表框中选择【欢迎屏幕】选项，如图1-16所示，可以在启动时再次显示开始页。

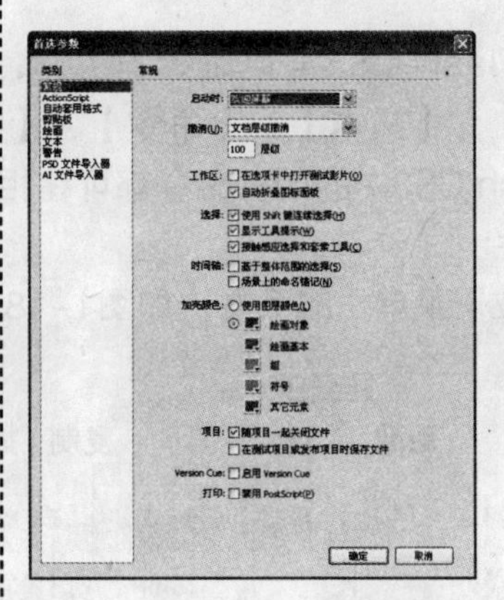

★ 图1-16

1.3.2 工作界面

知识点讲解

在开始页的【新建】区域中，单击某一选项，如【Flash文件（ActionScript 3.0）】，可打开Flash CS3的工作界面，如图1-17所示。

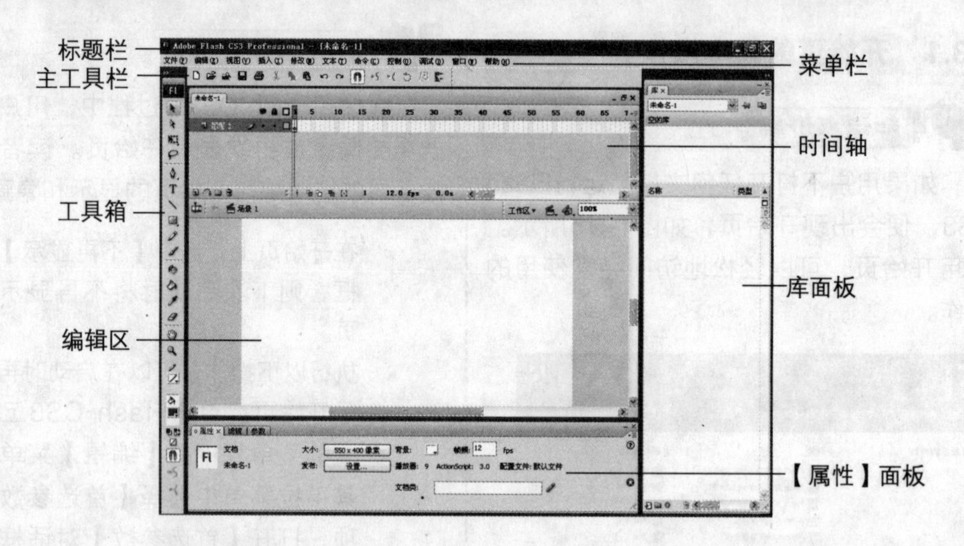

★ 图1-17

▶ 标题栏

和所有Windows应用程序一样，用于显示应用程序的图标和名称。在标题栏中可以通过【最小化】按钮、【最大化】/【还原】按钮和【关闭】按钮对工作界面进行相应的操作。

▶ 菜单栏

用于执行Flash CS3常用命令的操作，由【文件】、【编辑】、【视图】、【插入】、【修改】、【文本】、【命令】、【控制】、【调试】、【窗口】和【帮助】等菜单组成。Flash CS3中的所有命令都可在相应的菜单中找到。

▶ 主工具栏

主工具栏位于菜单栏的下方，如图1-18所示。

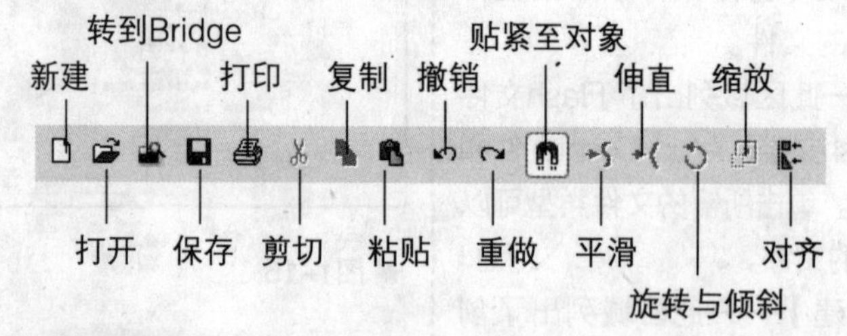

★ 图1-18

主工具栏主要用于完成对动画文件的基本操作（如新建、打开和保存等）以及一些基本的图形控制操作（如平滑、对齐、旋转或缩放等）。主工具栏各按钮的功能如表1-2所示。

表1-2 主工具栏各按钮的功能

按钮名称	功能
新建	创建一个新的Flash CS3文档
打开	打开一个已经存在的Flash CS3文档
保存	保存当前的Flash CS3文档

（续表）

按钮名称	功能
打印	打印当前的Flash CS3文档
剪切	剪切选定范围并放入剪贴板中
复制	复制选定范围并放入剪贴板中
粘贴	插入剪贴板中存放的内容
撤销	还原上一个动作
重做	重做上一个还原的动作
贴紧至对象	打开或关闭自动捕捉功能
平滑	自动平滑化选定的线段
伸直	自动直线化选定的线段
旋转与倾斜	显示控制点，用来旋转或倾斜选定的范围
缩放	显示控制点，用来放大或缩小选定的范围
对齐	对齐并平均分配绘图选定部分的空间

技 巧

执行【窗口】→【工具栏】→【主工具栏】命令，可显示或隐藏主工具栏。

▶ 工具箱

工具箱一般位于窗口的左侧，列出了Flash CS3中的常用绘图工具，用来绘制、涂色、修改、选择插图以及更改舞台的视图等。

说 明

工具箱的详细内容参见后面的相应章节。

▶ 时间轴

时间轴在工具箱右侧，主要用于创建动画和控制动画的播放等操作。时间轴分为左右两部分，左侧为图层区，右侧为时间线控制区，由播放指针、帧、时间轴标尺及状态栏组成。

说 明

时间轴的详细内容参见后面的相应章节。

时间轴右上角有一个向下的小箭头，单击它可以打开时间轴的样式选项，如图1-19所示。

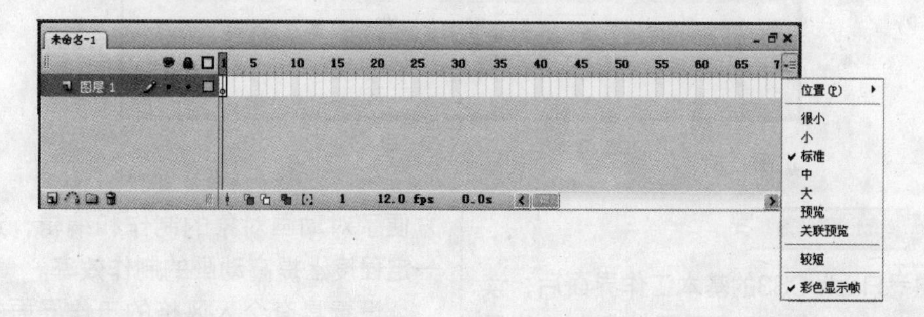

★ 图1-19

使用这些选项可以对时间轴进行改动，其中，【很小】、【小】、【标准】、【中】和【大】等选项用来改变帧的宽度；【预览】选项是用来在帧格里以非正常比例预览本帧的动画内容，这对于在大型动画中寻找某一帧内容是非常有用的；【关联预览】选项与【预览】选项类似，只是将场景中的内容严格按照比例缩放到帧当中显示；【较短】选项用以改变帧格的高度；【彩色显示帧】选项的功能是打开或关闭彩色帧。

▶ 编辑区

Flash CS3提供这一区域用来编辑制作动画内容，编辑区中将显示用户制作的原始Flash动画内容。根据工作的情况和状态，编辑区分为舞台和工作区。

执行【视图】→【工作区】命令，可以隐藏或显示工作区。

▶ 面板

使用面板可以实现对颜色、文本、实例、帧和场景等的处理。Flash CS3的工作界面包含多个面板，如【属性】面板、【动作】面板以及【颜色】面板等，如图1-20所示的是一个【颜色】面板。

★ 图1-20

这些面板的主要功能是对Flash CS3对象的属性进行设置。

Flash CS3中包含了许多面板，用户可以选择【窗口】菜单中的相关选项，显示或隐藏相应的面板。

▶ 【属性】面板

【属性】面板如图1-21所示，位于编辑区的下方。由于它的使用频率较高，功能也比较重要，因此被系统放置在编辑区的下方。

★ 图1-21

动手练

熟悉Flash CS3的基本工作界面后，读者可根据自己的习惯或需要自定义工作界面。在制作动画的过程中，根据动画制作的需要对工作界面进行适当的调整，不仅方便了对动画对象的制作和编辑，还可在一定程度上提高动画的制作效率。

设置具有个人风格的工作界面的具体操作步骤如下：

1 在Flash CS3基本界面中，将鼠标移动到

工具箱上，按住鼠标左键并拖动鼠标，将工具箱向界面的右侧拖动，当将其拖动到界面最右侧时释放鼠标左键，将工具箱放置到界面的右侧，如图1-22所示。

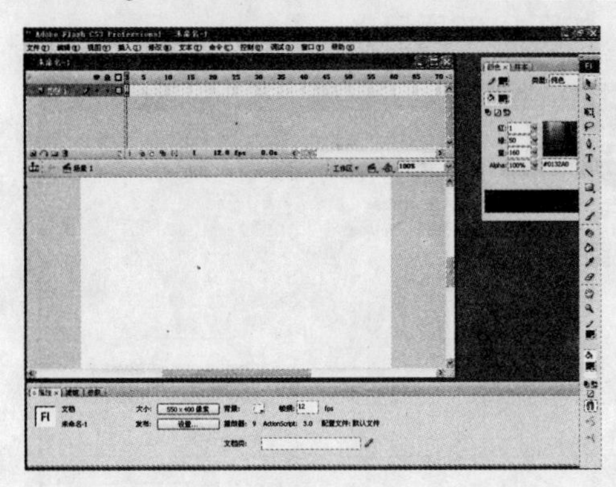

★ 图1-22

2 在基本界面中单击【属性】面板名称栏，将【属性】面板最小化，以便为场景提供更大的编辑区域。

3 执行【窗口】→【对齐】命令，打开【对齐】面板。

4 执行【窗口】→【行为】命令和【窗口】→【其他面板】→【场景】命令，分别打开【行为】面板和【场景】面板。

5 将鼠标移动到【对齐】面板的名称栏的左侧，当鼠标指针变为✥状时，按住鼠标左键并拖动鼠标，将面板向界面左侧拖动，当将面板拖动到界面最左侧时释放鼠标左键，将【对齐】面板放置到界面左侧。

6 用同样的方法，依次将【行为】面板和【场景】面板分别拖动到界面左侧，并放置到【对齐】面板下方。

7 用鼠标将工作区的大小调整好。完成设置的界面效果如图1-23所示。

8 执行【窗口】→【工作区】→【保存当前】命令，打开【保存工作区布局】对话框，在该对话框中将当前工作界面命名为“个人动画制作专用界面”，然后单击【保存】按钮保存当前工作界面。

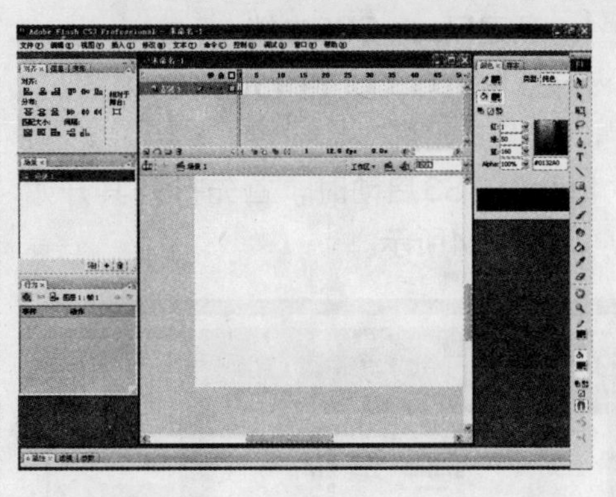

★ 图1-23

1.3.3 退出Flash CS3

完成Flash CS3的编辑任务后，可使用如下4种方法退出Flash CS3。

- 在菜单栏中执行【文件】→【退出】命令。
- 单击Flash CS3工作界面右上角的【关闭】按钮。
- 双击Flash CS3工作界面左上角的【控制菜单】按钮Fl。
- 按【Alt+F4】组合键。

动手练

读者可根据上面提供的4种方法练习如何退出Flash CS3，也可采用下面的方法。

单击Flash CS3工作界面左上角的【控制菜单】按钮Fl，在弹出的下拉菜单中执行【关闭】命令。

1.4 Flash CS3文档的基本操作

Flash CS3提供的文档操作方式非常便捷，用户可以很方便地进行包括新建、保存、关闭和打开在内的Flash CS3文档操作。

知识点讲解

1. 新建Flash CS3文档

新建Flash CS3文档有如下3种方法。

▶ 使用开始页

Flash CS3启动时，首先打开其开始页，如图1-24所示。

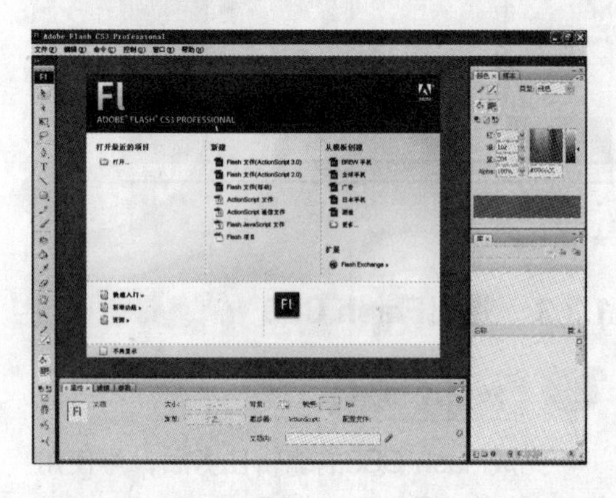

★ 图1-24

在【新建】区域中，选择【Flash文件（ActionScript 3.0）】等选项，即可新建Flash CS3文档。

▶ 使用【新建文档】对话框

在Flash CS3工作界面中，选择【文件】菜单中的【新建】选项或按【Ctrl+N】组合键，可打开【新建文档】对话框，如图1-25所示。

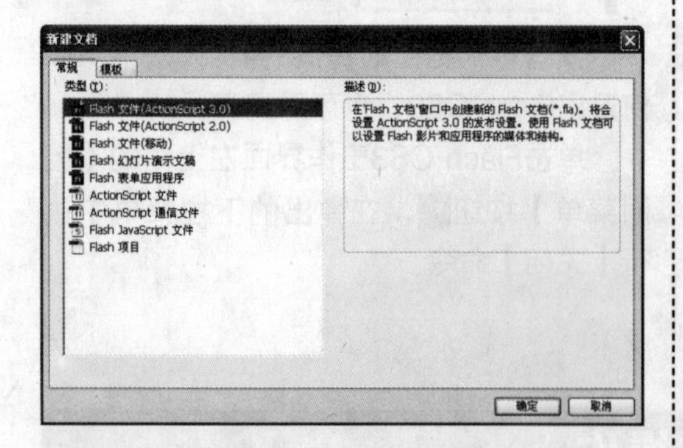

★ 图1-25

然后选择【Flash文件（ActionScript 3.0）】选项，再单击【确定】按钮也可以新建Flash CS3文档。

▶ 使用模板

在【新建文档】对话框中，单击【模板】选项卡，切换成【从模板新建】对话框，如图1-26所示。

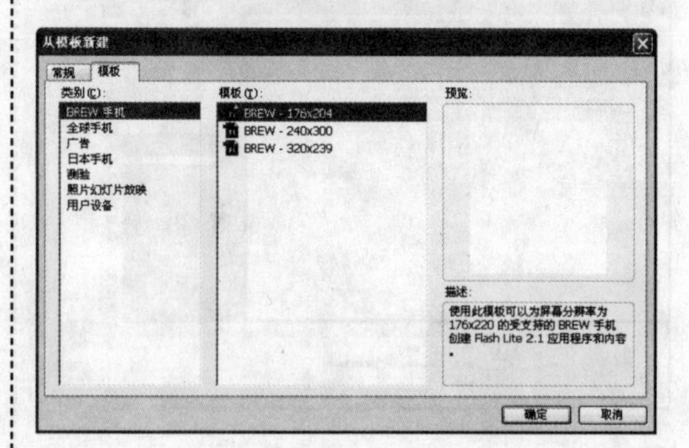

★ 图1-26

在此对话框的【类别】列表框中选择模板类别，再在【模板】列表框中选择一个模板，单击【确定】按钮即可新建一个基于该模板的Flash CS3文档。

2. 保存Flash CS3文档

编辑完一个Flash CS3文档后，可以将其保存起来，以便日后使用。保存文档的操作步骤如下：

1 选择【文件】菜单中的【保存】选项，打开【另存为】对话框，如图1-27所示。

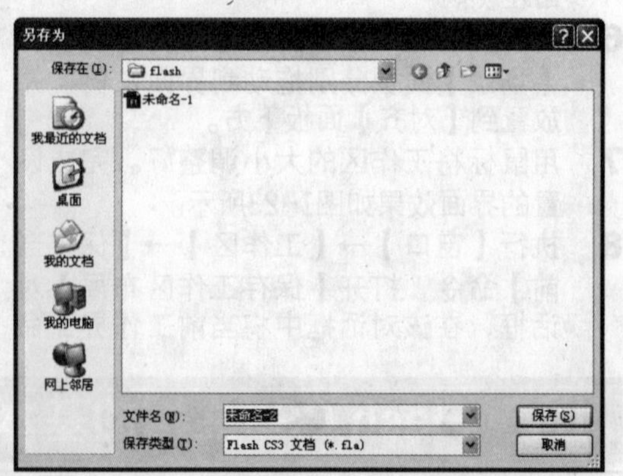

★ 图1-27

2 单击【保存在】下拉列表框，在其下拉列表中选择文档的保存路径。
3 在【文件名】文本框中输入要保存文件的名称。
4 单击【保存类型】下拉列表框，弹出文档保存类型的下拉列表。一般保持其默认选择。
5 单击【保存】按钮即可保存Flash CS3文档。

3. 关闭Flash文档

当前的Flash CS3文档使用完毕后，可以关闭该文档。关闭Flash CS3文档有如下几种常用方法：

- 选择【文件】菜单中的【关闭】选项。
- 按【Ctrl+W】组合键。
- 单击舞台右上方的☒按钮，关闭Flash文档，但不退出Flash CS3界面。

4. 打开Flash CS3文档

如果要编辑已有的Flash CS3文档，先要将其打开。具体操作步骤如下：

1 选择【文件】菜单中的【打开】选项，弹出【打开】对话框，如图1-28所示。

★ 图1-28

2 在对话框的【查找范围】下拉列表框中选择要打开文档的所在路径。
3 在下方的列表中选择要打开的文件图标。
4 单击【打开】按钮即可。

注意

在未启动Flash CS3的情况下，若要打开某一个动画文档，只需用鼠标左键双击该动画文档图标，即可启动Flash CS3并同时打开该动画文档。

动手练

请读者根据本节学习的知识新建一个Flash动画文档，并将其以“我的动画”为名进行保存。具体操作步骤如下：

1 执行【文件】→【新建】命令，在打开的【新建文档】对话框的【常规】选项卡中，选择【Flash文件（ActionScript 3.0）】类型。
2 然后单击【确定】按钮。
3 执行【文件】→【保存】命令，打开【另存为】对话框。
4 在该对话框的【保存在】下拉列表框中选择文档的保存路径，然后在【文件名】文本框中输入“我的动画”，如图1-29所示。

★ 图1-29

5 在【保存类型】下拉列表框中选择保存类型，这里选择默认类型。
6 单击【保存】按钮，即可保存Flash CS3文档。
7 文档保存完毕后，执行【文件】→【关闭】命令（或按【Ctrl+W】组合键），关闭动画文档，完成“我的动画”文档的新建。
8 在保存该动画文档的路径中找到该文档，用鼠标双击该文档的图标，可以打开“我的动画”文档。

1.5 Flash CS3的基本设置

Flash CS3的基本设置主要包括对场景大小、背景颜色、标尺、网格以及辅助线等绘图环境的设置。

1.5.1 Flash CS3的场景

知识点讲解

场景属性决定了动画播放时的显示范围和背景颜色。场景属性的设置主要通过【属性】面板进行，具体操作步骤如下：

1 启动Flash CS3，新建一个Flash文档。

2 选择【修改】菜单中的【文档】选项，打开【文档属性】对话框，如图1-30所示。

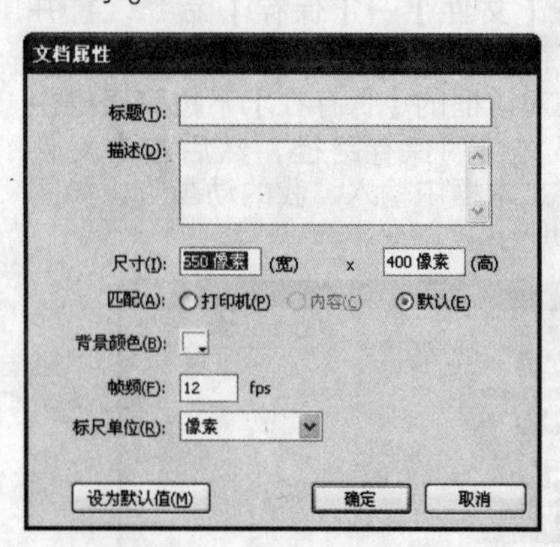

★ 图1-30

3 在【标题】和【描述】文本框中输入相关内容，它们将会被Flash CS3的元数据引用。

4 在【尺寸】文本框中指定文档的宽度和高度，尺寸的单位一般选择像素。

5 单击【背景颜色】按钮中的小箭头，打开颜色拾取器，在其中为当前的Flash CS3文档选择背景颜色，如图1-31所示。

6 在【帧频】文本框中设置当前Flash CS3文档的播放速率，单位（fps）指的是每秒播放的帧数。Flash CS3默认的帧频率为12。

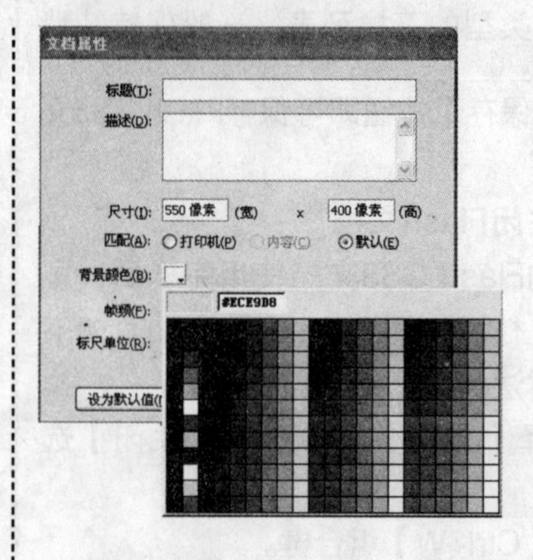

★ 图1-31

注 意

不是所有Flash影片的帧频率都设置为12，应该根据影片发布的实际需要进行设置。如果制作的影片准备在多媒体设备上播放，比如在电视、电脑上，那么帧频率可以设置为24；如果是在因特网上，一般设置为12。

7 在【标尺单位】栏中指定对应的单位，一般选择像素。

8 单击【设为默认值】按钮，将刚刚设置好的参数作为默认参数。

9 单击【确定】按钮完成文档属性的设置。

动手练

在掌握了设置场景的基本步骤之后，读者可以打开前面新建的“我的动画”文档，对其场景属性进行设置，具体操作步骤如下：

1 打开“我的动画”文档。

2 选择【修改】菜单中的【文档】选项，打开【文档属性】对话框。

3 在【标题】和【描述】文本框中输入相关内容，在【尺寸】文本框中指定文档

的宽度和高度。

4　单击【背景颜色】按钮中的小箭头，打开颜色拾取器，选择背景颜色。【文档属性】对话框的设置如图1-32所示。

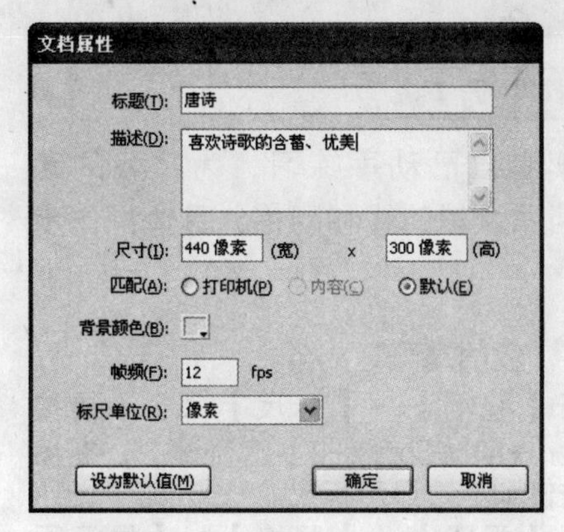

★ 图1-32

5　单击【确定】按钮，完成设置，效果如图1-33所示。

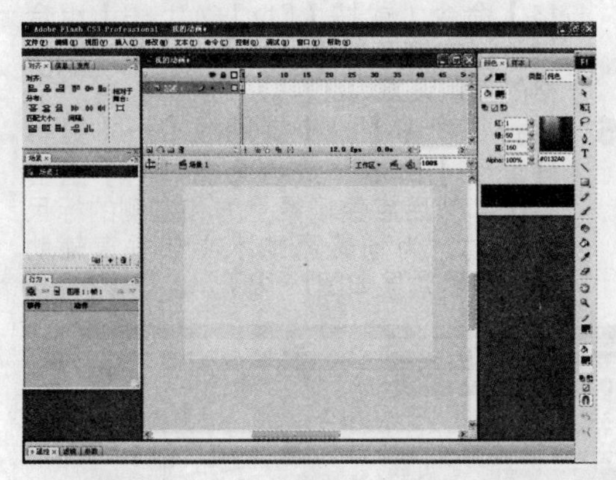

★ 图1-33

1.5.2　设置标尺、辅助线和网格

标尺是Flash CS3提供的一种绘图参照工具，在场景的左侧和上方显示。在绘图或编辑影片的过程中，标尺可以帮助用户对图形对象进行定位。辅助线与标尺配合使用，两者对应，可以帮助用户对图形对象进行更加精确的定位。网格是Flash CS3提供的另一种绘图坐标参照工具，它和标尺不同，位于场景的舞台之中。

▸ 设置标尺

标尺可以帮助设计者测量、组织和计划作品的布局。一般情况下，标尺都是以像素为单位，如果需要更改，可以在【文档属性】对话框中进行设置。要显示或隐藏标尺可以选择【视图】菜单中的【标尺】选项。垂直和水平标尺出现在文档窗口边缘的效果如图1-34所示。

★ 图1-34

▸ 使用辅助线

辅助线是用户从标尺拖到舞台上的直线。辅助线的功能是帮助放置和对齐对象，标记舞台的重要部分。设置辅助线的步骤如下：

1　选择【视图】菜单中的【标尺】选项，显示标尺。

2　点住上方或左侧的标尺并拖动。

3　在舞台上定位辅助线，然后释放鼠标，如图1-35所示。

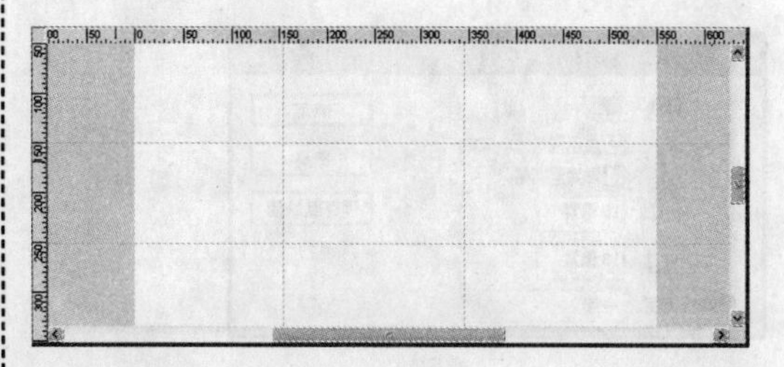

★ 图1-35

4　对于不需要的辅助线，可以点住并拖曳到舞台外，或者在【视图】菜单的【辅助线】子菜单中选择【显示辅助线】选项来实现辅助线的显示或隐藏。

导出文档时，不会导出辅助线。

▶ 设置网格

除了标尺和辅助线外，可以在场景中显示的网格也是重要的绘图参照工具之一。Flash网格在舞台上显示为一个由横线和竖线均匀架构的体系。网格可以被查看和编辑，其大小和颜色都可以调整和更改。设置网格的步骤如下：

1 在【视图】菜单的【网格】子菜单中，选择【显示网格】选项来显示网格，如图1-36所示。

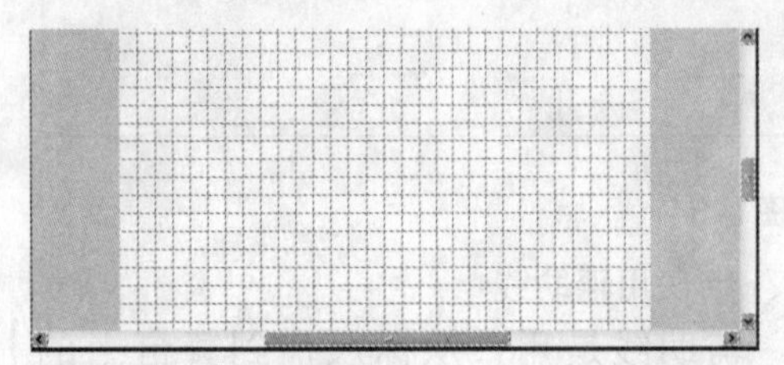

★ 图1-36

说 明

再次选择【视图】的【网格】子菜单中的【显示网格】选项可以隐藏网格。

2 在【视图】菜单中的【网格】子菜单中，选择【编辑网格】选项，打开【网格】对话框，如图1-37所示。

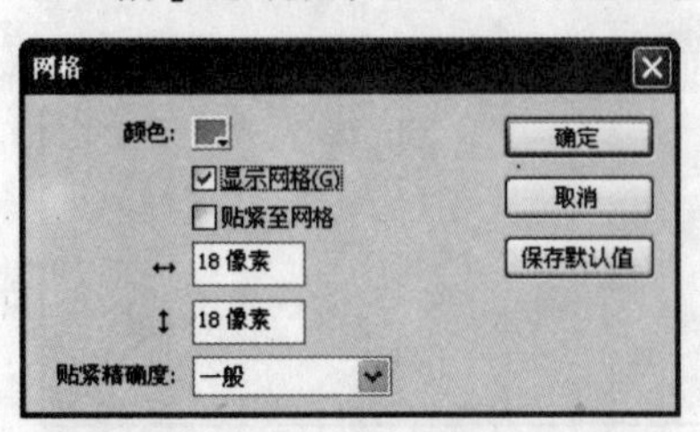

★ 图1-37

3 在对话框中设定网格颜色和网格尺寸。

网格只是一种设计工具，不会随文档导出。

动 手 练

请读者自己动手练习，为“我的动画”文档添加辅助线和网格，具体操作步骤如下：

1 打开“我的动画”文档。

2 执行【视图】→【标尺】命令（或按【Ctrl+Alt+Shift+R】组合键），在场景左侧和上方显示标尺。

3 执行【视图】→【网格】→【显示网格】命令（或按【Ctrl+'】组合键），在场景的舞台中显示网格。

4 执行【视图】→【网格】→【编辑网格】命令（或按【Ctrl+Alt+G】组合键），在打开的【网格】对话框中将网格的颜色设置为红色。

5 执行【视图】→【辅助线】→【显示辅助线】命令（或按【Ctrl+;】组合键），然后点住场景上方和左侧的标尺并拖动，为场景添加水平和垂直辅助线。最终效果如图1-38所示。

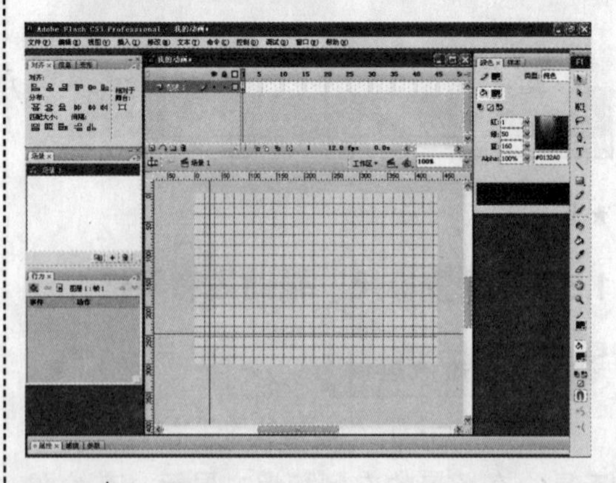

★ 图1-38

1.6 设置Flash CS3的首选参数和快捷键

在Flash CS3中，用户可根据自己操作的需要，设置首选参数和快捷键，从而使软件更符合自己的使用习惯。

1.6.1　设置Flash中的首选参数

知识点讲解

在Flash CS3中，可以在【首选参数】对话框中设置常规操作、编辑操作和剪贴板操作的首选参数。在Flash CS3工作界面中，可以选择【编辑】菜单中的【首选参数】选项或者按【Ctrl+U】组合键，打开【首选参数】对话框，如图1-39所示。

★ 图1-39

在该对话框的【类别】列表框中，包含常规、ActionScript、自动套用格式、剪贴板、绘画、文本和警告等选项，单击某一选项，在对话框的右侧将显示相应的设置选项，用户可根据自己的需要进行设置。

1. 常规设置

打开【首选参数】对话框时，系统默认显示常规设置选项框。下面就该选项框中的设置项进行说明。

▶【启动时】

【启动时】下拉列表框包括【不打开任何文档】、【新建文档】、【打开上次使用的文档】以及【欢迎屏幕】等选项。

选择某一选项，在启动Flash CS3时，系统将进行该选项代表的操作，例如选择“打开上次使用的文档”选项，则在每次启动Flash CS3时，将打开上次使用的文档；如果选择“欢迎屏幕”选项，则在每次启动Flash CS3时，将打开Flash CS3的开始页。

▶【撤销】

【撤销】下拉列表框包括“文档层级撤销”和“对象层级撤销”两个选项。选择某一选项，然后在其下面的数值框中输入一个2~300之间的值，可以设置该选项的撤销/重做级别数。

▶【工作区】

选中【在选项卡中打开测试影片】复选框，选择【控制】菜单中的【测试影片】选项时，在应用程序窗口中打开一个新的文档选项卡。取消选中该复选框，将在应用程序窗口中打开【测试影片】窗口。

▶【选择】

选中【使用Shift键连续选择】复选框，可以按住【Shift】键选择Flash的多个元素。

选中【显示工具提示】复选框，当指针停留在控件上时，将显示工具提示。

选中【接触感应选择和套索工具】复选框，当使用选择工具或套索工具进行拖动时，如果矩形框中包括了对象的任何部分，则此对象将被选中；取消选中该复选框，只有当工具的矩形框完全包围对象时，对象才被选中。

▶【时间轴】

选中【基于整体范围的选择】复选框，在时间轴中可基于整体范围进行选择，而不是使用默认的基于帧的选择。

选中【场景上的命名锚记】复选框，可以让Flash CS3将文档中每个场景的第一个帧作为命名锚记。使用命名锚记，可以在浏览器中使用【前进】和【后退】按钮从Flash CS3应用程序的一个场景跳到另一

个场景。

▶【加亮颜色】

选中颜色面板单选按钮，可以从面板中选择一种颜色作为加亮颜色；选中【使用图层颜色】单选按钮，使用当前图层的轮廓颜色作为加亮颜色。

▶【项目】

选中【随项目一起关闭文件】复选框，可以在关闭项目文件时，关闭项目中的所有文件。

选中【在测试项目或发布项目时保存文件】复选框，只要测试或发布项目，就会保存项目中的每个文件。

▶【打印】

此功能仅限于Windows操作系统。如果打印到PostScript打印机有问题，请选中【禁用PostScript】复选框。

2. ActionScript设置

在【类别】列表框中选择【ActionScript】选项，将打开ActionScript设置选项框，如图1-40所示。

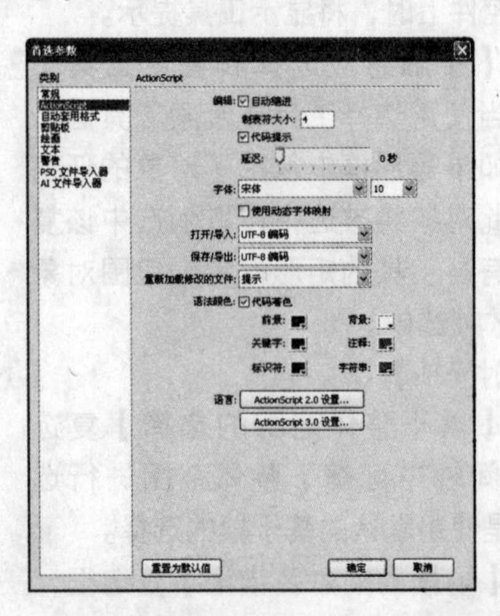

★ 图1-40

▶【编辑】

选中【自动缩进】复选框，在左括号（或左大括号）之后输入的文本将按照下面【制表符大小】数值框中指定的大小自动缩进。

【制表符大小】数值框用于指定自动缩进偏移的字符数，默认值是4。

选中【代码提示】复选框，将在【脚本】窗格中启用代码提示。

【延迟】滑动块用于指定代码提示出现之前的延迟时间（以秒为单位）。

▶【字体】

在第一个下拉列表框中指定【脚本】窗格中使用的字体名称，在第二个下拉列表框中指定字体大小。

选中【使用动态字体映射】复选框，检查每个字符的字体，以确保所选的字体系列具有呈现每个字符所必需的字体。如果没有，Flash CS3会替换上一个包含所需字符的字体系列。

▶【打开/导入】

使用此下拉列表框可指定打开和导入ActionScript文件时使用的字符编码。

▶【保存/导出】

使用此下拉列表框可指定保存和导出ActionScript文件时使用的字符编码。

▶【重新加载修改的文件】

此下拉列表框包含【总是】、【从不】和【提示】等选项，使用此下拉列表框可以选择修改文件的重新加载方式。选择【总是】选项，发现更改时不显示警告，自动重新加载文件；选择【从不】选项，发现更改时不显示警告，文件保留当前状态；选择【提示】选项，发现更改时显示警告，可根据用户的选择确定是否重新加载文件。

▶【语法颜色】

使用颜色面板，可分别设置脚本前景、背景、关键字、注释、标识符和字符串等的颜色。

▶【语言】

单击其中的按钮，可打开相应的【ActionScript设置】对话框，可以设置或修改路径。

3. 自动套用格式

在【类别】列表框中，选择【自动套用格式】选项，将打开自动套用格式设置选项框，如图1-41所示。

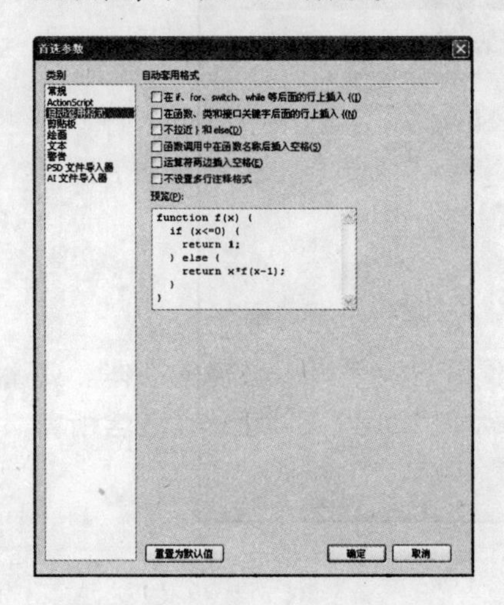

★ 图1-41

用户可根据ActionScript的编辑需要，选中相应的复选框，在【预览】窗格中可看到每次选择的效果。

4. 剪贴板

在【类别】列表框中，选择【剪贴板】选项，将打开剪贴板设置选项框，如图1-42所示。

使用【颜色深度】和【分辨率】下拉列表框可以指定复制到剪贴板时，位图的颜色深度和分辨率。选中【平滑】复选框，可以应用锯齿消除功能。

在【大小限制】数值框中输入值，可以指定将位图图像放在剪贴板上时所使用的内存量。在处理大型或高分辨率的位图图像时，需要增加此值。

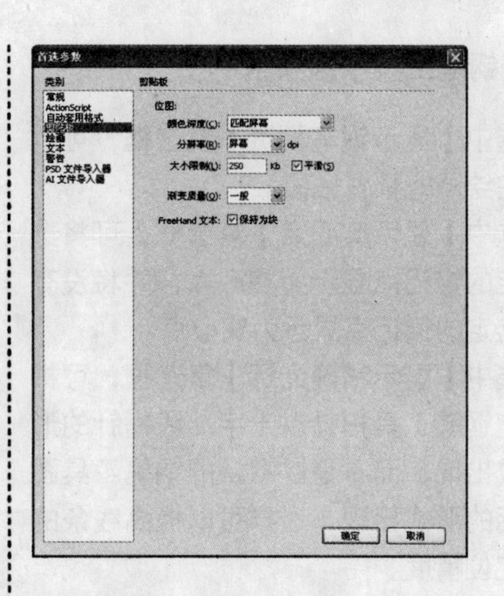

★ 图1-42

在【渐变质量】下拉列表框中，可以指定在Windows源文件中放置的渐变填充的质量。使用此设置可以指定将项目粘贴到Flash外的位置时的渐变色品质。如果粘贴到Flash内，无论此选项如何设置，将完全保留复制数据的渐变质量。

选中【保持为块】复选框，可以确保粘贴的FreeHand文件中的文本是可编辑的。

5. 绘画

在【类别】列表框中，选择【绘画】选项，将打开绘画设置选项框，如图1-43所示。

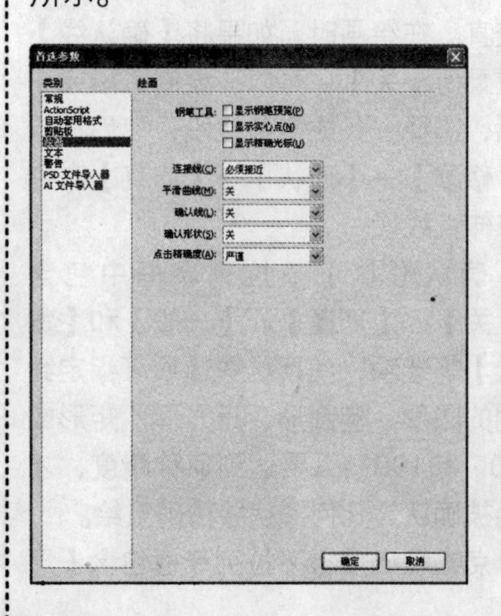

★ 图1-43

在【钢笔工具】选项组中：

- 选中【显示钢笔预览】复选框，可以在绘画时预览线段。
- 选中【显示实心点】复选框，可将选定的锚记点显示为空心点，并将没有选定的锚记点显示为实心点。
- 选中【显示精确光标】复选框，可指定钢笔工具指针以十字准线指针的形式出现，而不是以默认的钢笔工具图标的形式出现，这样可以提高线条的定位精度。
- 【连接线】下拉列表框中包含【必须接近】、【一般】和【可以远离】等选项。使用这些选项可确定绘制线条的终点必须距现有线段多近时，才能对齐到另一条线上最近的点。
- 【平滑曲线】下拉列表框中包含【关】、【粗略】、【一般】和【平滑】等选项，使用这些选项可指定当绘画模式设置为伸直或平滑时，应用到铅笔工具绘制曲线的平滑量。
- 【确认线】下拉列表框中包含【关】、【严谨】、【一般】和【宽松】等选项，使用这些选项可定义用铅笔工具绘制的线段必须有多直时，Flash才会确认为是直线并将其完全变直。在绘画时，如果将【确认线】设置为【关】，可以在绘制线段完毕后，选择一条或多条线段，然后执行【修改】→【形状】→【伸直】命令来伸直线段。
- 【确认形状】下拉列表框中包含【关】、【严谨】、【一般】和【宽松】等选项，使用这些选项可指定绘制的圆形、椭圆形、正方形、矩形或90°和180°弧要达到何种精度，才会被确认为几何形状并精确重绘。
- 【点击精确度】下拉列表框包含【严谨】、【一般】和【宽松】等选项，使用这些选项可指定指针必须距离某个项目多近时，Flash才能确认该项目。

6. 文本

在【类别】列表框中，选择【文本】选项，将打开文本设置选项框，如图1-44所示。

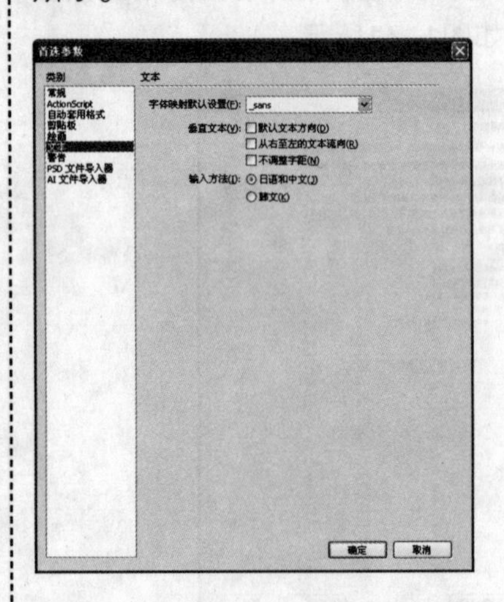

★ 图1-44

使用【字体映射默认设置】下拉列表框可选择在Flash中打开文档时，替换缺失字体所使用的字体。

在【垂直文本】选项组中：

- 选中【默认文本方向】复选框，可将默认文本方向设置为垂直。
- 选中【从右至左的文本流向】复选框，可以翻转默认的文本显示方向。
- 选中【不调整字距】复选框，可以关闭垂直文本的字距微调。
- 在输入方法中，选中某一单选按钮可选择相应的语言。

7. 警告

在【类别】列表框中，选择【警告】选项，将打开警告设置选项框，如图1-45所示。

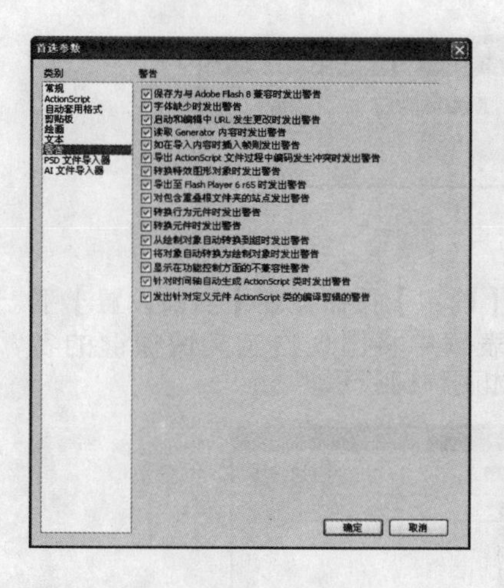

★ 图1-45

用户可根据自己的需要，选中或取消选中某一复选框，以此来设置或取消相应的警告。

8. PSD文件导入器

在【类别】列表框中，选择【PSD文件导入器】选项，将打开PSD文件导入器设置选项框，如图1-46所示。

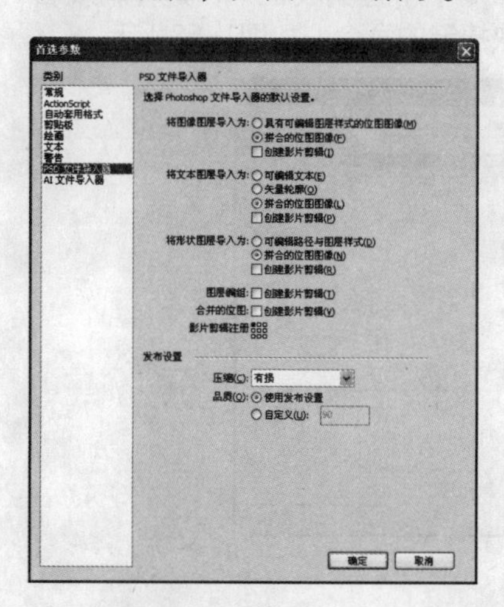

★ 图1-46

PSD文件导入器是Flash CS3新增的功能。通过PSD文件导入器，用户可以将Photoshop中的图像图层、文本图层和形状图层轻松自如地导入到Flash CS3中，用户还可以根据需要设置导入的方式。

【发布设置】选项组是用户在完成作品进行发布时设置的项目，可以选择有损压缩和无损压缩两种方式。用户在选择有损压缩时可以根据需要设置作品的品质。

9. AI文件导入器

在【类别】列表框中，选择【AI文件导入器】选项，将打开AI文件导入器设置选项框，如图1-47所示。

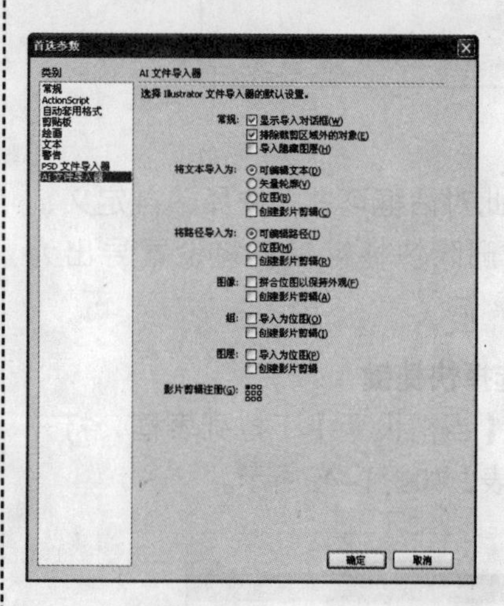

★ 图1-47

AI文件导入器也是Flash CS3新增的功能。通过AI文件导入器，用户可以将Illustrator中的文件根据需要导入到Flash CS3中。

1.6.2 设置快捷键

知识点讲解

同其他应用软件一样，为了提高操作的效率，Flash也提供了大量快捷键。利用快捷键，用户不需要频繁操作菜单，就能使工作更方便快捷。

在Flash CS3中，用户可根据需要设置快捷键，选择【编辑】菜单的【快捷键】选项，打开【快捷键】对话框，如图1-48所示。

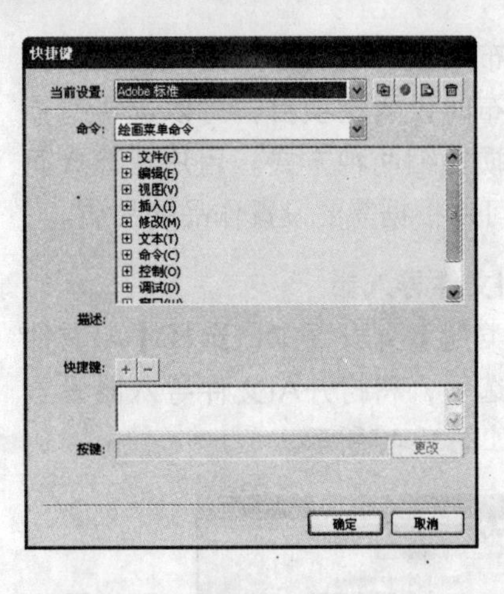

★ 图1-48

使用此对话框可进行选择、自定义、重命名和删除快捷键以及将设置导出为HTML等操作。

1. 选择快捷键

单击【当前设置】下拉列表框，打开其下拉列表，如图1-49所示。

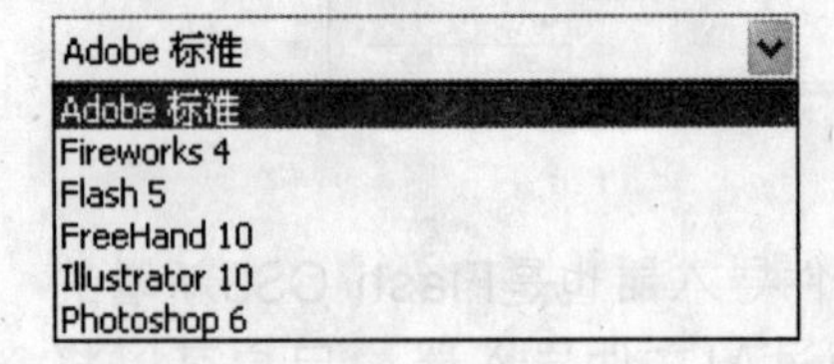

★ 图1-49

根据用户的需要，选择某一选项，可将Flash的快捷键设置为与用户熟悉的应用程序相同的快捷键。

2. 自定义快捷键

在Flash CS3中也可自定义快捷键，其操作步骤如下：

1 单击【当前设置】下拉列表框右侧的第1个按钮，打开【直接复制】对话框，如图1-50所示。

2 在【副本名称】文本框中输入自定义快捷键的名称。

★ 图1-50

3 单击【确定】按钮，在【当前设置】下拉列表框中将出现自定义快捷键的名称，如图1-51所示。

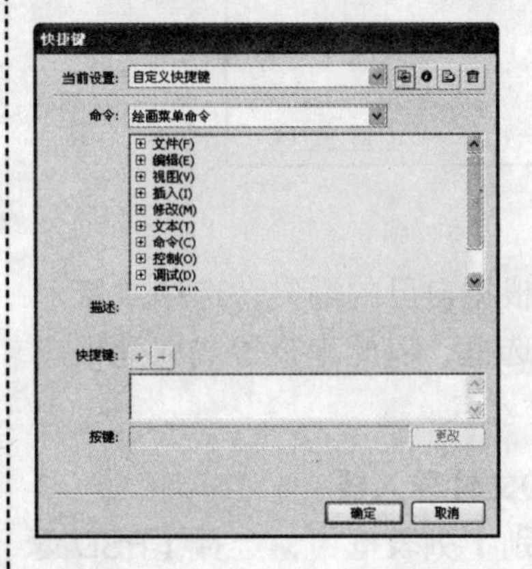

★ 图1-51

4 在【命令】下拉列表框中，选择需要自定义快捷键的命令，如图1-52所示。

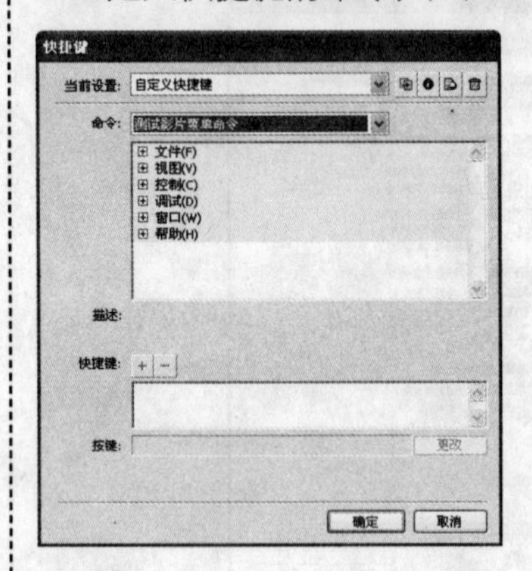

★ 图1-52

5 在【命令】下拉列表框下面的列表框中，选择需要自定义快捷键的菜单项，如图1-53所示。

6 将光标移到【按键】文本框中，按某一快捷键，在此文本框中将显示相应的键值，如图1-54所示。

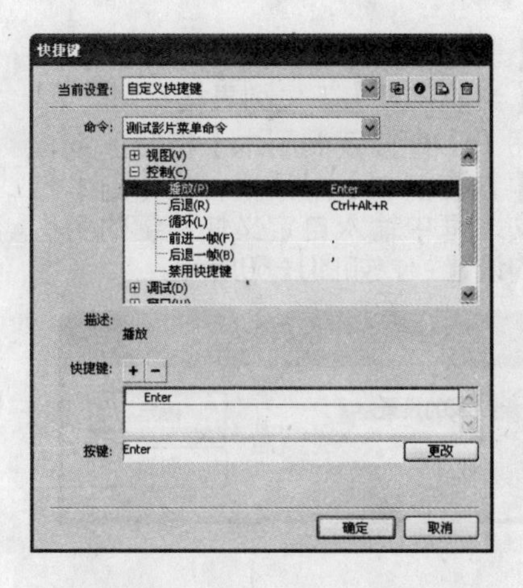

★ 图1-53

★ 图1-54

7 单击【更改】按钮，选中的菜单项将修改（或设置）成相应的快捷键，如图1-55所示。

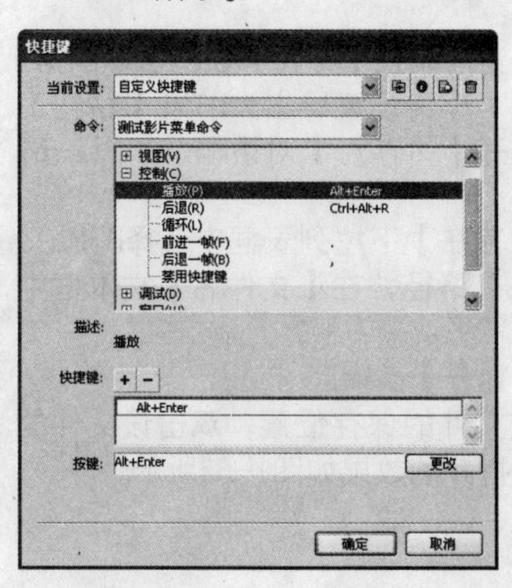

★ 图1-55

8 单击【快捷键】栏右侧的【+】或【-】按钮可添加或删除快捷键。

9 重复步骤4～8，可完成所有的自定义快捷键。

10 自定义快捷键完成后，单击【确定】按钮即可。

3. 重命名快捷键

单击【当前设置】下拉列表框右侧的第2个按钮，打开【重命名】对话框，如图1-56所示。

★ 图1-56

在【新名称】文本框中输入新的名称，然后单击【确定】按钮即可。

4. 将设置导出为HTML

单击【当前设置】下拉列表框右侧的第3个按钮，打开【另存为】对话框，如图1-57所示。

★ 图1-57

设置HTML文件的保存位置以及文件名，单击【保存】按钮即可。

在IE浏览器中打开该HTML文档，可显示相应的快捷键，如图1-58所示。

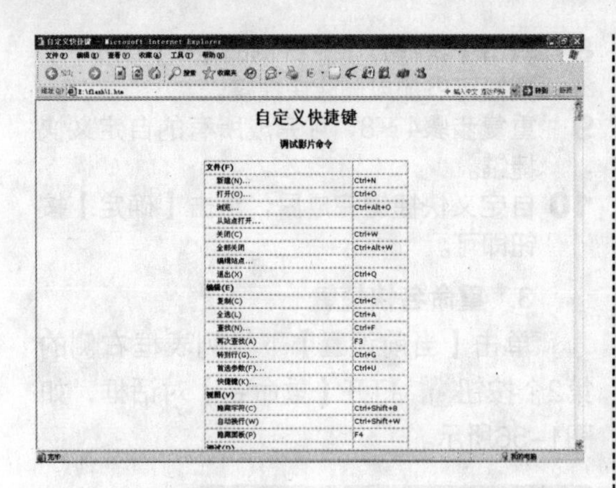

★ 图1-58

5. **删除快捷键**

单击【当前设置】下拉列表框右侧的第4个按钮，打开【删除设置】对话框，如图1-59所示。

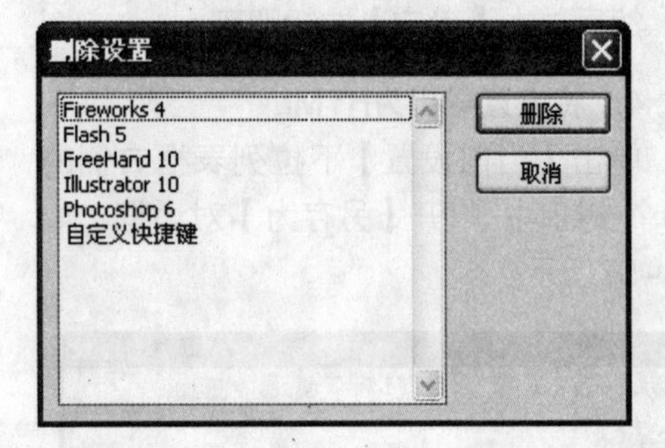

★ 图1-59

在左侧的列表框中，选择需要删除的快捷键，然后单击【删除】按钮即可。

动手练

为了提高动画制作过程中的工作效率，读者可根据自己的操作习惯设置或更改一些快捷键，并试着将设置的快捷键导出为HTML文档。

下面以“我的动画”为例进行设置，具体操作步骤如下：

1 打开“我的动画”文档。

2 选择【编辑】菜单的【快捷键】选项，打开【快捷键】对话框。

3 单击【当前设置】下拉列表框右侧的第1个按钮（【直接复制副本】按钮），打开【直接复制】对话框，在【副本名称】文本框中输入自定义快捷键的名称“我的设置”，如图1-60所示。

★ 图1-60

4 单击【确定】按钮，在【当前设置】下拉列表框中将出现自定义快捷键的名称。

5 在【命令】下拉列表框中，选择需要自定义快捷键的命令，这里选择“调试影片命令”。

6 在【命令】下拉列表框下面的列表框中，选择需要自定义快捷键的菜单项，单击【文件】前面的小方框⊞，然后选择【新建】选项。

7 将光标移到【按键】文本框中，按【Ctrl+Alt+N】组合键，在此文本框中将显示相应的键值。

8 单击【更改】按钮，相关菜单项将修改或设置成相应的快捷键。

9 重复前面操作，根据需要完成其他快捷键的设置。

10 自定义快捷键完成后，单击【确定】按钮。

11 单击【当前设置】下拉列表框右侧的第3个按钮（【将设置导出为HTML】按钮），打开【另存为】对话框，如图1-61所示。

12 在【保存在】下拉列表框中选择HTML文件的保存路径，在【文件名】文本框中输入文件名。

13 单击【保存】按钮。

14 打开该文件的保存位置，双击该文件的图标，打开的效果如图1-62所示。

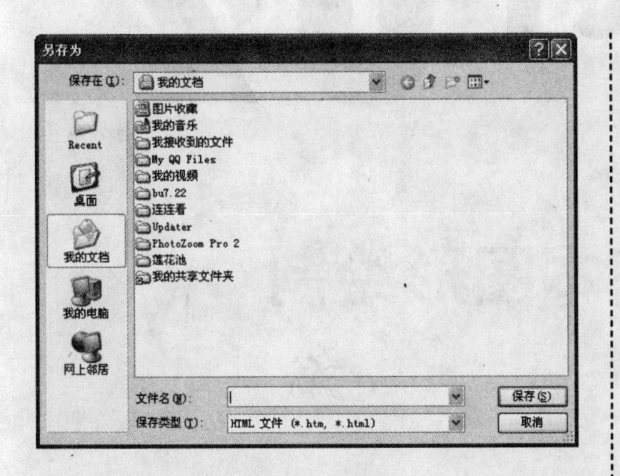

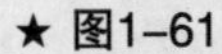
★ 图1-61

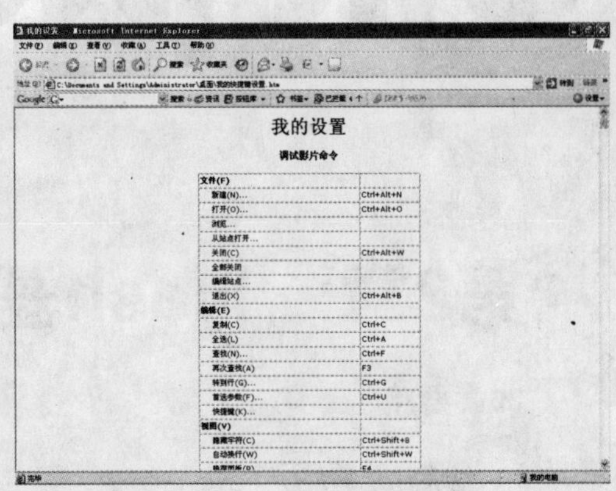

★ 图1-62

疑难解答

问 如何找到放在窗口外边的面板?

答 将Windows下面的状态栏先放到最下面，然后缩放Flash的窗口，找仔细点就可以找到面板露出的一角，然后拖动就可以了。如果显示器分辨率是800×600，那么把它调到1024×768，然后就可以看到丢失的面板了。

问 如何才能精确地绘制标准图形?

答 当要绘制标准的图形时，最好先使用标尺或者辅助线工具进行定位。

问 如何才能实现辅助线的精确定位?

答 Flash CS3不像其他的绘图软件，如果需要精确地定位辅助线，只能根据标尺的坐标来目测，或者使用网格工具来实现辅助线的精确定位。

Chapter 02

第2章　Flash基本图形绘制

本章要点

- *绘制简单图形*
- *绘制路径*
- *对象的选取*

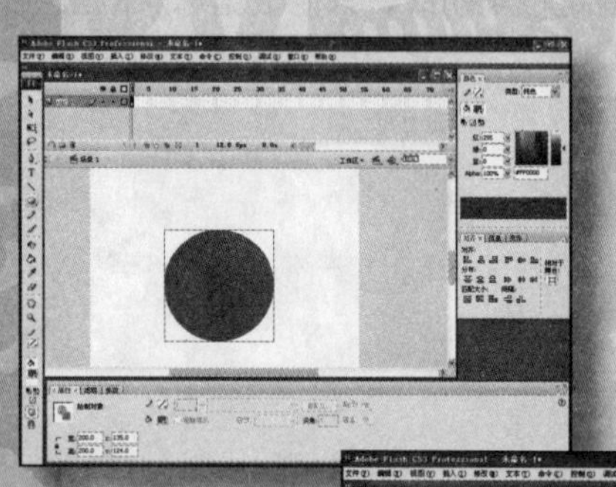

图形的绘制是制作动画的基础，也是Flash动画中不可缺少的组成部分。每个精彩的Flash动画都少不了精美的图形素材。虽然可以通过导入图片进行加工来获取影片制作素材，但对于有些图形，特别是一些表现特殊效果及有特殊用途的图片，必须人工绘制。本章将介绍Flash CS3工具箱中的常用绘图工具，让读者掌握这些基本工具的使用方法，并学会在Flash CS3中利用这些基本工具绘制出所需的图形。

2.1　绘制简单的图形

Flash CS3提供了强大的矢量图形绘制与填充工具，可以根据动画制作的需要，利用绘图工具绘制几何形状、对图形进行上色和擦除等操作。熟练掌握Flash CS3的绘图技巧，将为Flash动画的制作奠定坚实的基础。

2.1.1　位图与矢量图

知识点讲解

在Flash CS3中使用的图形，根据其显示原理的不同，可以分为位图和矢量图两种类型。

位图（又称点阵图、栅格图、像素图）是由像素的网格组成的，每个像素都有自己的颜色信息。像素是构成位图的最小单位，在对位图进行编辑时，可操作的对象是每个像素，通过改变像素的色相、饱和度和透明度，从而改变图像的显示效果。位图的大小和质量取决于图像中像素点的多少，通常来说，相同面积上所含的像素点越多，颜色之间的混合也越平滑，同时文件也越大。

位图适合于表现比较细致、层次和色彩比较丰富且包括大量细节的图像，但位图的分辨率不是独立的，因此放大位图将影响其显示质量，如图2-1和图2-2所示。

★ 图2-1

矢量图（又称向量图）是由多个对象的组合生成的，每一个对象都是通过数学函数来实现的。每个对象都是一个自成一体的实体，它具有颜色、形状、轮廓、大小和屏幕位置等属性，矢量图不记录图像每个像素的信息。矢量图具有独立的分辨率，它可以在不损失任何质量的前提下，改变矢量的颜色，并可以按不同分辨率进行显示。

★ 图2-2

矢量图的显示尺寸可以随意缩放，且不会影响图像的显示精度和效果，如图2-3和图2-4所示。

★ 图2-3

★ 图2-4

Flash CS3用矢量图作为动画的素材，从而大大减小了动画文件的体积，再配合先进的流技术，即使在非常窄的带宽下也同样可以实现令人满意的动画效果。

动手练

读者可把位图素材导入到Flash CS3中，复制位图，并将复制的位图转换为矢量图。通过进行比较，对位图和矢量图在Flash CS3中的区别有一个基本的认识。

具体操作步骤如下：

1 新建一个Flash CS3空白文档，将其保存为“位图和矢量图在Flash CS3中的区别.fla”。

2 执行【文件】→【导入】→【导入到舞台】命令，将“太阳花.bmp”文件导入到场景中。

3 在工具箱中，单击【选择工具】按钮，然后在场景中的“太阳花.bmp”图片上单击鼠标右键，在弹出的快捷菜单中执行【复制】命令，并在场景中的任意空白位置上单击鼠标右键，在弹出的快捷菜单中执行【粘贴】命令将“太阳花.bmp”进行粘贴，此时在场景中将出现两幅位图，如图2-5所示。

★ 图2-5

4 选中复制的“太阳花.bmp”，执行【修改】→【位图】→【转换位图为矢量图】命令，打开【转换位图为矢量图】对话框，并对该对话框中的参数进行设置，如图2-6所示。

5 单击【确定】按钮，将复制的“太阳花.bmp”转换为矢量图，如图2-7所示。与前面的位图相比，转换的矢量图在画面精细程度和色彩表现方面都有所下降。

★ 图2-6

★ 图2-7

说明

在【颜色阈值】和【最小区域】数值框中输入的数字越小，转换出的矢量图越精细，但需要处理的数据也相应增多。

6 在【时间轴】面板的右上角单击中的按钮，在弹出的下拉列表框中选择相应的显示比例，观察在不同显示比例下，位图和矢量图的显示效果。

位图在以超过100%的比例显示时，会出现马赛克现象，且比例越大这种现象越严重，而矢量图除了图形放大之外，没有出现任何变化。如图2-8和图2-9所示的分别是放大后的位图和矢量图。

★ 图2-8

★ 图2-9

7 在【时间轴】面板的图层区中，单击【图层1】右侧的□按钮，将该图层以轮廓方式显示，此时场景中的位图只显示出该图片的形状轮廓，而矢量图除了其形状轮廓外，还显示出了图中主要内容的轮廓以及不同色彩的填色区域，如图2-10所示。

★ 图2-10

8 在【时间轴】面板的图层区中，单击【图层1】右侧的□按钮，将该图层重新以正常方式显示，完成位图和矢量图的对比。

2.1.2 Flash CS3的工具箱

要想制作出精美的动画，首先要熟练使用Flash CS3提供的各种工具，掌握每种工具的功能和用途。

绘制基本图形最重要的就是使用工具箱中的各类工具，首先了解一下工具箱的位置，工具箱位于主界面的左侧，如图2-11所示。

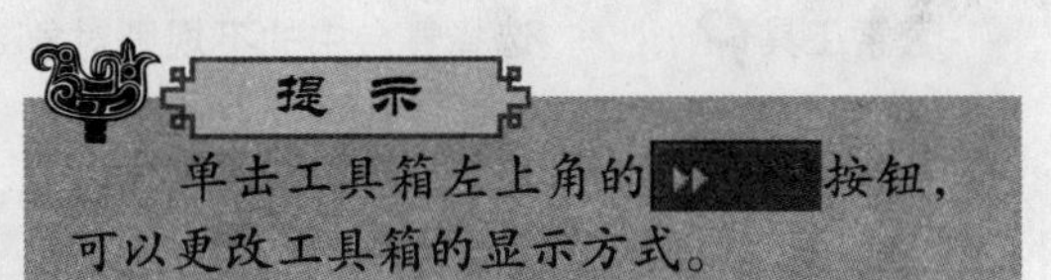

单击工具箱左上角的▸▸按钮，可以更改工具箱的显示方式。

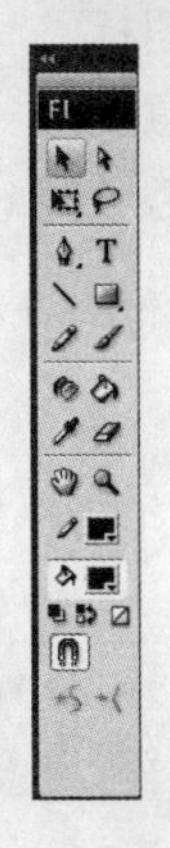

★ 图2-11

为了方便用户学习Flash CS3工具箱的功能和用途，本书把Flash CS3的工具箱按从上到下的排列顺序，分为选择工具区域、绘画工具区域、填色工具区域、查看区域、颜色区域和选项区域6部分来分别进行讲解。

◆选择工具区域

选择工具区域有4个选项，如图2-12所示。

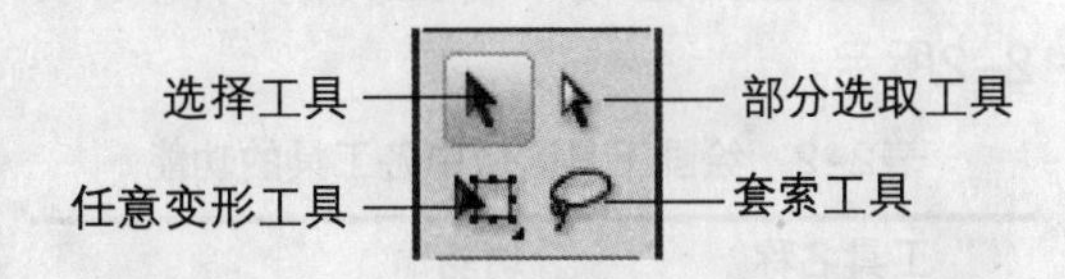

★ 图2-12

选择工具区域中各工具的功能如表2-1所示。

表2-1　选择工具区域中各工具的功能

工具名称	功能
选择工具	选择和移动舞台中的各种对象，也可改变对象的大小和形状
部分选取工具	对舞台中的对象进行移动或变形操作
套索工具	选择舞台中的不规则对象或区域
任意变形工具	对舞台中的对象进行上下或左右的变形操作

对于任意变形工具，点住该图标，在出现的下拉列表框里可以选择任意变形工具和渐变变形工具对图形进行变形操作，如图2-13所示。

任意变形工具(Q)

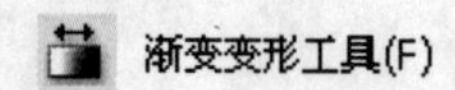

★ 图2-13

▸ 绘画工具区域

绘画工具区域有6个选项，如图2-14所示。

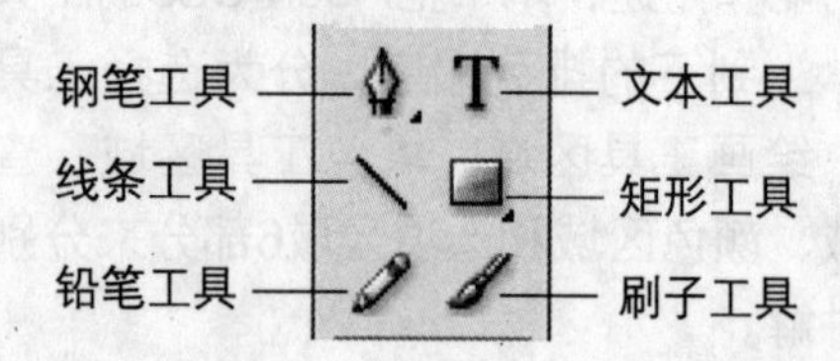

★ 图2-14

绘画工具区域中各工具的功能如表2-2所示。

表2-2　绘画工具区域中各工具的功能

工具名称	功能
钢笔工具	绘制直线和曲线，也可调整曲线的曲率。点住该图标直到出现下拉列表框，就可以选择钢笔工具的各种相关操作，如图2-15所示
文本工具	输入和修改文本
线条工具	绘制任意粗细的线条
矩形工具	绘制任意大小的矩形、椭圆以及多角星形。点住该图标直到出现下拉列表框，可以选择绘制矩形、椭圆及各种多角星形的工具，如图2-16所示
铅笔工具	绘制任意形状的线条
刷子工具	绘制任意形状的矢量色块

钢笔工具(P)
添加锚点工具(=)
删除锚点工具(-)
转换锚点工具(C)

★ 图2-15

矩形工具(R)
椭圆工具(O)
基本矩形工具(R)
基本椭圆工具(O)
多角星形工具

★ 图2-16

▸ 填色工具区域

填色工具区域有4个选项，如图2-17所示。

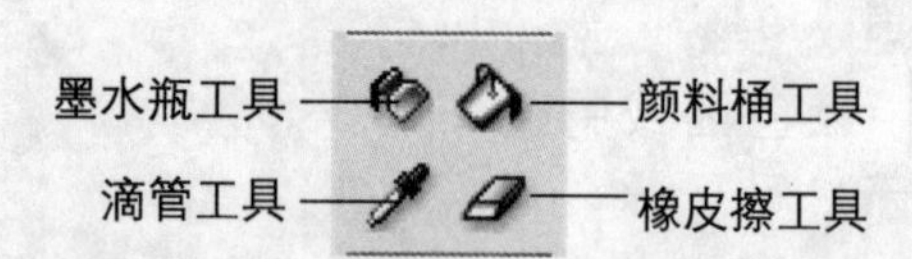

★ 图2-17

填色工具区域中各工具的功能如表2-3所示。

表2-3　填色工具区域中各工具的功能

工具名称	功能
墨水瓶工具	填充或改变舞台中对象的边框颜色
颜料桶工具	填充或改变舞台中矢量色块的颜色属性
滴管工具	吸取已有对象的色彩，并将其应用于当前对象
橡皮擦工具	擦除舞台中的对象

▶ 查看区域

查看区域包含缩放和移动工具，如图2-18所示。

手形工具　缩放工具

★ 图2-18

查看区域中各工具的功能如表2-4所示。

表2-4　查看区域中各工具的功能

工具名称	功能
手形工具	按住鼠标左键拖动可以移动舞台，方便观察较大的对象
缩放工具	单击鼠标左键可以改变舞台的显示比例

▶ 颜色区域

颜色区域包含用于填充笔触颜色和内部色块的工具，如图2-19所示。

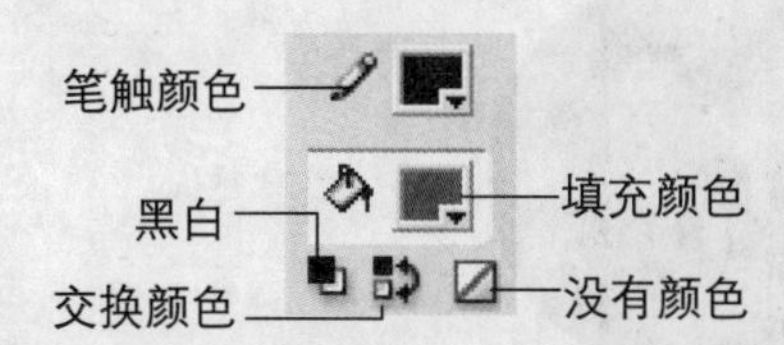

★ 图2-19

颜色区域中各工具的功能如表2-5所示。

表2-5　颜色区域中各工具的功能

工具名称	功能
笔触颜色	设置所选工具的线条和边框颜色
填充颜色	设置选中对象中要填充的颜色
黑白	使选中对象只以白色或黑色显示
没有颜色	使矢量图形的边框无颜色
交换颜色	单击它可交换矢量图形的边框颜色和填充颜色

▶ 选项区域

选项区域中包含与选定工具相关的设置按钮，其内容随着所选工具的变化而变化，当选择某种工具后，在选项区域中将出现相应的设置按钮，以供用户设置所选工具的属性，如图2-20所示。

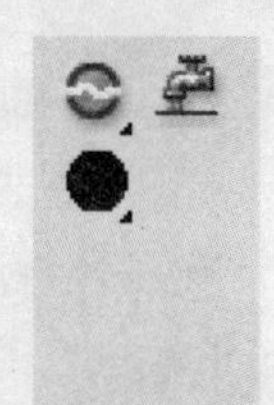

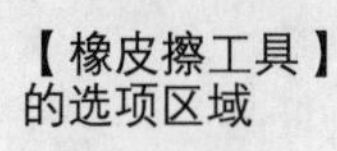

【橡皮擦工具】的选项区域

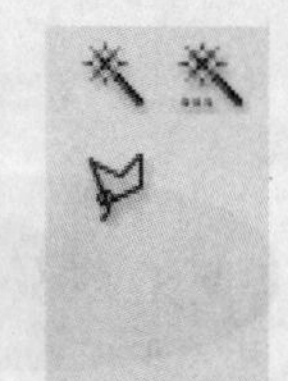

【套索工具】的选项区域

★ 图2-20

2.2 绘制简单图形

知识点讲解

在制作Flash动画的过程中，有些比较简单的图形自己动手绘制即可，然后再对其进行编辑，因此需要用户掌握必要的绘制简单图形的方法。

1. 绘制椭圆和正圆

打开矩形工具的下拉列表框，选择【椭圆工具】选项，可以绘制椭圆和正圆。选中工具箱中的椭圆工具后，【属性】面板将显示椭圆工具的属性设置选项，如图2-21所示。

属性 滤镜 参数
椭圆工具
1 实线 自定义... 端点:
笔触提示 缩放: 一般 尖角: 3 接合:
起始角度: 0 内径: 0 重置
结束角度: 0 闭合路径

★ 图2-21

其中 用于设置矢量线条的颜色； 用于设置矢量色块的颜色； 用于设置矢量线条的粗细，数值越大，线条越粗，反之，线条越细； 用于设置矢量线条的样式。

通过对上述几项内容的设置就完成了椭圆属性的设置，然后就可以在舞台中绘制椭圆或正圆了，其操作步骤如下：

1 选择工具箱中的椭圆工具。
2 将鼠标移动到舞台中需要绘制椭圆或正圆的位置，此时鼠标变为“十”形状。
3 按住鼠标左键向任意方向拖动。
4 当椭圆的大小符合要求后，松开鼠标左键即可绘制出一个椭圆，如图2-22所示。
5 将鼠标光标移到空白处，在按住【Shift】键的同时拖动鼠标，将绘制出一个正圆，如图2-23所示。

★ 图2-22

★ 图2-23

2. 绘制矩形和正方形

使用【矩形工具】 可以绘制矩形和正方形。选中工具箱中的矩形工具后，【属性】面板将显示矩形工具的属性设置选项，如图2-24所示。

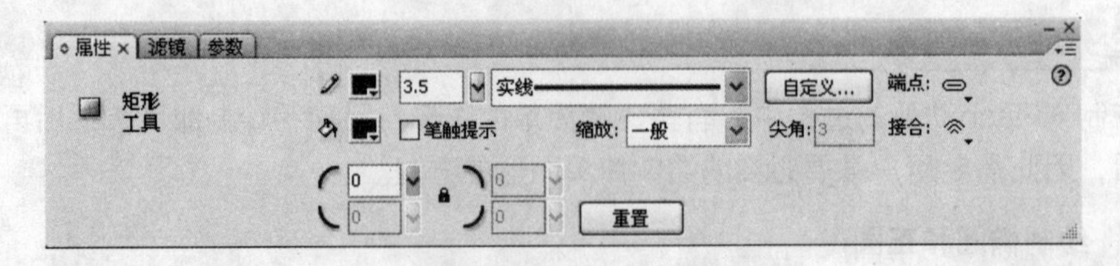

★ 图2-24

通过拖动【属性】面板中的与4个弧对应的边角半径滑块，可以设置所画矩形边角的弧度，如图2-25所示。

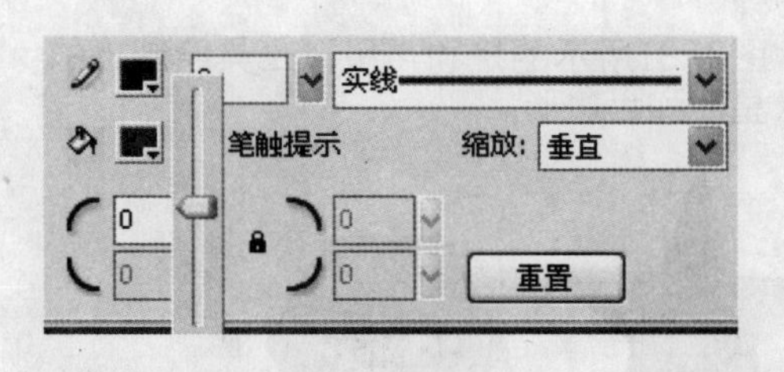

★ 图2-25

在舞台中绘制矩形和正方形与绘制椭圆和正圆的操作步骤基本相同。在绘制的过程中按【Shift】键，即可绘制正方形。

如果不对所绘制的矩形的属性进行设置，保持默认值为0，所绘制的图形即为直角矩形，如图2-26所示。

★ 图2-26

通过上下拖动弧度滑块，就能绘制出相应的圆角矩形。也可以选择在边角半径数值框中输入-100～100之间的数值。数值越小，绘制出来的圆角弧度就越小，默认值为0，即直角矩形。如果在数值框中输入“100”，绘制出来的圆角弧度最大，得到的是两端为半圆的圆角矩形，如图2-27所示。

★ 图2-27

如果在数值框中输入“-100”，绘制出来的圆角弧度也最大，不过是向内的，如图2-28所示。

★ 图2-28

3. 绘制多角星形

打开【矩形工具】下拉列表框，选择【多角星形工具】选项可绘制星形和多边形。选中工具箱中的多角星形工具后，【属性】面板将显示多角星形工具的属性设置选项，如图2-29所示。

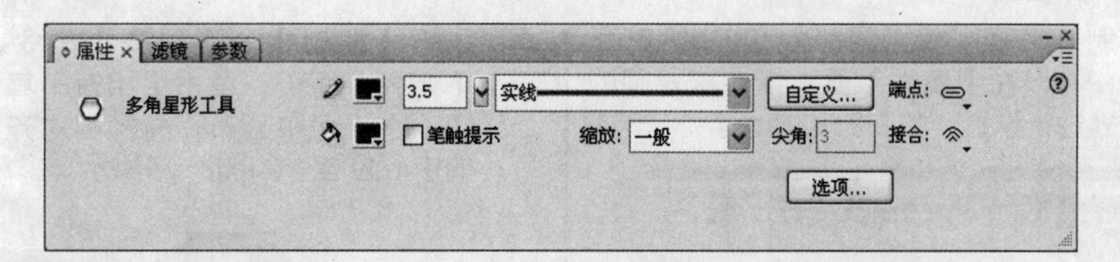

★ 图2-29

多角星形工具的使用方法和矩形工具类似，所不同的是多角星形工具的【属性】面板中多了【选项】按钮。单击【选项】按钮，打开如图2-30所示的对话框。

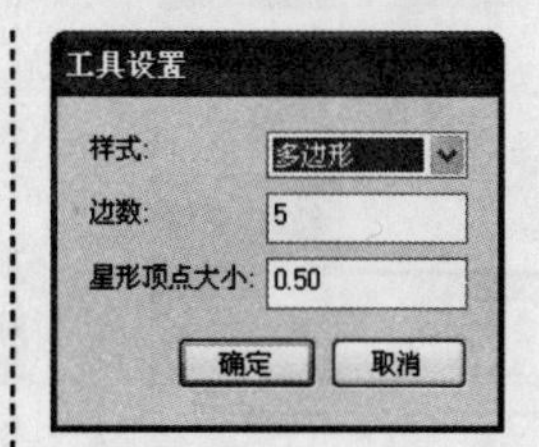

★ 图2-30

在【样式】下拉列表框中可选择绘制的样式有【多边形】和【星形】，在【边数】数值框中可输入多角星形的边数，在【星形顶点大小】数值框中可输入星形顶点大小。

注意

在【工具设置】对话框的【边数】数值框中只能输入介于3～32之间的数字；在【星形顶点大小】数值框中只能输入一个介于0～1之间的数字，用于指定星形顶点的深度，数字越接近0，创建的顶点就越深。在绘制多边形时，星形顶点的深度对多边形没有影响。

绘制多角星形的具体操作步骤如下：

1. 选择工具箱中的多角星形工具。
2. 单击多角星形工具【属性】面板中的【选项】按钮，在弹出的【工具设置】对话框中，设置多角星形工具的详细参数。
3. 在舞台中拖曳鼠标指针，绘制图形，如图2-31所示的是利用星形工具绘制出的星形和六边形。

★ 图2-31

综合利用上面所讲的几种工具自己动手绘制喜欢的图形。下面以制作中国工商银行的标志为例讲解一下这几种工具的应用方法，具体操作步骤如下：

1. 新建一个Flash文档。
2. 在工具箱中选择椭圆工具，在【属性】面板中将笔触颜色设为无，设置填充颜色为红色，如图2-32所示。

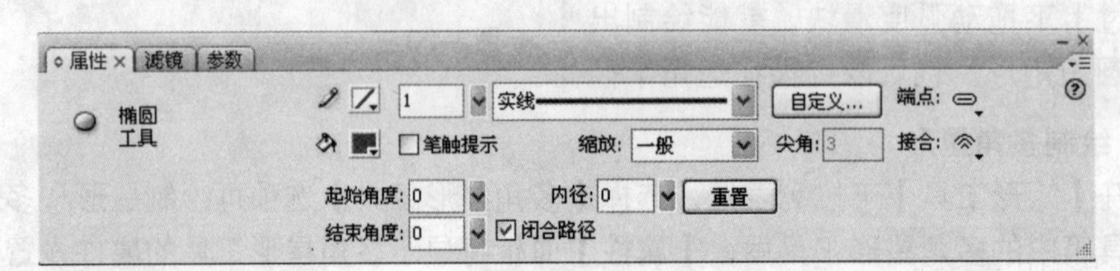

★ 图2-32

3. 绘制一个高度和宽度都为200像素的正圆，可以在【属性】面板中直接对圆的尺寸进行设置，如图2-33所示。

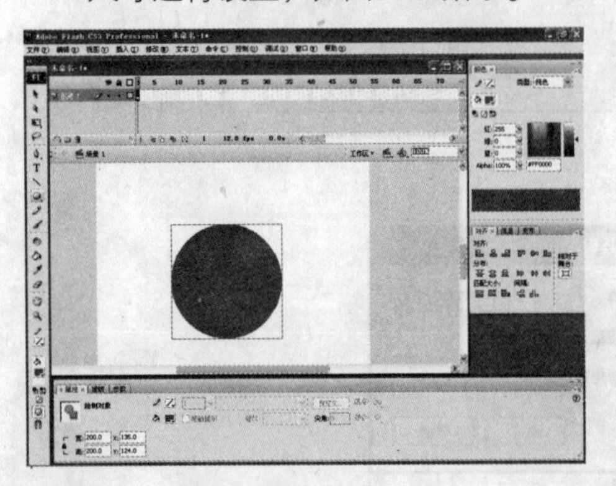

★ 图2-33

4. 执行【窗口】→【对齐】命令，打开【对齐】面板，单击【相对于舞台】按钮，水平居中分布，将椭圆对齐到舞台的中心位置，如图2-34所示。

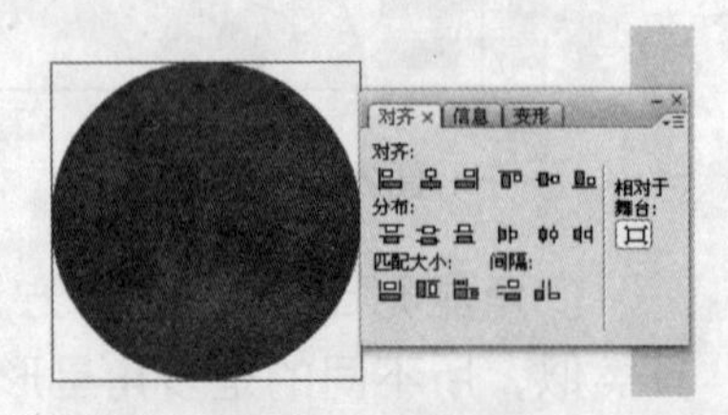

★ 图2-34

5. 执行【窗口】→【变形】命令，打开【变形】面板，将椭圆由原来的133.3％等比例缩小到100％。

6 单击【复制并应用变形】按钮，复制缩小后的椭圆，如图2-35所示。

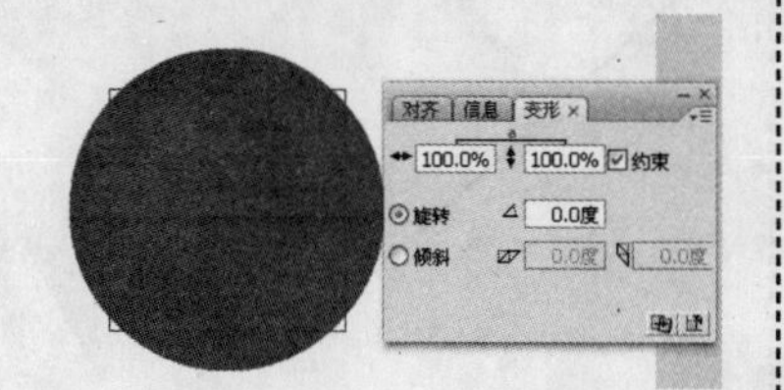

★ 图2-35

7 将两个椭圆同时选中，执行【修改】→【合并对象】→【打孔】命令，对两个椭圆进行路径运算，然后将大圆拖走，得到的效果如图2-36所示。

★ 图2-36

注意

要实现绘制圆环的效果，也可以通过在图2-36中设置内径的值，如设置内径为100来实现。设置内径值是Flash CS3中新增的选项。

8 在工具箱中选择矩形工具，【属性】面板中的设置与刚才的圆形相同。在舞台中绘制8个宽50像素、高20像素的矩形，6个宽18像素、高50像素的矩形，如图2-37所示。

★ 图2-37

9 选中其中的两个矩形，将其移至圆环中。

10 执行【窗口】→【对齐】命令，打开【对齐】面板，单击【垂直中齐】按钮，把这两个矩形对齐到圆环的正中心位置，如图2-38所示。

★ 图2-38

11 将所有矩形移到圆环中，调整至合适位置，将其组合成“工”的形状，如图2-39所示。

★ 图2-39

读者还可以利用多角星形工具自己动手制作一面五星红旗，如图2-40所示。

★ 图2-40

2.3 绘制路径

在Flash CS3中绘制路径的工具多为线条工具、钢笔工具和铅笔工具，用户可根据实际的需要来选择不同的工具。

2.3.1 线条工具

知识点讲解

在Flash CS3中，线条工具是最简单的绘制工具，可以直接绘制所需直线，其操作步骤如下：

1. 单击工具箱中的【线条工具】按钮，再将鼠标指针移动到舞台中要绘制直线的位置，此时鼠标指针变为“十”形状。
2. 按住鼠标左键向任意方向拖动，如图2-41所示。

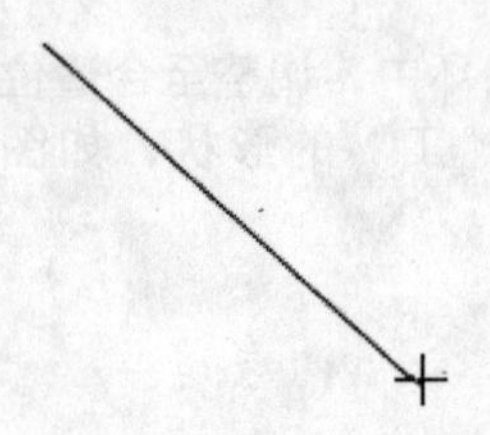

★ 图2-41

3. 当线条的位置及长度符合要求后，松开鼠标左键即可绘制出一条直线，如图2-42所示。

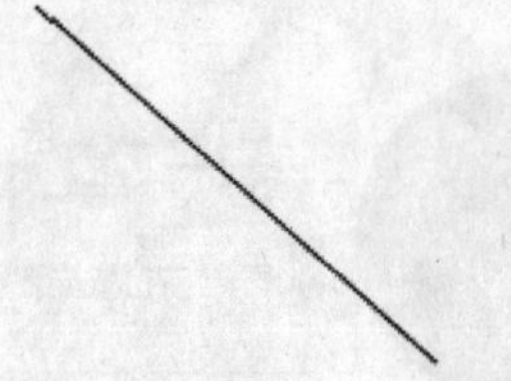

★ 图2-42

在绘制直线时若按住【Shift】键，可绘制出与水平方向呈45°的倾斜直线。

▶ 更改直线路径宽度和样式

绘制直线后，用户还可根据需要对直线的粗细、样式和颜色等属性进行修改。在工具箱中单击【选择工具】按钮，然后在场景中选中绘制的直线，这时【属性】面板中会显示当前选中的直线路径的属性，如图2-43所示。

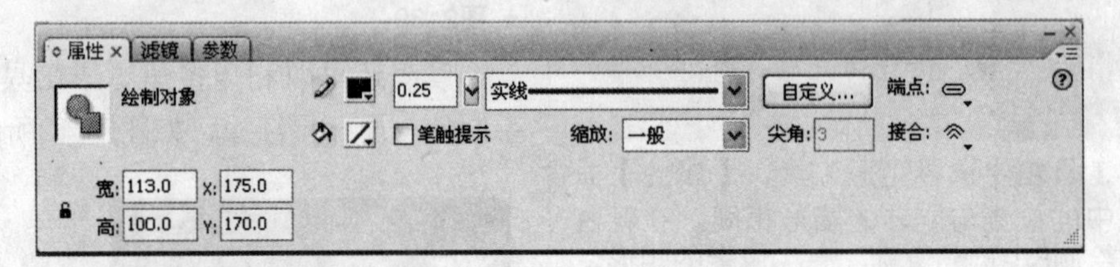

★ 图2-43

宽: 113.0 高: 100.0 用于设置直线在水平或垂直方向上的长度。

X: 175.0 Y: 170.0 用于设置直线在场景中的位置。

实线 用于设置直线的样式，单击右侧的按钮，可以在弹出的下拉列表框中选择所需的直线样式。

用于设置直线的颜色，单击该按钮，可在弹出的颜色列表中选择直线的颜色。

单击【属性】面板中的【笔触高度】数值框设置直线路径的宽度，可以在数值框中手动输入数值，也可以通过拖曳滑块进行设置，如图2-44所示。

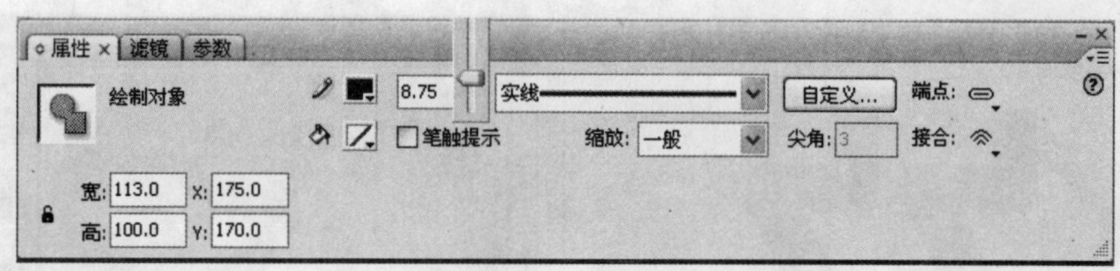

★ 图2-44

在【笔触样式】下拉列表框中可以选择绘制直线路径的样式效果。单击【自定义】按钮，打开【笔触样式】对话框，如图2-45所示。

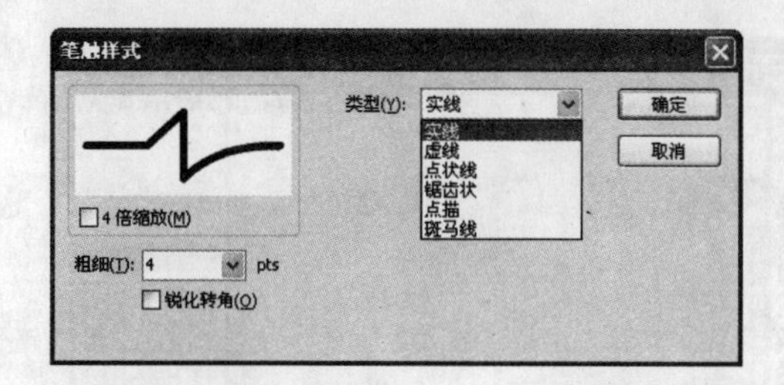

★ 图2-45

在该对话框的【类型】下拉列表框中，选择某一选项，根据不同的类型，将显示不同的设置选项。例如选择【锯齿状】选项，将显示锯齿状的设置选项，如图2-46所示。

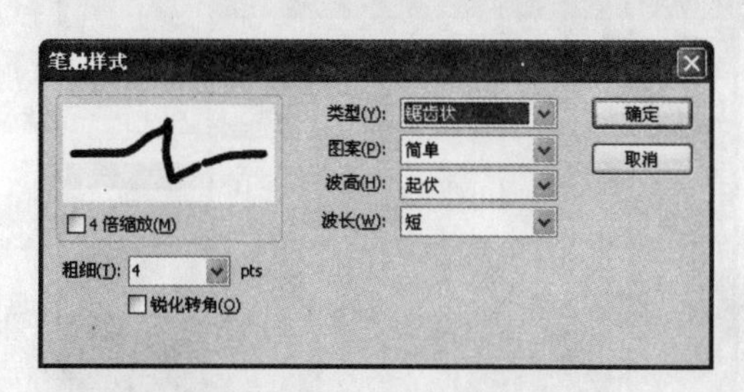

★ 图2-46

根据绘制的需要设置不同的选项，设置完毕后，单击【确定】按钮即可。

▶ 更改直线路径端点和接合

在【属性】面板中可以对绘制出来的路径端点形状进行设置，单击【端点】按钮的向下箭头，打开其下拉列表框，如图2-47所示。

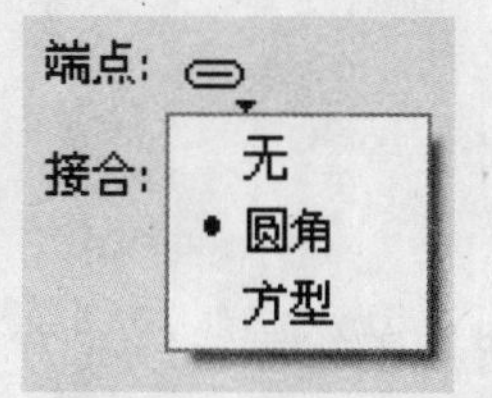

★ 图2-47

在此列表框中分别选择【圆角】和【方形】选项的效果如图2-48所示。

★ 图2-48

接合是指两条线段相接，也就是拐角。在【属性】面板中，单击【接合】按钮的向下箭头，打开其下拉列表框，如图2-49所示。

★ 图2-49

Flash CS3有三种接合点的形状，分别是：【尖角】、【圆角】和【斜角】，其中【斜角】是指被“削平”的方形端点。

三种接合点的形状效果如图2-50所示。

★ 图2-50

读者可根据上面讲解的绘制直线的方法绘制英文标志“FLASH”，具体操作步骤如下：

1 新建一个Flash CS3文档。

2 执行【修改】→【文档】命令，打开Flash CS3的【文档属性】对话框，根据需要设置参数，如图2-51所示。

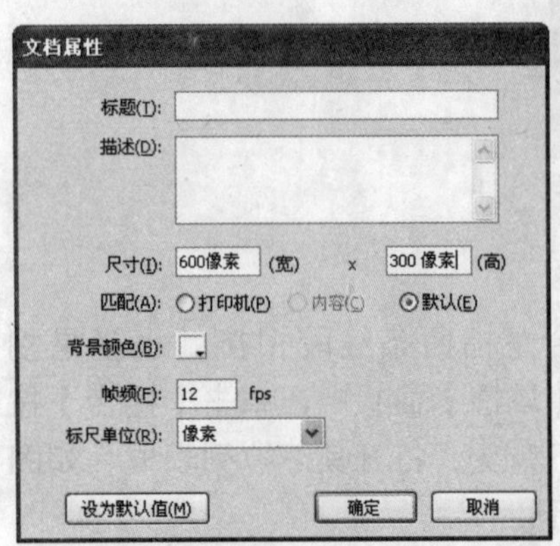

★ 图2-51

3 执行【视图】→【标尺】命令，打开舞台的标尺，如图2-52所示。

4 由于每个字符的宽度和高度都是150×100像素，因此要从标尺中拖曳出辅助线来定义每个字符的范围。

5 拖曳4条水平辅助线，坐标分别为50、100、150和200，如图2-53所示。

6 拖曳6条垂直辅助线，坐标分别为50、150、250、350、450和550，如图2-54所示。

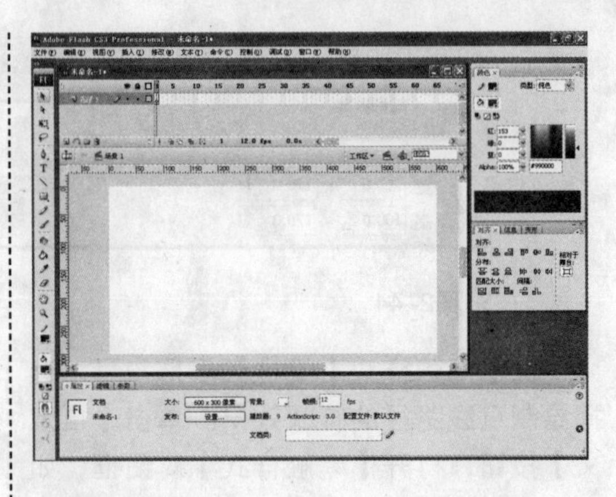

★ 图2-52

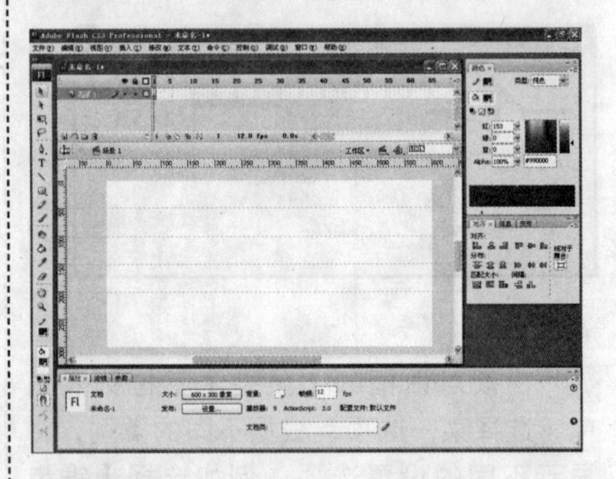

★ 图2-53

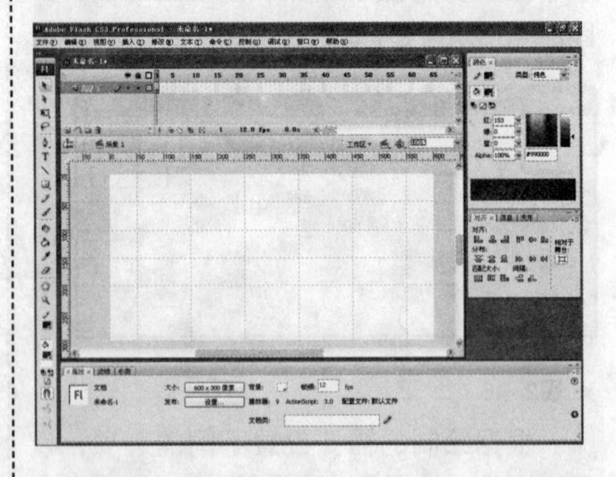

★ 图2-54

7 选择工具箱中的线条工具，在【属性】面板中设置直线的属性，颜色为粉色，粗细为6像素，笔触样式为实线，端点为方形，如图2-55所示。

★ 图2-55

8 根据辅助线得到形状的范围，使用直线工具依次连接各个点，绘制字符“F”，效果如图2-56所示。

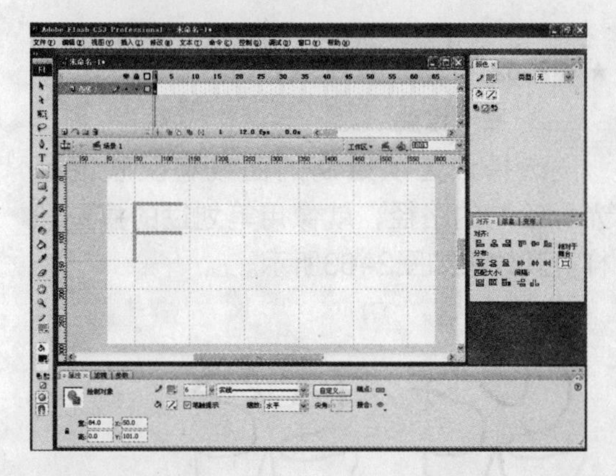

★ 图2-56

说 明

在绘制的过程中，按住【Shift】键可以保持绘制的直线为水平或垂直状态。

9 继续使用线条工具绘制字符“L”，如图2-57所示。

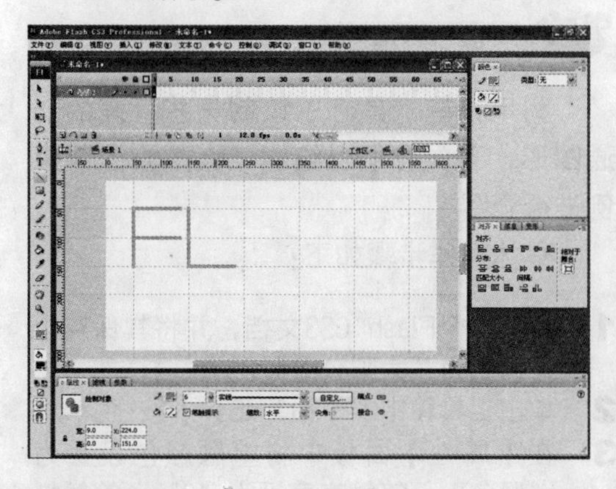

★ 图2-57

10 使用同样的方法来绘制字符“A”、“S”和“H”，如图2-58所示。

★ 图2-58

11 单击【选择工具】按钮后，选中所有绘制的字符，执行【修改】→【合并对象】→【联合】命令，把每一个字符都组合起来。

12 执行【修改】→【对齐】→【垂直居中】命令，将文字放置到舞台的中心位置上，去掉辅助线及标尺，即完成了英文标志“FLASH”的制作，如图2-59所示。

★ 图2-59

2.3.2 铅笔工具

使用铅笔工具不仅可以绘制直线，还可以绘制曲线。使用铅笔工具的操作步骤如下：

1. 单击工具箱中的【铅笔工具】按钮。
2. 在【属性】面板中设置路径的颜色、宽度和样式。
3. 选择需要的铅笔模式。
4. 再将鼠标移到舞台中，然后按住鼠标左键随意拖动即可绘制任意直线或曲线路径。

在工具箱的选项区域中单击【铅笔模式】按钮后，将打开【铅笔模式】下拉列表框，如图2-60所示。

✔ 直线化
平滑
墨水

★ 图2-60

▸ 直线化模式

选择该选项绘制的曲线比较规则，可利用它绘制一些相对较规则的几何图形。使用该模式绘制图形的效果如图2-61所示。

绘制前　　绘制后

★ 图2-61

▸ 平滑模式

选择该选项绘制的线条流畅自然，可利用它绘制一些相对较柔和、细致的图形。其效果如图2-62所示。

绘制前　　绘制后

★ 图2-62

▸ 墨水模式

选择该选项绘制的曲线将反映鼠标光标绘制的路径，就像用笔划过的痕迹一样。其效果如图2-63所示。

绘制前　　绘制后

★ 图2-63

注意

要得到最接近于手绘的效果，最好选择墨水模式。

动手练

利用铅笔工具可以绘制一些可爱的卡通图形，下面我们以绘制“太阳公公”为例进行介绍。

具体操作步骤如下：

1. 新建一个Flash CS3文档，并将其保存，文件名为“太阳公公”。
2. 单击工具箱中的【铅笔工具】按钮。
3. 在【属性】面板中将笔触颜色设置为“黑色”，笔触高度设为“2”，笔触样式设为“实线”，端点设为“圆角”，如图2-64所示。

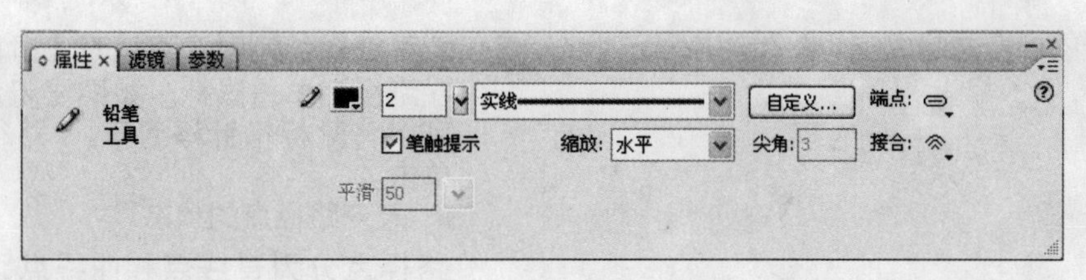

★ 图2-64

4 选择需要的铅笔模式，这里我们选择“墨水模式”。

5 将鼠标移到舞台中，然后按住鼠标左键拖动绘制太阳公公的脸。

6 然后绘制太阳公公的眼睛和嘴巴，并为太阳公公绘制阳光，最终效果如图2-65所示。

★ 图2-65

2.3.3 钢笔工具

知识点讲解

铅笔工具可以绘制直线和曲线，还可以调节曲线的曲率，使绘制的线条按照预想的方向弯曲。要绘制精确的路径，可以使用钢笔工具创建直线和曲线，调整直线段的角度和长度以及曲线的斜率。钢笔工具不仅可以绘制普通的开放路径，还可以创建闭合的路径。

在使用钢笔工具时，用户可根据鼠标指针的不同形状来确定当前钢笔工具所处的状态，钢笔工具的各种鼠标指针形状的具体含义如下所述。

×：在该状态下，单击鼠标左键可确定一个点，该形状是选择钢笔工具后，鼠标指针的默认形状。

+：将鼠标指针移到绘制曲线上没有手柄的任意位置时，鼠标指针将变为此形状，此时单击鼠标左键可添加一个手柄。

-：将鼠标指针移到绘制曲线的某个手柄上时，鼠标指针将变为此形状，此时单击鼠标左键即可删除该手柄。

：将鼠标指针移到某个手柄上时，鼠标指针将变为此形状。此时单击鼠标左键可将弧线手柄变为两条直线的连接点。

：当鼠标指针移动到起始点时，鼠标指针将变为该形状。此时单击鼠标左键可将图形封闭并填充颜色。

▶ 绘制直线路径

使用钢笔工具绘制直线路径的操作步骤如下：

1 单击工具箱中的【钢笔工具】按钮，鼠标光标变为×形状。

2 将鼠标移到舞台中的任意位置并单击鼠标左键确定直线起点，此时起点位置出现一个小圆圈。

3 释放鼠标左键，将鼠标光标移到另一点上单击鼠标左键，在起点位置和终点位置之间会自动出现一条直线，如图2-66所示。

★ 图2-66

4 释放鼠标左键，在舞台中的另一点上单击可绘制出另一条直线，该直线以前一条线的终点为起点，如图2-67所示。

★ 图2-67

5 如果要结束路径绘制，可以按【Ctrl】键，在路径外单击鼠标。如果要闭合路径，可以将鼠标指针移到第1个路径点上并单击，如图2-68所示。

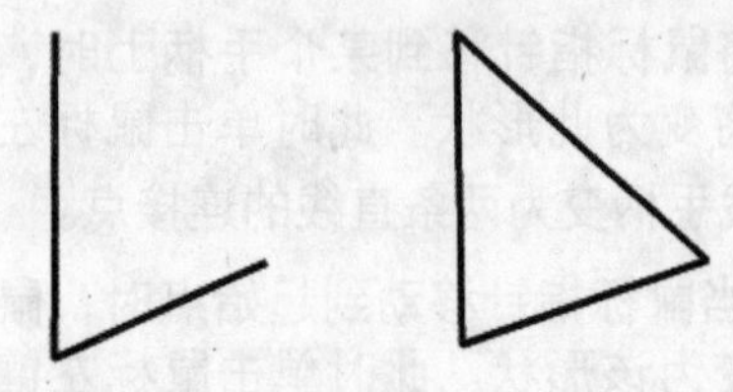

★ 图2-68

▶ 绘制曲线路径

使用钢笔工具绘制曲线路径的操作步骤如下：

1 在工具箱中选择钢笔工具。
2 在【属性】面板中设置好笔触和填充的属性。
3 在舞台上，单击某一位置，确定第一个路径点。
4 拖曳出曲线的方向，拖曳时，路径点两端会出现曲线的切线手柄。
5 释放鼠标，将鼠标指针放置在希望曲线结束的位置上，单击鼠标左键，然后向相同或相反的方向拖曳，如图2-69所示。

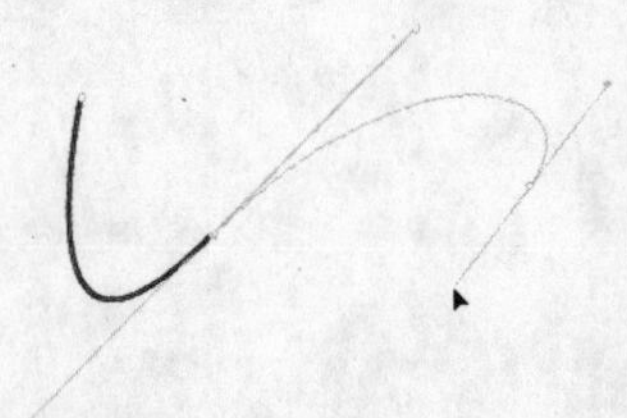

★ 图2-69

6 结束路径绘制时，可以按【Ctrl】键，在路径外单击鼠标。如果要闭合路径，可以将鼠标指针移到第1个路径点上并单击。

▶ 改变路径点的状态

路径点分为直线点和曲线点，将曲线点转换为直线点的操作步骤如下：

1 选择【钢笔工具】下拉列表框中的【转换锚点工具】选项。
2 选择要转换的路径，用钢笔工具单击所选路径上已存在的曲线路径点。
3 在钢笔工具的右下角会出现一个“<”号，表示可以将曲线点转换为直线点，如图2-70所示。

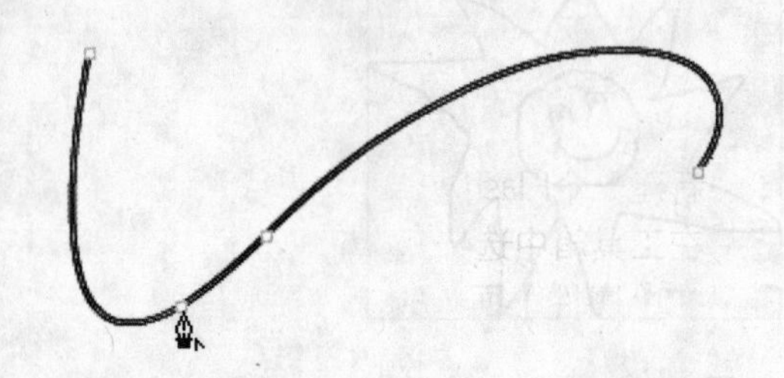

★ 图2-70

4 单击鼠标左键即可完成操作，如图2-71所示。

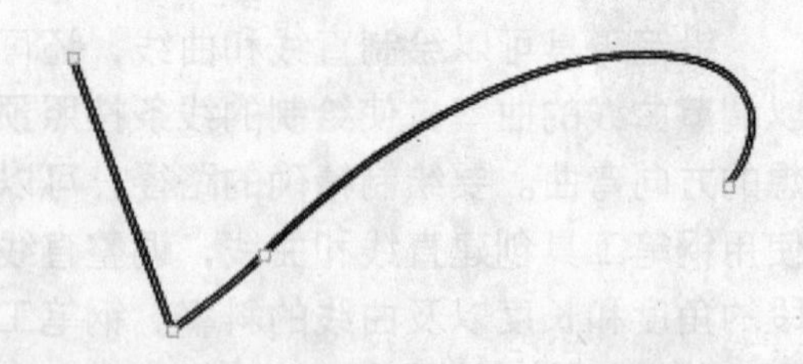

★ 图2-71

▶ 添加、删除路径点

在Flash CS3中可以通过添加或删除路径点来得到满意的图形。添加路径点的操作步骤如下：

1 选择【钢笔工具】下拉列表框中的【添加锚点工具】选项。
2 选择路径，使用钢笔工具在路径边缘没有路径点的位置上单击，在钢笔工具的

右下角出现一个"+"号时，表明在路径的该位置上可以增加一个路径点。

在Flash CS3中，删除路径点的操作步骤如下：

1 选择【钢笔工具】下拉列表框中的【删除锚点工具】选项。
2 选择路径，使用钢笔工具单击所选路径上已存在的路径点，在钢笔工具的右下角出现一个"−"号，表示在路径的该位置上可以删除一个路径点。

动手练

掌握了钢笔工具的使用方法，可以自己动手绘制一些简单的图形，练习一下钢笔工具的使用技巧，下面以绘制花朵为例巩固所学知识。

1 新建一个Flash CS3文档。
2 在工具箱中选择钢笔工具。
3 在【属性】面板中设置好笔触和填充的属性。
4 在舞台上单击某一位置，确定第1个路径点。
5 绘制一个花瓣，如图2-72所示。

★ 图2-72

提示

在绘制的过程中，可以根据需要删除或增加路径点。

6 使用【变形】面板对花瓣进行旋转和复制。在旋转和复制花瓣时，可以根据需要设置花瓣的疏密程度，如图2-73所示。

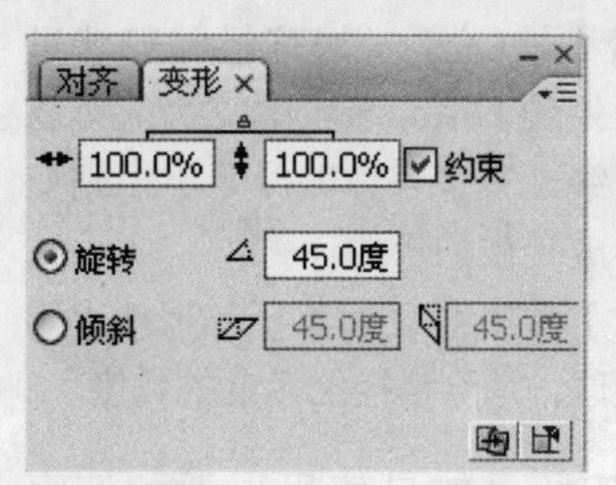

★ 图2-73

7 绘制一个正圆作为花心，最终效果如图2-74所示。

★ 图2-74

2.4 对象的选取

在Flash CS3中，可使用【选择工具】对编辑区的对象进行选择以及对一些路径进行修改。

2.4.1 选择工具

知识点讲解

选择工具是Flash CS3中使用最频繁的工具，它可用于抓取、选择、移动和改变图形形状。单击【选择工具】按钮后，在工具箱的选项区域中会出现3个附属工具按钮，如图2-75所示。

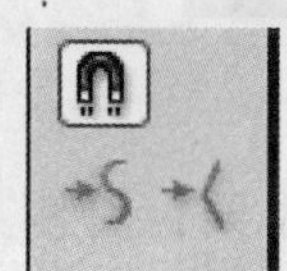

★ 图2-75

通过这些按钮可以完成以下操作。

- 【贴紧至对象】按钮：单击该按钮，使用选择工具拖曳某一对象时，光标将出现一个圆圈，将该对象向其他对象移动的时候，会自动吸附上去，有助于将两个对象连接在一起。另外此按钮还可以使对象对齐辅助线或网格。
- 【平滑】按钮：对路径和形状进行平滑处理，消除多余的锯齿。可以柔化曲线，减少整体凹凸等不规则变化，形成轻微的弯曲。
- 【伸直】按钮：对路径和形状进行伸直处理，消除路径上多余的弧度。

如图2-76所示的是使用平滑和伸直的效果。左侧的曲线是使用铅笔工具绘制的，显然是凹凸不平而且带有毛刺，中间及右侧的曲线是经过平滑或伸直操作得到的，可以看出曲线变得非常光滑。

★ 图2-76

- 选择一个对象

如果选择的是一条直线、一组对象或文本，只需要单击需要的对象，就可以选择对象。如果所选的对象是图形，单击一条边线并不能选择整个图形，而需要在某条边线上双击鼠标左键，方可选中整个轮廓，如图2-77所示。

★ 图2-77

左侧是单击一条边线的效果，右侧是双击一条边线后选择所有边线的效果。

- 选择多个对象

有两种方式可以选择多个对象：一是使用框选；二是按住【Shift】键进行复选。下面以使用框选为例，说明选择多个对象的操作，单击【选择工具】按钮，使用鼠标框选需要的多个对象，松开鼠标即可选择多个对象，如图2-78所示。

★ 图2-78

- 裁剪对象

在框选对象的时候如果只是框选了对象的一部分，那么将会对对象进行裁剪操作，如图2-79所示。

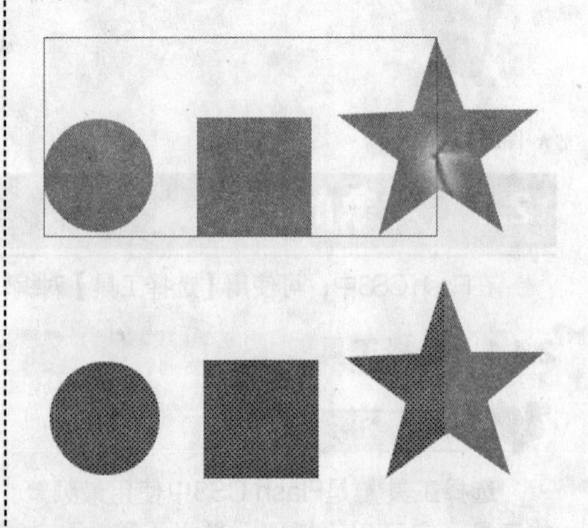

★ 图2-79

当对裁剪对象进行操作时，只操作已选择的部分。

▶ 移动拐角

利用选择工具移动对象的拐角，当鼠标指针移动到对象的拐角点时，鼠标指针会发生变化，如图2-80所示。

★ 图2-80

这时按住鼠标左键并拖曳鼠标，即可改变拐点的位置，移动到指定位置后释放鼠标。移动拐点的前后效果如图2-81所示。

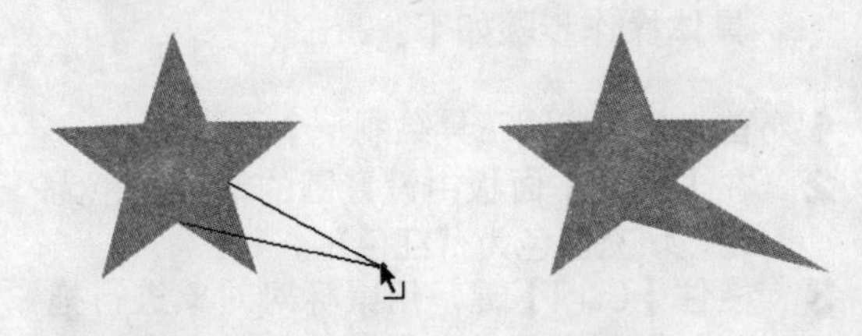

★ 图2-81

▶ 将直线变为曲线

将选择工具移动到对象的边缘，鼠标指针会发生变化，如图2-82所示。

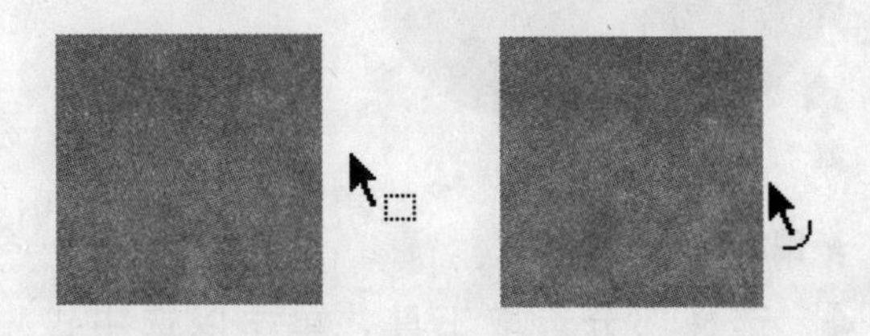

★ 图2-82

这时按住鼠标左键并拖曳鼠标，移动到指定位置后释放鼠标。直线变曲线的前后效果如图2-83所示。

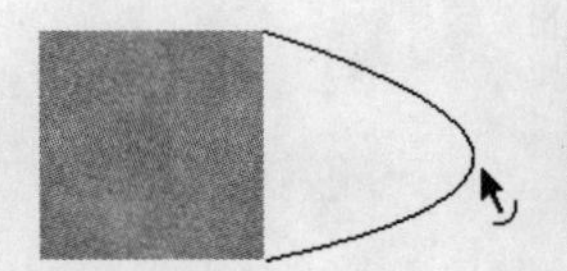

★ 图2-83

▶ 增加拐点

可以在一条线段上增加一个新的拐点。当鼠标指针下方出现一个弧线的标志时，按住【Ctrl】键和鼠标左键进行拖曳，到适当位置后释放鼠标，就可以增加一个拐点，如图2-84所示。

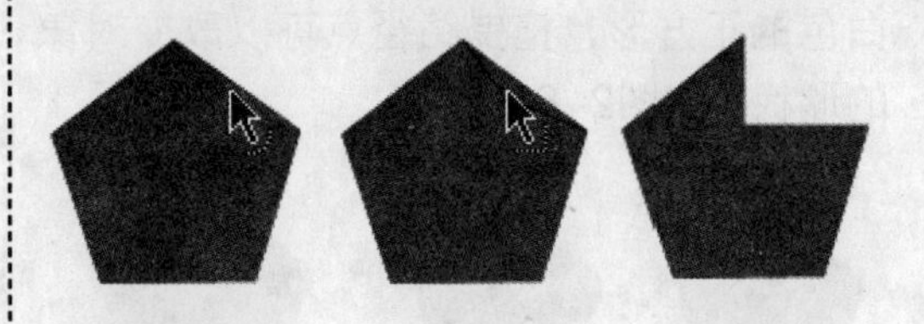

★ 图2-84

动手练

通过前面知识的讲解，读者可以掌握选择工具的基本用法。除了以上功能之外，利用选择工具还可以直接在工作区中对对象进行复制，具体操作步骤如下：

1 选择需要复制的对象。

2 按【Ctrl】键或者【Alt】键，再拖曳对象至工作区上的任意位置，放开鼠标左键，就可以将对象复制到这里。

2.4.2 部分选取工具

【部分选取工具】不仅可以选择并移动对象，还可以对图形进行变形等处理。

使用部分选取工具选择对象，对象上将会出现很多的路径点，表示该对象已经被选中，如图2-85所示。

★ 图2-85

▶ 移动路径点

使用部分选取工具选中图形后，周围会出现一些路径点，把鼠标指针移动到这些路径点上，这时鼠标的右下角出现一个白色的正方形，拖曳路径点可以改变对象的形状，如图2-86所示。

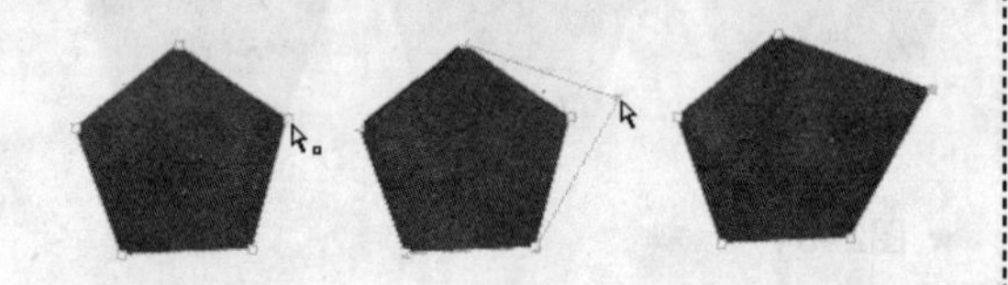

★ 图2-86

▶ 调整路径点的控制手柄

当对选中的路径点进行移动时，在路径点的两端会出现调节路径弧度的控制手柄，此时选中的路径点将变为实心，拖曳路径点两边的控制手柄，可以改变曲线弧度，如图2-87所示。

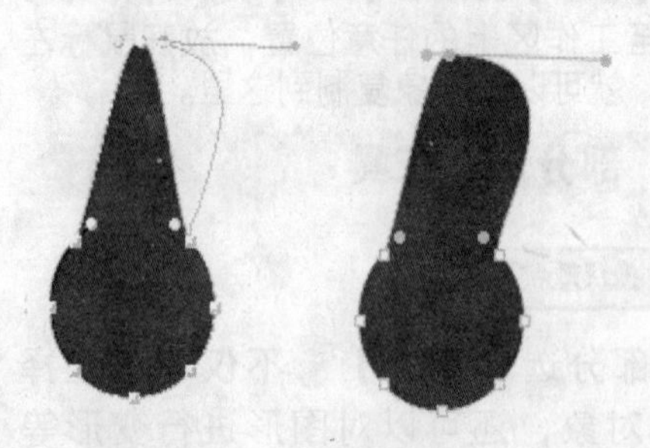

★ 图2-87

▶ 删除路径点

使用部分选取工具选中对象上的任意路径点后，单击【Delete】键可以删除当前选中的路径点，删除路径点也可以改变当前对象的形状，如图2-88所示。

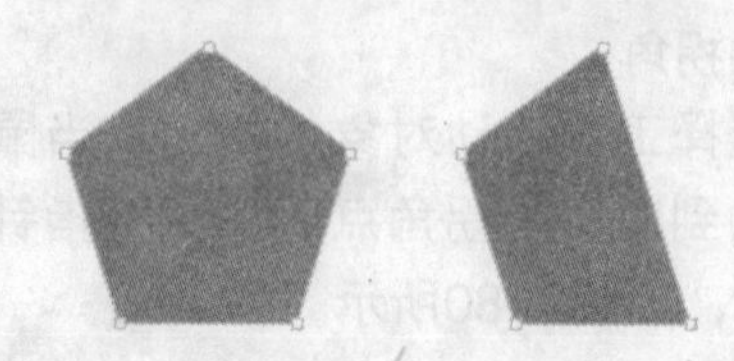

★ 图2-88

提 示

选择多个路径点时同样可以使用框选或者按【Shift】键进行复选。

动 手 练

利用部分选取工具的移动、调整路径点等功能，可以绘制出我们想要的图形形状。下面我们利用这些功能绘制一颗红心。

具体操作步骤如下：

1 首先使用椭圆工具绘制一个正圆。

2 在【属性】面板中设置圆的笔触颜色为无，填充颜色为“红色”。

3 按住【Ctrl】键，用鼠标对对象进行拖动，复制出另一个正圆，拖动至合适位置，如图2-89所示。

★ 图2-89

4 选择部分选取工具，单击以选中该图形。

5 单击图形底部的路径点，向下方拖动，拖出一个尖状，作为心的底部，如图2-90所示。

★ 图2-90

6 选中图形中部的路径点，按【Delete】键将其删除，最终效果如图2-91所示。

★ 图2-91

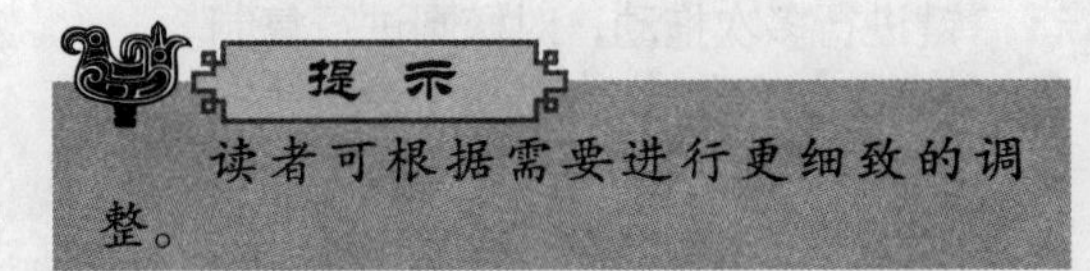

读者可根据需要进行更细致的调整。

2.4.3 【对象绘制】模式

Flash CS3还提供了一个新功能——【合并对象】功能，该功能主要用于对利用【对象绘制】模式绘制的图形对象进行编辑，利用【合并对象】功能可以对图形对象进行联合、交集以及打孔等合并编辑。

下面就对【对象绘制】模式进行讲解。当在工具箱中选择钢笔、刷子和形状等工具时，在选项区域中将显示【对象绘制】按钮，如图2-92所示。

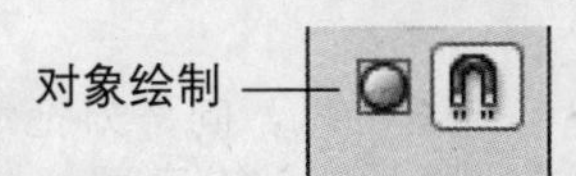

★ 图2-92

单击【对象绘制】按钮后，在同一层绘制出的形状和线条会自动组合，在移动时不会互相切割、互相影响，如图2-93所示。

★ 图2-93

在Flash CS3中，可以对绘制对象进行合并。选择需要合并的多个对象，执行【修改】→【合并对象】命令，打开【合并对象】子菜单，如图2-94所示。

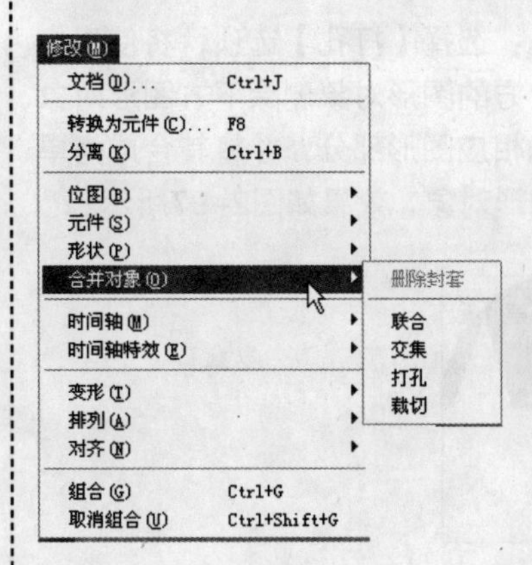

★ 图2-94

在【合并对象】功能中，主要有【联合】、【交集】、【打孔】和【裁切】4种合并模式，下面通过实例来介绍各合并模式的功能及含义。

- 联合：选择【联合】选项，可以将两个或多个图形对象合成单个图形对象，效果如图2-95所示。
- 交集：选择【交集】选项，将只保留两个或多个图形对象相交的部分，并将其合成为单个图形对象，效果如图2-96所示。

★ 图2-95

★ 图2-96

- 打孔：选择【打孔】选项，将使用位于上方的图形对象删除下方图形对象中的相应图形部分，并将其合成为单个图形对象，效果如图2-97所示。

★ 图2-97

- 裁切：选择【裁切】选项，将使用位于上方的图形对象保留下方图形对象中的相应图形部分，并将其合成为单个图形对象，效果如图2-98所示。

★ 图2-98

动手练

上面小节讲解了在对象绘制模式下可以对绘制对象进行的相关操作，请读者通过制作一幅场景图来进一步掌握其功能和用法。

1 新建一个Flash CS3文档。

2 在【属性】面板中将场景尺寸设置为"550×300像素"，背景色设置为"白色"。

3 执行【文件】→【保存】命令，将其存储为"动画场景"。

4 在工具箱中选择矩形工具，将矩形的线条颜色设置为无，填充色设置为"浅蓝色"，然后在选项区域中单击◎按钮开启【对象绘制】模式，并在场景中绘制一个与场景大小相同的矩形。

5 选择椭圆工具，绘制一个椭圆。单击【选择工具】按钮，按住【Alt】键和鼠标左键进行多次拖动，对椭圆进行复制。

6 执行【修改】→【对象合并】→【联合】命令，绘制一个白云图形，如图2-99所示。

★ 图2-99

7 单击【选择工具】按钮，选中白云图形，按住【Ctrl】键并将鼠标指针向右下方拖动，复制该白云图形。

8 选择任意变形工具，对复制的白云图形进行缩放。使用选择工具将两个白云图形框选，然后执行【修改】→【组合】命令（或按【Ctrl+G】组合键）将白云图形组合，如图2-100所示。

★ 图2-100

9 使用选择工具将组合的白云图形拖动到蓝色矩形的上方，按上面的步骤再复制两个，然后使用任意变形工具对复制图形的大小进行缩放，效果如图2-101所示。

★ 图2-101

10 在工具箱中选择线条工具，绘制一个地平线，然后选中铅笔工具，将笔触颜色设置为无，然后在选项区域中，单击◎按钮开启【对象绘制】模式，并在场景中绘制一个山坡图形，并将颜色填充为“绿色”，如图2-102所示。

★ 图2-102

注意

【铅笔工具】绘制的路径要与【线条工具】的路径闭合才能填充。

11 用刷子工具在山坡上绘制一条路。

12 在开启【对象绘制】模式的状态下，使用椭圆工具和矩形工具绘制如图2-103所示的红色圆形和白色矩形，然后将白色矩形拖动到红色圆形的下方，执行【修改】→【合并对象】→【联合】命令，将图形对象进行组合，如图2-104所示。

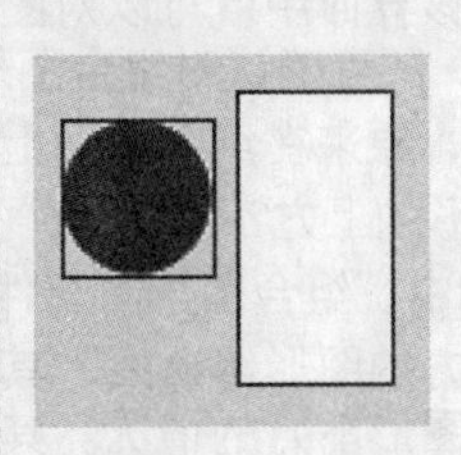

★ 图2-103

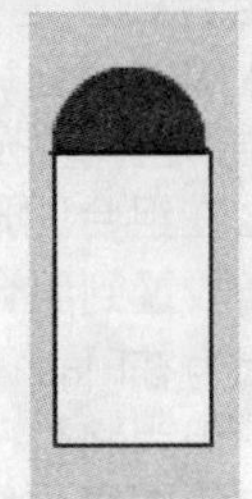

★ 图2-104

13 使用选择工具将组合的图形对象依次拖动到场景中，并将组合的图形对象复制两个，然后使用任意变形工具对各图形的大小进行缩放，调整后的场景效果如图2-105所示。

★ 图2-105

疑难解答

问 如何在Flash CS3中把背景设为自己想要的颜色?

答 选择背景颜色是没有方框让你填写颜色代码的，但是我们可以通过别的方法，先在场景中随便画一个方框，用你想要的颜色进行填充，再用滴管工具选取自己喜欢的颜色。

问 开放路径对象和封闭路径对象有什么区别?

答 开放路径的两个端点是不相交的。封闭路径对象是那种两个端点相连构成连续路径的对象。开放路径对象既可能是直线，也可能是曲线，例如用铅笔工具创建的线条等。但是在用铅笔工具时，把起点和终点连在一起也可以创建封闭路径。封闭路径对象包括圆、正方形、网格、自然笔线、多边形和星形等。封闭路径对象是可以填充的，而开放路径对象则不能填充。

问 使用钢笔工具绘制了连续的曲线，但是其中一部分曲线的弧度未达到要求，这时应该怎么办呢?

答 可以通过在曲线上添加或删除手柄的方式来调整这部分曲线的弧度。其方法是使用钢笔工具选中绘制的曲线，然后将鼠标指针移动到要调整的曲线上，当鼠标指针变化为✒+或✒-时，单击鼠标左键添加或删除手柄即可。

问 将图形组合后，为什么无法对其再进行修改?

答 图形组合后，是可以对其进行修改的。方法是使用鼠标左键双击该组合图形，可打开【组】编辑界面，在该界面中就可以对图形进行修改，修改完成后单击【时间轴】面板左上角的 场景 1 按钮，即可确认对组合图形的修改。

问 为什么在组合图形后，原来在组合图形上方的矢量图，会移到组合图形的下方? 怎样将其重新放置到组合图形的上方?

答 这是因为在Flash CS3中，组合图形、元件、位图以及文字在显示层次上要优于矢量图的缘故。因为将位于下方的图形组合后，其显示层次要优于原来在上方的矢量图，所以出现了矢量图移到组合图形下方的情况。其解决方法是将原来位于上方的矢量图也进行组合或将其转换为元件（关于元件的具体操作，将在以后的章节中进行详细讲解），即可将其重新放置到组合图形的上方。

另外，如果要改变两个或多个组合图形、元件、位图或文字的上下关系，可在选中位于最下方的图形后单击鼠标右键，在打开的快捷菜单中执行【剪切】命令，然后在场景空白处单击鼠标右键，在弹出的快捷菜单中执行【粘贴】命令将该图形粘贴到场景中，此时该图形将位于场景中所有图形的上方，用类似的方法进行操作，就可以对这些图形的上下关系进行调整。

Chapter 03

第3章　色彩的编辑

本章要点

- *选择颜色*
- *填充颜色*
- *设置和调整渐变颜色*
- *色彩编辑技巧*

在制作Flash动画的过程中，给图形填充丰富多彩的颜色可以使图形变得更加生动和形象。Flash CS3提供了多种色彩编辑工具，读者可以根据动画的要求对色彩进行编辑。本章将介绍Flash CS3色彩编辑的相关知识。

3.1 颜色的选择

在绘制Flash动画所需图形的过程中，需要经常对这些图形的色彩进行编辑处理，但是在处理之前首先应根据场景的要求来选择合适的颜色。

知识点讲解

1. 使用调色板选择颜色

在Flash CS3中，选择颜色一般使用调色板。在Flash CS3中，每一个Flash文件都包含自己的调色板，并存储在Flash文档中。

例如，单击工具箱中的【笔触颜色】按钮，将弹出【笔触颜色】调色板，如图3-1所示。

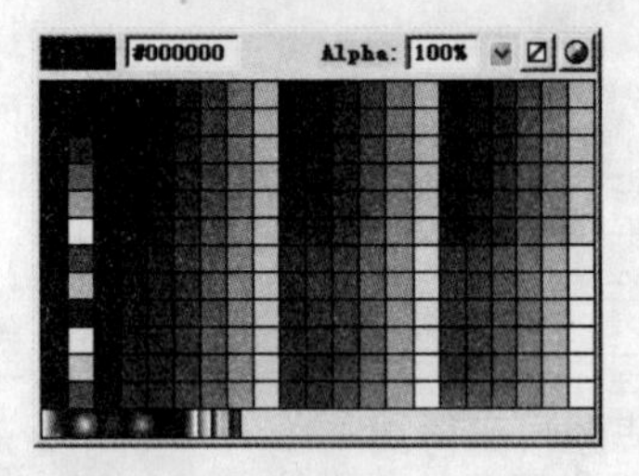

★ 图3-1

▶ Web安全色

调色板默认打开216色Web安全色，用户可以直接在调色板中选择需要的颜色。

使用Flash制作的动画大多数应用于因特网上，由于用户电脑（如PC机和Mac机）和Web浏览器（如Explorer和Mosaic浏览器）不同，因此在跨平台使用相同颜色时，显示的颜色可能会有所不同。

在Flash CS3中进行动画制作，如果选择216色的Web安全色，则无论用户使用何种电脑平台和Web浏览器平台，其显示的颜色都相同。

▶ 颜色值

在Flash CS3中，任何一个RGB颜色都可以使用十六进制（Hex）的符号表示。电脑的显示器通过RGB色彩方式显示颜色。人们把红（Red）、绿（Green）和蓝（Blue）这三种色光称之为“三原色光”，RGB色彩体系就是以这三种颜色为基本色的一种体系。RGB值是从0~255之间的一个整数，不同数值叠加会产生不同的色彩，而当相同数值的RGB叠加时，则会变成白色。

当用户使用鼠标在调色板中选择颜色时，调色板左上角的文本框中将显示颜色的十六进制符号。颜色值以符号“#”开头，每个十六进制的颜色数值有6位，从左到右，每两位分别表示R、G和B颜色通道的颜色值。例如颜色值#000000表示黑色，颜色值#FF0000表示红色，颜色值#00FF00表示绿色，颜色值#0000FF表示蓝色，颜色值#FFFFFF表示白色等。

▶ Alpha值

Alpha值用于设置颜色填充的透明程度。如果Alpha值为0%，则创建的填充不可见（即透明）；如果Alpha值为100%，则创建的填充不透明。

▶ 【无颜色】按钮

在【笔触颜色】调色板中，单击【无颜色】按钮，将删除所有笔触颜色。设置笔触颜色为黑色和无颜色的效果如图3-2所示。

笔触颜色为黑色 笔触颜色为无颜色

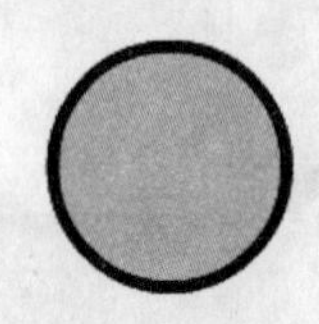

★ 图3-2

在【填充颜色】调色板中，单击【无颜色】按钮，将删除所有填充颜色。设置填充颜色为黑色和无颜色的效果如图3-3所示。

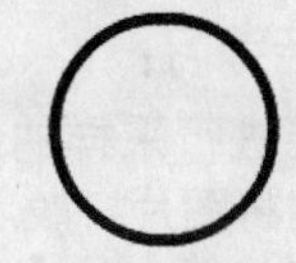

★ 图3-3

▶ 【系统颜色】按钮

单击调色板右上角的【系统颜色】按钮，打开Windows的系统调色板，如图3-4所示。

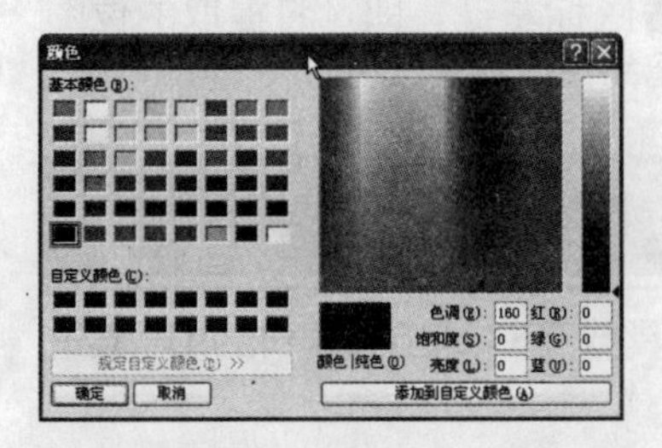

★ 图3-4

使用此系统调色板可以选择更多的颜色，选择颜色完毕后，单击【确定】按钮即可。

2. 使用滴管工具选择颜色

滴管工具的功能就是对颜色的特征进行采集。使用滴管工具可以从舞台中指定的位置上获取色块、位图和线段的属性来应用于其他对象。滴管工具可以进行矢量色块、矢量线条、位图和文字的采样填充。

在工具箱中单击【滴管工具】按钮，移动鼠标，单击需要选择颜色的位置，如果选择的区域是路径区域，笔触颜色将变成所选择的颜色，同时滴管工具将自动转换为墨水瓶工具，如图3-5所示。

★ 图3-5

这样即可使用新的笔触颜色绘制或填充其他路径的颜色。

如果选择的区域是填充区域，填充颜色将变成所选择的颜色，单击填充区域时，滴管工具将自动转换为颜料桶工具，如图3-6所示。

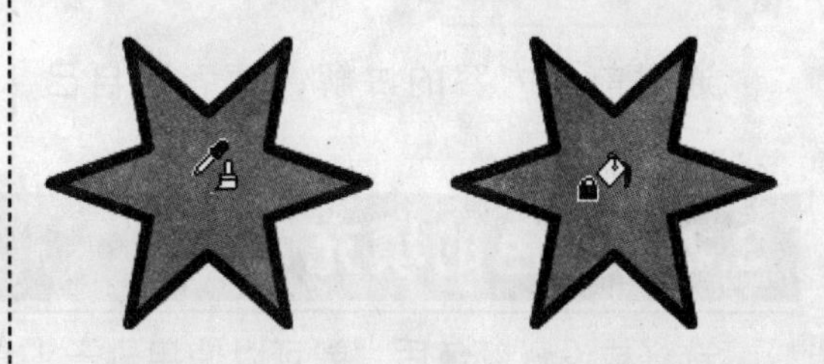

★ 图3-6

这样即可使用新的填充颜色来绘制或填充图形颜色。

3. 使用【颜色】面板选取颜色

【颜色】面板提供了更改笔触和填充颜色以及创建多色渐变的选项。

执行【窗口】→【颜色】命令（或按【Shift+F9】组合键），打开【颜色】面板，如图3-7所示。

在【颜色】面板中，主要有三种设置颜色的方法：一是在调色板中选择需要的颜色；二是在【红】、【绿】和【蓝】文本框中输入相应的RGB数值；三是在【颜色值】文本框中直接使用十六进制符号输入颜色。

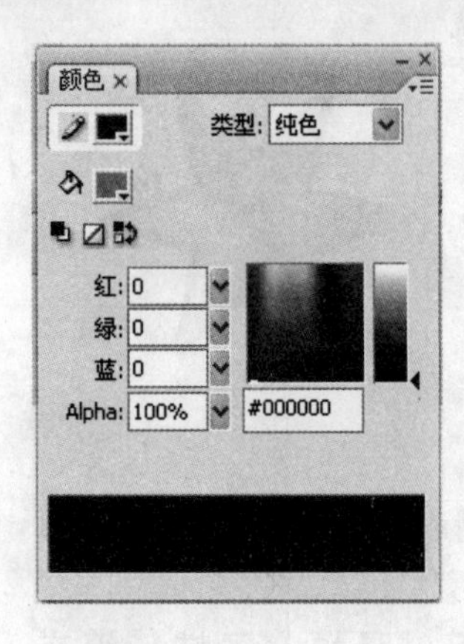

★ 图3-7

在【颜色】面板中，还可以设置颜色的Alpha值。

通过前面内容的讲解，读者可自己总结一下选择颜色的方法，并动手进行练习，方便在以后的动画制作过程中熟练使用。

滴管工具除了提取线条和色块的颜色外，还可对位图进行采样，并利用提取的位图样本对图形进行填充，读者可按照以下步骤进行练习：

1 选中要进行采样的位图，按【Ctrl+B】组合键将图片打散。

2 单击工具箱中的【滴管工具】按钮。将鼠标指针移动到打散的位图上，单击鼠标左键对位图进行采样。

3 此时Flash CS3将自动切换为颜料桶工具，并将提取的位图样本设置为颜料桶工具的填充色，同时鼠标指针变为形状，将鼠标指针移动到要填充的目标区域并单击鼠标左键，即可将提取的位图样本填充到该区域。

3.2 颜色的填充

选择或设置颜色后，就可以使用刷子工具、墨水瓶工具或颜料桶工具对Flash对象进行颜色填充。

3.2.1 使用刷子工具

知识点讲解

在Flash CS3中，利用刷子工具可以绘制一些特定形状、大小及颜色的矢量色块，通过更改刷子的大小和形状，可以绘制各种样式的填充线条，还可以为任意区域和图形填充颜色，它对于填充精度要求不高的对象比较适合。

单击工具箱上的按钮即可选中【刷子工具】。在【颜色】区域中单击按钮，可在弹出的颜色列表中选择一种要应用到刷子工具上的填充色。

选择刷子工具后，Flash CS3界面中的【属性】面板中会出现刷子工具的相关属性，如图3-8所示。

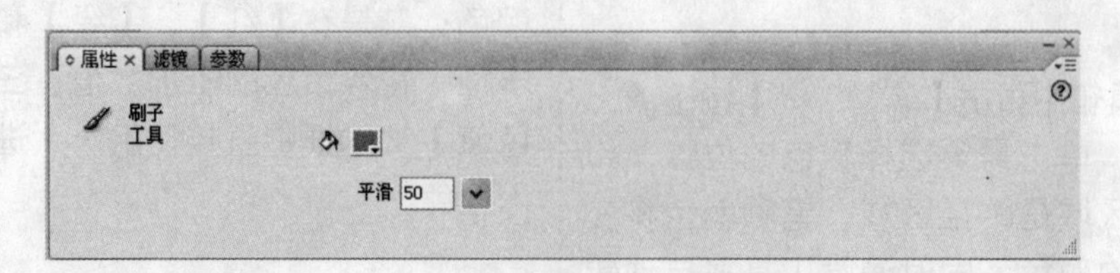

★ 图3-8

在【属性】面板中可设置刷子工具的填充色和平滑度。在工具箱的选项区域将出现一些刷子工具的选项，如图3-9所示。

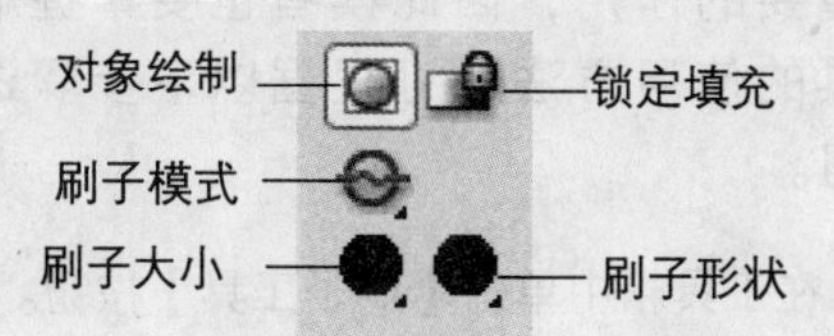

★ 图3-9

1. 设置刷子模式

刷子工具的绘图模式共有5种，单击选项区域中的【刷子模式】按钮，弹出如图3-10所示的下拉列表框，从中选择刷子工具的绘图模式。

标准绘画
颜料填充
后面绘画
颜料选择
✓ 内部绘画

★ 图3-10

刷子工具模式各选项的功能及含义如下所述：

- 标准绘画

在这种模式下，新绘制的线条会覆盖同一层中原有的图形，但是不会影响文本对象和导入的对象。填充前后的对比效果如图3-11所示。

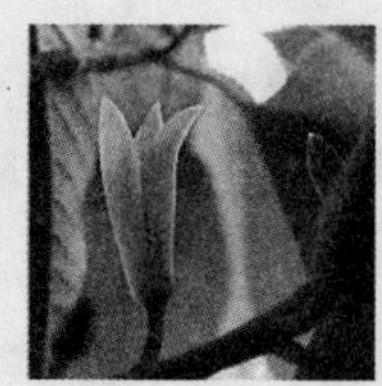

★ 图3-11

- 颜料填充

在这种模式下，只能在空白区域和已有的矢量色块填充区域内绘制，并且不会影响矢量路径的颜色。填充前后的对比效果如图3-12所示。

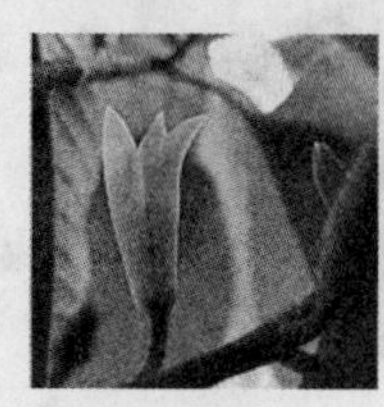

★ 图3-12

- 后面绘画

在这种模式下，只能在空白区域中绘制，不会影响原有图形的颜色，绘制出来的色块全部在原有图形下方。填充前后的对比效果如图3-13所示。

★ 图3-13

- 颜料选择

在这种模式下只能在选择的区域中绘制，也就是说必须先选择一个区域然后才能在被选区域中绘图。填充前后的对比效果如图3-14所示。

★ 图3-14

- 内部绘画

在这种模式下，只能在起始点所在

的封闭区域中绘制，如果起始点在空白区域中，只能在空白区域内绘制；如果起始点在图形内部，则只能在图形内部进行绘制。填充前后的对比效果如图3-15所示。

★ 图3-15

2. 设置刷子工具的大小和形状

利用【刷子大小】选项，可以设置刷子的大小，单击【刷子大小】按钮右下角的小箭头，将打开【刷子大小】下拉列表框，如图3-16所示。根据需要，单击相应的选项即可设置刷子大小。

利用【刷子形状】选项，可以设置刷子的不同形状，单击【刷子形状】按钮右下角的小箭头，将打开【刷子形状】下拉列表框，如图3-17所示。根据需要，单击相应的选项即可设置刷子的形状。

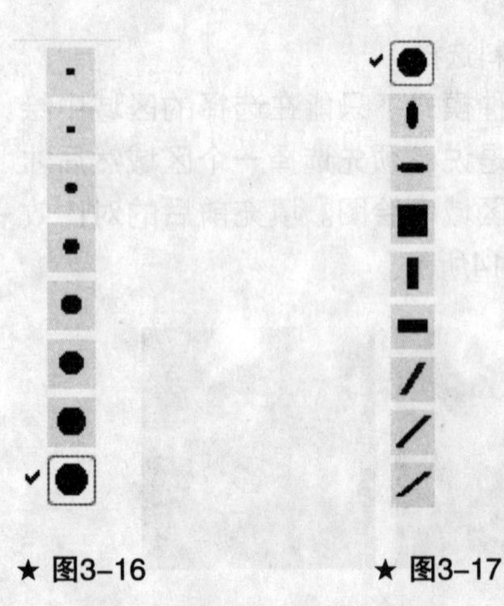

★ 图3-16　　★ 图3-17

3. 锁定填充设置

当使用渐变色填充时，单击【锁定填充】按钮，将上一笔触的颜色变化规律锁定，作为该区域的色彩变化的规范。

动手练

刷子工具在动画制作过程中起着十分重要的作用，因此读者也要掌握刷子工具的使用方法，可根据以下步骤进行练习。

1. 在工具箱中单击【刷子工具】按钮。
2. 在【属性】面板中设置刷子工具的填充色和平滑度。
3. 选择工具箱中的刷子模式。
4. 选择工具箱中的刷子大小。
5. 选择工具箱中的刷子形状。
6. 在舞台中拖曳鼠标，绘制图形。

提示

在使用刷子工具时，按住【Shift】键拖动可将刷子笔触限定为水平或垂直方向。

3.2.2 使用橡皮擦工具

知识点讲解

在Flash CS3中，利用橡皮擦工具，可以对图形中绘制失误或不满意的部分进行擦除，以便重新对其进行绘制，还可以通过对图形的某一部分进行擦除，而获得特殊的图形效果。

单击工具箱上的按钮即可选中【橡皮擦工具】。

选择橡皮擦工具后，在工具箱的选项区域中将出现一些橡皮擦工具的选项，如图3-18所示。

橡皮擦模式
水龙头
橡皮擦形状

★ 图3-18

橡皮擦工具的绘图模式共有5种，单击

选项区域中的【橡皮擦模式】按钮，弹出如图3-19所示的下拉列表框，从中选择橡皮擦工具的绘图模式。

注　意

橡皮擦工具只能对矢量图形进行擦除，对文字和位图无效。如果要擦除文字或位图，必须首先按【Ctrl+B】组合键将其打散，然后才能使用该工具对其进行擦除。另外，在选项区域中单击【水龙头】按钮，可对矢量色块和线条进行快速擦除。

- 标准擦除
- 擦除填色
- 擦除线条
- 擦除所选填充
- ✔ 内部擦除

★ 图3-19

橡皮擦工具的5种擦除模式的功能及含义如下所述。

- 标准擦除：系统默认的擦除模式，可同时擦除矢量色块和矢量线条，如图3-20所示。

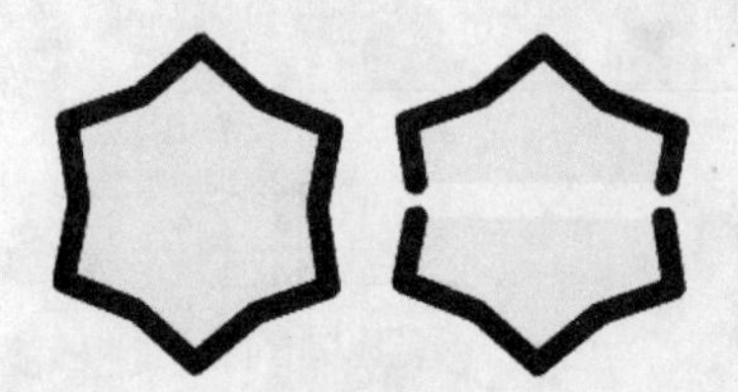

★ 图3-20

- 擦除填色：在此模式下，橡皮擦工具只能擦除填充的矢量色块部分，如图3-21所示。

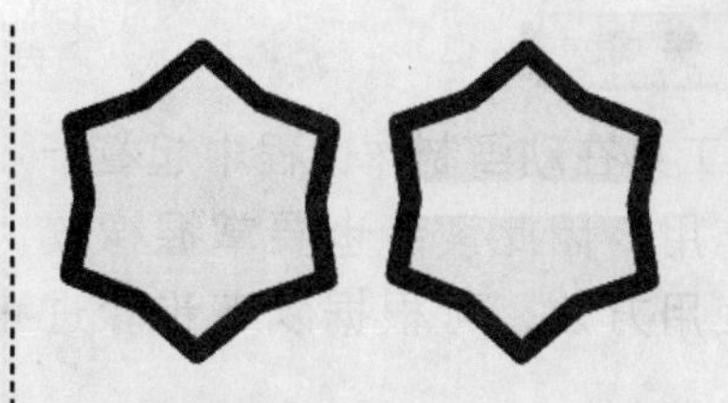

★ 图3-21

- 擦除线条：在此模式下，橡皮擦工具只能擦除矢量线条，如图3-22所示。

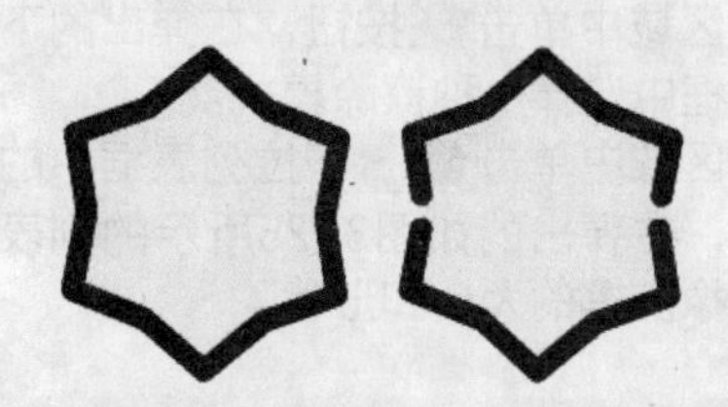

★ 图3-22

- 擦除所选填充：在此模式下，橡皮擦工具只能擦除选中色块区域中的色块，如图3-23所示。

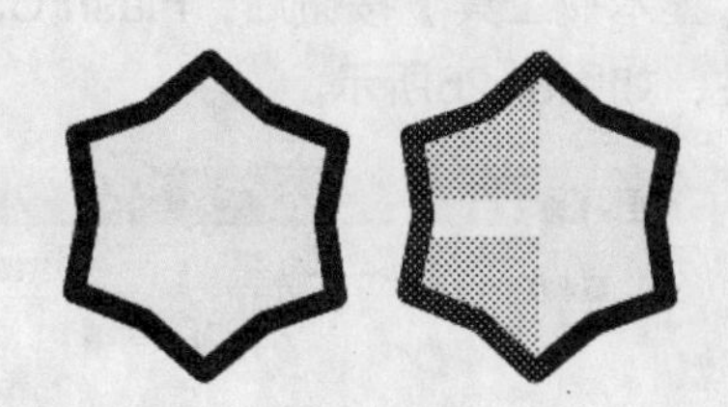

★ 图3-23

- 内部擦除：在此模式下，橡皮擦工具可擦除封闭图形区域内的色块，但擦除的起点必须在封闭图形内，否则不能进行擦除，如图3-24所示。

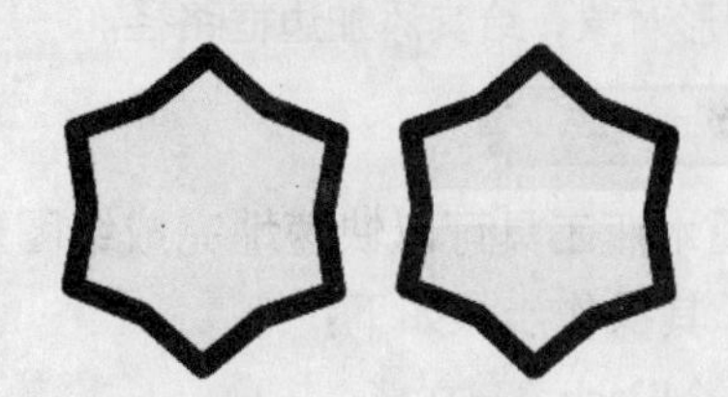

★ 图3-24

动手练

橡皮擦工具在动画制作过程中起着十分重要的作用，因此读者也要掌握橡皮擦工具的使用方法，可根据以下步骤进行练习。

使用橡皮擦工具的具体操作步骤如下：

1 在工具箱中单击按钮，选中【橡皮擦工具】。
2 在选项区域中单击按钮，在弹出的下拉列表框中选择一种擦除模式。
3 在选项区域中单击下拉列表框中的按钮，在弹出的如图3-25所示的列表中选择橡皮擦的大小和形状。

★ 图3-25

4 设置完成后，将鼠标指针移动到要擦除图形的上方，按住鼠标左键并拖动鼠标指针，即可对图形进行擦除操作。

3.2.3 使用墨水瓶工具

知识点讲解

使用墨水瓶工具可以改变一条路径的粗细、颜色或样式等，并且可以给分离后的文本或图形添加边框路径，但墨水瓶工具本身是不能绘制图形的。

单击【墨水瓶工具】按钮后，Flash CS3界面中的【属性】面板中会出现墨水瓶工具的相关属性，如图3-26所示。

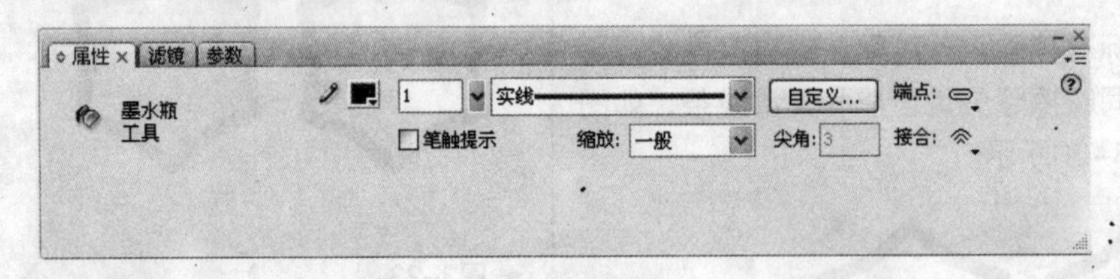

★ 图3-26

使用墨水瓶工具的操作步骤如下：

1 选择工具箱中的墨水瓶工具。
2 在【属性】面板中设置描边路径的颜色、粗细和样式。
3 单击图形对象，给其添加边框路径。

动手练

使用墨水瓶工具可以快速地完成给图形对象添加边框路径的操作。下面通过实例来进行说明，其操作步骤如下：

1 新建一个Flash CS3文档。
2 执行【文件】→【导入】→【导入到舞台】命令（或按【Ctrl+R】组合键），导入素材

图片，如图3-27所示。

★ 图3-27

3 选择工具箱中的墨水瓶工具，设置笔触颜色为彩虹渐变色，填充不必理会，因为墨水瓶工具不会对填充进行任何修改。

4 在【属性】面板中把笔触的高度设置为2，笔触样式选择实线，如图3-28所示。

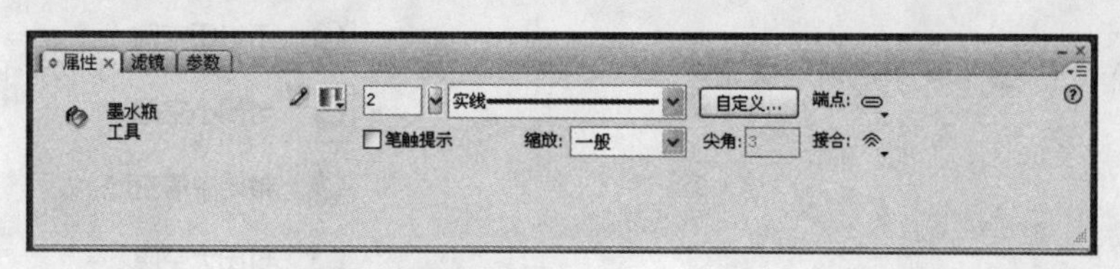

★ 图3-28

5 设置完毕后，把鼠标移动到图形上，鼠标指针会显示为倾倒的墨水瓶形状，如图3-29所示。

6 在图形上单击鼠标左键，"小兔子"的身体周围就描绘出边框路径。使用同样的方法给整个图形添加边框路径，如图3-30所示。

★ 图3-29

★ 图3-30

对图形使用墨水瓶工具描边时，不仅可以选择单色描边，还可以使用渐变色来进行描边。对于已经有了边框路径的图形，同样也可以使用墨水瓶工具来重新描边。所有被描边的图形必须处于网格状的可编辑状态。

3.2.4 使用颜料桶工具

使用颜料桶工具按钮可填充单色、渐变色以及位图到指定的区域，同时也可以更改已填充区域的颜色。

单击【颜料桶工具】按钮后，【属性】面板中会出现颜料桶工具的相关属性，如图

3-31所示。

★ 图3-31

在工具箱的选项区域中将出现颜料桶工具的选项，如图3-32所示。

在填充时，如果被填充的区域不是闭合的，可以通过设置颜料桶工具的【空隙大小】来进行填充。单击【空隙大小】按钮，将打开【空隙大小】下拉列表框，如图3-33所示。

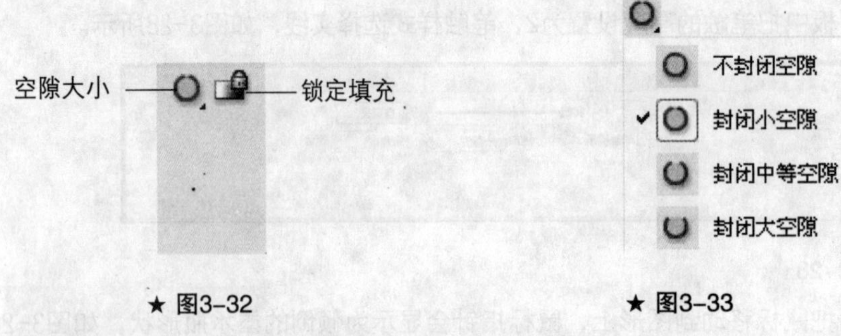

★ 图3-32　　★ 图3-33

【空隙大小】下拉列表框中各选项的功能如表3-1所示。

表3-1　【空隙大小】下拉列表框中各选项的功能

选项名	功能
不封闭空隙	填充时不允许空隙存在
封闭小空隙	颜料桶工具可以忽略较小的缺口，对一些小缺口的区域也可以填充
封闭中等空隙	颜料桶工具可以忽略略大一些的空隙，对其进行填充
封闭大空隙	选择这种模式后，即使线条之间还有一段距离，用颜料桶工具也可以填充线条内部的区域

【颜料桶工具】选项中的【锁定填充】功能和【刷子工具】的锁定功能类似，在绘图的过程中，位图或渐变填充将扩展覆盖在舞台中涂色的图形对象上。

动手练

在了解了颜料桶工具的基础知识后，我们来给绘制好的图画填充适当的颜色，掌握为图形填充颜色的方法，操作步骤如下：

1 利用前面讲解过的绘图工具画一幅画，如图3-34所示。

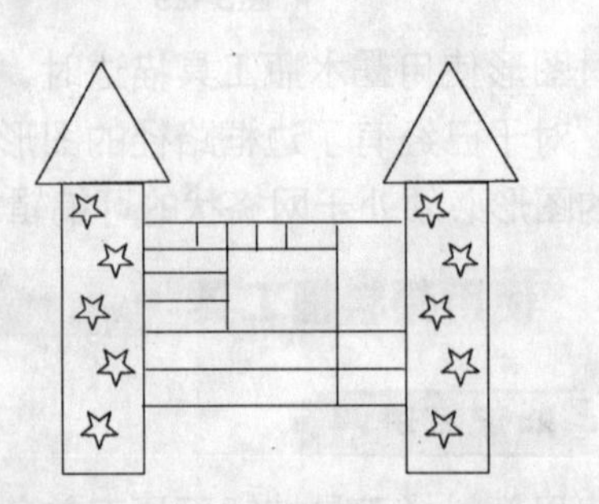

★ 图3-34

2 选择工具箱中的颜料桶工具。

3　在【属性】面板中单击【填充颜色】按钮，选择“黄色”作为填充的颜色，单击星星图形区域，为城堡的星星填充。

4　选择深蓝色后单击城堡的其他需要填充的区域。

5　将整个城堡填充完整后的效果如图3-35所示。

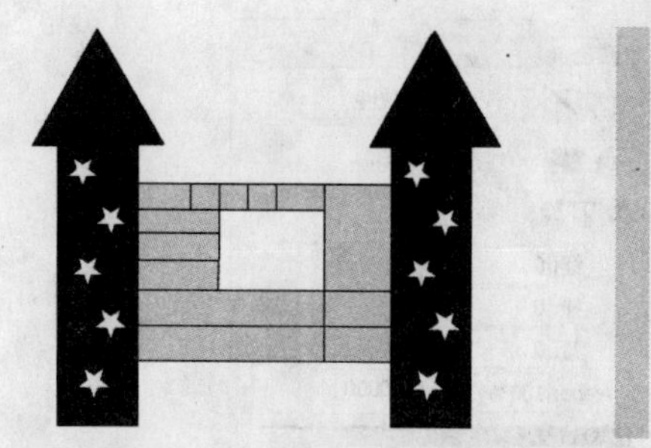

★ 图3-35

3.3　渐变颜色的设置和调整

在Flash CS3中，不仅可以设置和填充单一颜色，而且可以设置和调整渐变颜色。所谓渐变颜色，简单来说就是从一种颜色过渡到另一种颜色的过程。利用这种填充方式，可以轻松地表现出光线、立体及金属等效果。Flash CS3中提供的渐变颜色一共有两种类型：线性渐变和放射状渐变。

3.3.1　设置渐变颜色

在【颜色】面板中，单击【类型】栏右侧的向下箭头，打开【类型】下拉列表框，如图3-36所示。

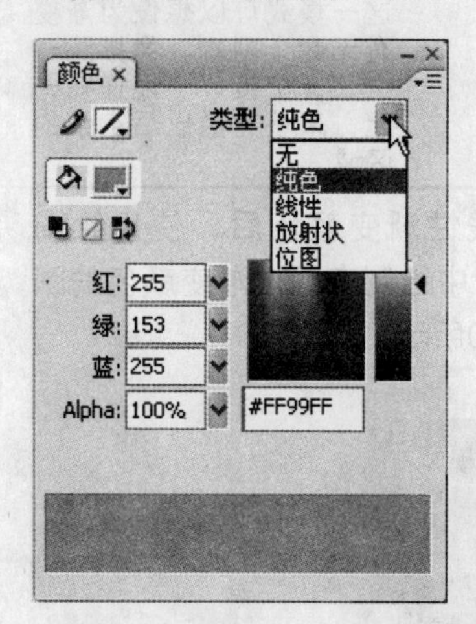

★ 图3-36

使用【类型】下拉列表框可更改填充样式，其中各选项的含义如表3-2所示。

表3-2　【类型】下拉列表框中各选项的含义

选项名	含义
无	删除填充
纯色	提供一种纯正的填充单色
线性	产生一种沿线性轨道混合的渐变
放射状	产生从一个中心焦点出发沿环形轨道混合的渐变
位图	允许用可选的位图图像平铺所选的填充区域

1. 设置线性渐变颜色

线性渐变颜色是沿着一根轴线（水平或垂直）改变颜色的。在【类型】下拉列表框中，选择【线性】选项后，在面板的下方将出现线性渐变颜色，如图3-37所示。

单击线性渐变颜色的■按钮，将打开一个调色板，使用此调色板可设置线性渐变颜色的开始颜色，如图3-38所示。

同样，单击线性渐变颜色的□按钮，将打开一个调色板，使用此调色板可设置线性渐变颜色的结束颜色。

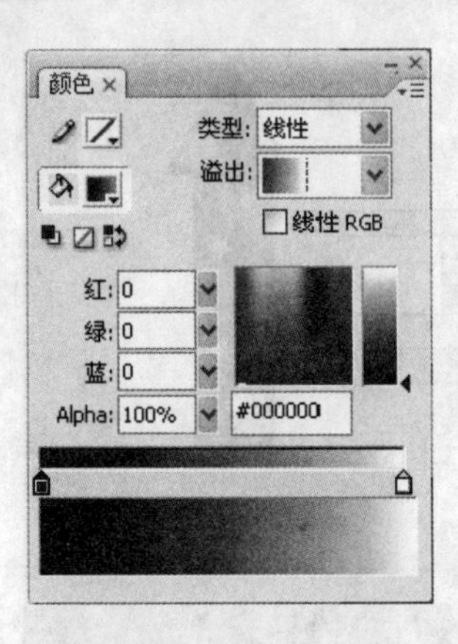

★ 图3-37

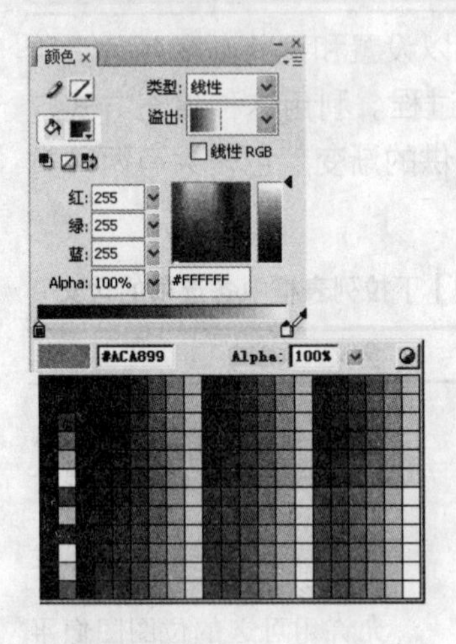

★ 图3-38

当选择【线性】选项后，在【类型】下拉列表框的下方将出现【溢出】下拉列表框。溢出是指当应用的颜色超出了这两种渐变的限制时，会以何种方式填充空余的区域，也就是说，当一段渐变结束，还不够填满某个区域时，如何处理多余的空间。

单击【溢出】栏右侧的向下箭头，打开【溢出】下拉列表框，如图3-39所示。

【溢出】下拉列表框包括扩充模式、镜像模式和重复模式三种溢出模式。这三种模式的含义如表3-3所示。

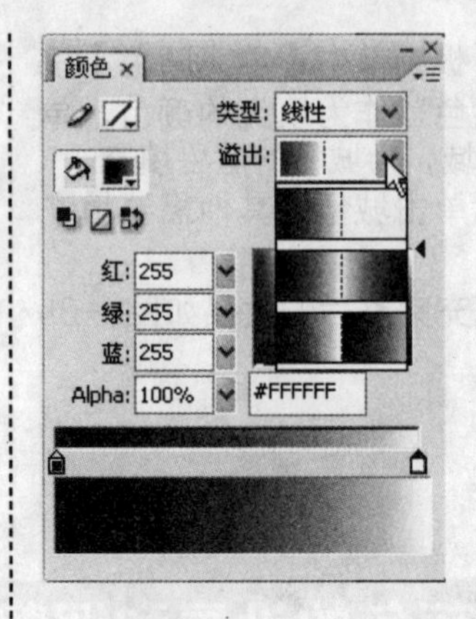

★ 图3-39

表3-3　三种溢出模式的含义

模式名称	含义
扩充模式	这一模式是从渐变的起始色到结束色一直向边缘曼延开来，填充空出来的区域
镜像模式	这一模式是指将此段渐变进行对称翻转，头尾相接，合为一体，然后作为图案平铺在空余的区域，并且根据形状大小的伸缩，一直把此段渐变绵延重复下去，直到填充满整个形状为止
重复模式	这一模式可以想像为渐变有无数个副本，像排队一样，一个接一个地连在一起，来填充溢出后空余的区域

设置完线性渐变颜色后，使用绘图工具可在舞台中绘制有线性渐变颜色的图形，如图3-40所示。

★ 图3-40

2. 设置放射状渐变颜色

放射状渐变是以圆形的方式，从中心

向周围扩散的变化类型。在【类型】下拉列表框中选择【放射状】选项，在面板的下方将出现放射状渐变颜色，如图3-41所示。

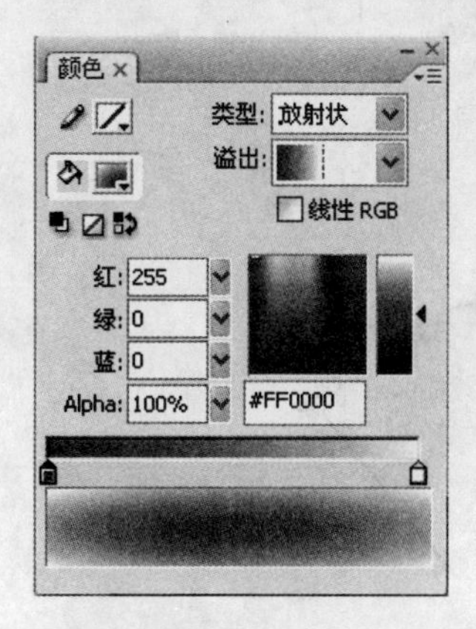

★ 图3-41

放射状渐变颜色的设置与线性渐变颜色的设置方法基本相同。设置完放射状渐变颜色后，使用绘图工具可在舞台中绘制有放射状渐变颜色的图形，如图3-42所示。

★ 图3-42

利用颜色的这种渐变效果可以使一些图形产生立体效果，从而使动画更加形象、逼真。下面我们以绘制一根香烟为例介绍这种渐变颜色的使用方法，具体操作步骤如下：

1 新建一个Flash CS3文档。

2 在工具箱中选择矩形工具，将矩形的笔触颜色设为无，并单击【对象绘制】按钮。

3 将鼠标移动到舞台中，拖动鼠标绘制一个矩形，选中绘制的矩形，将高和宽分别设为“70”和“30”。

4 按住【Alt】或【Ctrl】键拖动绘制好的矩形，复制该矩形，然后将其宽和高设为“30”和“200”。

5 单击【选择工具】按钮，选中小矩形，即香烟的上半部分。

6 执行【窗口】→【颜色】命令，打开【颜色】面板。

7 单击【颜色】面板中的【类型】下拉列表框，选择【线性】选项。

8 单击线性渐变颜色的按钮，打开调色板，将线性渐变颜色的开始颜色设为橘黄色，如图3-43所示。

9 重复5~8步骤，设置大的矩形，即香烟的下半部分，将其线性渐变颜色的结束颜色设为灰白色，最终效果如图3-44所示。

★ 图3-43

★ 图3-44

提 示

如果对效果（包括大小和颜色等）不满意，还可以对其进行更细致的调整。

3.3.2 使用渐变变形工具

知识点讲解

渐变变形工具用于调整渐变的颜色、填充对象和位图的尺寸以及角度和中心点。使用渐变变形工具调整填充内容时，在调整对象的周围会出现一些控制柄，根据填充内容的不同，显示的形态也会有所区别。

1. 调整线性渐变

使用渐变变形工具调整线性渐变的操作步骤如下：

1 在工具箱中，单击【矩形工具】按钮右下角的小箭头，在打开的下拉列表框中选择【椭圆工具】选项，并在【颜色】面板中选择填充方式为【线性】模式，再在舞台中绘制一个线性状态填充的椭圆形，如图3-45所示。

★ 图3-45

2 单击【任意变形工具】按钮右下角的箭头，在弹出的下拉列表框中选择【渐变变形工具】选项，在椭圆形内部单击鼠标，此时图形周围将出现一个圆形控制柄、一个矩形控制柄、一个旋转中心和两条竖线，如图3-46所示。

★ 图3-46

3 将鼠标光标移到椭圆形右侧竖线的圆形控制柄上，鼠标光标将变成如图3-47所示的形状。

4 按住鼠标旋转该控制柄，颜色的渐变方向也随着控制柄的移动而改变，如图3-48所示。

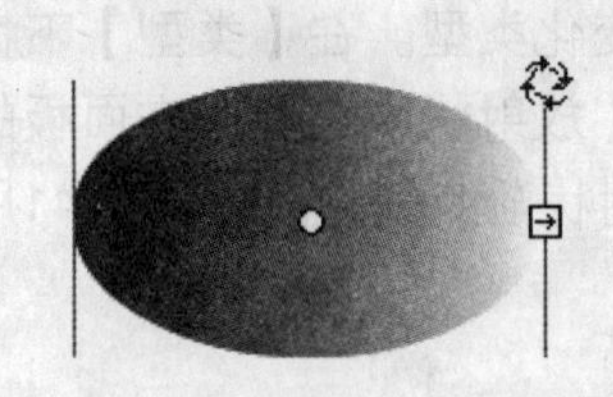

★ 图3-47

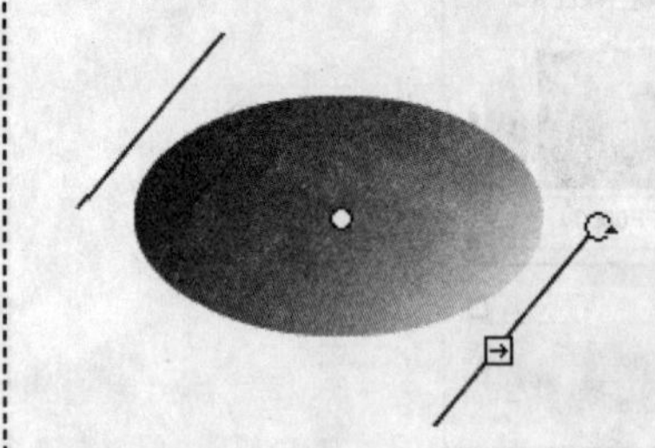

★ 图3-48

5 将鼠标移动到矩形控制柄上，鼠标光标将变成如图3-49所示的形状。

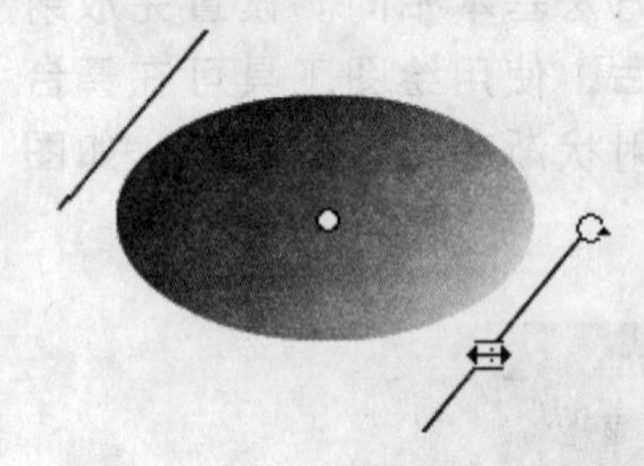

★ 图3-49

6 按住鼠标左键向内部拖动该控制柄，颜色的渐变范围也随着控制柄的移动而改变，如图3-50所示。

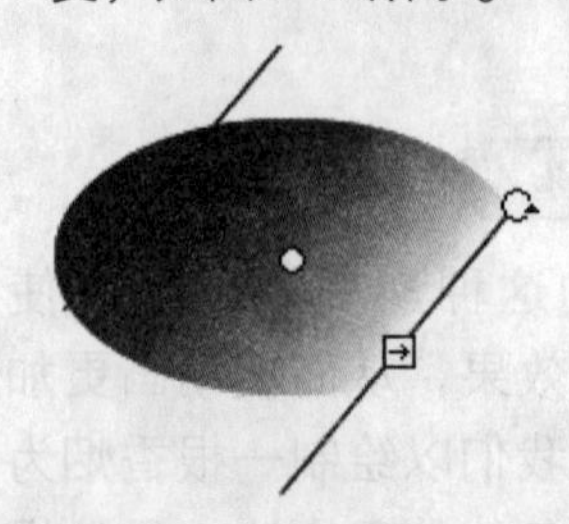

★ 图3-50

7 将鼠标光标移动到椭圆形的旋转中心上，鼠标光标变为如图3-51所示的形状。

8 按住鼠标左键拖动图形的旋转中心，颜

色的渐变位置也随着旋转中心的移动而改变，如图3-52所示。

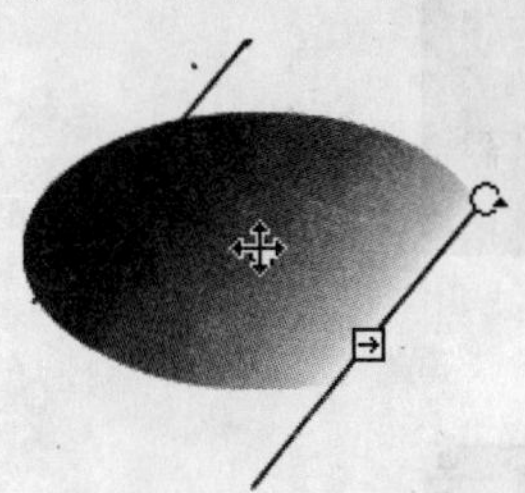

★ 图3-51

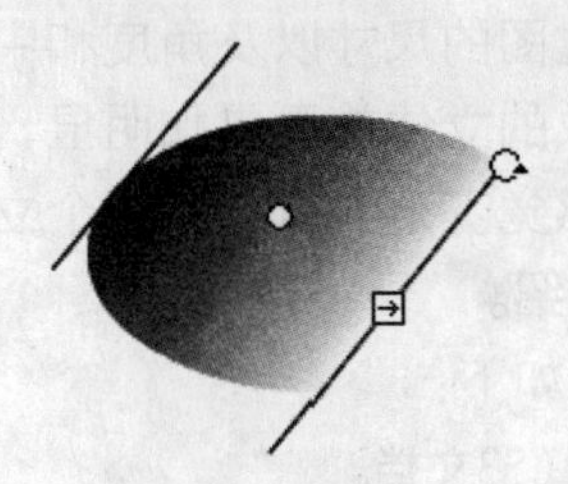

★ 图3-52

2. 调整放射状渐变

使用渐变变形工具调整放射状渐变的操作步骤如下：

1 在工具箱中单击【矩形工具】按钮，并在【颜色】面板中选择填充方式为【放射状】模式，在舞台中绘制一个矩形，如图3-53所示。

★ 图3-53

2 选择渐变变形工具，在矩形内部单击鼠标，此时图形周围将出现两个圆形控制柄、一个矩形控制柄和一个旋转中心，如图3-54所示。

3 将鼠标光标移到【宽度】的矩形控制柄上，鼠标光标将变成如图3-55所示的形状。

4 按住该控制柄向矩形内部拖动，可调整填充色的间距，如图3-56所示。

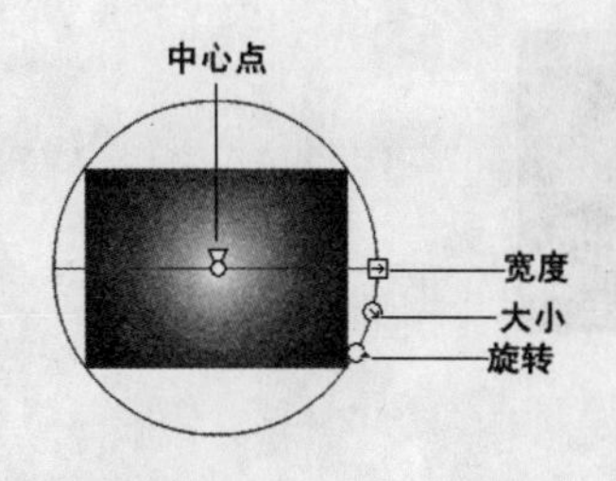

★ 图3-54

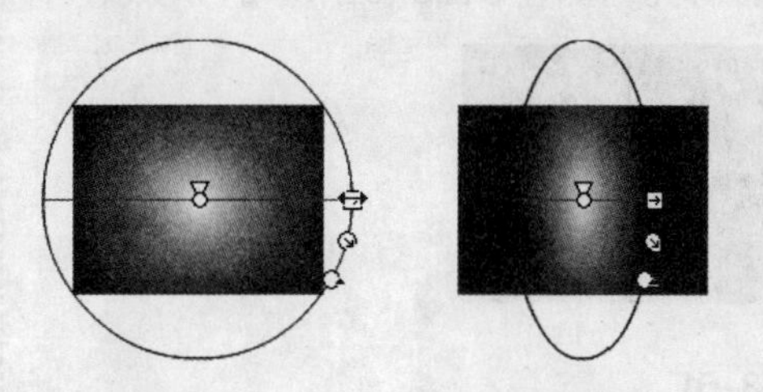

★ 图3-55　★ 图3-56

5 将鼠标移动到【大小】控制柄上，鼠标光标将变成如图3-57所示的形状。

6 按住该控制柄向矩形内部拖动，可使颜色沿中心位置扩大，如图3-58所示。

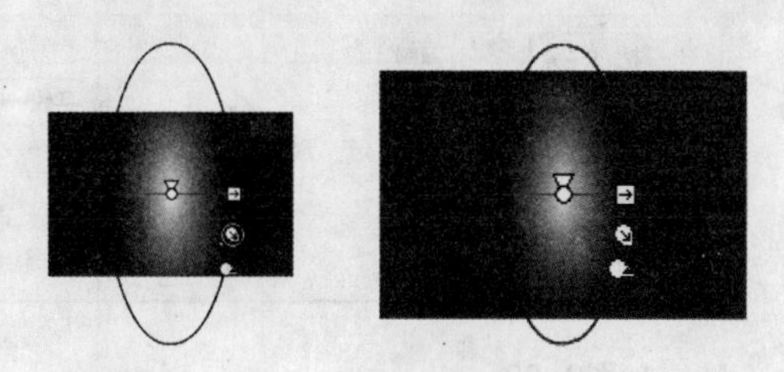

★ 图3-57　★ 图3-58

7 将鼠标光标移到【旋转】控制柄上，鼠标光标变成如图3-59所示的形状。

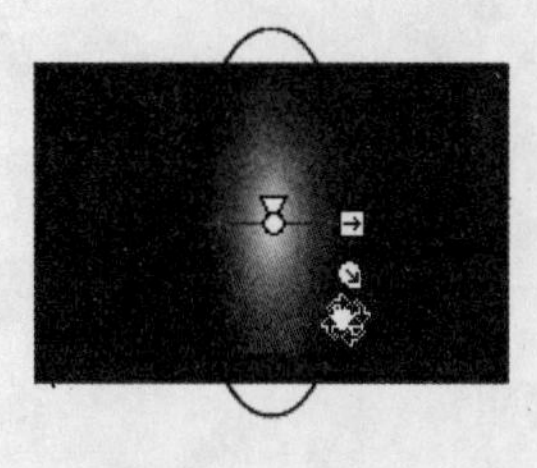

★ 图3-59

8 按住该控制柄并旋转，可改变渐变色的填充方向，如图3-60所示。

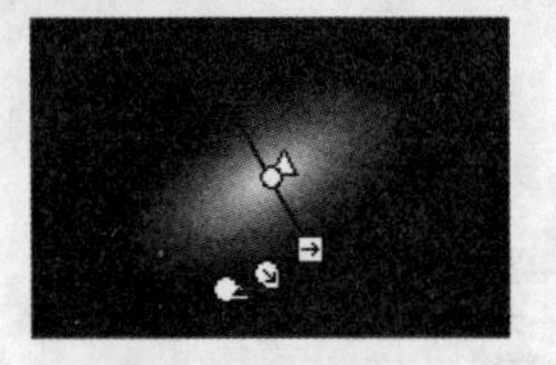

★ 图3-60

9 将鼠标光标移到【中心点】控制柄上，鼠标光标变成如图3-61所示的形状。

★ 图3-61

10 按住该控制柄并拖动，可改变渐变色的填充位置，如图3-62所示。

★ 图3-62

利用渐变变形工具调整对象的渐变颜色、填充对象和位图的尺寸以及角度和中心点，可以使对象的立体效果更加明显，给人更加真实的感觉。下面以绘制一个立体按钮为例进行介绍。

具体操作步骤如下：

1 新建一个Flash CS3文档。

2 在工具箱中选择椭圆工具，在【属性】面板中将笔触颜色设为“无”，其他设置如图3-63所示。

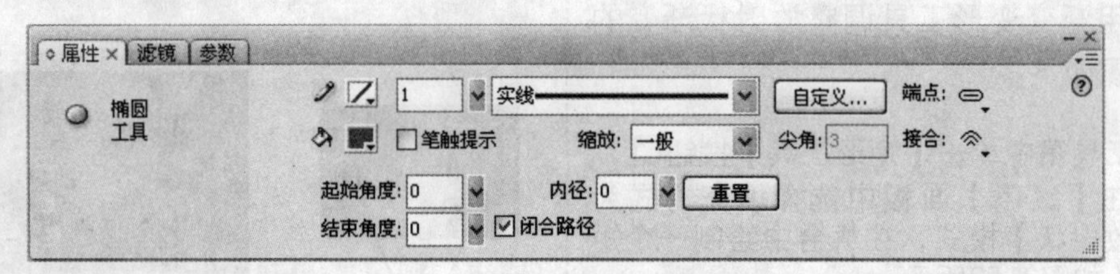

★ 图3-63

3 按住【Shift】键，在舞台中绘制一个正圆，如图3-64所示。

★ 图3-64

4 执行【窗口】→【颜色】命令，在【颜色】面板的【类型】下拉列表框中选择【放射状】选项，如图3-65所示。

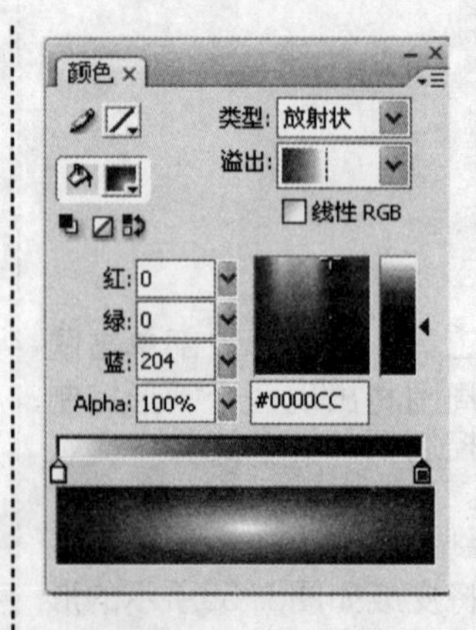

★ 图3-65

5 选择放射状的渐变颜色，将正圆的颜色调整为“红-黑”渐变，如图3-66

所示。

6 选择工具箱中的渐变变形工具，调整放射状渐变的中心点位置和渐变范围，调整后的效果如图3-67所示。

★ 图3-66

★ 图3-67

7 执行【窗口】→【变形】命令（或按【Ctrl+T】组合键），打开【变形】面板。把当前的正圆等比例缩小为原来的60%，并且同时旋转180°，如图3-68所示。

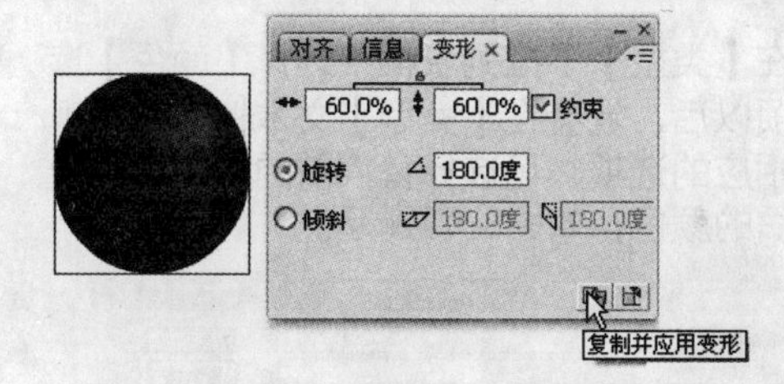

★ 图3-68

8 单击【变形】面板中的【复制并应用变形】按钮，按照刚刚的变形设置复制一个新的正圆，如图3-69所示。

★ 图3-69

9 选中原来的椭圆，在【变形】面板中继续等比例缩小为原来的57%，不进行旋转，如图3-70所示。

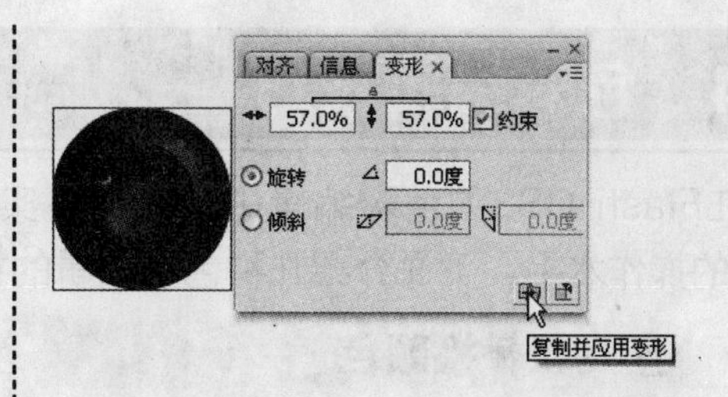

★ 图3-70

10 单击【变形】面板中的【复制并应用变形】按钮，得到最终的效果，如图3-71所示。

提 示

用户还可以为按钮添加文字，单击工具箱中的【文本工具】按钮，在得到的按钮上书写文本，如图3-72所示。

★ 图3-71

★ 图3-72

在实际的动画设计中，很多的立体效果都是通过渐变色的调整来实现的，读者还可自己动手练习绘制一个立体的小球，其操作步骤如下：

1 在新建的Flash CS3文档中绘制一个正圆，选择好渐变色。

2 根据需要将渐变中心点调整到合适位置，最终效果如图3-73所示。

★ 图3-73

3.4 色彩编辑技巧

在Flash CS3的色彩编辑中，有许多实用的知识，掌握这些知识，可提高用户对Flash的操作水平。下面介绍几种色彩编辑的技巧。

3.4.1 查找和替换颜色

在Flash CS3中，也可以像在文本编辑器中查找和替换文本一样来查找和替换颜色。例如在舞台中绘制了一个填充颜色为红色的图形，使用查找和替换颜色功能可将填充的红色变成粉色。

具体操作步骤如下：

1 绘制一个填充颜色为红色的图形，如图3-74所示。

★ 图3-74

2 执行【编辑】→【查找和替换】命令，打开【查找和替换】对话框，如图3-75所示。

★ 图3-75

3 单击【类型】下拉列表框，打开【类型】下拉列表，如图3-76所示。

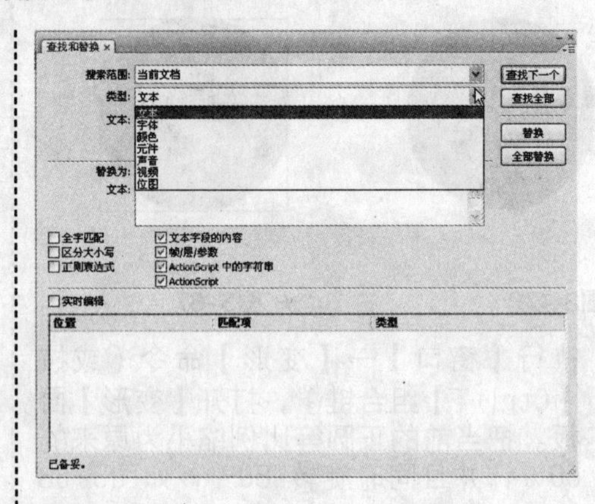

★ 图3-76

4 在【类型】下拉列表框中选择【颜色】选项以后，就会在【类型】文本框下方出现相应的选项，可选择替换前的颜色及替换后的颜色，如图3-77所示。

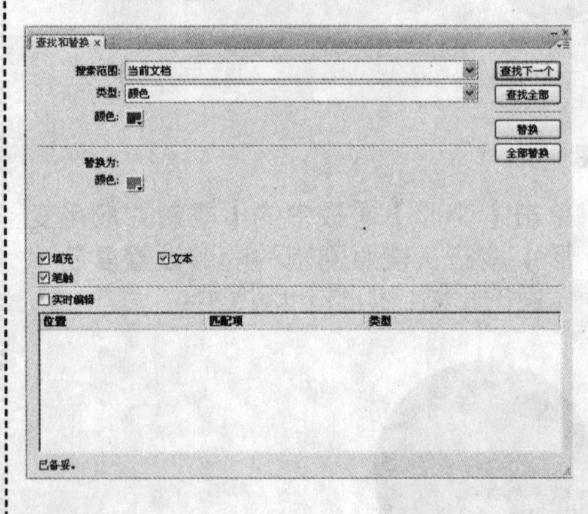

★ 图3-77

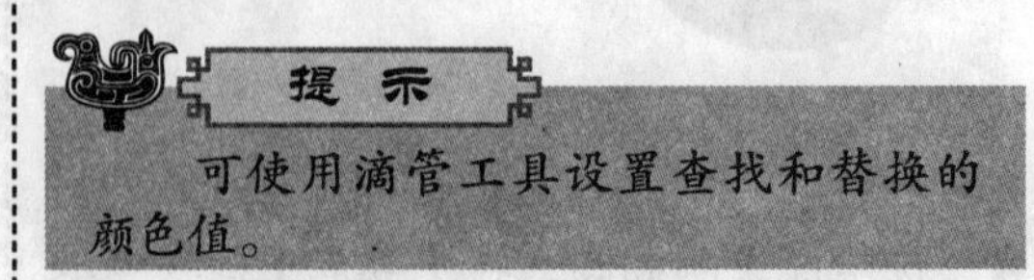

可使用滴管工具设置查找和替换的颜色值。

5 单击【全部替换】按钮，将替换图形的颜色，如图3-78所示。

★ 图3-78

3.4.2 调整位图填充

知识点讲解

使用渐变变形工具调整位图填充的操作步骤如下：

1 在【颜色】面板中，从【类型】下拉列表框中选择【位图】选项，单击【导入】按钮，打开【导入到库】对话框，如图3-79所示。

★ 图3-79

2 选择需要打开的图形文件。

3 单击【打开】按钮，在【颜色】面板的下面将出现导入的位图，如图3-80所示。

4 在工具箱中选择椭圆工具，在舞台中绘制一个位图填充的椭圆形，如图3-81所示。

5 选择任意变形工具，在椭圆形内部单击鼠标，此时图形周围将出现一些控制柄，如图3-82所示。

6 此时，工具箱中会出现任意变形工具的4个相关调整工具，如图3-83所示。

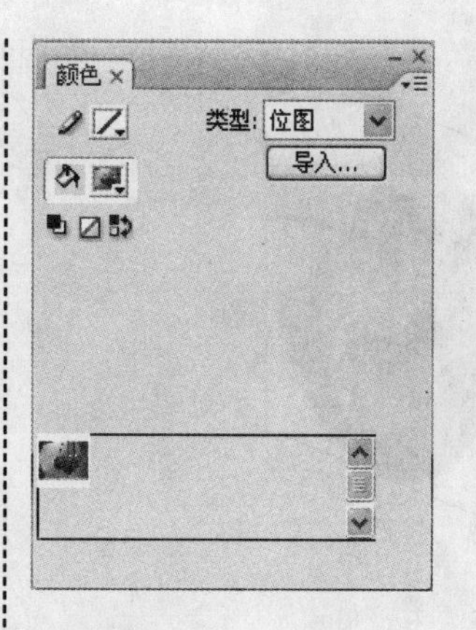

★ 图3-80

★ 图3-81

★ 图3-82

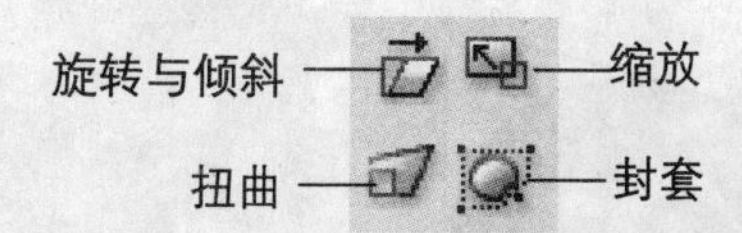

★ 图3-83

这4个相关调整工具的功能如下所述。

▶ 旋转与倾斜

单击【旋转与倾斜】按钮，使用鼠标拖曳上方和右侧的控制柄可以改变位图填充的倾斜和旋转角度，如图3-84所示。

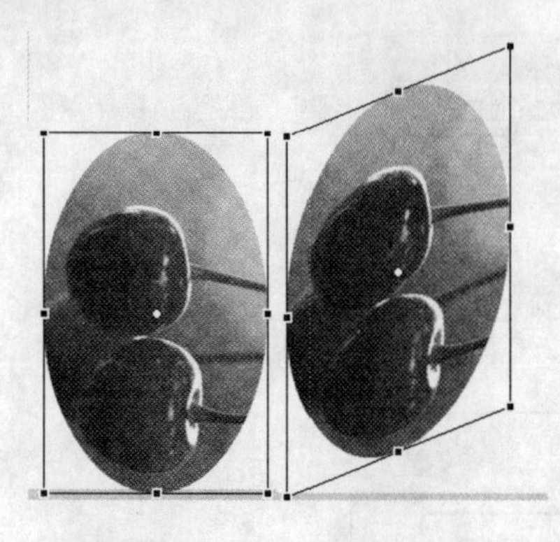

★ 图3-84

▸ 缩放

单击【缩放】按钮，使用鼠标拖曳上方和右侧的控制柄可以改变位图填充的大小，如图3-85所示。

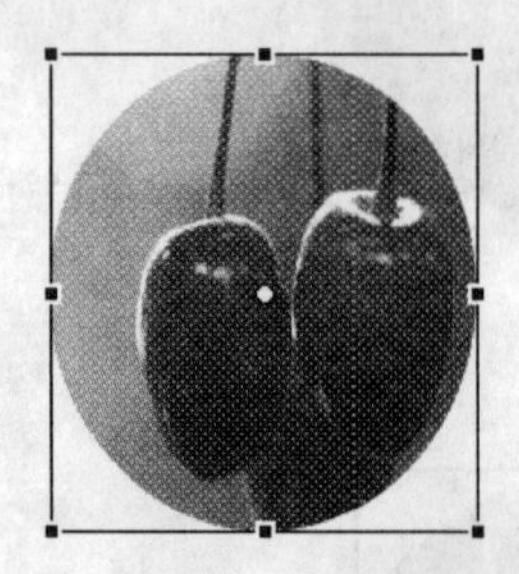

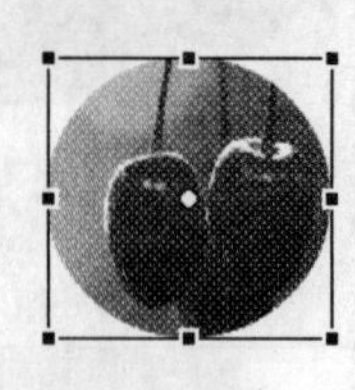

★ 图3-85

▸ 扭曲

单击【扭曲】按钮，使用鼠标拖曳上方和左右侧的控制柄可以改变位图各边的倾斜角度，如图3-86所示。

★ 图3-86

▸ 封套

单击【封套】按钮，使用鼠标拖曳上方和右侧的控制柄可以任意改变位图各边的扭转角度，如图3-87所示。

★ 图3-87

改变扭转角度后的效果如图3-88所示。

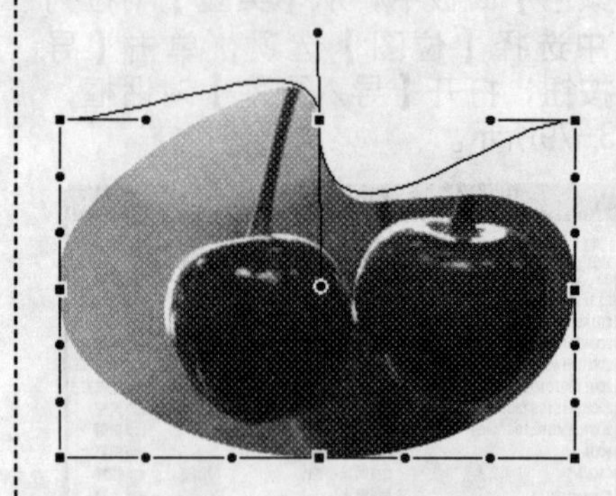

★ 图3-88

动手练

掌握了利用任意变形工具调整位图填充的操作步骤，读者可以自己练习使用这个工具，例如为卡通人物的衣服填充花纹，如图3-89所示。

★ 图3-89

具体操作步骤如下：

1 打开绘制好的卡通人物，如图3-90所示。

★ 图3-90

2 在【颜色】面板中，从【类型】下拉列表框中选择【位图】选项，如图3-91所示。

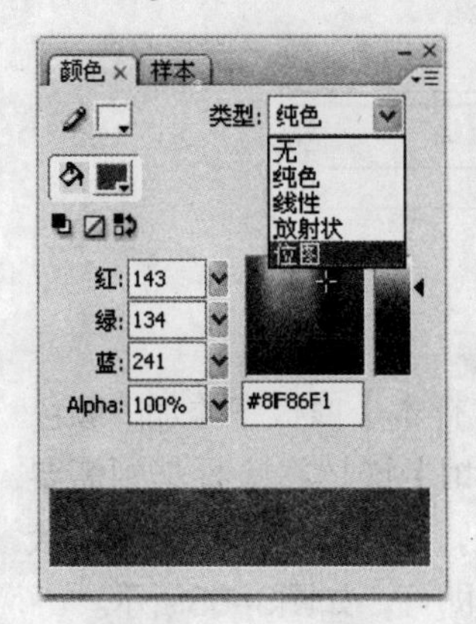

★ 图3-91

3 单击【导入】按钮，打开【导入到库】对话框。

4 选择需要打开的图形文件。

5 单击【打开】按钮，在【颜色】面板的下面将出现导入的位图，如图3-92所示。

6 在工具箱中选择滴管工具，单击导入的花纹位图，如图3-93所示。

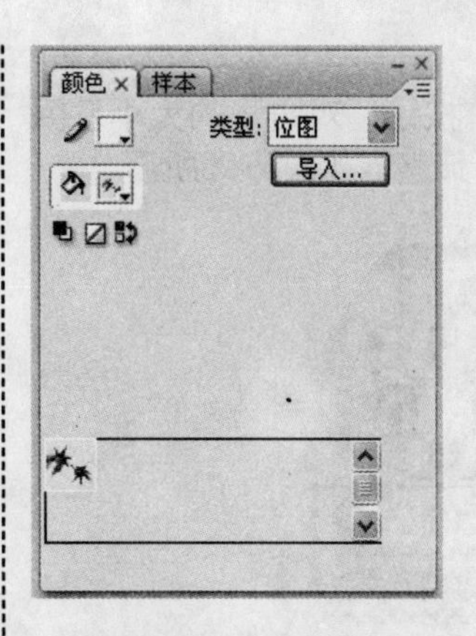

★ 图3-92

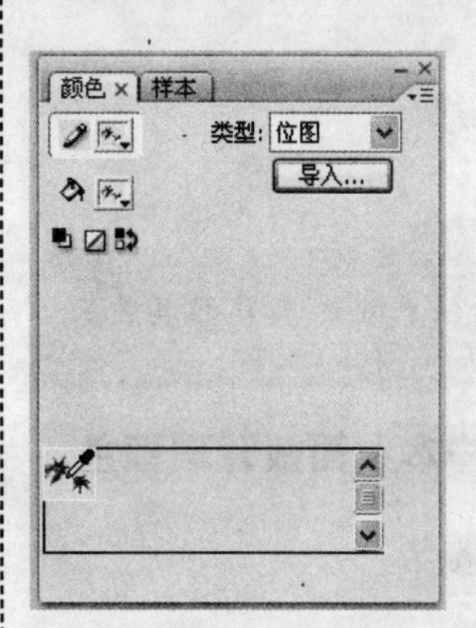

★ 图3-93

7 选择颜料桶工具，单击卡通人物的裙子，花裙子马上出现了，如图3-94所示。

★ 图3-94

8 选中填充花纹的裙子，单击【任意变形工具】按钮，出现任意变形工具的4个相关调整工具。

9 单击【封套】按钮，对裙子的大小及飘摆的角度进行调整，如图3-95所示。

★ 图3-95

提 示

还可以选择任意变形工具的其他三个工具根据自己的需要进行调整。

3.4.3 使用【样本】面板管理颜色

知识点讲解

【样本】面板的主要作用是保存和管理Flash CS3文档中的颜色。执行【窗口】→【样本】命令（或按【Ctrl+F9】组合键），打开【样本】面板，如图3-96所示。

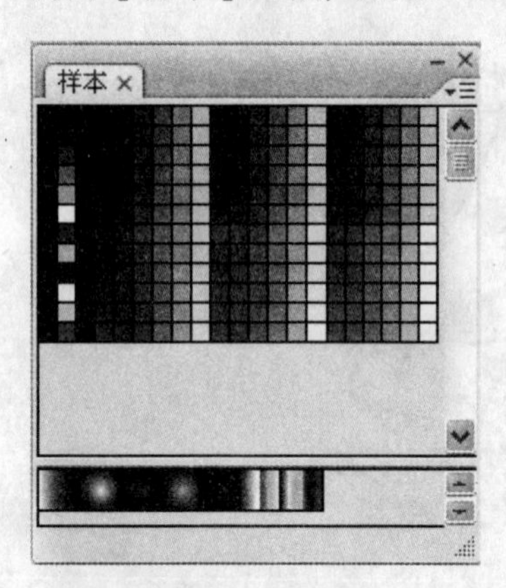

★ 图3-96

▶ 添加颜色

如果需要向【样本】面板中添加自定义的颜色，首先在工具箱中单击【填充颜色】按钮，在打开的颜色调色板中选择需要添加的颜色。

提 示

在填充颜色调色板中单击右上角的【系统颜色】按钮，打开Windows的系统调色板，在其中选中要添加的颜色后单击【添加到自定义颜色】按钮，再单击【确定】按钮。

然后，单击【样本】面板的灰色空白区域，即可添加颜色，如图3-97所示。

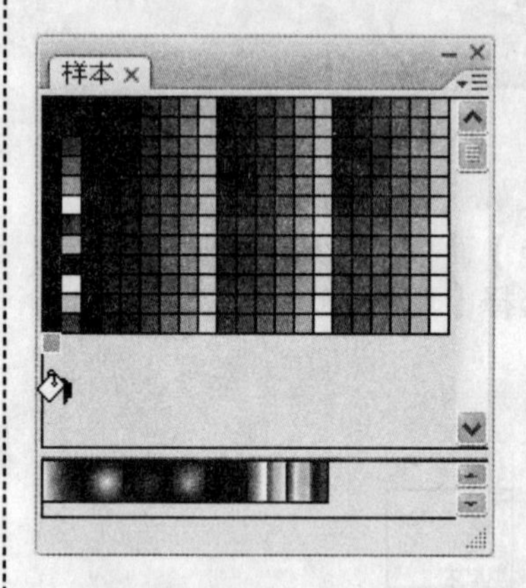

★ 图3-97

▶ 删除颜色

如果需要将【样本】面板中添加的颜色删除掉，按住【Ctrl】键，将鼠标移到需要删除颜色的位置上，当鼠标指针变成✂形状时，单击鼠标左键即可，如图3-98所示。

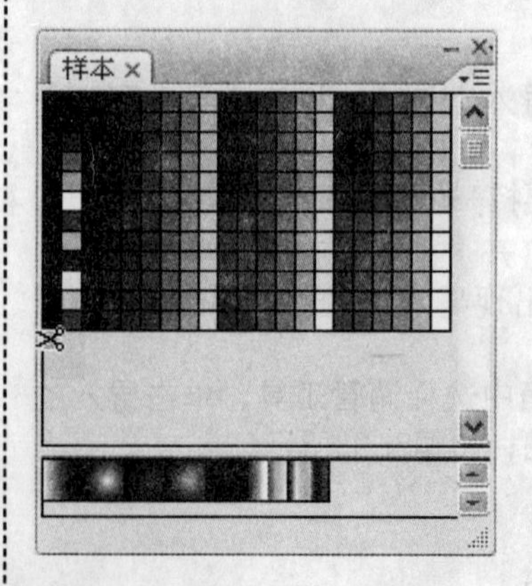

★ 图3-98

动手练

通过【样本】面板除了可以添加和删除颜色，还可以保存颜色。前面我们学习了如何添加和删除颜色，现在请读者进行一个小练习，跟随下面的讲解练习保存颜色的操作。

把自定义的颜色保存到调色板的操作步骤如下：

1 单击【样本】面板右上角的 按钮，弹出面板的快捷菜单，如图3-99所示。

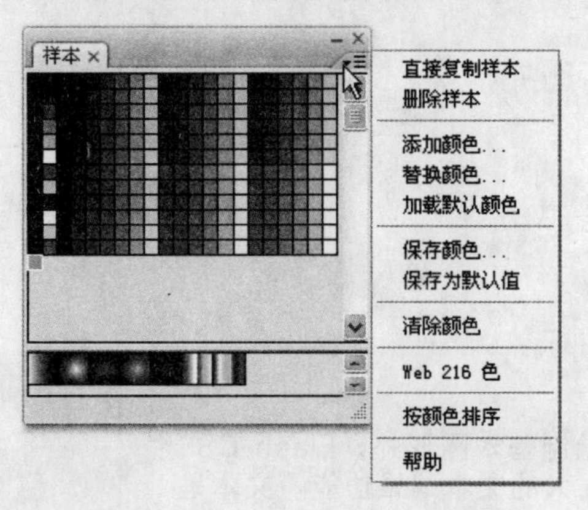

★ 图3-99

2 选择【保存颜色】选项，打开【导出色样】对话框，如图3-100示。

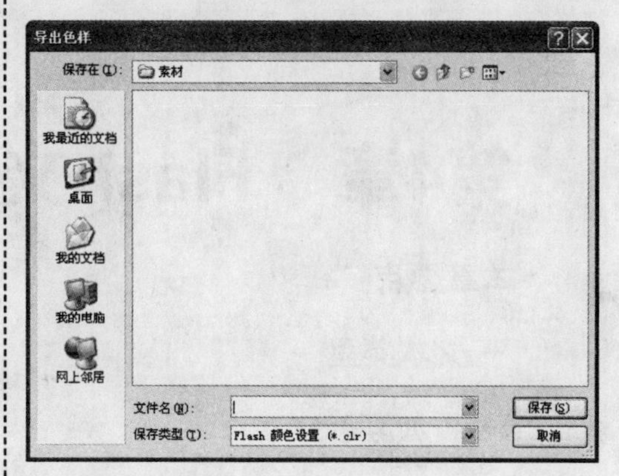

★ 图3-100

3 在【保存类型】下拉列表框中选择【Flash颜色设置（*.clr）】或【颜色表(*.act)】选项。

4 设置文件的保存路径和文件名。

5 单击【保存】按钮即可。

提示

使用【样本】面板的快捷菜单也可以进行复制样本、删除样本、加载默认颜色以及按颜色排序等操作。

疑难解答

问 为什么使用橡皮擦工具不能擦除导入的位图?

答 这是因为没有将位图打散的缘故，只需在选中位图的情况下，按【Ctrl+B】组合键将图片打散即可。除了位图，在Flash CS3中，已组合的图形、文字和元件，在未打散的情况下，都不能使用橡皮擦工具擦除。

问 绘制的图形为什么无法使用颜料桶工具填充颜色?

答 首先可试着将颜料桶工具的填充模式设置为【封闭中等空隙】或【封闭大空隙】模式，看颜色是否可以填充。如果仍无法填充颜色，则需要确认绘制的图形是否完全封闭，通过增加显示比例，可以轻松地找到没有封闭的图形位置，将其封闭后，即可顺利填充颜色。

问 导入图像后想要对其进行位图填充，为什么不能完成?

答 如果对象没有锁定，那么只有填充对象为图形的时候才能进行填充操作。

问 Flash中的锁定填充和不锁定填充有什么区别?

答 可以自己试验一下，在场景里画几个圆，一字排开，然后用渐变色填充，将渐变色设得复杂一些，打开锁定后依次填充圆，然后解开锁定重新填充。实际上，锁定是对渐变色和位图填充有影响的。当选择它时，所有用这种渐变色或位图填充的图形会被看作是一个整体，而取消选择时，这些图形是独立填充的。

Chapter 04

第4章 Flash文本编辑

本章要点

- *文本类型*
- *添加静态文本*
- *添加可编辑文本*
- *文本转换*

除了可以绘制基本图形外，Flash CS3还提供了强大的文本编辑功能。文本是Flash动画中的重要组成部分，无论是MTV、网页广告还是趣味游戏，都会或多或少地涉及到文本的应用。我们除了可以通过Flash输入文本外，还可以制作各种字体效果以及利用文本进行交互输入等。本章将介绍Flash CS3文本编辑的相关知识。

未命名-1

文件(F) 视图(V) 控制(C) 调试(D)

2008年第29届奥运会

sina新浪竞技风暴

4.1　文本类型

知识点讲解

在Flash CS3中，有三种文本类型：静态文本、动态文本和输入文本。在动画播放中，静态文本是不可以编辑和改变的；动态文本可以由动作脚本控制其显示；而输入文本可以人工输入其内容。

1. 静态文本

在工具箱中单击【文本工具】按钮 **T**，系统默认为静态文本，在【属性】面板中可以设置静态文本的属性，如图4-1所示。

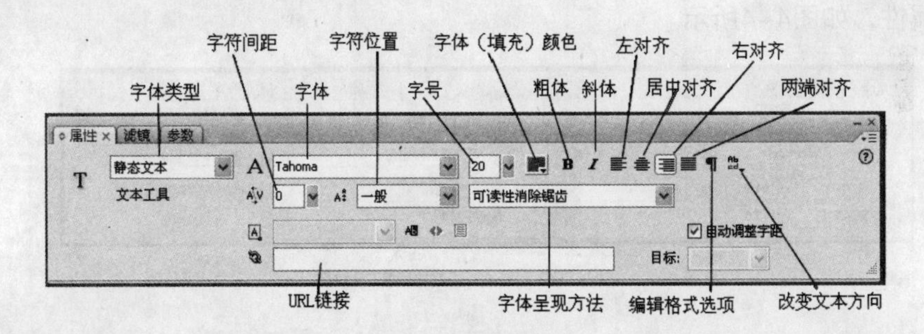

★ 图4-1

说　明

静态文本主要应用于动画中不需要变更的文字，是动画设计中应用最多的一种文本类型，在一般的动画制作中主要使用的就是静态文本。

2. 动态文本

单击工具箱中的【文本工具】按钮 **T**，在【属性】面板中，单击【文本类型】下拉列表框，打开【文本类型】下拉列表，如图4-2所示。

★ 图4-2

选择【动态文本】选项，在【属性】面板中设置动态文本的属性，如图4-3所示。

动态文本通常配合Action动作脚本使用，使文字根据相应变量的变更而显示不同的文字内容。选择动态文本，表示在工作区中创建了可以随时更新的信息。在动态文本的【变量】文本框中为该文本命名，文本框将接收此变量值，从而可以动态地改变文本框中显示的内容。

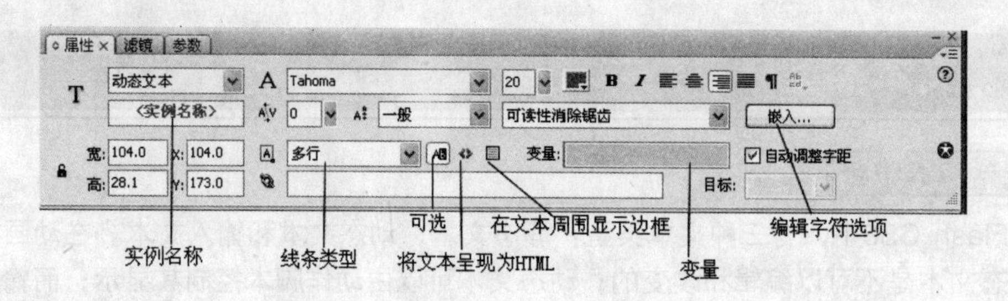

★ 图4-3

3. 输入文本

在【文本类型】下拉列表框中选择【输入文本】选项，可在【属性】面板中设置输入文本的属性，如图4-4所示。

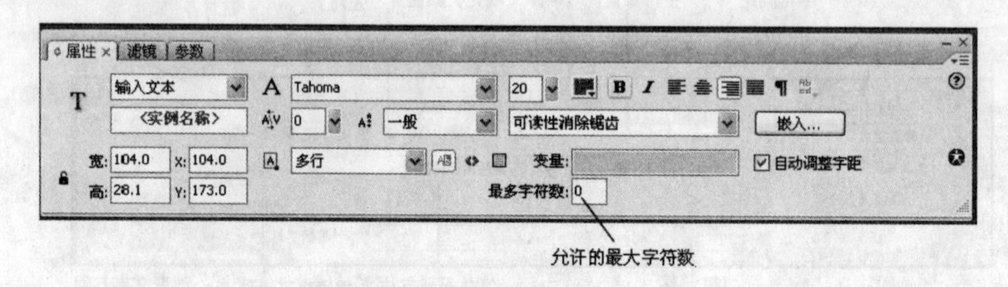

★ 图4-4

输入文本与动态文本的用法一样，但是它可以作为一个输入文本框来使用，通过在舞台中划定一个文字输入区域，供用户在其中输入相应的文字内容。在Flash动画播放时，可以通过这种输入文本框输入文本，实现用户与动画的交互。

4.2 添加静态文本

在Flash CS3动画制作中，由于绝大多数的文本是静态文本，同时静态文本的属性设置方法大多可用于动态文本和输入文本中，因此首先介绍静态文本的创建及属性设置方法。

4.2.1 文本的输入

知识点讲解

单击工具箱中的【文本工具】按钮T，将鼠标指针移至舞台中，当鼠标指针变为+形状时，单击舞台中需要输入文本的位置，即可输入文本内容。

在Flash CS3中输入文本有两种方式：一是创建可伸缩文本框；二是创建固定文本框。

▶ 创建可伸缩文本框

创建可伸缩文本框的操作步骤如下：

1 单击工具箱中的【文本工具】按钮T。

2 在舞台中单击需要输入文本的位置，在舞台中将出现一个文本框，文本框的右上角显示为空心的圆，表示此文本框为可伸缩文本框，如图4-5所示。

3 在文本框中输入文本，文本框会跟随文本自动改变宽度，如图4-6所示。

绿色奥运

★ 图4-5 ★ 图4-6

▸ 创建固定文本框

创建固定文本框的操作步骤如下：

1 单击工具箱中的【文本工具】按钮T。

2 使用鼠标在需要输入文本的位置上拖曳一个区域，这时在舞台中将出现一个文本框，文本框的右上角显示为空心的方块，表示此文本框为固定文本框，如图4-7所示。

3 在文本框中输入文本，文本会根据文本框的宽度自动换行，如图4-8所示。

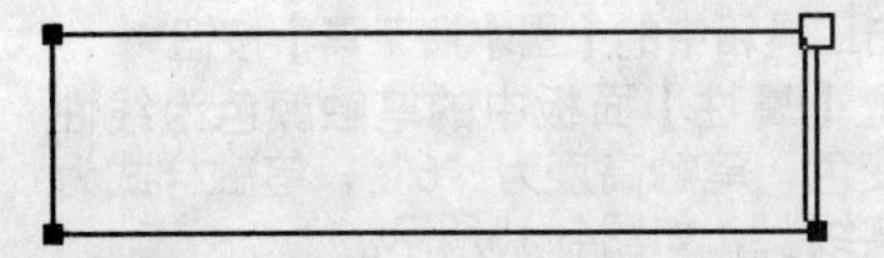

★ 图4-7

绿色奥
运

★ 图4-8

注意

固定文本框中限制每行输入的字符数，当多于一行时会自动换行，而可伸缩文本框不限制输入文本的多少，文本框随字符的增加而加长。

动手练

根据本节介绍的知识，练习输入文本的方法，读者可跟随制作金属文字的步骤进行操作，进一步掌握如何输入文本。

制作金属文字的操作步骤如下：

1 新建一个Flash CS3文档。

2 执行【修改】→【文档】命令（或按【Ctrl+J】组合键），在弹出的【文档属性】对话框中设置舞台的背景色为黑色，如图4-9所示。

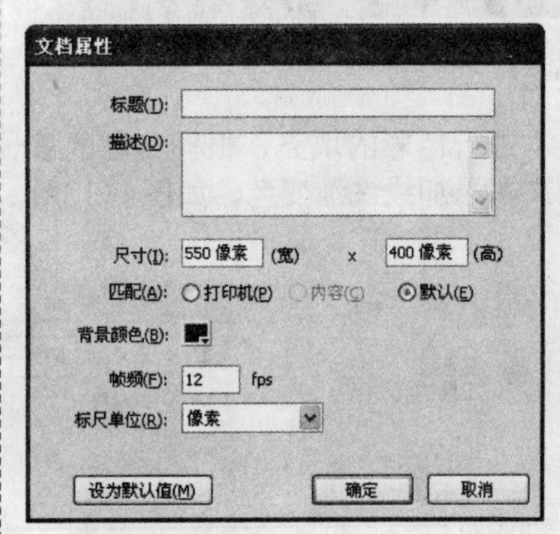

★ 图4-9

3 单击工具箱中的【文本工具】按钮T，在【属性】面板中设置文本类型为【静态文本】，将文本颜色设置为“白色”，字体设置为“黑体”，如图4-10所示。

★ 图4-10

4 在舞台中单击需要输入文本的位置，在出现的文本框中输入文本“BEAUTIFUL FLASH”，如图4-11所示。

★ 图4-11

5 两次执行【修改】→【分离】命令（或按【Ctrl+B】组合键），将文本分离成可编辑的网格状，如图4-12所示。

★ 图4-12

6 对文本进行色彩的填充，根据自己的喜好给文本添加线性渐变色，如图4-13所示。

★ 图4-13

7 单击工具箱中的【渐变变形工具】按钮，把线性渐变从左右方向调整为上下方向，如图4-14所示。

★ 图4-14

8 单击工具箱中的【墨水瓶工具】按钮，设置【属性】面板中的笔触颜色为线性渐变色，笔触高度为“6”，笔触样式为“实线”，如图4-15所示。

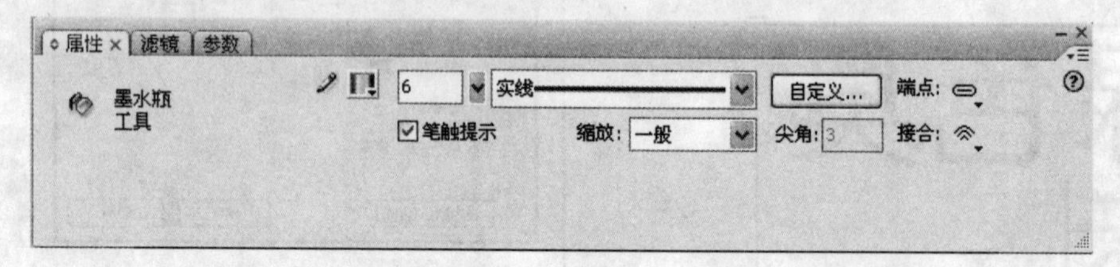

★ 图4-15

9 在【颜色】面板中设置边框的渐变色为白色到蓝色，如图4-16所示。

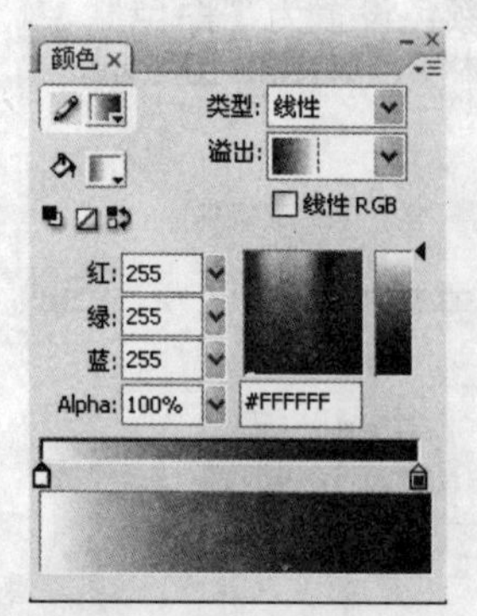

★ 图4-16

10 在舞台中，单击文本，给文本添加边框路径，如图4-17所示。

★ 图4-17

11 单击工具箱中的【选择工具】按钮，选择所有文本的边框路径，如图4-18所示。

★ 图4-18

12 单击工具箱中的【渐变变形工具】，把文本边框路径的线性渐变由左右方向调整为上下方向，完成的效果如图4-19所示。

★ 图4-19

4.2.2 文本的选取

知识点讲解

在Flash CS3中添加完文本内容后，可以继续使用文本工具对其进行编辑。要对文本进行编辑，首先需要选取文本。在Flash CS3中选取文本一般有两种方式：一是选中整个文本框；二是选取文本框内部文本。

▶ 选中整个文本框

选中整个文本框的操作步骤如下：

1 单击工具箱中的【选择工具】按钮。

2 单击需要调整的文本框，即可选中该文本框，如图4-20所示。

奥运北京

★ 图4-20

选中文本框后，通过【属性】面板进行的文本属性设置，对当前文本框中的所有文本都有效，如图4-21所示。

奥运北京

★ 图4-21

▶ 选取文本框内部文本

选取文本框内部文本的操作步骤如下：

1 单击工具箱中的【文本工具】按钮 T 。

2 单击需要调整的文本框，将光标定位到文本框中，如图4-22所示。

奥运北京

★ 图4-22

3 拖曳鼠标，选择需要调整的文本，即可选取文本框内部文本，如图4-23所示。

奥运北京

★ 图4-23

4 选取文本框内部文本，对同一个文本框中的不同文本可以分别进行设置，如图4-24所示。

奥运北京

★ 图4-24

动手练

在Flash动画制作中，选取文本后可以

对文本进行修改，既可修改文本内容，又可修改文本框的长度。读者可根据以下步骤自己动手练习。

1 在工具箱中单击【文本工具】按钮。
2 在文字上方单击鼠标左键，使其重新出现文字输入区域。
3 在文字输入区域中，按住鼠标左键并拖动鼠标指针选中要修改的文字，如图4-25所示。
4 然后输入新文字，即可对选中的文字进行修改，如图4-26所示。

绿色奥运

★ 图4-25

人文奥运

★ 图4-26

删除不需要的文字的操作步骤如下：

1 在工具箱中单击【文本工具】按钮。
2 在文字上方单击鼠标左键，使其重新出现文字输入区域。
3 在文字输入区域中，按住鼠标左键并拖动鼠标指针选中要删除的文字。
4 然后按【Delete】键即可。

添加文字的操作步骤如下：

1 在工具箱中单击【文本工具】按钮。
2 在文字上方单击鼠标左键，使其重新出现文字输入区域。
3 在要添加文字的位置单击鼠标左键，使其出现文字输入光标，如图4-27所示。

绿色奥运

★ 图4-27

4 然后输入要添加的文字即可，如图4-28所示。

建绿色北京 迎绿色奥运

★ 图4-28

提 示

将鼠标指针放置到文字输入区域右上角的控制柄上，当鼠标指针变为↔状时（如图4-29所示），按住鼠标左键将鼠标指针左右或上下拖动，可改变文字输入区域的宽度和长度，效果如图4-30所示。

建绿色北京 迎绿色奥运

★ 图4-29

建绿色北京
迎绿色奥运

★ 图4-30

4.2.3 设置文本样式

知识点讲解

为使文本更能适合动画制作的需要，使动画效果更加美观，可以通过【属性】面板对选取的文本进行字体、大小和颜色等文本属性的设置，其操作步骤如下：

1 选取需要设置文本属性的文本。
2 在【属性】面板中单击【字体】下拉列表框，打开【字体】下拉列表，从中选择需要的字体，如图4-31所示。
3 在【字体大小】文本框中输入需要的文本字体大小，或单击其右侧的下拉箭头，打开一个滑动条，通过拖动滑块来改变文本的字体大小，如图4-32所示。

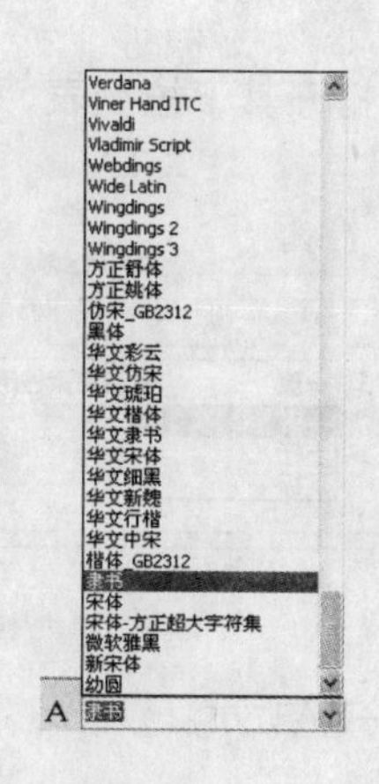

★ 图4-31

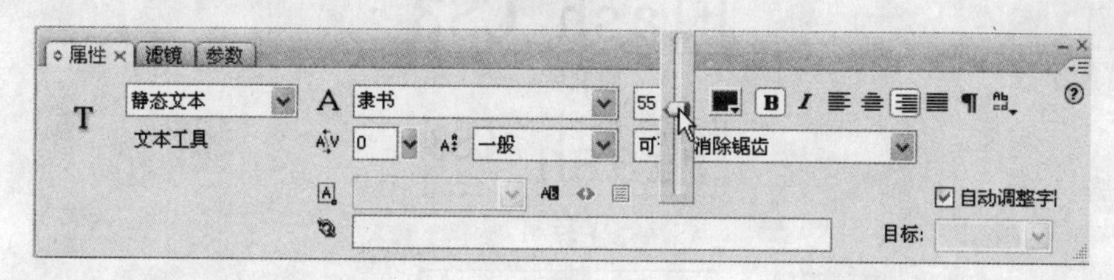

★ 图4-32

4 单击【文本（填充）颜色】按钮，打开一个调色板，从中可选择需要的颜色，如图4-33所示。

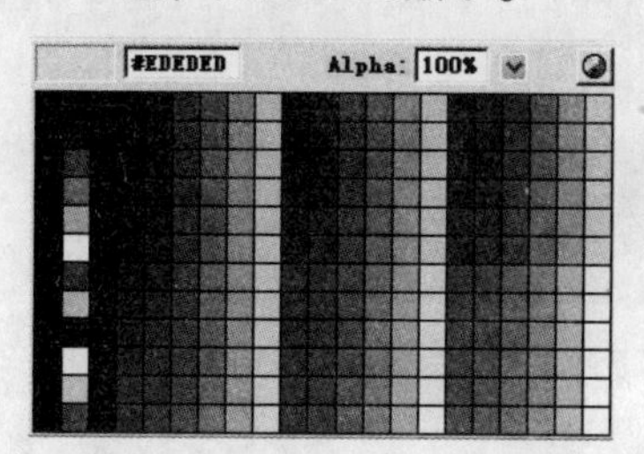

★ 图4-33

5 单击【粗体】和【斜体】按钮，可将选取的文本设置为粗体和斜体。

6 根据需要，单击【左对齐】、【居中对齐】、【右对齐】或【两端对齐】按钮，设置文本的对齐方式。

7 单击【编辑格式选项】按钮，打开【格式选项】对话框，如图4-34所示，在此对话框中可设置文本的缩进、行距、左边距和右边距。

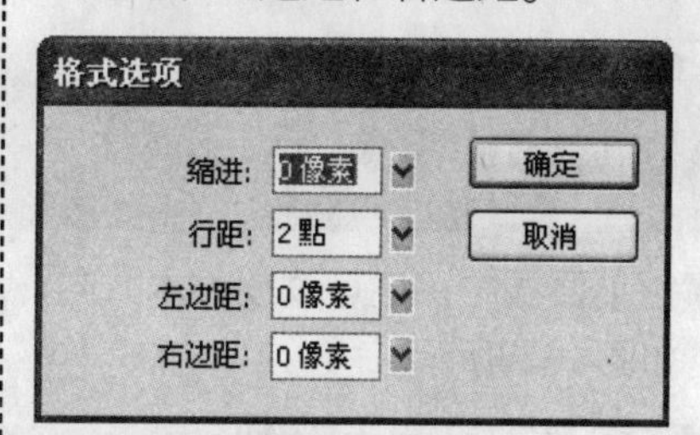

★ 图4-34

8 如果需要调整字符间距，可在【字符间距】文本框中输入需要的间距值，或单击其右侧的下拉箭头，打开一个滑动条，通过拖动滑块来改变文本的字符间距值，如图4-35所示。

★ 图4-35

9 单击【字符位置】下拉列表框，打开其下拉列表，可将文本位置修改为上标或下标字符，如图4-36所示。

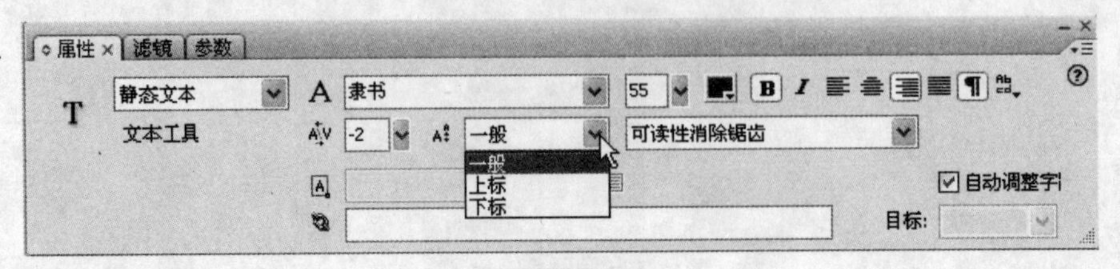

★ 图4-36

设置不同字符位置的效果如图4-37所示。

★ 图4-37

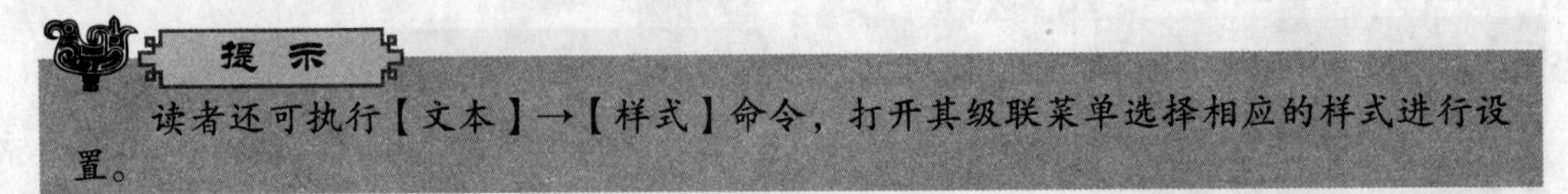

读者还可执行【文本】→【样式】命令，打开其级联菜单选择相应的样式进行设置。

10 在【属性】面板中，还可改变文本方向，单击【改变文本方向】按钮，打开其下拉菜单，如图4-38所示。

★ 图4-38

11 根据需要选择不同的选项，其效果如图4-39所示。

★ 图4-39

12 当文本方向为垂直时，在【改变文本方向】按钮右侧将增加一个【旋转】按钮，如图4-40所示。

★ 图4-40

13 单击【旋转】按钮，可旋转文本方向，如图4-41所示。

★ 图4-41

动手练

读者可根据前面讲解的内容自己动手练习设置文本样式，下面以输入一段文字为例介绍输入静态文本及设置文本样式的过程，其操作步骤如下：

1 在工具箱中单击【文本工具】按钮T。

2 将鼠标光标移至舞台中，鼠标光标变为+形状，按住鼠标左键拖动将出现一个虚线框，并在其中输入标题“我喜欢的几句话”，如图4-42所示。

我喜欢的几句话

★ 图4-42

3 用相同的方法输入正文内容，如图4-43所示。

我喜欢的几句话

我要你知道

这个世界上

有一个人会永远的等着你

无论在什么时候

无论你在什么地方

反正你知道

总会有这样一个人

张爱玲

★ 图4-43

4 选中标题文本框，在【属性】面板中，将字体设置为“宋体”，字体大小设置为“40”，文本颜色为“红色”，如图4-44所示。

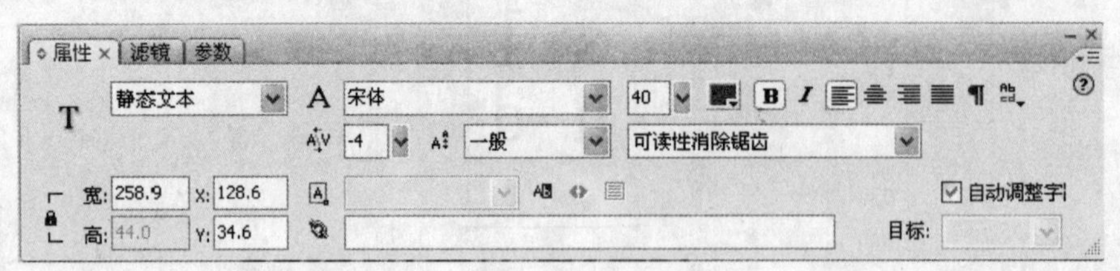

★ 图4-44

5 选取正文内容，将字体设置为“华文行楷”，字体大小设置为“30”，文本颜色设置为“粉色”。

6 选取落款部分，将字体设置为“方正姚体”，字体大小设置为“35”，文本颜色设置为“蓝色”。

7 完成后的文本效果如图4-45所示。

我喜欢的几句话

我要你知道
这个世界上
有一个人会永远的等着你
无论在什么时候
无论你在什么地方
反正你知道
总会有这样一个人

张爱玲

★ 图4–45

4.2.4 设置字体呈现方法

Flash CS3提供了增强的字体光栅化处理功能，可以指定字体的消除锯齿属性。

在【属性】面板中，单击【字体呈现方法】下拉列表框，打开其下拉列表，如图4–46所示。

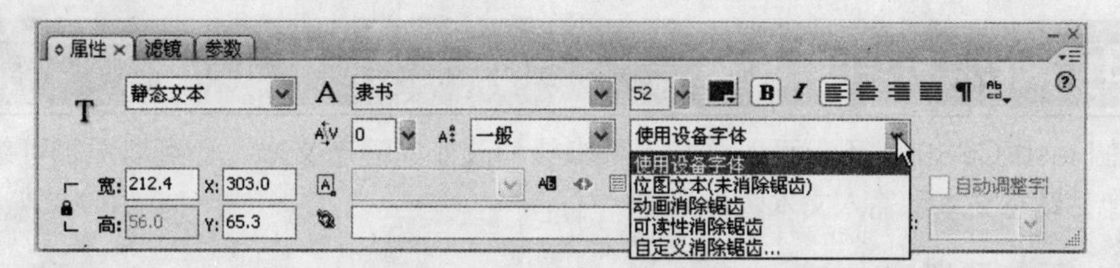

★ 图4–46

在此下拉列表框中，各选项的含义如下所述。

- 使用设备字体

选择此选项，指定的SWF文件将使用电脑上安装的字体来显示字体。尽管此选项对SWF文件大小的影响极小，但还是会强制根据安装在用户电脑上的字体来显示字体。在使用设备字体时，应只选择通常都安装的字体系列。使用设备字体只适用于静态水平文本。

- 位图文本（未消除锯齿）

选择此选项，将关闭消除锯齿功能，不对文本进行平滑处理，将用尖锐边缘显示文本。当位图文本的大小与导出大小相同时，文本比较清晰，但对位图文本进行缩放后，文本显示效果比较差。

- 动画消除锯齿

选择此选项，将创建较平滑的动画。由于Flash忽略对齐方式和字距微调信息，因此该选项只适用于部分情况。使用该选项呈现的字体在字体较小时会不太清晰，所以此选项适合于10磅或更大的字体。

▶ 可读性消除锯齿

选择此选项，将使用新的消除锯齿引擎，改进了字体（尤其是较小字体）的可读性。此选项的动画效果较差并可能会导致性能问题。如果要使用动画文本，应选择【动画消除锯齿】选项。

▶ 自定义消除锯齿

选择此选项，将打开【自定义消除锯齿】对话框，如图4-47所示。

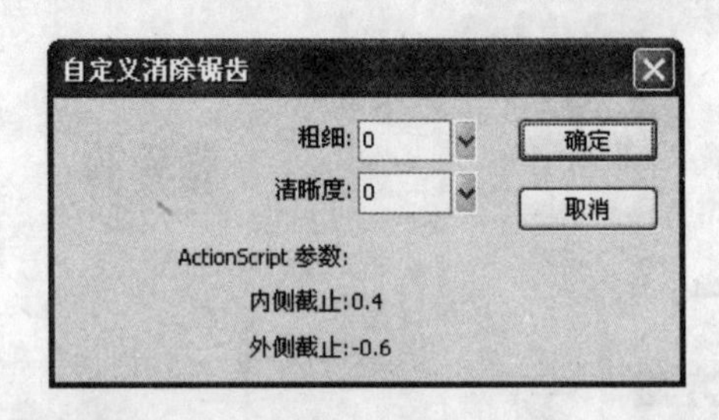

★ 图4-47

在【粗细】文本框中可设置消除锯齿的粗细，粗细值确定字体消除锯齿转变显示的粗细，较大的值可以使字符看上去较粗。在【清晰度】文本框中可设置消除锯齿的清晰度，清晰度确定文本边缘与背景过渡的平滑度。

设置完毕后，单击【确定】按钮即可。

4.3 添加可编辑文本

在Flash CS3中，不仅可以添加不可编辑和改变的静态文本，还可以添加可编辑文本，包括动态文本和输入文本两种类型。

4.3.1 添加动态文本

知识点讲解

动态文本用于在Flash动画中动态显示输入变量或数据的值，动态文本也可以显示基于数据库的信息，这些信息可能来自于服务器端的应用程序，也可能是从其他的Flash动画中或者从同一Flash动画的其他部分加载的，通常用于股票或天气预报等。

在工具箱中单击【文本工具】按钮 T，在【属性】面板的【文本类型】下拉列表框中选择【动态文本】选项，在舞台中单击需要添加动态文本的位置即可。选择【动态文本】选项后，【属性】面板会发生相应的变化，如图4-48所示。

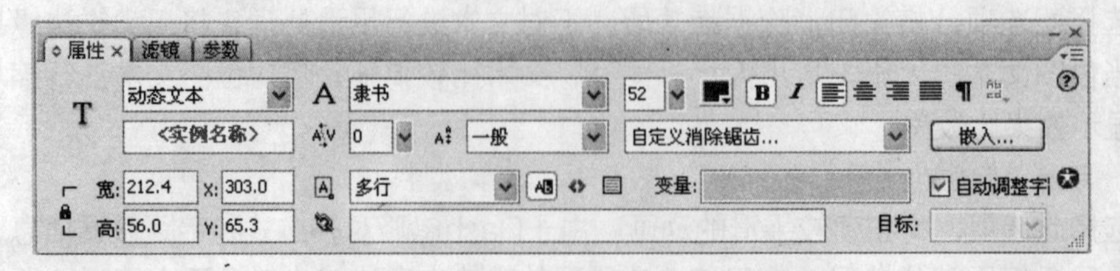

★ 图4-48

为了与静态文本相区别，动态文本的控制柄出现在文本框的右下角，而静态文本的控制柄是在文本框的右上角，如图4-49所示。

★ 图4-49

在动态文本的属性设置中，除了与静态文本属性设置相似外，还应注意如下选项。

- 在【实例名称】文本框中，为此动态文本输入一个标识符，利用此标识符，Flash可以将数据动态地放入到此文本区域中。
- 使用【线条类型】下拉列表框可设置文本区域中文本的组织方式，包括单行、多行和多行不换行三个选项。
- 单击【将文本呈现为HTML】按钮，Flash显示动态文本时保持超文本类型，包括字体、字体类型、超链接和其他HTML支持的相关格式。
- 单击【在文本周围显示边框】按钮，则可将文本区域设置为白色背景、有边框的样式。
- 在【变量】文本框中可输入一个变量名称，此功能与【实例名称】功能类似。变量名称应该与实例名称不同，以免在Flash中引起混乱。

注意

Flash文件（ActionScript 3.0）不支持【变量】选项，只能选择ActionScript 1.0或2.0。

动手练

在Flash CS3中用户可以为文本添加超链接。选取需要设置URL链接的文本，然后，在【属性】面板中的【URL链接】文本框中输入完整的链接地址即可，如图4-50所示。

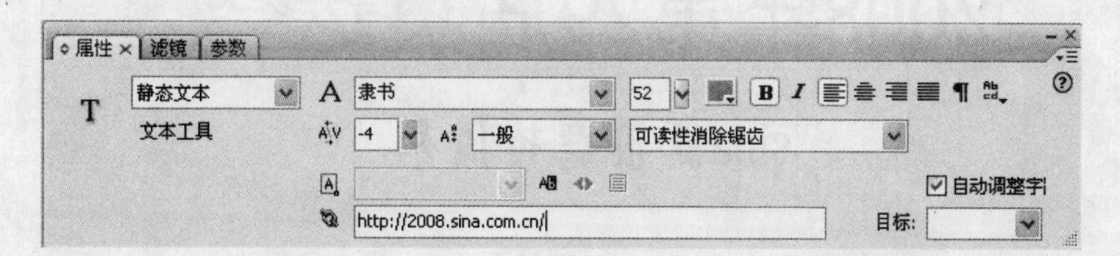

★ 图4-50

当用户输入链接地址后，其右侧的【目标】下拉列表框将有效，从其下拉列表框中可选择不同的选项，控制浏览器窗口的打开方式。

为动态文本添加超链接的具体操作步骤如下：

1 新建一个Flash文档。

2 选择工具箱的文本工具，在舞台中拖出两个文本框，分别输入文本，如图4-51所示。

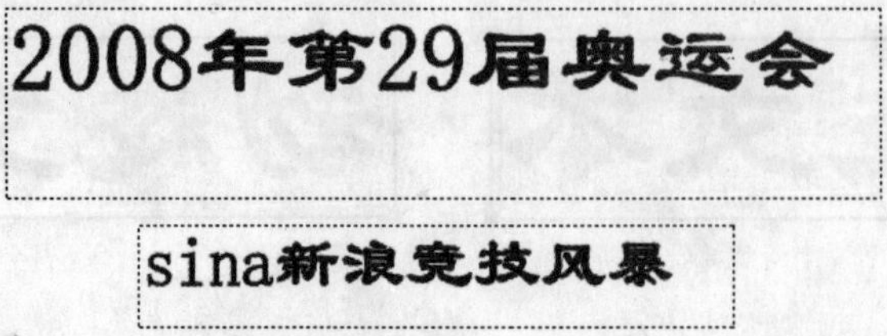

2008年第29届奥运会

sina新浪竞技风暴

★ 图4-51

3 选取第一个文本框中的“2008年第29届奥运会”几个字，在【属性】面板中设置它们的属性，将字体设置为“宋体”，字体大小为“50”，如图4-52所示。

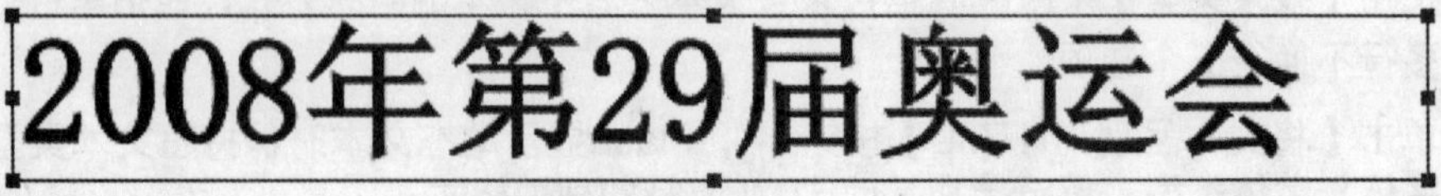

2008年第29届奥运会

★ 图4-52

4 选取第二个文本框中的“sina新浪竞技风暴”几个字，将字体设置为“方正姚体”，字体大小为“30”，如图4-53所示。

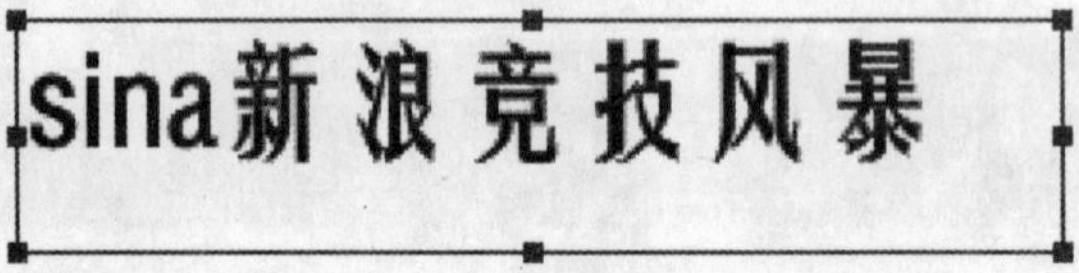

sina新浪竞技风暴

★ 图4-53

5 根据自己的喜好，将文本的填充颜色设置为合适的颜色，完成的效果如图4-54所示。

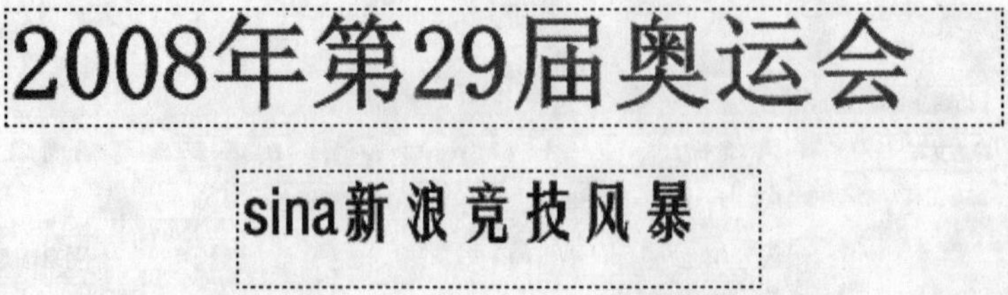

2008年第29届奥运会

sina新浪竞技风暴

★ 图4-54

6 选中整个文本框，在【属性】面板中设置文本的URL链接，如图4-55所示。

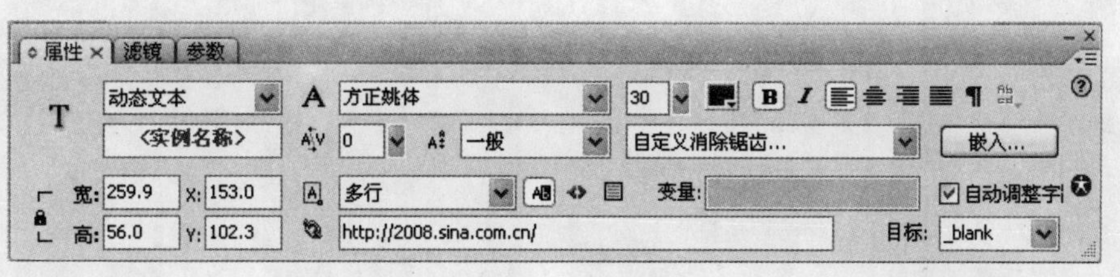

★ 图4-55

7 执行【控制】→【测试影片】命令（或按【Ctrl+Enter】组合键），在Flash播放器中预览动画效果，如图4-56所示。

★ 图4-56

8 单击文本即可浏览相应的网页，如图4-57所示。

★ 图4-57

4.3.2 添加输入文本

输入文本用于在Flash动画中接收用户的输入数据，例如表单或密码的输入区域。

在工具箱中单击【文本工具】按钮，在【属性】面板的【文本类型】下拉列表框中选择【输入文本】选项，在舞台中单击需要添加输入文本的位置即可。

输入文本与动态文本相类似，主要区别有如下两点：

- 在【线条类型】下拉列表框中增加了【密码】选项。在有“密码”或“口令”等输入框时需选择此选项。
- 增加了【最多字符数】文本框，用于限制输入文本的字符数，0表示无限制。

动手练

在Flash CS3中，可以使用动态文本和输入文本结合函数来实现交互的动画效果，实际上就是使函数的值和文本框进行数据的传递。读者可以通过下面的实例来巩固所学知识，具体操作步骤如下：

1 新建一个Flash CS3文档，在【新建】区域中选择【Flash文件（ActionScript 2.0）】选项。

2 单击工具箱中的【文本工具】按钮 T。

3 在【属性】面板的【文本类型】下拉列表框中选择【输入文本】选项。

4 在舞台的左侧拖曳鼠标，创建一个输入文本区域，如图4-58所示。

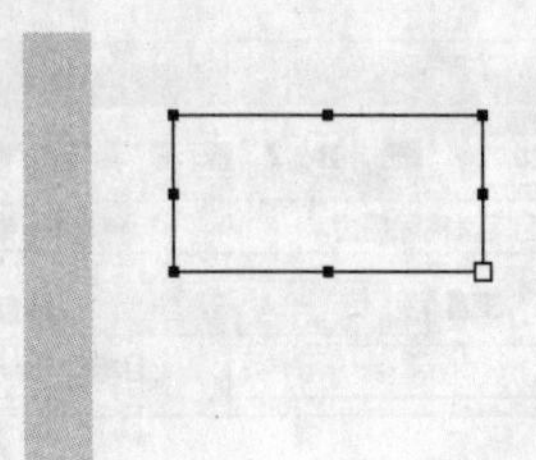

★ 图4-58

5 单击【属性】面板中的【在文本周围显示边框】按钮 。

6 在【变量】文本框中输入变量名称“MyFlash”，如图4-59所示。

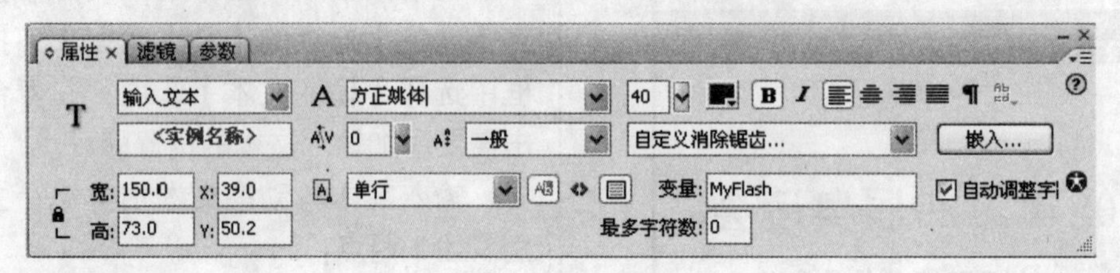

★ 图4-59

7 在【属性】面板的【文本类型】下拉列表框中，选择【动态文本】选项并设置相应的属性，如图4-60所示。

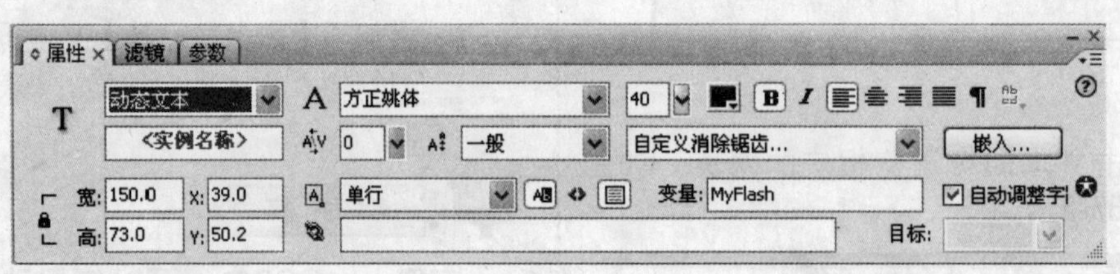

★ 图4-60

8 在舞台的右侧拖曳鼠标，创建一个动态文本区域，如图4-61所示。

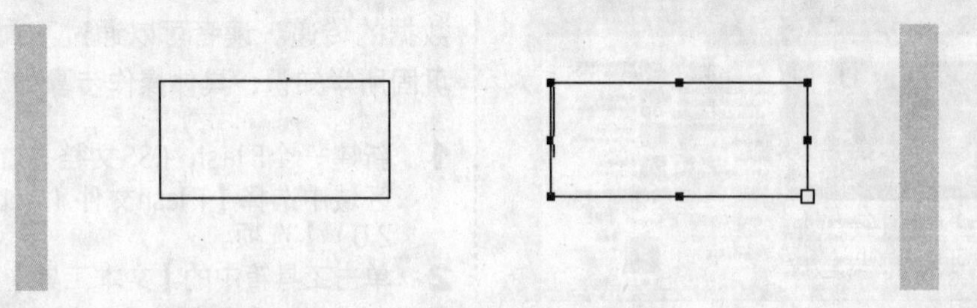

★ 图4-61

9 执行【控制】→【测试影片】命令（或按【Ctrl+Enter】组合键），在Flash播放器中预览动画效果，如图4-62所示。

10 在舞台左侧的输入文本框中输入文本，在右侧的动态文本框中将动态显示输入的文本，如图4-63所示。

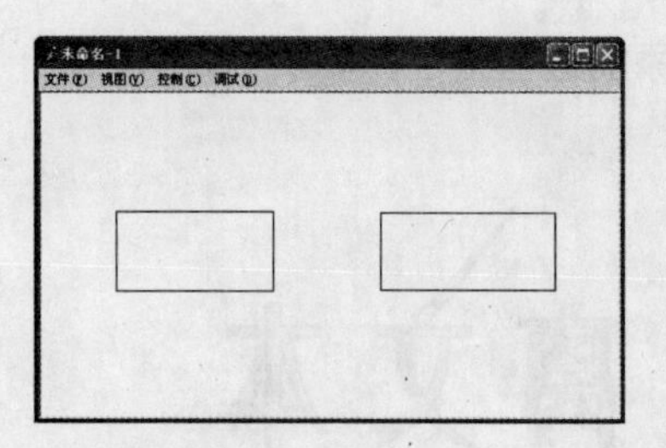

★ 图4-62

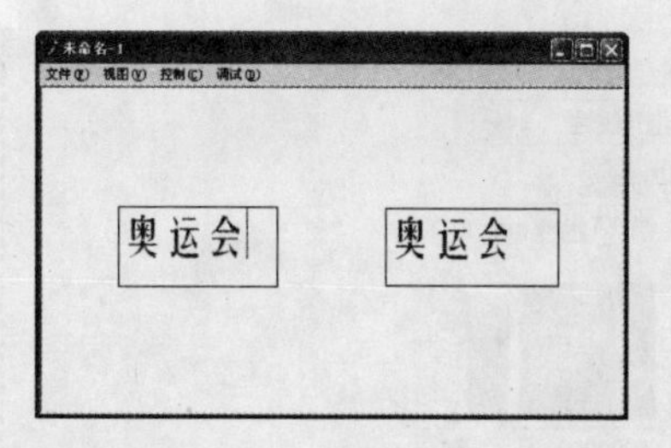

★ 图4-63

4.4　文本转换

知识点讲解

在Flash CS3中，可以将文本转换为矢量图，从而对文本进行特殊处理。

1. 分离文本

在Flash CS3中，如果要对文本进行渐变色填充和绘制边框路径等针对矢量图形的操作或制作形状渐变的动画，首先要对文本进行分离操作，也称为打散，将文本转换为可编辑状态的矢量图形。其操作步骤如下：

1 选取需要分离的文本，如图4-64所示。

★ 图4-64

2 执行【修改】→【分离】命令（或按【Ctrl+B】组合键），原来的单个文本框会拆分成多个文本框，每个字符各占一个，如图4-65所示。此时，每一个字符都可以单独使用文本工具进行编辑。

★ 图4-65

3 选择所有的文本，继续执行【修改】→【分离】命令，这时所有的文本将会转换为网格状的可编辑状态，如图4-66所示。

★ 图4-66

注　意

将文本转换为矢量图形的过程是不可逆转的，不能将矢量图形转换成单个的文本。

2. 编辑矢量文本

文本转换为矢量图形后，就可以对其进行路径编辑、填充渐变色及添加边框路径等操作。

▶ 给文本添加渐变色

给文本添加渐变色的操作步骤如下：

1 按照分离文本的方法，将文本转换为矢量图形。

2 选择需要添加渐变色的文本。

3 在【颜色】面板中，为文本设置渐变色，如图4-67所示。

4 选择的文本将自动添加渐变色，其效果如图4-68所示。

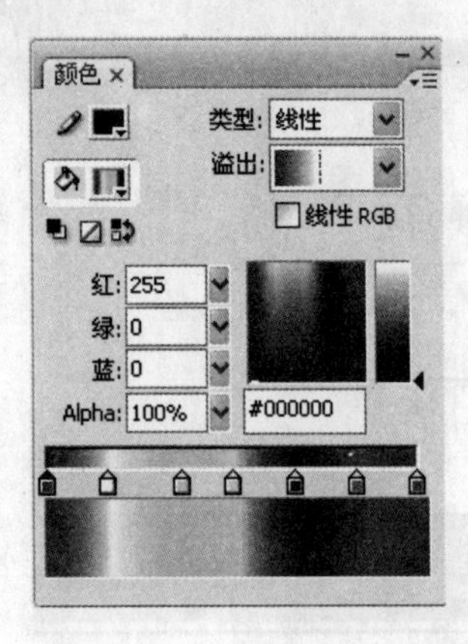

★ 图4-67

★ 图4-68

▶ 编辑文本路径

编辑文本路径的操作步骤如下：

1. 将文本转换为矢量图形。
2. 单击工具箱中的【部分选取工具】按钮。
3. 对文本的路径点进行编辑，改变文本的形状，其效果如图4-69所示。

★ 图4-69

▶ 给文本添加边框路径

给文本添加边框路径的操作步骤如下：

1. 将文本转换为矢量图形。
2. 单击工具箱中的【墨水瓶工具】按钮。
3. 给文本添加边框路径，其效果如图4-70所示。

★ 图4-70

▶ 编辑文本形状

编辑文本形状的操作步骤如下：

1. 将文本转换为矢量图形。
2. 单击工具箱中的【任意变形工具】按钮，对文本进行变形操作，如图4-71所示。

★ 图4-71

通过将文本转换成矢量图形，对其进行路径编辑、填充渐变色以及添加边框路径等操作，可以制作漂亮的彩虹文字，具体操作步骤如下：

1. 新建一个Flash CS3文档。
2. 执行【修改】→【文档】命令（或按【Ctrl+J】组合键），弹出【文档属性】对话框，设置舞台的背景颜色为“黑色”，如图4-72所示。

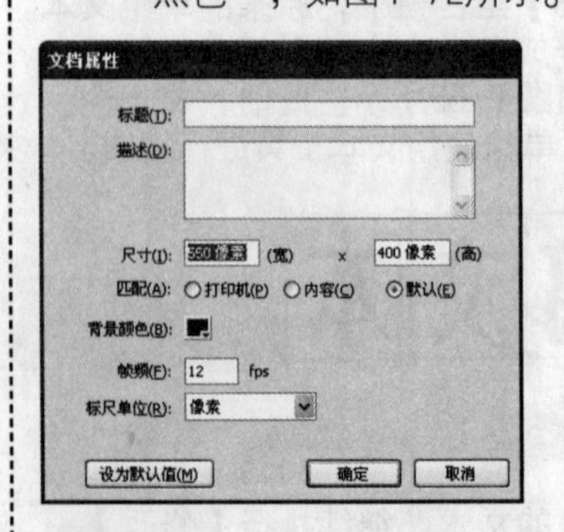

★ 图4-72

3 单击工具箱中的【文本工具】按钮 T，在【属性】面板中设置路径和填充样式，文本类型为“静态文本”，文本填充为“白色”，字体为“方正姚体”，如图4-73所示。

★ 图4-73

4 使用文本工具在舞台中输入文本“彩虹文字”，如图4-74所示。

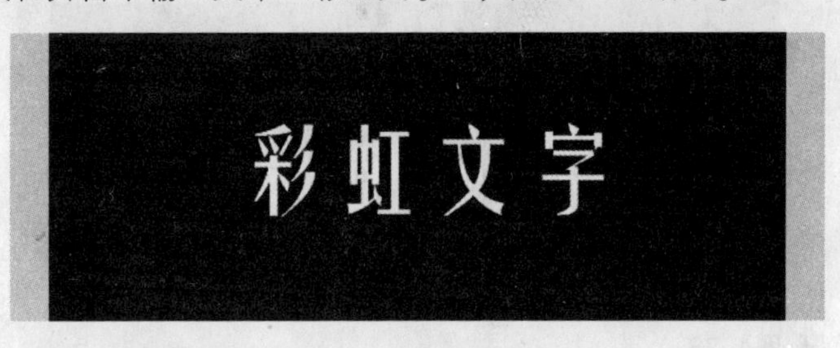

★ 图4-74

5 两次执行【修改】→【分离】命令（或按【Ctrl+B】组合键），将文本分离成可编辑的网格状，如图4-75所示。

★ 图4-75

6 执行【编辑】→【直接复制】命令（或按【Ctrl+D】组合键），复制文本，移动到不同的位置上，如图4-76所示。

★ 图4-76

7 选择下方的文本，执行【修改】→【形状】→【柔化填充边缘】命令，打开【柔化填充边缘】对话框，对文本的边缘进行模糊操作，如图4-77所示。

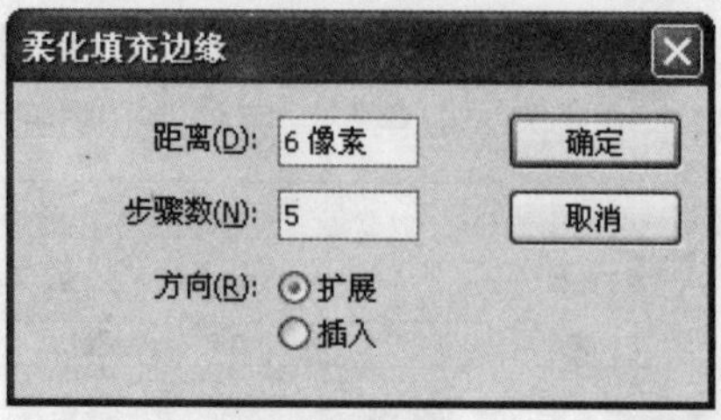

★ 图4-77

8 执行【修改】→【组合】命令（或按【Ctrl+G】组合键）将得到的文字组合起来，如图4-78所示。

★ 图4-78

9 选择上方的文本，将填充颜色设置成彩虹渐变色，然后将它们组合起来，如图4-79所示。

★ 图4-79

10 执行【窗口】→【对齐】命令（或按【Ctrl+K】组合键），打开【对齐】面板，单击【垂直中齐】按钮，将两个文本对齐到同一个位置上，完成的效果如图4-80所示。

★ 图4-80

上面介绍了如何将文本转换成矢量图形，并举例讲解了如何对其进行编辑等操作，

读者可以自己动手制作其他漂亮的文字效果，例如制作立体文字。

具体操作步骤如下：

1 新建一个Flash CS3文档。

2 单击工具箱中的【文本工具】按钮T，在【属性】面板中，将文本类型设置为“静态文本”，文本颜色设置为“绿色”，字体为“方正姚体”，字体大小为“70”，如图4-81所示。

★ 图4-81

3 在舞台中输入文本“立体文字”，如图4-82所示。

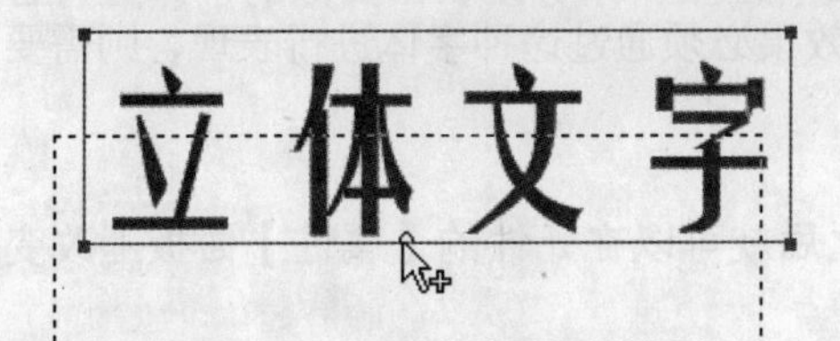

★ 图4-82

4 单击工具箱中的【选择工具】按钮，在按住【Alt】键的同时拖曳这个文本，复制出一个新的文本，如图4-83所示。

★ 图4-83

5 把复制出来的文本更改为蓝色，并且与当前的绿色文本对齐，如图4-84所示。

★ 图4-84

6 选中两个文本。

7 两次执行【修改】→【分离】命令（或按【Ctrl+B】组合键），将文本分离成可编辑的网格状，如图4-85所示。

★ 图4-85

8 单击工具箱中的【墨水瓶工具】按钮，在【属性】面板中设置笔触颜色为“黑色”，笔触高度为“1”，笔触样式为“实线”，如图4-86所示。

★ 图4-86

9 在舞台中单击文本内的字样，给文本添加边框路径，如图4-87所示。

★ 图4-87

10 使用工具箱中的选择工具将所有文本的填充都删除掉，只保留边框路径，完成的效果如图4-88所示。

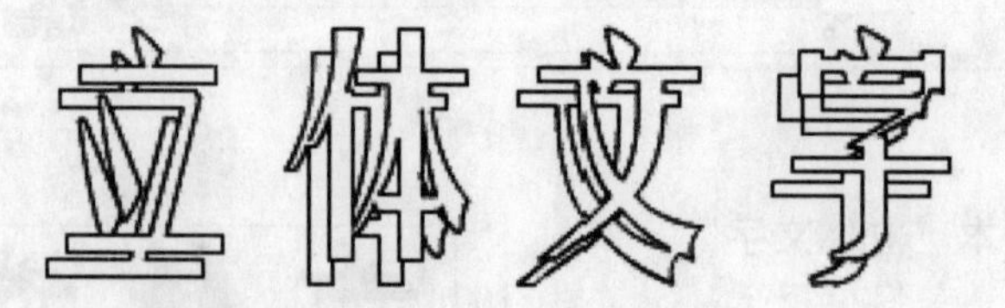

★ 图4-88

疑难解答

问 打开下载的源文件时，Flash CS3为何提示没有相应的字体？这种情况该怎么处理？

答 这是因为该源文件中使用了某一种或几种特殊的字体，而在用户的电脑中并没有安装这些字体，所以Flash CS3会出现这类提示。在遇到这种情况时，可视情况分别进行处理。如果该源文件中，文字只在动画中起到简单的辅助作用，并不是表现重点，则可在相应的提示对话框中选择使用默认字体，或在电脑中选择一种与该字体类似的字体进行替代。如果文字是该动画表现的重点，且特定的效果必须通过这种字体进行表现，则需要为系统安装该字体，然后再打开该源文件。

问 如何改变Flash动态文本的透明度？

答 首先把想要改变透明度的文字转换成元件，之后就可以在元件的【属性】面板上改变Alpha的值就可以了。

问 文本分离后还能够更改字体样式吗？

答 这是不行的，因为文本一旦分离，就会转换为路径，就不再是文本的状态了。这时如果希望能够恢复到文本的编辑状态，只能够执行【撤销】命令。

问 为什么我的文字不能使用封套变形工具？

答 这是因为没有对文字进行分离（按【Ctrl+B】组合键），分离就是把文字转换为可编辑的形状。注意多个文字要分离两次。

Chapter 05

第5章　编辑Flash的对象

本章要点

- *位图对象的编辑*
- *对象的基本编辑*
- *对象变形和翻转*
- *对象的优化*

在使用Flash CS3制作动画的过程中，有时需要对创建的对象进行编辑处理，以满足实际动画制作的设计需求，对图形和文字进行编辑，可以使其具备更好的画面表现效果。本章就介绍对象编辑的相关知识。

5.1 编辑外部对象

在用Flash CS3制作动画时，除了可以使用Flash工具箱绘制图形外，还可以使用Flash提供的导入功能将外部的对象导入到Flash CS3的舞台中。

5.1.1 图形对象的导入

知识点讲解

Flash CS3几乎支持现在电脑中的所有主流图片文件格式，如表5-1所示。

表5-1 Flash CS3支持的图片文件格式

软件名称	文件格式
Adobe	.Illustrator.eps、.ai、.pdf
AutoCAD	.dxf
位图	.bmp
Windows元文件	.wmf
增强图元文件	.emf
FreeHand	.fh7、.fh8、.fh9、.fh10、.fh11
GIF	.gif
JPEG	.jpg
PNG	.png
Flash Player 6/7	.swf

如果系统安装了QuickTime 4或更高版本，Flash CS3还可以导入如表5-2所示的图形文件格式。

表5-2 安装了QuickTime 4或更高版本后支持的图片文件格式

软件名称	文件格式
MacPaint	.pntg
Photoshop	.psd
PICT	.pct、.pic
QuickTime 图像	.qtif
Silicon 图形图像	.sgi
TGA	.tga
TIFF	.tif

动手练

了解了可以导入到Flash CS3舞台中的图片格式以后，就可以将外部图片导入到需要该图片的动画场景中。请读者跟随下面的步骤练习将外部的图片对象导入到当前动画的舞台中，具体操作步骤如下：

1 新建一个Flash CS3文档。

2 执行【文件】→【导入】→【导入到舞台】命令（或按【Ctrl+R】组合键），打开【导入】对话框，如图5-1所示。

★ 图5-1

3 选择需要导入的图形文件名。

4 单击【打开】按钮，图形对象将被直接导入到当前舞台中，如图5-2所示。

★ 图5-2

如果导入的文件名称是以数字结尾，并且在同一文件夹中还有其他按顺序编号的文件，Flash将弹出一个消息提示框，提示是否导入序列中的所有图像，如图5-3所示。

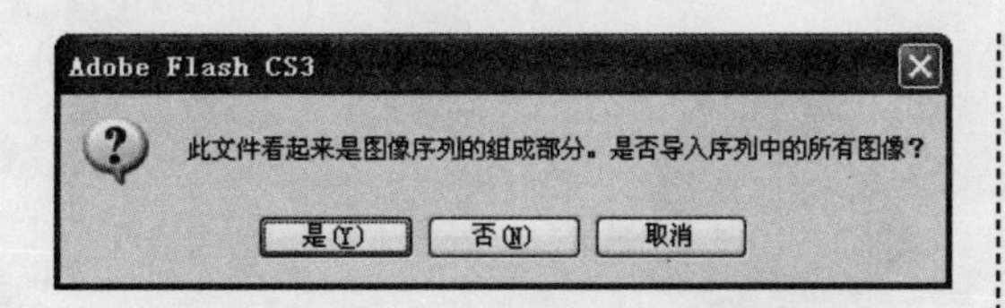

★ 图5-3

单击【是】按钮将导入所有的序列文件，单击【否】按钮只导入指定的文件。

说　明

执行【文件】→【导入】→【导入到舞台】命令，导入的素材会直接放置到当前的场景中，并同时导入到库中，以便用户再次调用。

5.1.2　设置位图属性

知识点讲解

在Flash CS3中，将位图对象导入到舞台后，还可以在【库】面板中调用该位图对象，对位图的属性进行设置，从而对位图进行优化，加快下载速度，其操作步骤如下：

1 新建一个Flash CS3文档。
2 执行【文件】→【导入】→【导入到舞台】命令，打开【导入】对话框，从中选择一幅图像导入到舞台中。
3 执行【窗口】→【库】命令（或按【Ctrl+L】组合键），打开【库】面板，如图5-4所示。
4 在【库】面板中，双击需要编辑的位图，打开【位图属性】对话框，如图5-5所示。

▸ 选中【允许平滑】复选框，可以平滑位图素材的边缘。

▸ 单击【压缩】下拉列表框，打开其下拉列表，如图5-6所示。选择【照片（JPEG）】选项表示用JPEG格式输出图像，选择【无损（PNG/GIF）】选项表示以压缩的格式输出文件，但不损失任何图像数据。

★ 图5-4

★ 图5-5

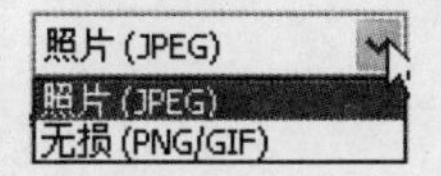

★ 图5-6

▸ 选中【使用导入的JPEG数据】复选框表示使用位图素材的默认品质，取消选中该复选框可以手动输入新的品质值，如图5-7所示。

★ 图5-7

5 单击【确定】按钮即可设置位图属性。

- 单击【更新】按钮表示更新导入的位图素材。
- 单击【导入】按钮可以导入一张新的位图素材。
- 单击【测试】按钮将显示文件压缩的结果，可以与未压缩的文件尺寸进行比较。

导入位图并将其应用到动画中之后，还可根据需要对位图的大小等进行适当的编辑，对图片中的多余区域进行删除，修改图片内容，使其在动画中具备更好的表现效果。

- 调整图片大小等属性：在Flash CS3中对图片大小进行的调整，主要通过任意变形工具来实现，可根据动画的实际需要，调整图片的大小、位置、倾斜、旋转角度以及翻转等，如图5-8所示。具体的调整方法与利用任意变形工具调整矢量图的方法类似。

★ 图5-8

- 删除多余区域：若动画中只需要图片的某一部分，就需要对图片中的多余区域进行删除，具体方法是按【Ctrl+B】组合键将图片打散，然后利用橡皮擦工具擦除多余区域，或利用套索工具选中多余区域并将选中的区域删除，效果如图5-9所示。

★ 图5-9

- 修改图片内容：若需要对图片素材中的部分内容进行修改，可按【Ctrl+B】组合键将图片打散，然后利用绘画工具和编辑工具，在图片中绘制相应的图形并对图片内容进行适当的编辑，如图5-10所示。

★ 图5-10

动手练

将位图对象导入到舞台后，除了可以对位图进行相关属性的设置，还可进行分离位图的操作，将位图中的像素分散到离散的区域中，然后可以分别选择这些区域并进行修改。读者可跟随下面的步骤进行练习。

分离位图的操作步骤如下：

1. 新建一个Flash CS3文档。
2. 执行【文件】→【导入】→【导入到舞台】命令，打开【导入】对话框。
3. 选择好要导入的对象后，单击【打开】按钮将位图导入到舞台中。
4. 单击工具箱中的【选择工具】按钮。
5. 单击当前舞台中的位图对象。
6. 执行【修改】→【分离】命令，即可分

离位图，如图5-11所示。

★ 图5-11

当位图分离后，可以使用绘画工具和【颜料桶工具】修改位图，也可以通过使用【套索工具】中的【魔术棒工具】，选择已经分离的位图区域。

5.1.3 套索工具

知识点讲解

【套索工具】通常用于选取不规则的图形部分，可以用来选择任意形状的图像区域。被选择的区域可以作为单一对象进行编辑，套索工具也经常用于分割图像中的某一部分。

单击【工具箱】中的【套索工具】按钮后，能够在工具箱的选项区域中看到【套索工具】的附加功能，包括【魔术棒工具】和【多边形模式】等，如图5-12所示。

★ 图5-12

使用套索工具选择图形的方法如下所述。

- 选取大致范围：单击工具箱中的按钮选中套索工具，将鼠标指针移动到要选取图形的上方，当鼠标指针变为状时，按住鼠标左键并拖动鼠标指针，在图形上勾勒要选择的大致图形范围，如图5-13所示。将选择范围全部勾勒后，释放鼠标即可将勾勒的图形范围全部选取，选择的图形区域如图5-14所示。

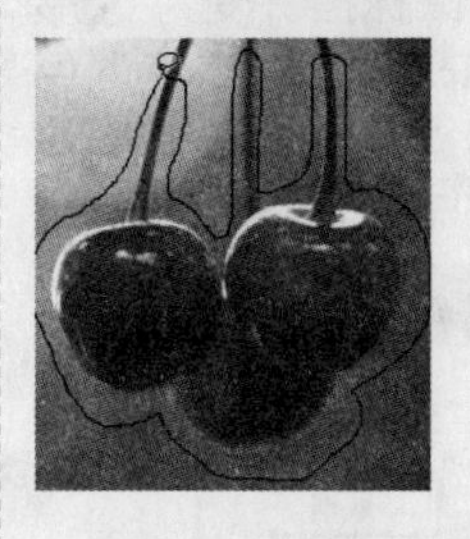

★ 图5-13

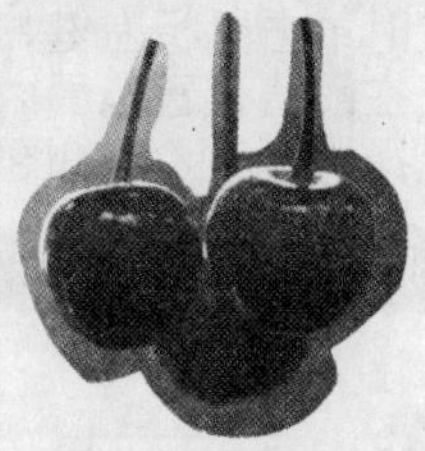

★ 图5-14

- 精确选取图形：单击工具箱中的按钮选中套索工具，在【选项】区域中单击【多边形模式】按钮，将鼠标指针移动到要选取图形的上方，当鼠标指针变为状时，在图形中要选取区域的边缘单击鼠标左键，建立一个选择点，将鼠标指针沿图形轮廓移动并再次单击鼠标左键，建立第2个选择点。用同样的方法，逐步勾勒图形的精确选择区域，如图5-15所示。将图形全部勾勒好后，双击鼠标左键封闭选择区域即可，选择的图形区域如图5-16所示。

★ 图5-15

★ 图5-16

▸ 选择色彩范围：

1 单击工具箱中的按钮选中套索工具，在选项区域中单击【魔术棒设置】按钮。

2 打开【魔术棒设置】对话框，在该对话框中对【阈值】和【平滑】参数进行设置，如图5-17所示。

3 然后在选项区域中单击【魔术棒工具】按钮，并将鼠标指针移动到图形中要选取的色彩上方，当鼠标指针变为形状时单击鼠标左键，即可选取指定颜色及在阈值设置范围内的相近颜色区域，选择的颜色区域如图5-18所示。

魔术棒设置
阈值(T): 60 确定
平滑(S): 平滑 取消

★ 图5-17

★ 图5-18

提　示

在【阈值】文本框中输入0～200之间的整数。阈值是用来设定相邻像素在所选区域内必须达到的颜色接近程度，数值越高，包含的颜色范围越广。如果输入“0”，则只选择与单击的第一个像素的颜色完全相同的像素。

使用套索工具选取对象后，还可以为选取的对象改变填充颜色，具体操作步骤如下：

1 新建一个Flash CS3文档。

2 执行【文件】→【导入】→【导入到舞台】命令，打开【导入】对话框。

3 选择要导入的对象后，单击【打开】按钮将位图导入到舞台中。

4 执行【修改】→【分离】命令，分离位图，如图5-19所示。

★ 图5-19

5 单击【工具箱】中的【套索工具】按钮。

6 单击【魔术棒设置】按钮，打开【魔术棒设置】对话框。

7 在【阈值】文本框中输入0～200之间的整数。

8 单击【平滑】下拉列表框，打开其下拉列表。

9 在此下拉列表框中设置所选区域的边缘平滑程度，如图5-20所示。

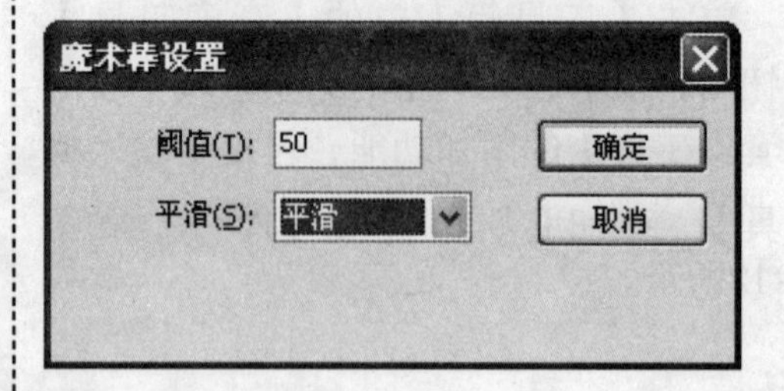

★ 图5-20

10 单击【确定】按钮，关闭【魔术棒设置】对话框。

11 单击选项区域中的【魔术棒工具】按钮。

12 单击需要选择的颜色区域，可选择某一颜色区域，这里选择“黄色”花瓣，如图5-21所示。

★ 图5-21

13 在工具箱中的【填充颜色】调色板中选择需要的填充颜色，这里选择“粉色”，所选择的区域将更改成所选择的颜色，如图5-22所示。

★ 图5-22

动手练

掌握了套索工具的相关操作之后，读者可以自己动手练习使用套索工具进行一些简单的操作。请读者跟随下面的步骤进行操作，从而掌握套索工具的使用方法。

1 新建一个Flash CS3文件。

2 执行【文件】→【导入】→【导入到舞台】命令（或按【Ctrl+R】组合键），将图片素材导入到当前动画的舞台中，如图5-23所示。

3 执行【修改】→【分离】命令（或按【Ctrl+B】组合键），把导入到舞台中的位图素材转换为可编辑状态，如图5-24所示。

★ 图5-23

★ 图5-24

4 取消当前图片的选中状态，单击工具箱中的【套索工具】按钮。

5 用套索工具在当前图片上拖曳鼠标，绘制一个任意的区域，如图5-25所示。

★ 图5-25

6 单击工具箱中的【选择工具】按钮，删除选取区域以外的部分，如图5-26所示。

★ 图5-26

7 执行【修改】→【组合】命令（或按【Ctrl+G】组合键），将得到的图形区域组合起来，如图5-27所示。

★ 图5-27

8 单击工具箱中的【任意变形工具】按钮，在按【Shift】键的同时拖曳4个定点，为了符合舞台尺寸，适当调整得到的图形，如图5-28所示。

★ 图5-28

9 执行【文件】→【导入】→【导入到舞台】命令（或按【Ctrl+R】快捷键），将另一个图片导入到当前动画的舞台中，如图5-29所示。

★ 图5-29

10 执行【修改】→【分离】命令（或按【Ctrl+B】组合键），把导入到舞台中的位图素材转换为可编辑状态，如图5-30所示。

★ 图5-30

11 取消当前图片的选中状态，单击工具箱中的【魔术棒工具】按钮。

12 单击当前图片上的空白区域，选择并且删除素材图片的白色背景，如图5-31所示。

★ 图5-31

13 执行【修改】→【组合】命令（或按【Ctrl+G】组合键），把图片组合起来，避免被其他图形裁切。

14 将第二个导入的图片拖入第一个导入的图片中，调整到合适位置，将第二个导入的图片进行复制。

15 单击工具箱中的【任意变形工具】按钮，将复制的图片进行变形，如图5-32所示。

★ 图5-32

16 单击工具箱的【文本工具】按钮T，在位图中输入文字，并调整好位置。完成的效果如图5-33所示。

★ 图5-33

5.1.4 将位图转换为矢量图

在前面的章节中我们讲解了矢量图与位图的区别。由于矢量图的显示尺寸可以任意缩放，同时缩放不影响图像的显示精度和效果，因此Flash CS3大量使用矢量图作为动画的素材。

虽然位图适合于表现比较细致、层次和色彩比较丰富、包括大量细节的图像，但位图的分辨率不是独立的，因此放大位图将影响其显示质量。

在制作动画的过程中使用矢量图可以大大减小动画文件的体积，再配合先进的流技术，即使在非常窄的带宽下也同样可以实现令人满意的动画效果。因此我们在导入所需的位图后，除了可以将其分离外，还可以将其转换为矢量图。

动手练

将位图转换为矢量图后可以更方便地对其进行修改，其操作步骤如下：

1 新建一个Flash CS3文档。

2 执行【文件】→【导入】→【导入到舞台】命令，打开【导入】对话框。

3 选择需要导入的图形文件。

4 单击【打开】按钮，图形对象将被直接导入到当前舞台中，如图5-34所示。

★ 图5-34

5 选中位图，执行【修改】→【位图】→【转换位图为矢量图】命令，弹出【转换位图为矢量图】对话框，如图5-35所示。

转换位图为矢量图

颜色阈值(T): 100　确定
最小区域(M): 8 像素　取消
曲线拟合(C): 一般
角阈值(N): 一般　预览

★ 图5-35

- 在【颜色阈值】数值框中输入1～500的数值。当进行矢量图转换时，比较两个像素的颜色值，如果它们的RGB颜色值的差异小于该颜色阈值，则两个像素被认为是颜色相同。增大该颜色阈值可以减少颜色的数量。
- 在【最小区域】数值框中输入1～1000的数值。该数值用于设置在指定像素颜色时需要考虑的周围像素的数量。
- 【曲线拟合】下拉列表框用于确定绘制的轮廓的平滑程度。单击下拉箭头，打开其列表框选项，如图5-36所示。

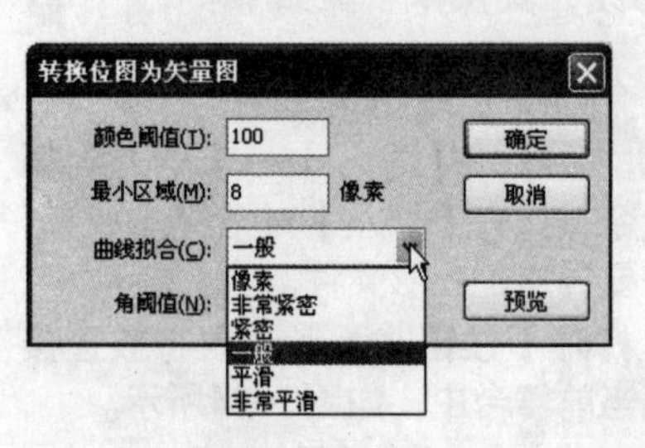

★ 图5-36

在【曲线拟合】下拉列表框中，【像素】选项最接近于原图；【非常紧密】选项是使图像不失真；【紧密】选项是使图像几乎不失真；【一般】选项是推荐使用的选项；【平滑】选项的效果是使图像相对失真；【非常平滑】选项会造成图像严重失真。

6 设置好【颜色阈值】及【最小区域】后，根据需要选择适当的曲线拟合。

7 在【角阈值】下拉列表框中确定是保留锐边还是进行平滑处理。单击下拉箭头，打开其列表框选项，如图5-37所示。

8 根据需要选择适当的选项。其中，【较多转角】选项表示转角很多，图像会失真；【一般】选项是推荐使用的选项；【较少转角】选项表示图像不会失真。

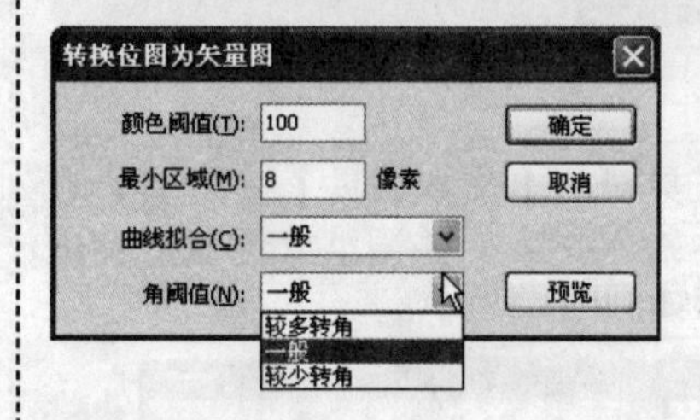

★ 图5-37

9 单击【确定】按钮，即可将位图转换为矢量图。如图5-38所示的是使用不同设置的位图转换后的效果。

原图

颜色阈值：200，最小区域：10

颜色阈值：40，最小区域：4

★ 图5-38

当导入的位图包含复杂的形状和许多颜色时，转换后的矢量图形文件会比原来的位图文件大。

5.2 对象的基本编辑

对于对象的基本操作包括对象的选取、复制、移动、删除、粘贴和翻转等操作。

5.2.1 选取对象

知识点讲解

要对对象进行编辑，首先需要选取对象。在Flash CS3中主要有三个工具：选择工具、部分选择工具和套索工具，它们是用于不同编辑任务的选择方法。

1. 使用选择工具

通常在如下情况下使用选择工具：

- 选择直线或曲线，通过拖动直线本身或其端点、曲线以及拐点，可以改变形状或线条的形状。
- 可以选择、移动或编辑其他Flash图形元素，包括组、符号、按钮和文本等。

当使用选择工具选择某一对象时，对象将以网格线方式显示，如图5-39所示。

★ 图5-39

按住【Shift】键，然后依次选取所需要的对象，可选取多个对象。

2. 使用部分选择工具

部分选择工具通常与钢笔工具配合使用，主要用于如下情况：

- 移动或编辑直线或轮廓线上的单个锚点或切线。
- 移动单个对象。

当使用部分选择工具时，根据操作位置的不同，鼠标指针的右下角将显示一个小的实心正方形或空心正方形。

当显示一个小的实心正方形时，可以移动整个对象；当显示一个小的空心正方形时，可以移动这些点改变直线和形状。

3. 使用套索工具

使用套索工具主要用于如下情况：

- 用于成组选择图形中不规则形状的区域。
- 用于分离图形，或选择直线或形状的一部分。

当选定区域后，可以作为一个单元被移动、缩放、旋转或改变形状。

动手练

通过本小节的学习相信读者已经掌握了选取对象的方法，读者除了要练习这些选取对象的方法外还要了解如何取消选择。下面介绍几种取消选择的方式。

在Flash CS3中，取消选择主要有如下一些方式：

- 按【Esc】键。
- 在选择对象外的任意空白位置上单击鼠标左键。
- 执行【编辑】→【取消全选】命令。
- 按【Ctrl+Shift+A】组合键。

5.2.2 对象的移动、复制和删除

知识点讲解

1. 移动对象

在制作动画的过程中，绘制或导入的图形经常需要移动到其他位置上，移动对象的操作是非常简单的，具体操作步骤如下：

1 新建一个Flash CS3文档，执行【文件】→【导入】→【导入到舞台】命令，将位图导入到舞台中。

2 单击工具箱中的【选择工具】按钮，选择要移动的对象。

3 用鼠标拖动选中的图形对象，即可改变选中图形的位置。

提 示

对于要选中的图形通常有两种情况：一种是没有边界的图形，可以利用选择工具单击选中它；另一种是有边界的图形，可以利用选择工具双击图形将边界一起选中或者在图形外部框出一个矩形将其选中。

技 巧

如果同时按住【Shift】键，移动对象可以限制其在水平、垂直和45°范围内移动。

选择一个或多个对象之后，可以使用方向键来移动对象。每按一次方向键，对象就会向对应方向移动一个像素，使用此方式可以实现对象的精确定位。

提 示

按下【Tab】键，对象向对应方向移动8个像素。

2. 复制对象

复制对象主要有三种方法：

- 选择一个对象后，按住【Alt】键的同时移动对象，松开鼠标和键盘，原对象保留，同时复制了一个新对象，如图5-40所示的是拖动两次后复制的对象。

★ 图5-40

- 使用右键快捷菜单复制图形对象

选中要复制的图形后单击鼠标右键，弹出如图5-41所示的快捷菜单。

剪切(T)
复制(C)
粘贴(P)
复制动画
将动画复制为 ActionScript 3.0 脚本...
粘贴动画
特殊粘贴动画...
全选
取消全选
任意变形
排列(A)
分离
分散到图层(D)
编辑
交换位图...
转换为元件...
时间轴特效

★ 图5-41

在快捷菜单中选择【复制】选项，然后将鼠标定位到要复制图形的目的位置上进行粘贴即可。

- 使用快捷键复制图形对象

除了上述两种复制图形的方法之外，还可以使用键盘快捷键来完成图形的复制。选中图形后按【Ctrl+C】组合键将图形复制到剪贴板。

如果需要水平、垂直或成45°角复制对象，需要同时按【Shift+Alt】组合键。

3. 删除对象

如果要删除选择的对象，主要有下列几种方法：

- 按【Delete】或【Backspace】快捷键。
- 执行【编辑】→【清除】命令。
- 执行【编辑】→【剪切】命令。

如果要删除多个图形对象，可以使用选择工具选中要删除的所有对象，然后执行上述操作即可。

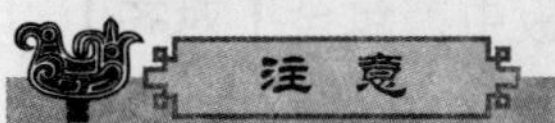

对于导入的位图，当删除多个重叠的图形中的一个时，不会影响其他图形，如图5-42所示。

★ 图5-42

如果当前图形是矢量图形（或位图经过打散），则删除多个重叠图形中的一个图形时，将影响到其他图形，如图5-43所示。

★ 图5-43

动手练

读者可参考本节学习的知识，练习移动、复制和删除图形对象的操作。除了以上介绍的移动图形对象的方法外还可以通过【信息】面板移动对象，此操作可将对象精确定位到舞台中的某一位置上。

具体操作步骤如下：

1 选择需要精确定位的对象。

2 执行【窗口】→【信息】命令，打开【信息】面板，如图5-44所示。

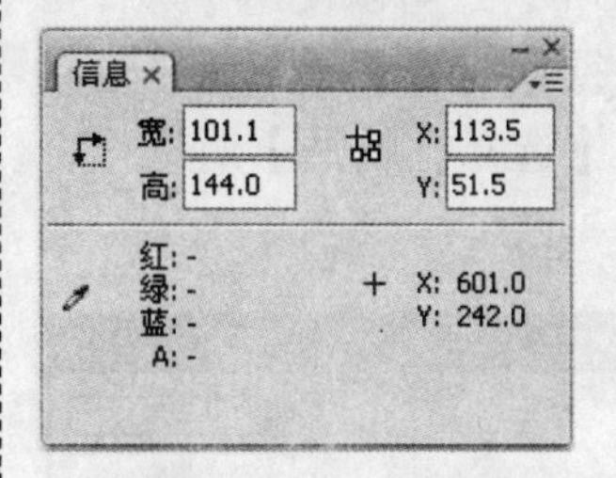

★ 图5-44

3 在【X】和【Y】文本框中直接输入对象基准点的x和y轴坐标即可。

在【信息】面板中还可以设置对象的宽度和高度。

5.2.3 粘贴对象

知识点讲解

Flash CS3可利用剪贴板进行对象的交换。Flash CS3中的剪贴板不仅可以供内部使用，还可以导入或导出对象。

将选择对象复制到剪贴板上的操作步骤如下：

1 选择需要的对象。

2 执行【编辑】→【复制】或【剪切】命令，或右击选择的对象，从弹出的快捷菜单中选择【复制】或【剪切】选项，将所选择对象复制或剪切到剪贴板中。

3 选择需要粘贴的位置。

4 执行【编辑】→【粘贴】命令，或右击需要粘贴的位置，从弹出的快捷菜单中选择【粘贴】选项，剪贴板中的内容将被粘贴到编辑区中。

如果在Flash CS3内部进行粘贴操作，也可以执行【编辑】→【粘贴到当前位置】命令，将剪贴板中的对象复制到对象的同一位置上，从而保证同一对象在不同的图层或动画场景中的位置相同。

也可以执行【编辑】→【粘贴到中心位置】命令，将剪贴板中的对象复制到舞台的中心位置。

在Flash CS3中，还可以使用【选择性粘贴】命令，执行【编辑】→【选择性粘贴】命令，打开【选择性粘贴】对话框，如图5-45所示。

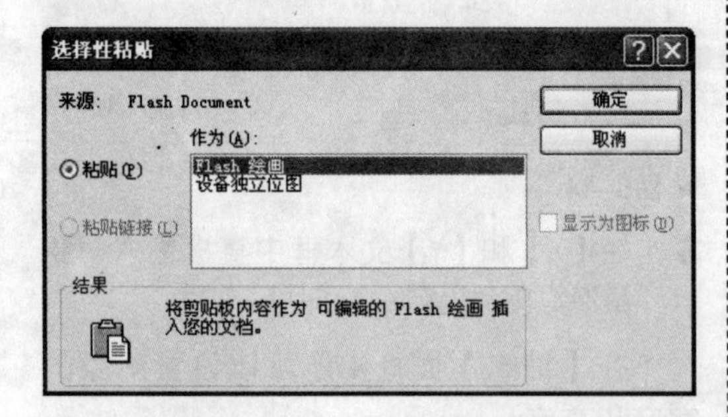

★ 图5-45

在此对话框中可设置将剪贴板中的对象以指定的格式粘贴到编辑区中。

5.2.4 对齐对象

知识点讲解

如果在编辑区中有许多对象，可以对对象进行对齐操作。既可以使用改变对象中心点的方法人工对齐，也可以使用对齐工具完成。

虽然用户可以借助标尺、网格等工具将舞台中的对象对齐，但是不够精确。要实现对象的精准定位，需要使用【对齐】面板。

执行【窗口】→【对齐】命令（或按【Ctrl+K】组合键），打开【对齐】面板，如图5-46所示。

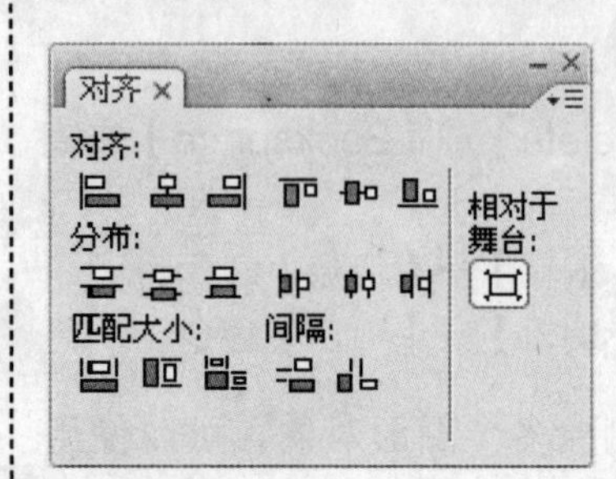

★ 图5-46

在【对齐】面板中，包含【对齐】、【分布】、【匹配大小】、【间隔】和【相对于舞台】5个区域，每个区域都有相应的按钮。

▸ 对齐

在【对齐】面板的【对齐】区域中有6个按钮用于对齐对象，这些按钮的含义如表5-3所示。

表5-3 【对齐】区域的按钮

按钮名称	含义
左对齐	以所有被选对象的左侧为基准，向左对齐
水平中齐	以所有被选对象的中心点为基准，进行垂直方向的对齐
右对齐	以所有被选对象的右侧为基准，向右对齐
上对齐	以所有被选对象的上方为基准，向上对齐
垂直中齐	以所有被选对象的中心点为基准，进行水平方向的对齐
底对齐	以所有被选对象的下方为基准，向下对齐

部分对齐效果如图5-47所示。

▸ 分布

在【对齐】面板的【分布】区域中有6个按钮用于将所选对象按照中心间距或边缘间距相等的方式对齐对象，这些按钮的含义如表5-4所示。

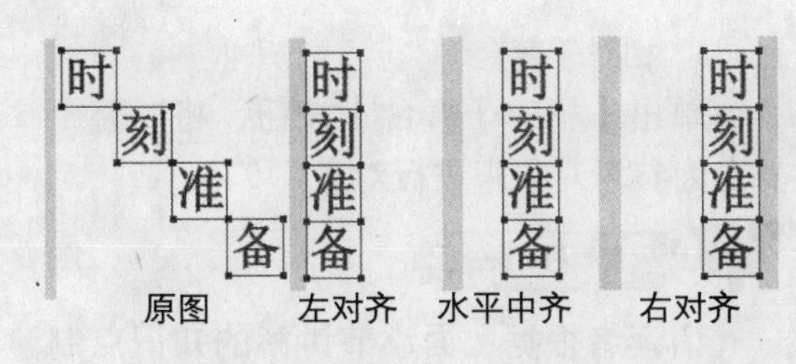

★ 图5-47

表5-4　【分布】区域的按钮

按钮名称	含义
顶部分布	上下相邻的多个对象的上边缘等间距
垂直中间分布	上下相邻的多个对象的垂直中心等间距
底部分布	上下相邻的多个对象的下边缘等间距
左侧分布	左右相邻的多个对象的左边缘等间距
水平中间分布	左右相邻的多个对象的中心等间距
右侧分布	左右相邻的多个对象的右边缘等间距

分布对象的具体操作步骤如下：

1 单击工具箱中的【选择工具】按钮，将舞台中的所有图形对象选中，如图5-48所示。

★ 图5-48

2 在【对齐】面板中首先单击【相对于舞台】按钮，然后在【分布】区域中单击一个按钮，图形对象就可以按相应的方式分布图形对象，如图5-49所示的是单击【垂直中间分布】按钮后的效果。

★ 图5-49

▶ 匹配大小

【匹配大小】区域中的3个按钮可以将形状和尺寸在高度或宽度上分别统一，也可以同时统一宽度和高度。

在这3个按钮中，【匹配宽度】按钮是将所有选择的对象的宽度调整为相等；【匹配高度】按钮是将所有选择的对象的高度调整为相等；【匹配宽和高】按钮是将所有选择的对象的宽度和高度同时调整为相等。

注意

若【对齐】面板中的【相对于舞台】按钮处于选中状态，则需再次单击该按钮，取消其选中状态。

将图5-48中的所有图形匹配宽度后的效果如图5-50所示。

★ 图5-50

▶ 间隔

【间隔】区域中的两个按钮可以调整对象之间的垂直平均间隔和水平平均间隔。

分布与间隔是有区别的，分布指的是某个边框线或是中心线之间距离的分布情况，而间隔指的是对象轮廓之间的距离。

调整对象间隔也要先将对象选中，如图5-51所示。然后单击【间隔】区域中的【垂直平均间隔】按钮或【水平平均间隔】按钮。

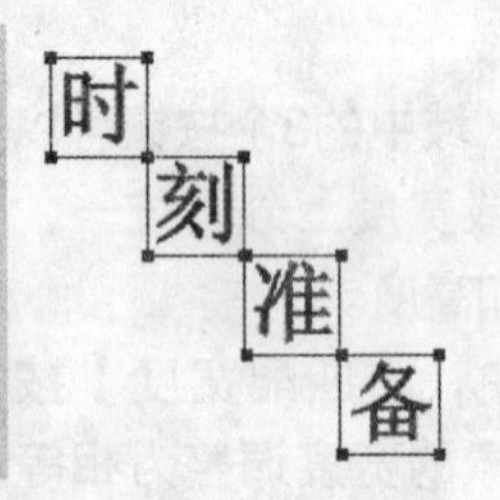

★ 图5-51

【垂直平均间隔】按钮是将上下相邻的多个对象的间距调整为相等，其效果如图5-52所示。

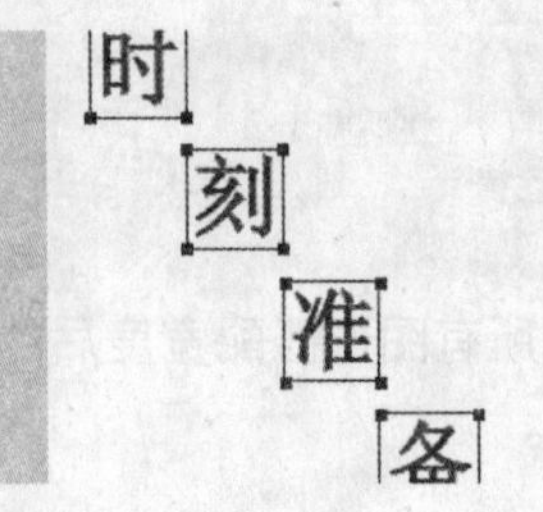

★ 图5-52

【水平平均间隔】按钮是将左右相邻的多个对象的间距调整为相等，其效果如图5-53所示。

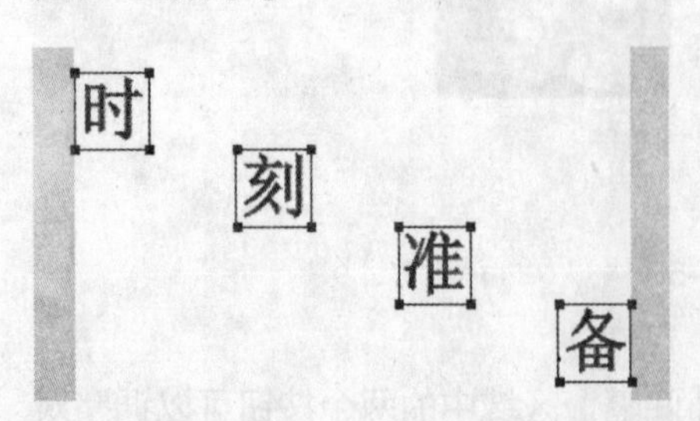

★ 图5-53

▶ 相对于舞台

单击【相对于舞台】按钮，将以整个舞台为参考对象来进行对齐。

动手练

请读者根据上面小节讲解的知识点制作奔驰汽车的标志，练习使用【对齐】面板调整舞台中对象的对齐样式。

1 新建一个Flash CS3文档。

2 执行【修改】→【文档】命令，打开Flash CS3的【文档属性】对话框，相关属性设置如图5-54所示。

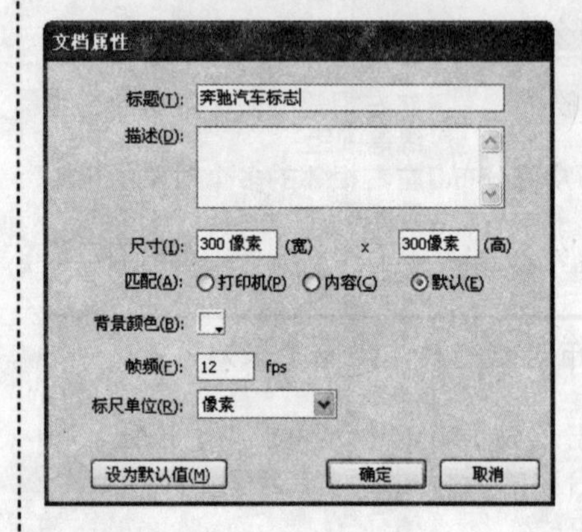

★ 图5-54

3 单击工具箱中的【椭圆工具】按钮，在舞台中绘制一个和舞台一样大小的正圆，如图5-55所示。

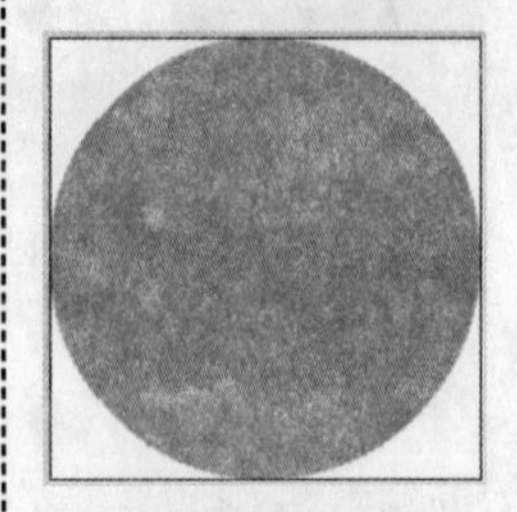

★ 图5-55

4 执行【窗口】→【变形】命令，打开【变形】面板。

5 利用【变形】面板，把当前的正圆缩小到原来的80%，并进行复制，如图5-56所示。

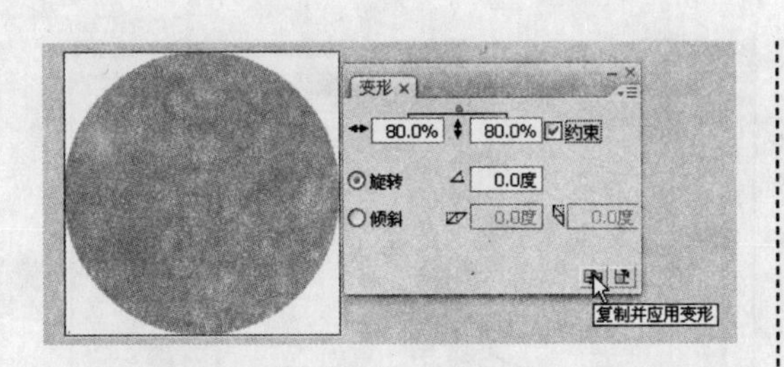

★ 图5-56

6 然后把复制出来的正圆填充为白色，效果如图5-57所示。

★ 图5-57

7 单击工具箱中的【多角星形工具】按钮，在舞台中绘制一个与白色正圆大小一样的三角星形。

8 执行【窗口】→【对齐】命令，打开【对齐】面板。

9 单击【相对于舞台】按钮，再单击【水平居中】按钮将三角星形对齐到舞台中央，如图5-58所示。

★ 图5-58

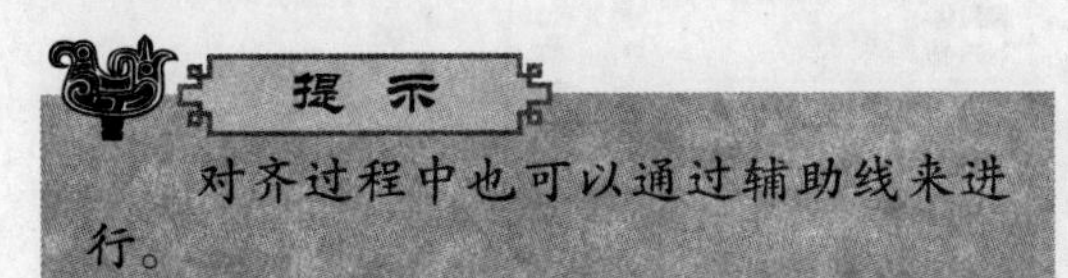

提　示

对齐过程中也可以通过辅助线来进行。

5.2.5 使用辅助工具

知识点讲解

为了方便对象的编辑，有时需要使用手形工具和缩放工具等辅助工具。

在许多图像处理软件中都可以使用手形工具，它用于在画面内容超出显示范围时调整视窗，这样方便在工作区中进行操作。使用手形工具的操作步骤如下：

1 单击工具箱中的【手形工具】按钮。

2 将鼠标移动到工作区，这时鼠标指针将显示为手形。

3 使用鼠标拖曳工作区，可改变工作区的显示范围，如图5-59所示。

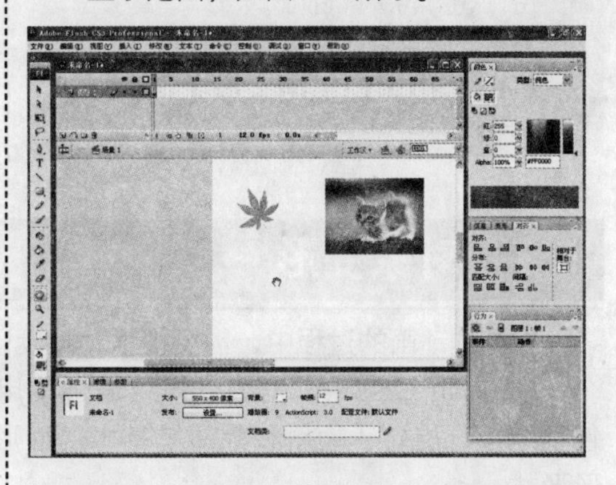

★ 图5-59

说　明

手形工具和选择工具的区别是，选择工具移动对象，改变了对象的位置；而手形工具移动的仅仅是工作区的显示范围。

动手练

在制作动画的过程中除了可以使用手形工具改变工作区的显示范围外，在绘制较大或较小的舞台内容时还可以利用缩放工具对舞台的显示比例进行放大或缩小的操作，以方便对图形进行绘制。

使用缩放工具的操作步骤如下：

1 单击工具箱中的【缩放工具】按钮。

2 在缩放工具的选项区域中将出现【放大】和【缩小】两个按钮，如图5-60所示。

★ 图5-60

3 单击需要的按钮，再单击舞台即可放大和缩小舞台，也可以使用【Ctrl+"+"】组合键放大舞台，使用【Ctrl+"−"】组合键缩小舞台，如图5-61所示。

【缩放工具】并不能真正地放大或者缩小对象，它更改的仅仅是工作区的显示比例。

★ 图5-61

5.3 对象变形

在制作动画的过程中，需要根据动画设计的需要对对象进行变形和翻转等操作。

在Flash CS3中，对象变形可通过使用任意变形工具来完成。任意变形工具不仅包括缩放、旋转、倾斜和翻转等基本变形形式，而且包括扭曲、封套等一些特殊的变形形式。

在舞台中选择需要进行变形的图像，单击工具箱中的【任意变形工具】按钮，在工具箱的选项区域中将出现附加功能按钮，各个按钮的作用已在前面介绍过，这里就不再赘述了。下面介绍其他变形对象的使用方法。

5.3.1 使用【变形】命令变形对象

知识点讲解

变形对象也可以使用Flash CS3的【变形】命令来完成。

执行【修改】→【变形】命令，打开其子菜单，可以找到相应的选项，如图5-62所示。

使用【变形】命令变形对象时，首先选择需要变形的对象，然后选择相应的选项即可。翻转和旋转对象的部分效果如图5-63所示。

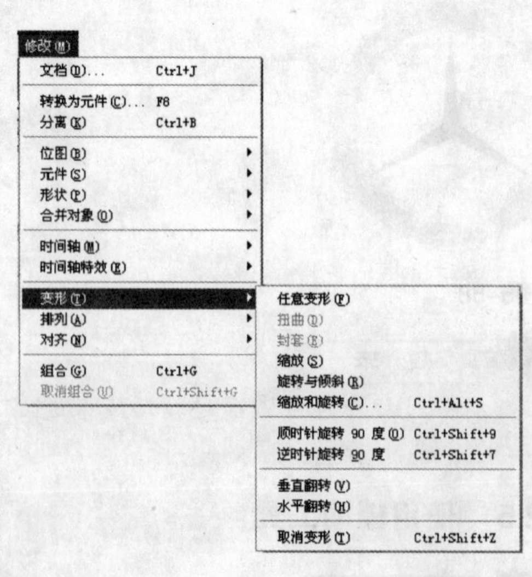

★ 图5-62

原始图　垂直翻转　水平翻转　顺时针旋转90°

★ 图5-63

动手练

利用【变形】命令变形对象可以制作图像的倒影效果，请读者跟随下面的步骤练习【变形】命令的使用方法，具体操作步骤如下：

1 新建一个Flash CS3文档。

2 执行【文件】→【导入】→【导入到舞台】命令（或按【Ctrl+R】组合键），将需要的图片导入到当前动画的舞台中，调整图片的大小，如图5-64所示。

★ 图5-64

3 执行【修改】→【转换为元件】命令（或按【F8】键），打开【转换为元件】对话框，如图5-65所示。

★ 图5-65

4 选中【图形】单选按钮。

5 单击【确定】按钮，把导入到当前舞台中的位图素材转换为图形元件，如图5-66所示。

★ 图5-66

6 按住【Alt】键，拖曳鼠标并且复制当前的图形元件，如图5-67所示。

★ 图5-67

7 执行【修改】→【变形】→【垂直翻转】命令，把舞台中复制出来的图形元件垂直翻转，如图5-68所示。

★ 图5-68

8 调整好这两个图形元件在舞台中的位置。

9 选择下方的图形元件。

10 在【属性】面板的【颜色】下拉列表框中选择【色调】选项，如图5-69所示。

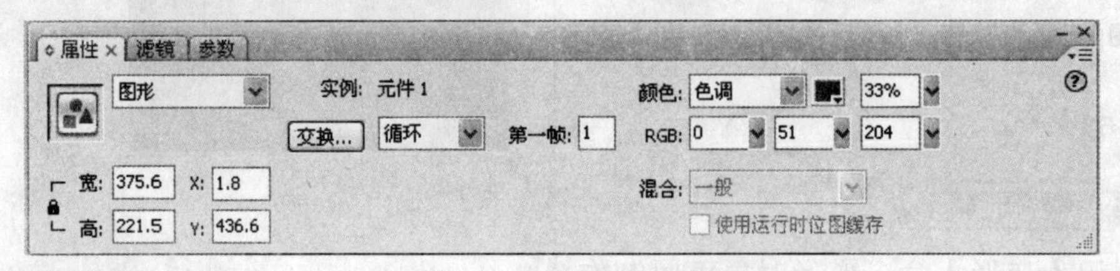

★ 图5-69

11 设置下方图形元件的透明度为33％。

12 执行【控制】→【测试影片】命令，最终效果如图5-70所示。

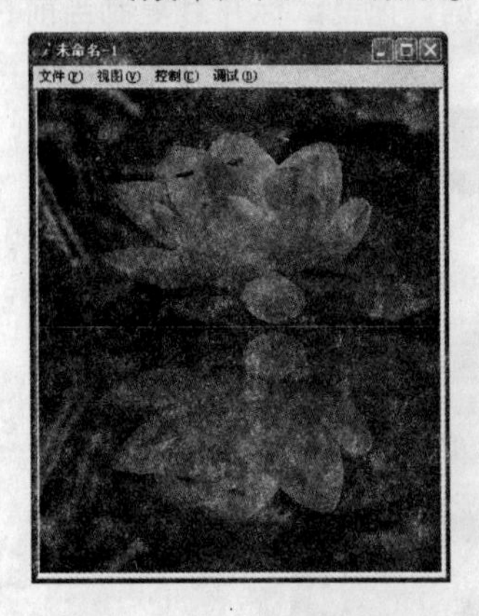

★ 图5-70

5.3.2 使用【变形】面板变形对象

知识点讲解

在Flash CS3中，也可以使用【变形】面板来完成对象的精确变形控制，其操作步骤如下：

1 执行【窗口】→【变形】命令（或按【Ctrl+T】组合键），可以打开Flash CS3的【变形】面板，如图5-71所示。

2 在【变形】面板中可以改变当前对象的宽度和高度。选中【约束】复选框可按相同的百分比改变对象的宽度和高度。

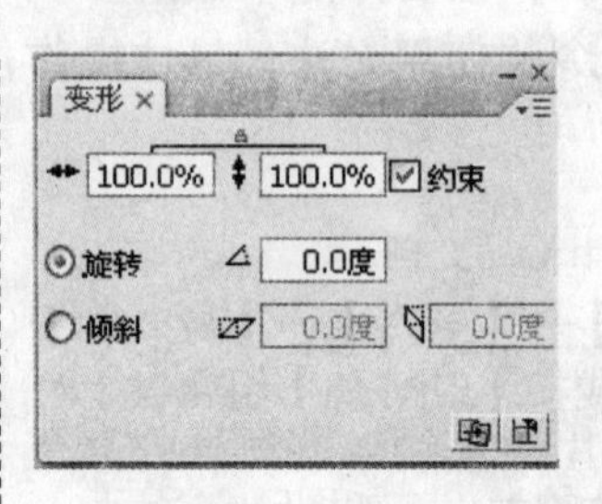

★ 图5-71

3 选中【旋转】单选按钮，然后在后面的文本框中输入相应的角度，可对对象进行固定角度的旋转。选中【倾斜】单选按钮，然后在后面的两个文本框中分别输入水平倾斜和垂直倾斜的角度，也可对对象的倾斜角度进行设置。

4 单击【复制并且应用变形】按钮，可以在对对象进行变形的同时复制对象，如图5-72所示。

★ 图5-72

5 单击【重置】按钮，可以将对象恢复到原始状态。

动手练

使用【变形】面板来完成对象的精确变形控制，可以制作更加精美漂亮的图形，读者可尝试制作一些简单的图形。下面利用【变形】面板制作一把折扇。

具体操作步骤如下：

1 新建一个Flash CS3文档。

2 单击工具箱中的【矩形工具】按钮绘制扇骨。在矩形工具的选项区域中单击【对象绘制】按钮，并调整好矩形的颜色和尺寸，如图5-73所示。

★ 图5-73

3 单击工具箱中的【任意变形工具】按钮，调整当前矩形的中心点到矩形的下方，如图5-74所示。

★ 图5-74

4 执行【窗口】→【变形】命令（或按【Ctrl+T】组合键），可以打开【变形】面板。

5 在【变形】面板的【旋转】文本框中输入旋转的角度为15°，如图5-75所示。

6 单击【复制并且应用变形】按钮，边旋转边复制多个矩形，如图5-76所示。

★ 图5-75

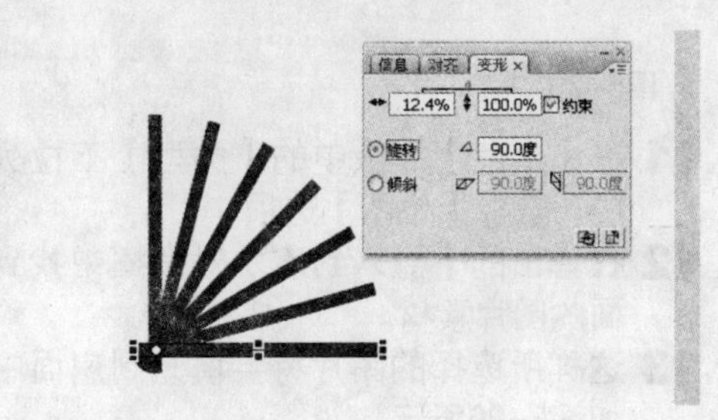

★ 图5-76

7 单击工具箱中的【线条工具】按钮，在扇骨的两边绘制两条直线，如图5-77所示。

★ 图5-77

8 单击【选择工具】按钮，把两条直线拉成和扇面弧度一样的圆弧，如图5-78所示。

★ 图5-78

9 单击工具箱中的【线条工具】按钮，把两条直线的两端连接成一个闭合的路径。

10 单击【颜料桶工具】按钮，将闭合路径并填充成红色，如图5-79所示。

★ 图5-79

11 在【颜色】面板中的【类型】下拉列表中，选择【位图】选项。

12 在弹出的【导入到库】对话框中找到扇面的图片素材。

13 这样所选择的图片将会填充到扇面中，如图5-80所示。

★ 图5-80

14 单击工具箱中的【渐变变形工具】按钮，调整填充到扇面中的图片素材，使图片和扇面更加吻合，如图5-81所示。

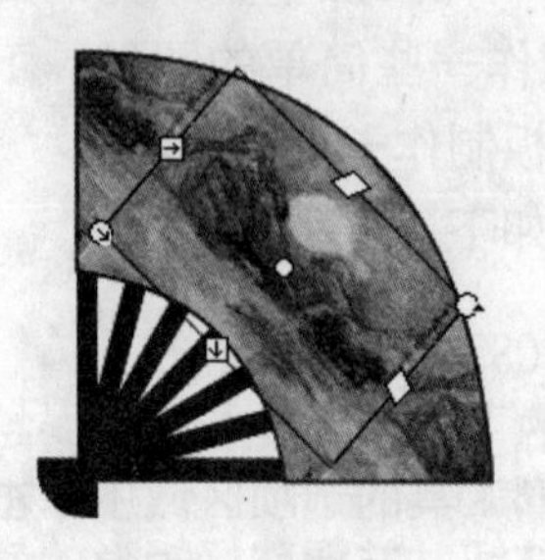

★ 图5-81

15 完成的最终效果如图5-82所示。

★ 图5-82

5.4 对象的优化

在制作动画的过程中，绘制或导入的图形对象往往很难一步到位，满足我们的要求，这时就需要对对象进行编辑和优化，主要包括线条的直线化、平滑化、轮廓的最佳化和转化为填充区域等。

5.4.1 优化路径

优化路径是指通过减少定义路径形状的路径点数量来改变路径和填充的轮廓，从而减小Flash文件的体积。

动手练

优化路径的操作步骤如下：

1 在舞台中选择需要优化的对象。

2 执行【修改】→【形状】→【优化】命令，可以打开Flash CS3的【最优化曲线】对话框，如图5-83所示。

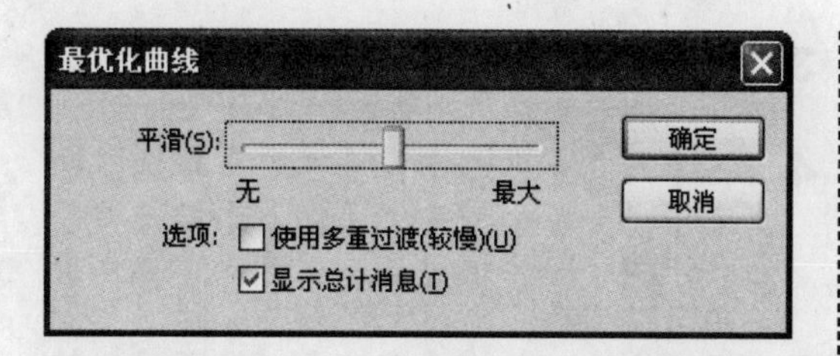

★ 图5-83

3 通过拖曳【平滑】滑块调整路径的平滑程度。

4 选中【使用多重过渡（较慢）】复选框，将重复平滑至最优化的效果。

5 选中【显示总计消息】复选框，将弹出提示框，指示平滑完成时优化的效果，如图5-84所示。

★ 图5-84

6 设置完成后，单击【确定】按钮，即可对对象进行优化。不同优化的对比效果如图5-85所示。

原图　　　　优化后重复优化后

★ 图5-85

5.4.2 将线条转换为填充

将线条转换为填充的操作步骤如下：

1 使用绘图工具在舞台中绘制路径，如图5-86所示。

★ 图5-86

2 执行【修改】→【形状】→【将线条转换为填充】命令，可以将路径转换为色块，如图5-87所示。

★ 图5-87

3 转换后可对线条进行变形并填充，其效果如图5-88所示。

★ 图5-88

5.4.3 扩展填充

在制作动画的过程中，除了可以对线条进行填充外，还可使用扩展填充以改变填充的范围大小，其操作步骤如下：

1 选择需要扩展填充的对象，如图5-89所示。

★ 图5-89

2 执行【修改】→【形状】→【扩展填充】命令，打开【扩展填充】对话框，如图5-90所示。

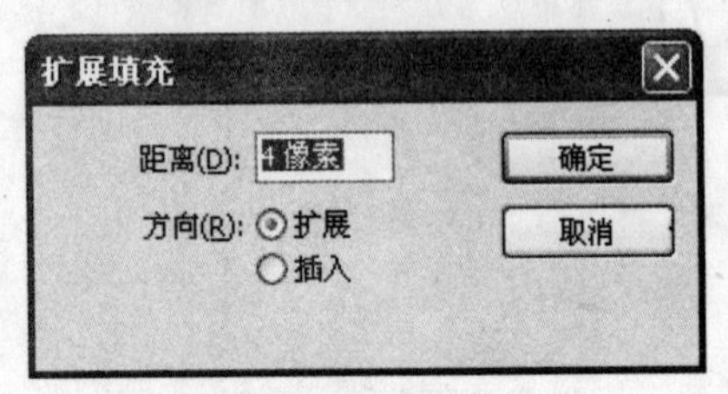

★ 图5-90

3 在【距离】文本框中输入改变范围的尺寸，这里输入“20像素”。

4 在【方向】区域中，【扩展】单选按钮表示扩大一个填充，【插入】单选按钮表示缩小一个填充。这里选中【插入】单选按钮。

5 设置完毕，单击【确定】按钮即可，其效果如图5-91所示。

★ 图5-91

5.4.4 柔化填充边缘

知识点讲解

如果图形边缘过于尖锐，使用柔化填充边缘可以对对象边缘进行模糊，其具体操作步骤如下：

1 在舞台中选择填充对象。

2 执行【修改】→【形状】→【柔化填充边缘】命令，打开【柔化填充边缘】对话框，如图5-92所示。

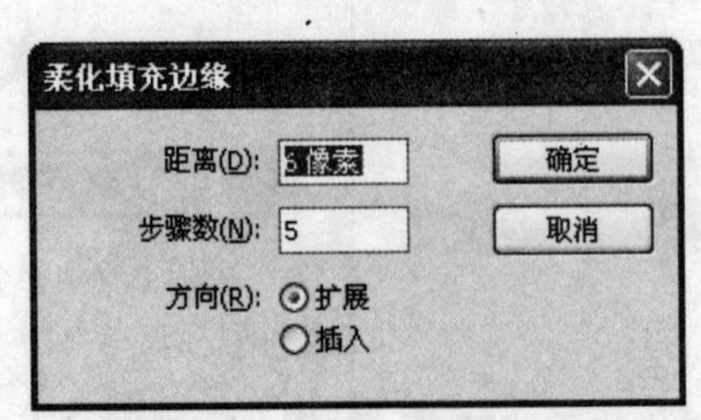

★ 图5-92

3 在【距离】文本框中输入柔化边缘的宽度。

4 在【步骤数】文本框中输入用于控制柔化边缘效果的曲线数值。

5 在【方向】区域中，选中【扩展】或【插入】单选按钮。

6 设置完毕，单击【确定】按钮即可，其效果如图5-93所示。

原图　　选中【扩展】单选按钮的效果　　选中【插入】单选按钮的效果

★ 图5-93

动手练

请读者利用柔化填充边缘功能为变形成鱼形的文字进行填充。

具体操作步骤如下：

1 新建一个Flash CS3文档。

2 单击工具箱中的【文本工具】按钮T，在舞台中输入文本“我是一条可爱的美人鱼”，如图5-94所示。

我是一条可爱的美人鱼

★ 图5-94

3 在【属性】面板中设置文本的格式，字体为“黑体”，字体大小为“50”。

4 按两次【Ctrl+B】组合键，对文本进行分离操作。分离后的文本显示为网格状，表示可以直接编辑，如图5-95所示。

我是一条可爱的美人鱼

★ 图5-95

5 选中第1帧，然后单击工具箱底部的【封套】按钮，对文字进行变形操作，变形后的鱼形效果如图5-96所示。

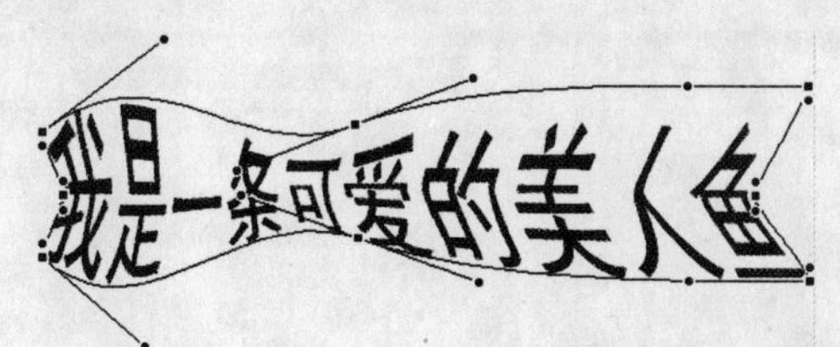

★ 图5-96

6 选中所有文字后，执行【修改】→【形状】→【柔化填充边缘】命令，在【距离】文本框中输入“10像素”，在【方向】区域中，选中【扩展】单选按钮，如图5-97所示。

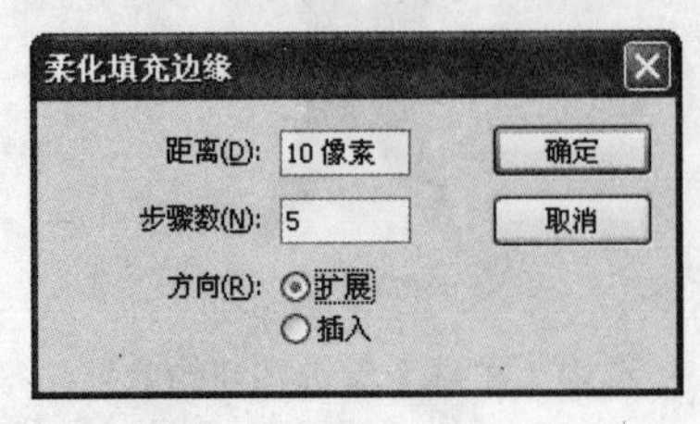

★ 图5-97

7 单击【确定】按钮，最终效果如图5-98所示。

★ 图5-98

疑难解答

问 在使用套索工具修改图片时，为什么总是无法选中选区（无法产生封闭的区域）?

答 在对图形或图片进行修改之前，要先将其选中然后按【Ctrl+B】键将对象打散。

问 部分选取工具的主要作用是什么?

答 使用钢笔工具创建大致形状，然后可以通过部分选取工具来进行调整。可以改变路径点的位置，也可以通过改变路径点两端的控制柄来改变路径的弧度。

问 如何调整路径点一端的控制柄?

答 默认状态下，路径的控制柄是始终在一条直线上的，如果需要单独地调整路径点一边的控制柄，可以按住键盘上的【Alt】键，然后再使用部分选取工具来拖曳控制柄上的点。

Chapter 06

第6章　帧操作及动画制作

本章要点

- *帧的操作*
- *逐帧动画*
- *补间动画*
- *场景制作*

Flash动画是由多个帧的动作组成的，制作动画实际上就是对帧的编辑，因此帧操作在Flash动画制作中具有很重要的地位。本章将介绍在Flash CS3中进行帧操作及动画制作的相关知识。

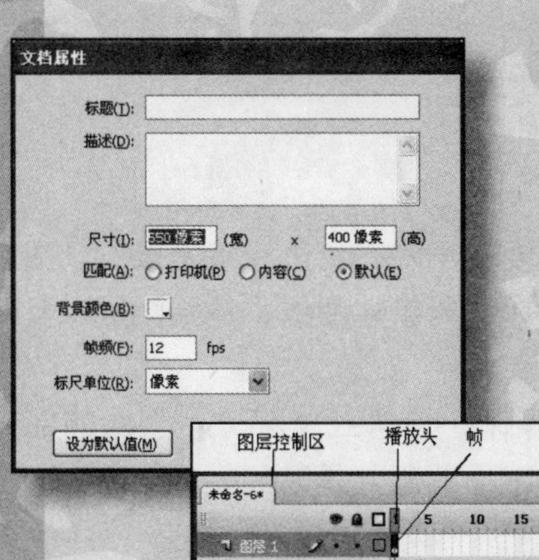

6.1 帧的操作

构成Flash动画的基础就是帧，根据人的视觉暂留特性，通过快速播放一组连续的帧，就可以产生动画效果。因此在整个动画制作的过程中，主要是通过更改【时间轴】面板中的帧，来完成对舞台中对象的时间控制。

6.1.1 使用【时间轴】面板

知识点讲解

Flash动画是按时间顺序来进行的。【时间轴】面板是制作Flash动画的重要工具，使用Flash CS3制作的所有动画都需要通过【时间轴】面板来完成。因此要想设计出优秀的Flash作品，掌握和理解Flash的时间轴是非常必要的。

【时间轴】面板用于组织文档中的资源以及控制文档内容随时间进行变化，它位于Flash CS3工作区的上方，是Flash的核心部分，【时间轴】面板最强大的特性就是可以快速浏览它上面的帧及其相关信息。

【时间轴】面板分为三部分：图层控制区、时间轴和状态栏，如图6-1所示。

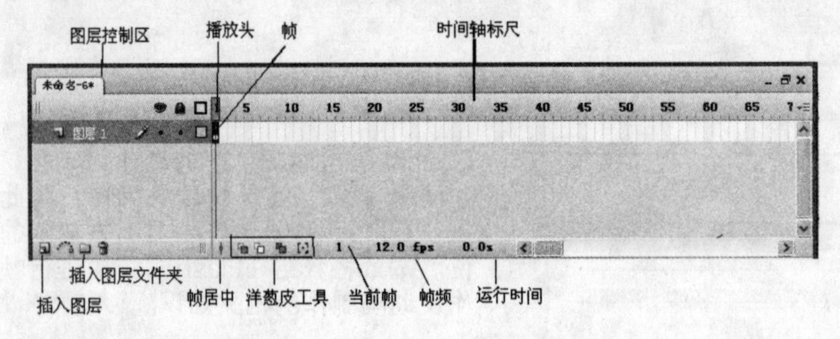

★ 图6-1

图层控制区位于【时间轴】面板的左侧，主要用于对图层进行编辑操作。图层控制区由图层和图层编辑按钮组成，通过这些按钮可以进行新建图层、删除图层以及改变图层位置等操作。

【时间轴】面板的右侧用于对帧进行编辑操作，包含三个部分：上面的部分是播放头和时间轴标尺；中间的部分是帧的编辑区；下面的部分是时间轴的状态栏。【时间轴】面板右侧各部分的功能如表6-1所示。

表6-1 【时间轴】面板右侧各部分的功能

名称	功能
播放头	用于指示当前在舞台中显示的帧，在播放Flash文档时，播放头从左向右通过时间轴
时间轴标尺	用于指示帧的编号
帧居中	单击此按钮，时间轴以当前帧为中心
洋葱皮工具	通过使用洋葱皮工具可以看到整个动画的帧序列
当前帧	用于表示当前帧所在的位置
帧频	用于表示每秒种播放的帧数，数值越大，动画播放得就越快
运行时间	用于表示从开始帧播放到当前帧所需要的时间

单击【时间轴】面板右上角的按钮，可打开帧视图菜单，如图6-2所示。

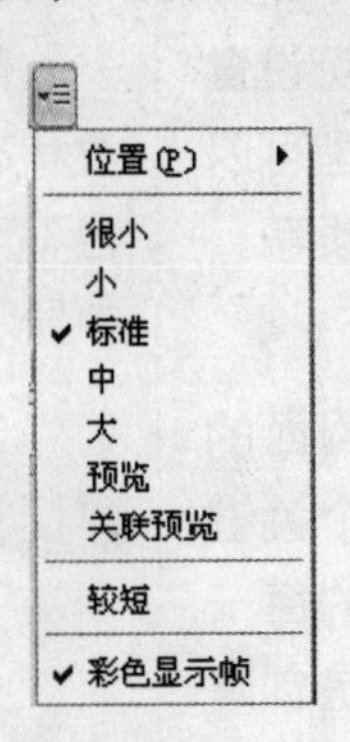

★ 图6-2

选择其中的选项，可控制帧的显示状态。例如选择【大】选项，【时间轴】面板的显示状态如图6-3所示。

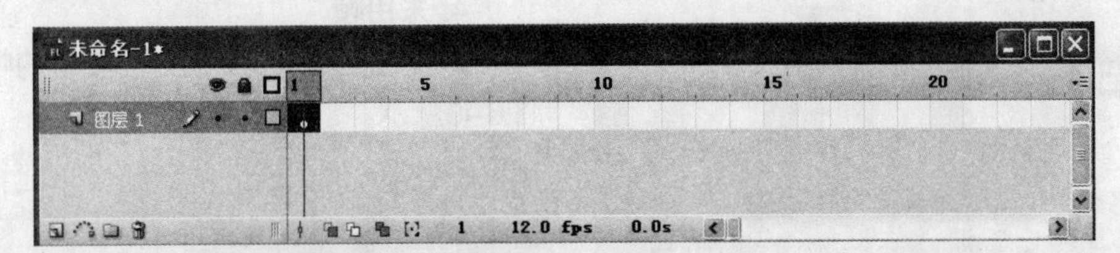

★ 图6-3

双击【帧频】按钮，可打开【文档属性】对话框，如图6-4所示。

文档属性
标题(T):
描述(D):
尺寸(I): 550 像素 (宽) x 400 像素 (高)
匹配(A): ○打印机(P) ○内容(C) ⊙默认(E)
背景颜色(B):
帧频(F): 12 fps
标尺单位(R): 像素
设为默认值(M)　确定　取消

★ 图6-4

在此对话框的【帧频】文本框中可输入需要的帧频值，设置完毕，单击【确定】按钮即可修改动画的帧频。

执行【窗口】→【时间轴】命令（或按【Ctrl+Alt+T】组合键），可关闭或显示【时间轴】面板。

动手练

掌握了【时间轴】面板的基础知识后，请读者自己动手练习，对帧进行更改。具体操作步骤如下：

1. 打开一个Flash CS3文档。
2. 单击【时间轴】面板右上角的按钮，打开帧视图菜单。
3. 在其中选择帧的显示状态，这里选择【小】选项。
4. 双击【帧频】按钮 12.0 fps，打开【文档属性】对话框。
5. 在【帧频】文本框中输入需要的帧频值，单击【确定】按钮。

6.1.2 帧的类型

知识点讲解

动画的制作实际上就是改变连续帧的内容的过程，画面随着帧的不断推移而依次出现，从而形成动画。

在【时间轴】面板的帧编辑区中可设置帧的类型。在Flash CS3中，帧的类型可以分为关键帧、空白关键帧和静态延长帧等。

1. 关键帧

关键帧是用来描述动画中关键画面的帧，它定义了动画的变化环节，每个关键帧都有不同的画面内容。逐帧动画的每一帧都是关键帧，而渐变动画的重点是创建关键帧，由Flash自己创建关键帧之间的内容。关键帧在【时间轴】面板中显示为实心的小圆点，如图6-5所示。

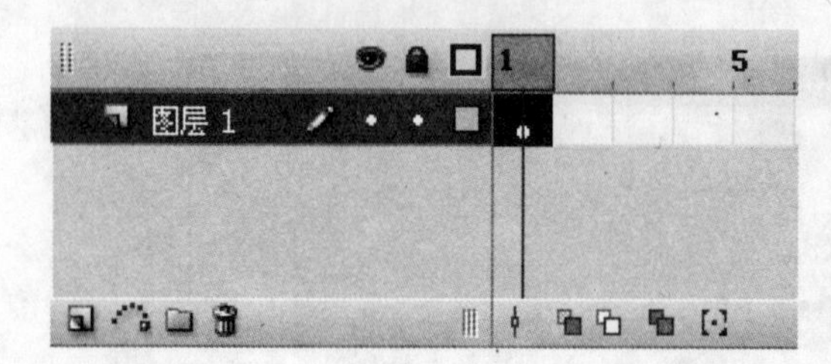

★ 图6-5

2. 空白关键帧

空白关键帧的概念和关键帧是一样的，不同的是空白关键帧当前所对应的舞台中没有内容，当前关键帧所对应的舞台中有内容，同时可以编辑。每个图层的第一帧默认为一个空白关键帧，可以在上面创建内容，一旦创建了内容，空白关键帧即变成关键帧。空白关键帧在【时间轴】面板中显示为空心圆，如图6-6所示。

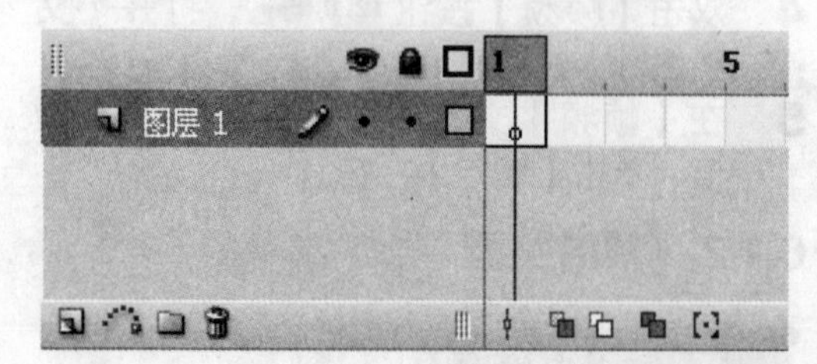

★ 图6-6

3. 静态延长帧

静态延长帧用于延长上一个关键帧的播放状态和时间，静态延长帧所对应的舞台内容不可编辑。静态延长帧在【时间轴】面板中显示为灰色区域，如图6-7所示。

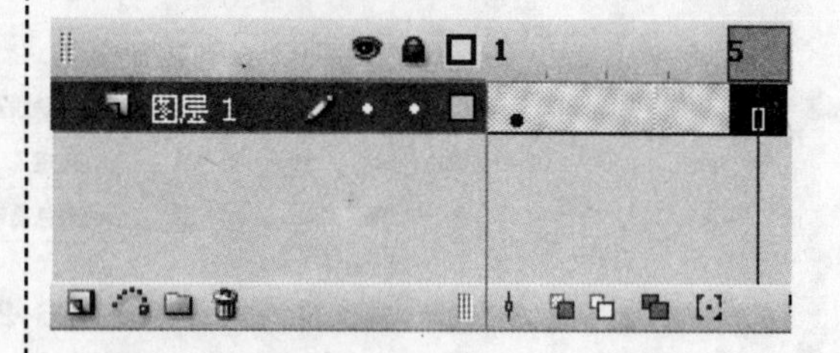

★ 图6-7

4. 未用帧

未用帧是时间轴中没有使用的帧，如图6-8所示。

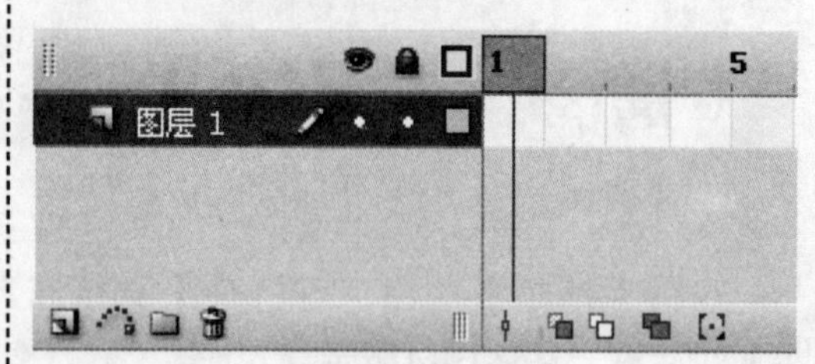

★ 图6-8

5. 补间帧

补间帧在两个关键帧之间，包含由前一个关键帧过渡到后一个关键帧中的所有帧。运动补间的补间帧以蓝灰色和箭头表示，如图6-9所示。形状补间的补间帧以绿色和箭头表示，如图6-10所示。

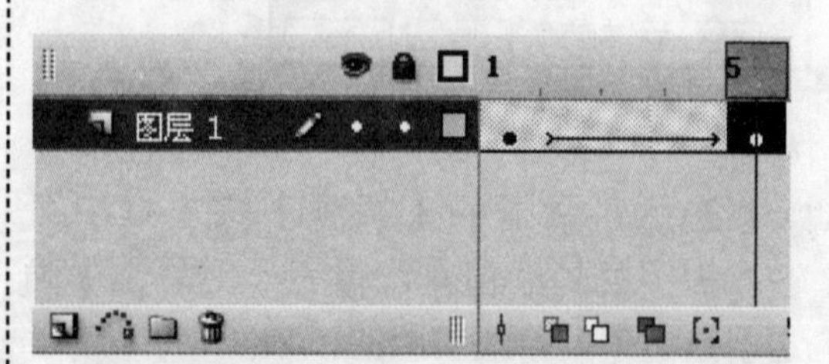

★ 图6-9

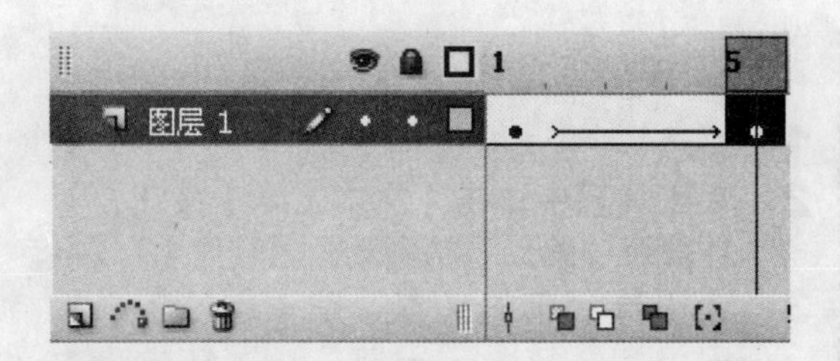

★ 图6-10

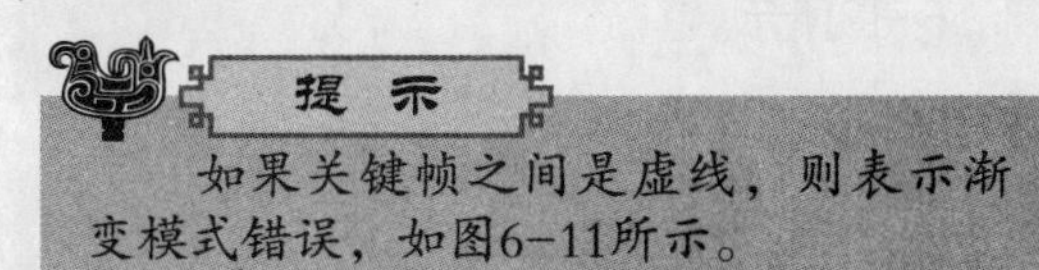

提　示

如果关键帧之间是虚线，则表示渐变模式错误，如图6-11所示。

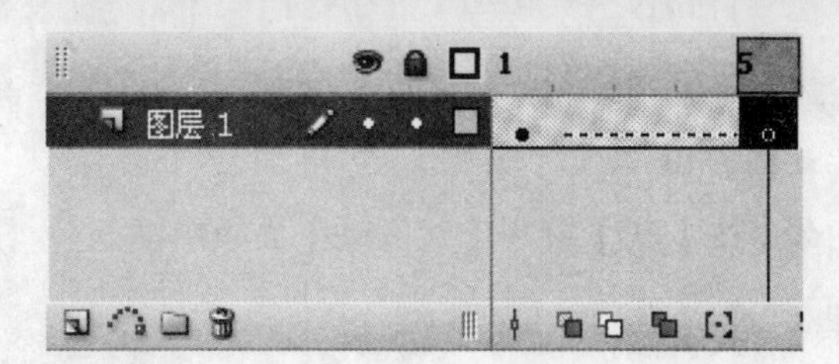

★ 图6-11

6.1.3　添加和删除帧

知识点讲解

帧是表现在【时间轴】面板上的小格，因此帧的创建与删除基本上都是通过【时间轴】面板来完成的，动画设计者通过连续播放这些帧来生成动画。

在Flash CS3中，添加关键帧主要有如下方法：

- 在【时间轴】面板中选中需要插入帧的位置，按【F6】键，可以快速插入关键帧。
- 在【时间轴】面板中，右击需要插入帧的位置，弹出一个快捷菜单，如图6-12所示，在该快捷菜单中选择【插入关键帧】选项。
- 在【时间轴】面板中选中需要插入帧的位置，执行【插入】→【时间轴】→【关键帧】命令。

创建补间动画
创建补间形状
插入帧
删除帧
插入关键帧
插入空白关键帧
清除关键帧
转换为关键帧
转换为空白关键帧
剪切帧
复制帧
粘贴帧
清除帧
选择所有帧
复制动画
将动画复制为 ActionScript 3.0 脚本...
粘贴动画
特殊粘贴动画...
翻转帧
同步符号
動作

★ 图6-12

在Flash CS3中，添加静态延长帧主要有如下方法：

- 在【时间轴】面板中，选中需要插入帧的位置，按【F5】键，可以快速插入静态延长帧。
- 在【时间轴】面板中，右击需要插入帧的位置，弹出一个快捷菜单，在该快捷菜单中，选择【插入帧】选项。
- 在【时间轴】面板中，选中需要插入帧的位置，执行【插入】→【时间轴】→【帧】命令。

在Flash CS3中，添加空白关键帧主要有如下方法：

- 在【时间轴】面板中，选中需要插入帧的位置，按【F7】键，可以快速插入空白关键帧。
- 在【时间轴】面板中，右击需要插入帧的位置，在弹出的快捷菜单中，选择【插入空白关键帧】选项。
- 在【时间轴】面板中选中需要插入帧的位置，执行【插入】→【时间轴】→【空白关键帧】命令。

在对帧进行添加以后，如果觉得效果

并不美观或者原有的帧没有必要存在，还可以将其删除。在Flash CS3中，删除帧主要有如下方法：

- 在【时间轴】面板中，右击需要删除的帧，从弹出的快捷菜单中，选择相应的选项。
- 在【时间轴】面板中，选择需要删除的帧，按【Shift+F5】组合键删除静态延长帧。
- 在【时间轴】面板中，选择需要删除的帧，按【Shift+F6】组合键删除关键帧。

通过添加帧和关键帧，并对每一帧进行编辑，可制作出简单动画。请读者根据下面的讲解进行练习，具体操作步骤如下：

1 新建一个Flash CS3文档。
2 在工具箱中单击【文本工具】按钮，并在舞台中输入“精彩动画由我作主”。
3 选中舞台中的文本，在【属性】面板中设置字体为“宋体”，字体大小为“60”，文本颜色为“红色”，如图6-13所示。

精彩动画由我作主

★ 图6-13

4 按【F6】键在【时间轴】面板中插入关键帧，由于有8个字，因此需要插入8个关键帧，如图6-14所示。

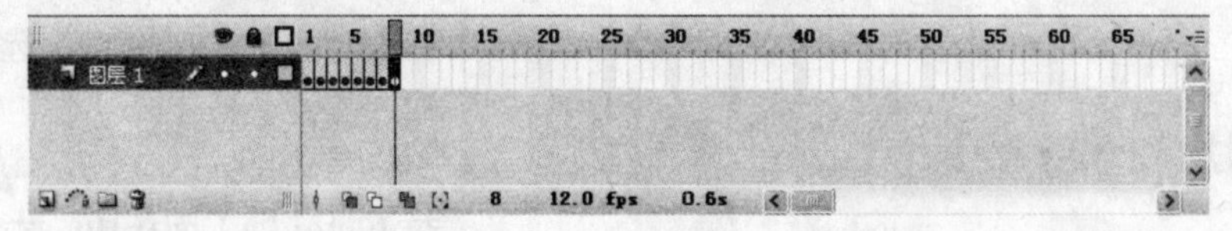

★ 图6-14

5 选中第1帧，只保留文本中第一个字“精”，删除舞台中的其他文本，如图6-15所示。
6 选中第2帧，只保留文本中前两个字“精彩”，删除舞台中的其他文本，如图6-16所示。
7 使用同样的方法，依次对后面的每一帧进行编辑处理。

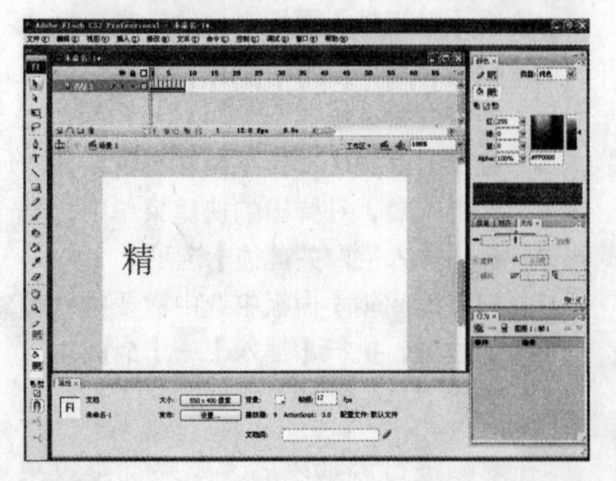

★ 图6-15

★ 图6-16

8 执行【控制】→【测试影片】命令（或按【Ctrl+Enter】组合键），可得到动画的预览效果，如图6-17所示。

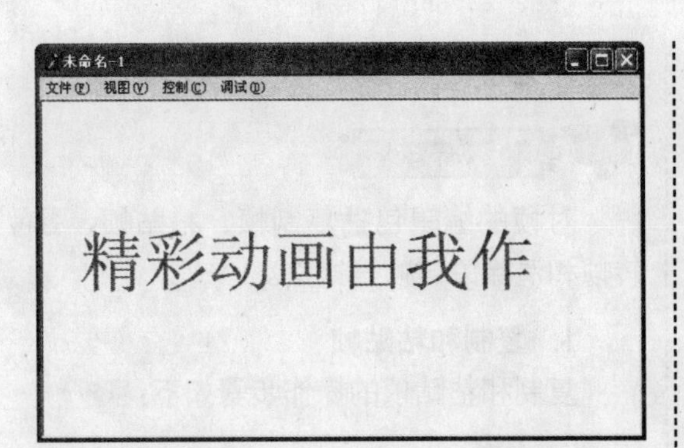

★ 图6-17

9 由于动画的播放速度很快，因此需要对播放速度进行适当的调整。执行【修改】→【文档】命令（或按【Ctrl+J】组合键），弹出【文档属性】对话框。

提示

还可以直接单击【帧频】按钮 12.0 fps，打开【文档属性】对话框。

10 在【帧频】文本框中输入“1”，如图6-18所示。

11 单击【确定】按钮，关闭【文档属性】对话框。

12 执行【控制】→【测试影片】命令（或按【Ctrl+Enter】组合键），得到动画慢速播放的效果。

文档属性
标题(T):
描述(D):
尺寸(I): 550 像素 (宽) x 300 像素 (高)
匹配(A): ○打印机(P) ○内容(C) ○默认(E)
背景颜色(B):
帧频(F): 1 fps
标尺单位(R): 像素
设为默认值(M) 确定 取消

★ 图6-18

6.1.4 选择帧

在Flash CS3中，如果需要编辑某一帧的对象，首先要选择需要的帧；如果需要改变某一帧在【时间轴】面板中的位置，可以移动需要的帧。

在对帧进行各种操作之前首先需要选择帧，既可选择单帧，也可选择多帧。

选择单帧，可直接在【时间轴】面板上单击要选择的帧，即可选择该帧。通过对这一帧的选择，可以选择对应舞台中的所有对象，如图6-19所示。

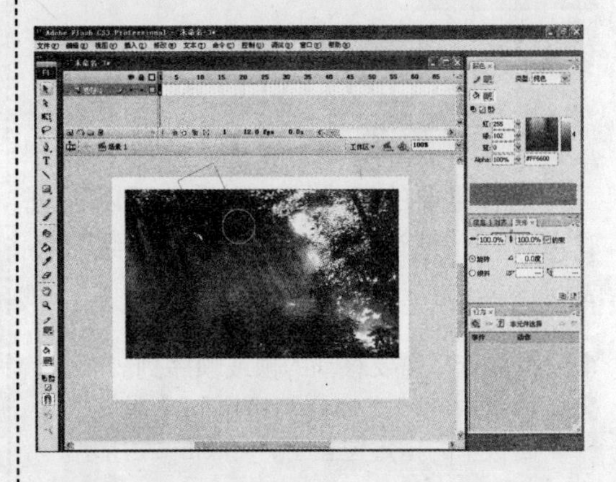

★ 图6-19

选择多个帧主要有两种方式：一是直接在【时间轴】面板上拖曳鼠标指针进行选择；二是按【Shift】键的同时选择多帧，如图6-20所示。

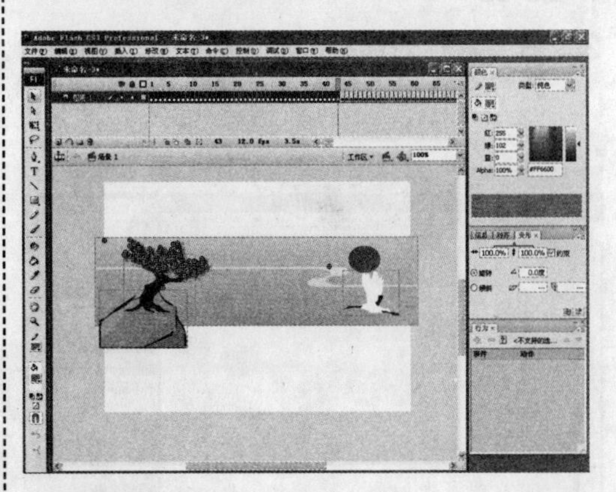

★ 图6-20

按住【Ctrl】键并单击，可以选中不连续的多个帧，如图6-21所示。

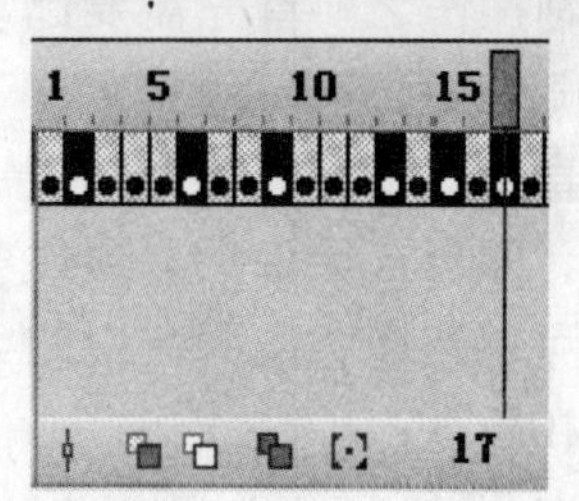

★ 图6-21

选择需要的帧或帧序列后就可以移动这些帧了。请读者跟随下面的步骤练习移动帧的操作。

1 首先选择需要移动的帧或帧序列。

2 将选中的帧或帧序列拖曳到【时间轴】面板中的指定位置上，如图6-22所示。

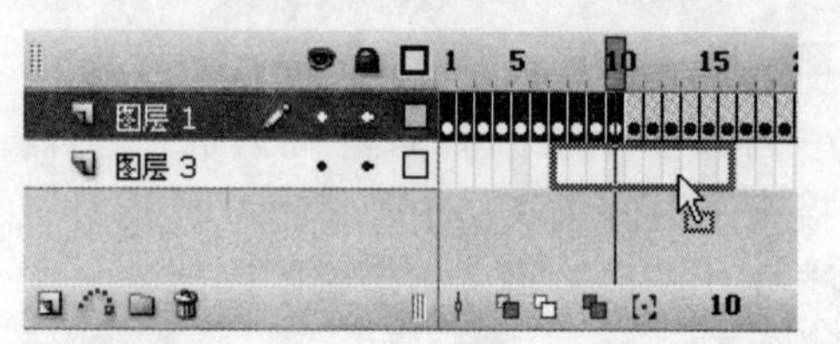

★ 图6-22

3 释放鼠标后选择的帧或帧序列连同帧的内容将一起改变到新位置上，如图6-23所示。

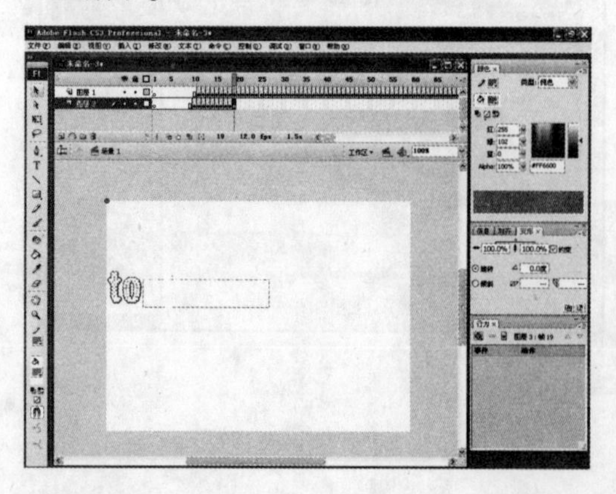

★ 图6-23

6.1.5 编辑帧

知识点讲解

对帧的编辑包括复制帧、粘贴帧、翻转帧和清除关键帧等操作。

1. 复制和粘贴帧

复制和粘贴帧的操作步骤如下：

1 右击需要复制的帧或帧序列，弹出一个快捷菜单。

2 在弹出的快捷菜单中，选择【复制帧】选项，如图6-24所示。

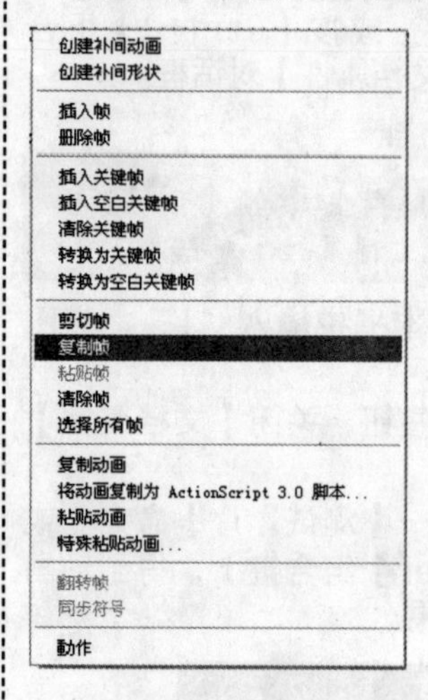

★ 图6-24

3 在【时间轴】面板中，右击需要粘贴帧的位置，在弹出的快捷菜单中选择【粘贴帧】选项即可。

还可以将帧对应工作区中的对象全部复制，再用【粘贴】命令即可把帧对应的对象全部复制到新帧对应的工作区中。

2. 翻转帧

通过使用翻转帧可以逆转排列一段连续的帧序列，最终的效果是倒着播放动画。其操作步骤如下：

1 选择需要翻转的帧序列，在选择的帧序列上单击鼠标右键。

2 在弹出的快捷菜单中，选择【翻转帧】选项，如图6-25所示。

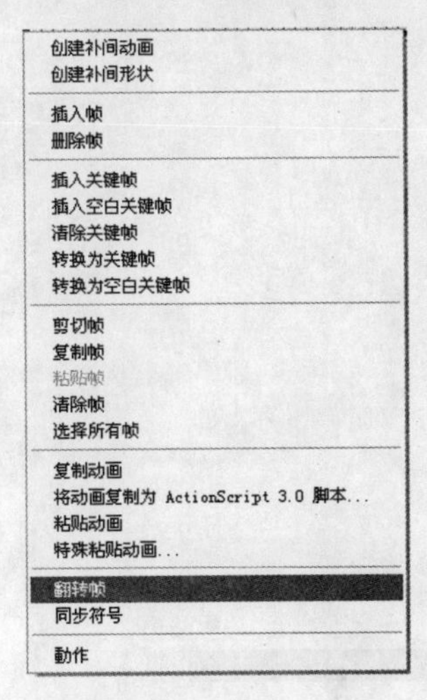

★ 图6-25

翻转帧前后的对比效果如图6-26和图6-27所示。

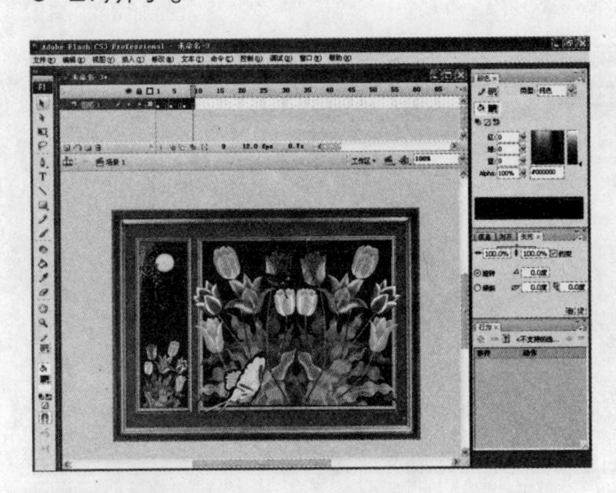

★ 图6-26

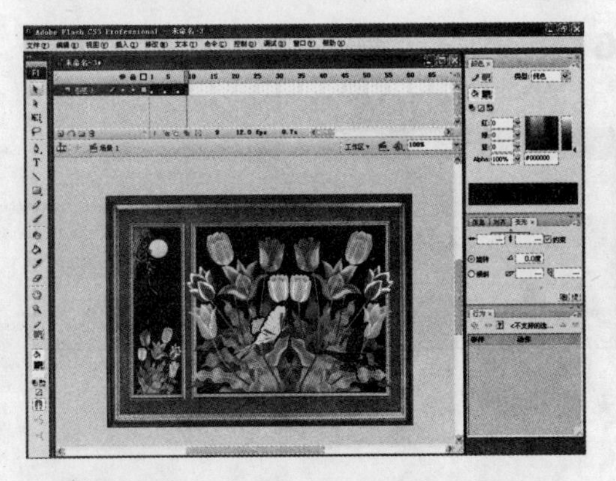

★ 图6-27

3. 清除关键帧

清除关键帧只能对关键帧进行操作。清除关键帧并不是把帧删除，而是将关键帧转换为静态延长帧。清除关键帧的操作步骤如下：

1 选择要清除的关键帧。

2 右击该关键帧，在弹出的快捷菜单中选择【清除关键帧】选项即可，如图6-28所示。

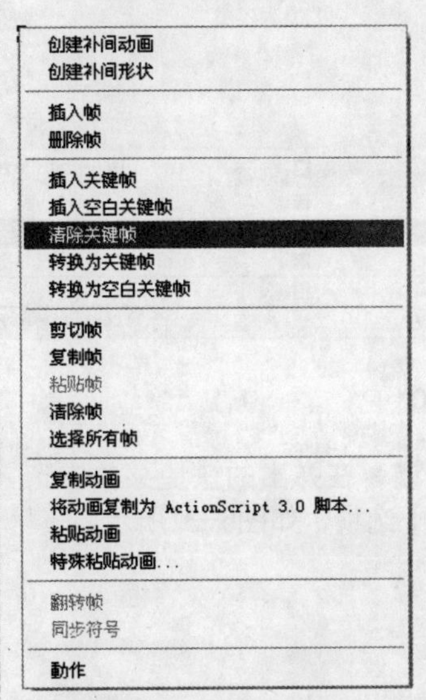

★ 图6-28

如果被清除的关键帧所在的帧序列只有1帧，则清除关键帧后它将转换为空白关键帧。

请读者跟随下面的实例练习编辑帧的操作。

1 打开一个制作好的动画，如图6-29所示。

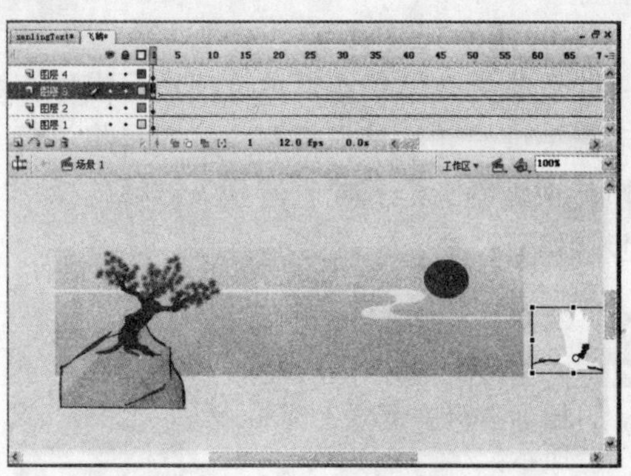

★ 图6-29

2 选中飞鹤所在的图层3的所有帧，如图6-30所示。

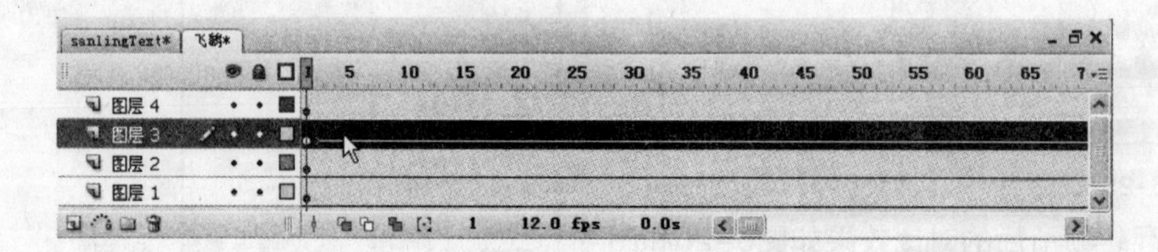

★ 图6-30

3 单击鼠标右键，在弹出的快捷菜单中选择【复制帧】选项，如图6-31所示。

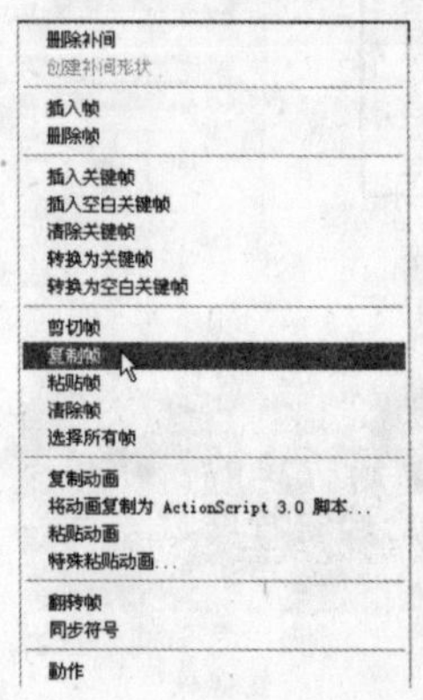

★ 图6-31

4 单击【新建图层】按钮，新建一个图层，在第1帧上单击鼠标右键，在弹出的快捷菜单中选择【粘帖帧】选项。

5 然后将新建图层的第1帧和最后一帧中的飞鹤位置进行调整，使其与图层3的飞鹤位置不同，如图6-32所示。

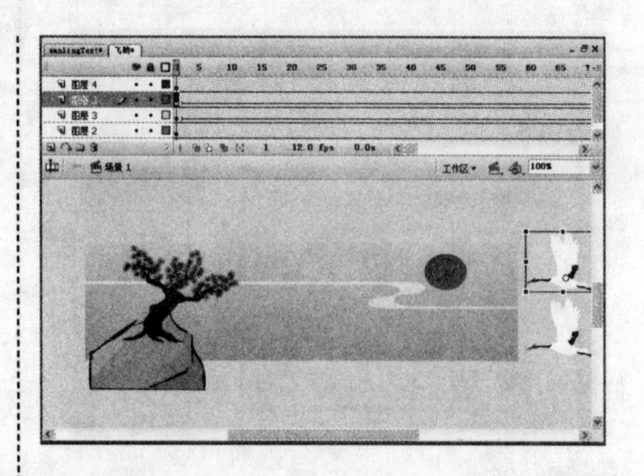

★ 图6-32

6 最终效果为两只飞鹤同时飞翔，如图6-33所示。

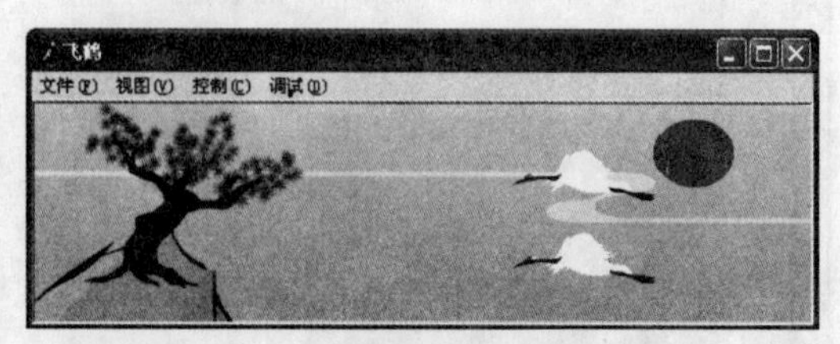

★ 图6-33

6.1.6 洋葱皮工具

在Flash CS3中，通常只能显示一帧的画面，使用洋葱皮工具可以看到多个帧中的内容，同时还可以对多个帧进行编辑。这样将使设计者更容易安排动画和给对象定位，而且便于比较多个帧中对象所处的位置。

1. 绘图纸外观模式

在图6-34中，单击【时间轴】面板下方的【绘图纸外观】按钮，可以看到当前帧以外的其他帧，它们以不同的透明度来显示，但是不能选择，其效果如图6-35所示。

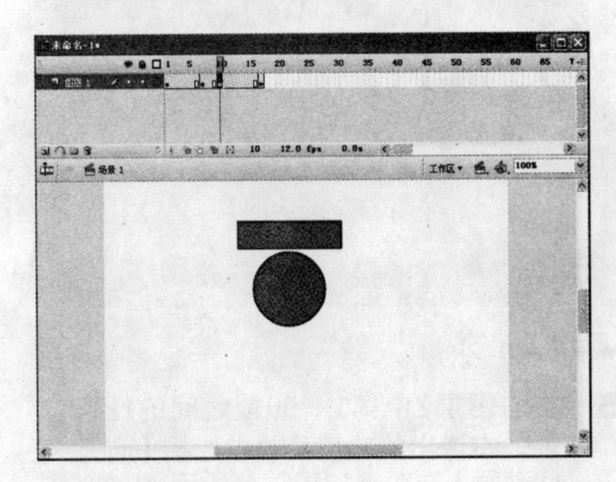

★ 图6-34

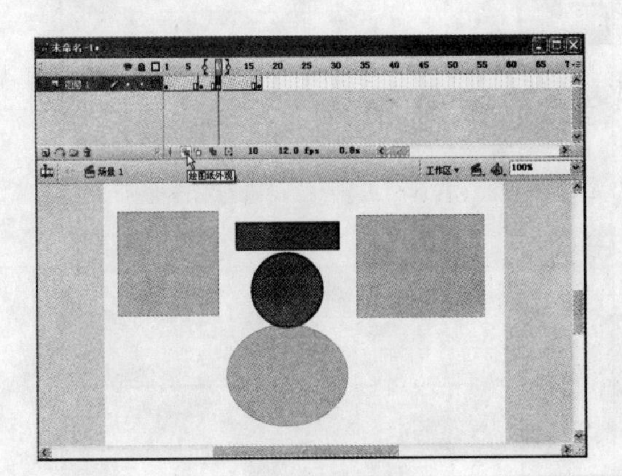

★ 图6-35

这时，绘图纸外观模式的显示范围在时间轴标尺上被括在一个大括号中，如果需要改变当前洋葱皮工具的显示范围，只需要拖动两边的大括号即可。

2. 绘图纸外观轮廓模式

单击【时间轴】面板下方的【绘图纸外观轮廓】按钮，这时显示范围中当前帧以外的其他帧不显示填充，只显示边框轮廓，如图6-36所示。

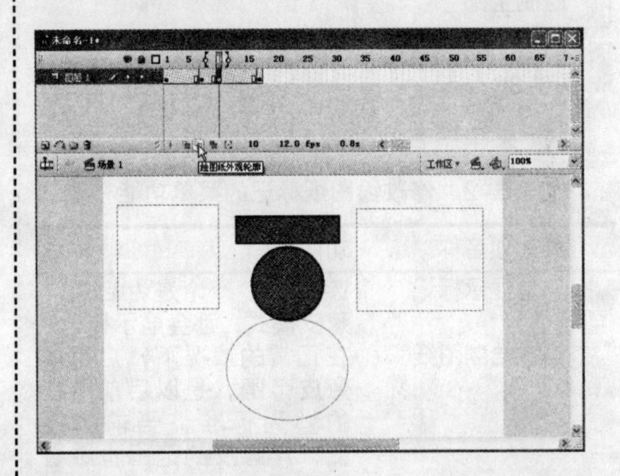

★ 图6-36

3. 编辑多个帧模式

单击【时间轴】面板下方的【编辑多个帧】按钮，这时舞台中只显示范围中各个关键帧中的内容，并且可以对这些内容进行修改，如图6-37所示。

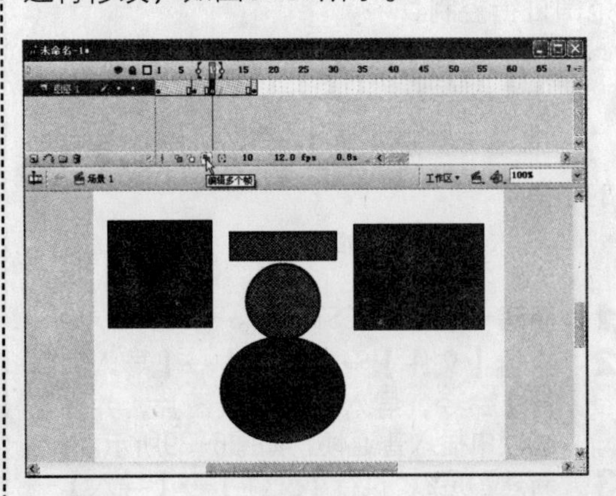

★ 图6-37

4. 修改绘图纸标记

单击【时间轴】面板下方的【修改绘图纸标记】按钮，将弹出一个下拉菜单，如图6-38所示。

总是显示标记

锚定绘图纸

绘图纸 2

绘图纸 5

绘制全部

★ 图6-38

此菜单中各选项的功能如表6-2所示。

表6-2 修改绘图纸标记的菜单功能

菜单项名称	功能
总是显示标记	选中后，不论是否启用洋葱皮模式，都会显示标记
锚定绘制图纸	在正常的情况下，启用洋葱皮范围，是以目前所在的帧为标准，当前帧改变，洋葱皮的范围也跟着变化
绘图纸2	快速地将洋葱皮的范围设置为2帧
绘图纸5	快速地将洋葱皮的范围设置为5帧
绘制全部	快速地将洋葱皮的范围设置为全部的帧

使用这些菜单项可以对洋葱皮的显示范围进行控制。

动手练

请读者跟随下面的步骤制作一条游动的小鱼。

具体操作步骤如下：

1. 新建一个Flash CS3文档。
2. 执行【文件】→【导入】→【导入到舞台】命令，导入一张背景图片，并在第50帧中插入普通帧，如图6-39所示。
3. 新建图层2，执行【文件】→【导入】→【导入到舞台】命令，将小鱼导入到舞台中，如图6-40所示。

★ 图6-39

4. 右击图层2的第50帧，在弹出的快捷菜单中选择【插入关键帧】选项，将第50帧设成关键帧，并设置小鱼的位置。

★ 图6-40

5. 右击图层2中第1～50帧之间的任何位置，在弹出的快捷菜单中选择【创建补间动画】选项，如图6-41所示。

★ 图6-41

6　单击【时间轴】面板下方的【绘图纸外观】按钮，可看到当前帧附近小鱼游动的效果，如图6-42所示。

7　使用相同的方法创建其他帧中小鱼游动的效果。

8　执行【控制】→【测试影片】命令，可以预览小鱼游动的效果。

★ 图6-42

6.2 逐帧动画

知识点讲解

在Flash CS3中，要实现动画效果就需要改变连续帧的内容（在一段时间内），既可以是形状或大小，也可以是颜色或不同内容的组合方式等。根据动画实现方式的不同，可以将动画分为逐帧动画和补间动画。

逐帧动画是指由位于同一图层的许多连续的关键帧所组成的动画，动画制作者需要在动画的每一帧中创建不同的内容，当播放动画时，Flash就会依次地显示每一帧中的内容。

注　意

逐帧动画是最基本的动画形式，制作逐帧动画时，首先要将每一帧都定义为关键帧，然后在每帧中创建不同的画面。

制作逐帧动画可通过导入的方式来生成动画。使用此方式制作动画，首先需要使用Fireworks等编辑工具生成动画制作所需要的对象素材，然后使用Flash CS3提供的导入功能将对象导入到舞台中。其操作步骤如下：

1　新建一个Flash CS3文档。

2　执行【文件】→【导入】→【导入到舞台】命令（或按【Ctrl+R】组合键），弹出【导入】对话框。

3　选择需要导入的第1个文件。

4　单击【打开】按钮，如果生成的对象是按图像序列命名的，将弹出一个提示框，询问是否导入所有图片，如图6-43所示。

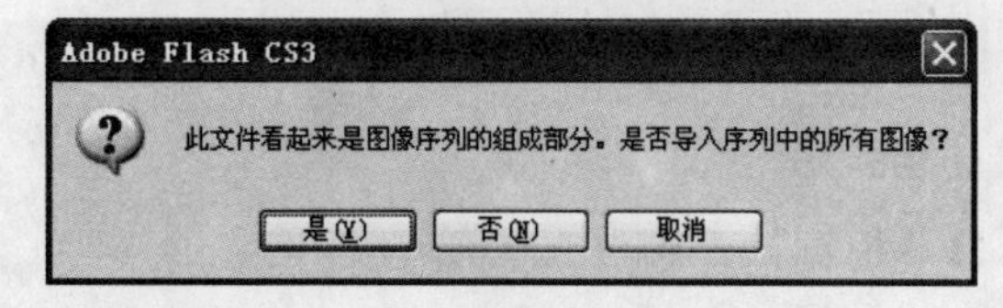

★ 图6-43

5　单击【是】按钮，所有的图片将被导入到舞台中，并且按照顺序排列到【时间轴】面板中不同的帧上，如图6-44所示。

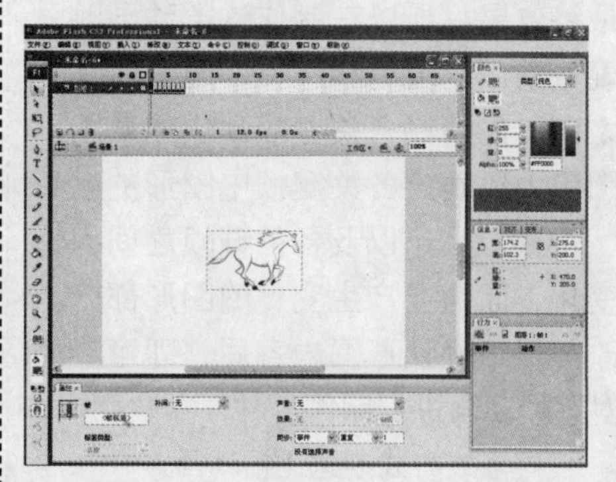

★ 图6-44

如果生成的对象不是按图像序列命名的，导入一个对象后，可先在下一帧的位置上插入一个关键帧，然后使用前面的方法导入所需要的对象，重复步骤2～5，直到所有的对象都导入为止。

6 执行【控制】→【测试影片】命令（或按【Ctrl+Enter】组合键），可得到动画的预览效果，如图6-45所示。

★ 图6-45

制作逐帧动画既可通过导入的方式来生成动画，还可通过使用相应的制作技巧在Flash CS3中绘制素材并创建动画，不仅可以提高逐帧动画的制作质量，还可大幅提高制作逐帧动画的效率。

▶ 预先绘制草图

如果逐帧动画中的动作变化较多，且动作变化幅度较大（如人物奔跑），对于这类动画如果把握不好，就可能出现动作失真以及过渡不流畅等情况，从而影响动画的最终效果。所以在制作这类动画时，为了确保动作的流畅和连贯，通常在正式制作之前，先绘制各关键帧动作的草图，在草图中大致确定各关键帧中图形的大致形状、位置、大小以及各关键帧之间因为动作变化，而需要产生变化的图形部分，在修改并最终确认草图内容后，即可参照草图对逐帧动画进行制作。

▶ 使用修改方式创建逐帧动画

如果逐帧动画的各关键帧中需要变化的内容不多，且变化的幅度较小（如头发的轻微摆动），对于这类动画就不需要对每一个关键帧都重新绘制，只需将最基本的关键帧图形复制到其他关键帧中。然后使用选择工具和部分选取工具，并结合绘图工具对这些关键帧中的图形进行调整和修改即可。

▶ 使用【绘图纸外观】功能编辑动画

使用Flash CS3中提供的【绘图纸外观】功能，可以在编辑动画的同时查看多个帧中的动画内容。在制作逐帧动画时，利用该功能可以对各关键帧中图形的大小和位置进行更好的定位，并可参考相邻关键帧中的图形，对当前帧中的图形进行修改和调整，从而在一定程度上提高制作逐帧动画的质量和效率。

动手练

请读者根据上面小节中讲解的方法使用逐帧动画制作太阳落山的效果。

具体操作步骤如下：

1 新建一个Flash CS3文档。

2 执行【修改】→【文档】命令，打开【文档属性】对话框，如图6-46所示。

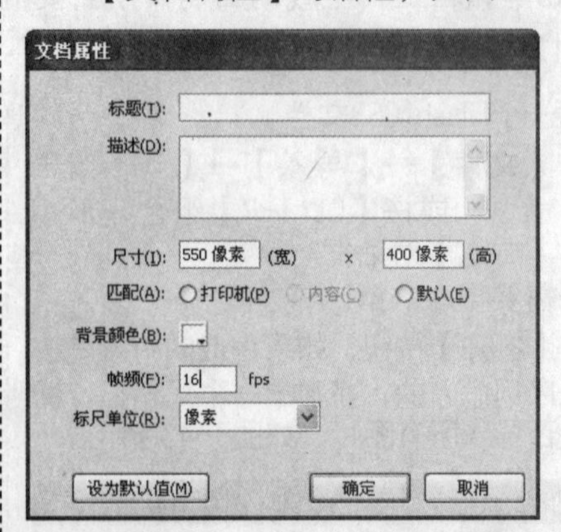

★ 图6-46

3 根据动画制作的需要设置相应的属性参数。

4 设置完毕后，单击【确定】按钮。

5 使用Flash CS3的绘图工具，绘制动画需要的背景和太阳，如图6-47所示。

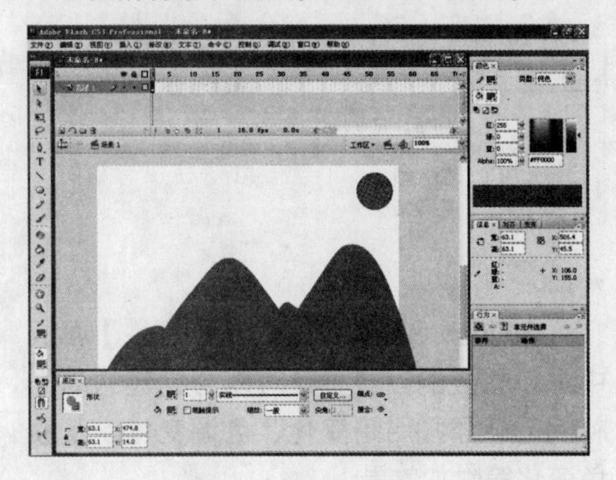

★ 图6-47

6 右击第2帧，从弹出的快捷菜单中，选择【插入关键帧】选项，将第2帧变成关键帧，如图6-48所示。

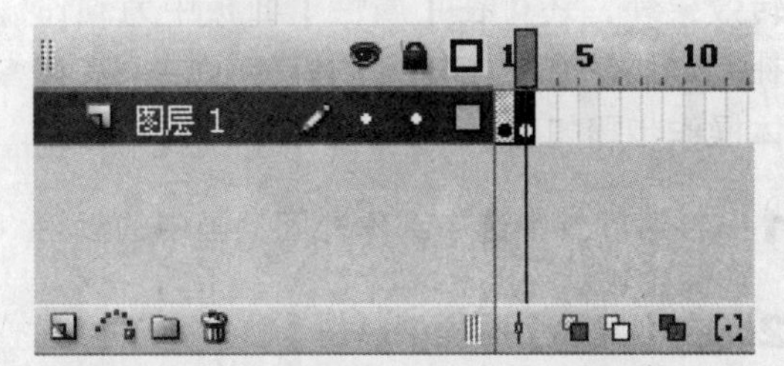

★ 图6-48

7 使用选择工具选择绘制的太阳，然后移动太阳的位置，如图6-49所示。

8 使用同样的方法，编辑所有帧中的太阳位置，如图6-50所示。

9 执行【控制】→【测试影片】命令，在Flash播放器中得到太阳落山的效果，如图6-51所示。

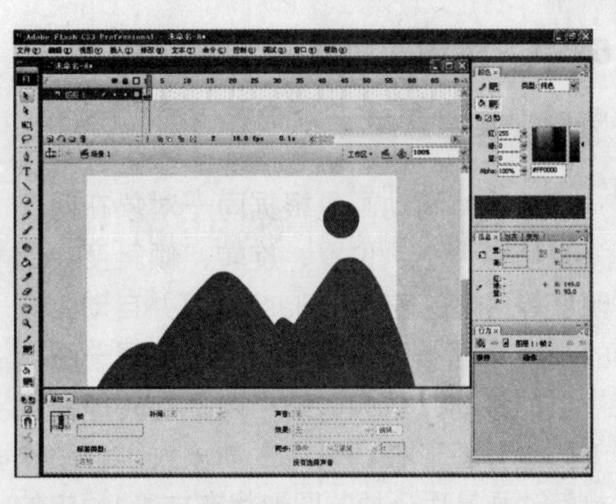

★ 图6-49

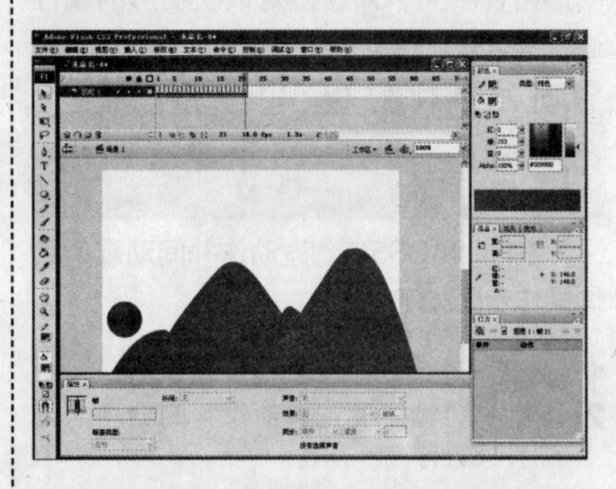

★ 图6-50

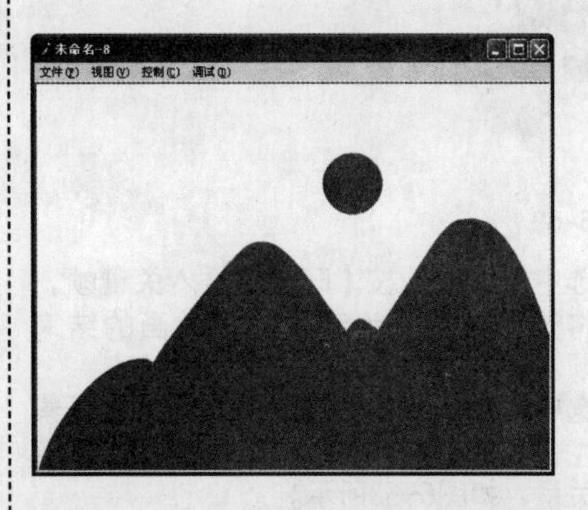

★ 图6-51

6.3 补间动画

补间动画是我们在Flash动画中应用最多的一种动画制作模式，只需要绘制出关键帧，就能自动生成中间的补间过程。Flash CS3提供了运动（动作）补间和形状补间两种补间动画的制作方法。

6.3.1 运动补间动画

知识点讲解

运动补间动画是根据同一对象在两个关键帧中大小、位置、旋转、倾斜度、透明度等属性的差别由Flash计算并自动生成的一种动画类型，通常用于表现同一图形对象的移动、放大、缩小以及旋转等变化（如水杯图形在场景中逐渐放大）。动作补间动画最后一帧的图形状态与第1帧中的图形密切相关，即通过对最初图形的属性进行编辑来产生动画效果。

Flash CS3中只能给元件的实例添加运动补间的动画效果。

在Flash CS3中创建动作补间动画的具体操作步骤如下：

1. 新建一个Flash CS3文档。
2. 选中第1帧中要创建动作补间动画的图形，如图6-52所示。

★ 图6-52

3. 选中第20帧，按【F6】键插入关键帧，将该关键帧作为动作补间动画的结束帧。
4. 选中第20帧中的图形，将其拖动到场景左侧，即调整两个关键帧中图形的位置关系，如图6-53所示。

★ 图6-53

5. 在两个关键帧之间单击鼠标右键，在弹出的快捷菜单中选择【创建补间动画】选项，创建运动补间动画，如图6-54所示。

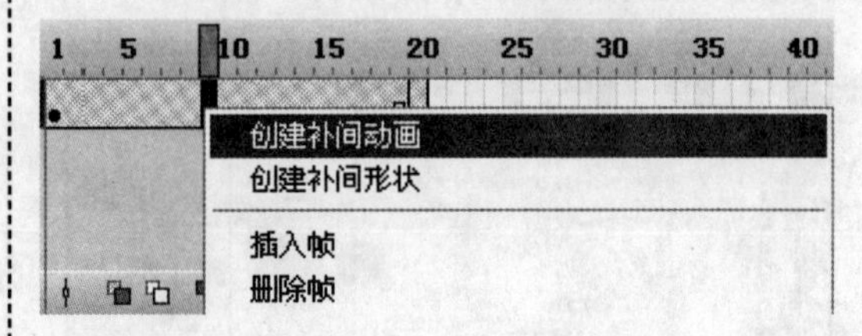

★ 图6-54

在Flash CS3中，通过在【属性】面板中进行相应的设置，还可以为创建的动作补间动画添加明暗变化、色调变化以及颜色变化等附加效果。

▶ 添加旋转效果

创建补间动画后，除了可以通过任意变形工具调整图形旋转角度来实现图形旋转效果外，还可在【属性】面板中为动作补间动画添加更加规则的旋转效果，其具体操作步骤如下：

1. 在时间轴中选中动作补间动画中的起始关键帧。
2. 在【属性】面板中单击【旋转】下拉列表框，然后在弹出的下拉列表中选择一种旋转方式，如图6-55所示。

★ 图6-55

3. 设置旋转方式后，在下拉列表框右侧的数值框中输入相应的数字，以设置图形旋转的次数，如图6-56所示。设置完成后，即可为创建的动作补间动画添加设置的旋转效果，如图6-57所示。

旋转: 顺时针 2 次

★ 图6-56

★ 图6-57

▶ 添加明暗变化效果

为动作补间动画添加明暗变化效果的具体操作步骤如下：

1 选中动作补间动画的起始帧或结束帧中的图形。
2 在【属性】面板中单击【颜色】下拉列表框，在弹出的下拉列表中选择【亮度】选项，如图6-58所示。

★ 图6-58

3 选择该选项后，在下拉列表框右侧将出现 0% 数值框，单击数值框中的按钮，然后在弹出的调节框中拖动滑块，对其中的数值进行调节，即可调整所选图形的明暗度（如图6-59所示），并为动作补间动画添加明暗变化效果。

★ 图6-59

▶ 添加色调变化效果

为动作补间动画添加色调变化效果的具体操作步骤如下：

1 选中动作补间动画的起始帧或结束帧中的图形。
2 在【属性】面板中单击【颜色】下拉列表框，在弹出的下拉列表中选择【色调】选项。选择该选项后，在下拉列表框周围将出现相应的数值框（其中位于右侧的数值框用于调节图形的亮度值，位于下方的3个数值框分别用于调整图形的红色、绿色和蓝色的色调），如图6-60所示。

★ 图6-60

3 单击数值框中的按钮，然后在打开的调节框中拖动滑块，对其中的数值进行调节，即可对图形的色调进行调整（如图6-61所示），并为动作补间动画添加色调变化效果。

★ 图6-61

▶ 添加透明度变化效果

为动作补间动画添加透明度变化效果的具体操作步骤如下：

1 选中动作补间动画的起始帧或结束帧中的图形。
2 在【属性】面板中单击【颜色】下拉列表框，在弹出的下拉列表中选择【Alpha】选项。选择该选项后，在下拉列表框右侧将出现 0% 数值框。
3 单击数值框中的按钮，然后在打开的调节框中拖动滑块，对其中的数值进行调节（数值为100表示不透明，数值为0表示完全透明），即可对图形的透明度进行调整，如图6-62所示，并为动作补间动画添加透明度变化效果。

★ 图6-62

技 巧

通过将起始帧或结束帧中的图形设置为完全透明，就可以创建图形淡入或淡出场景的动画效果。

▶ 添加高级颜色变化效果

为动作补间动画添加高级颜色变化效果的具体操作步骤如下：

1 选中动作补间动画的起始帧或结束帧中的图形。

2 在【属性】面板中单击【颜色】下拉列表框，在弹出的下拉列表中选择【高级】选项，单击右侧出现的 设置... 按钮，打开【高级效果】对话框，如图6-63所示。

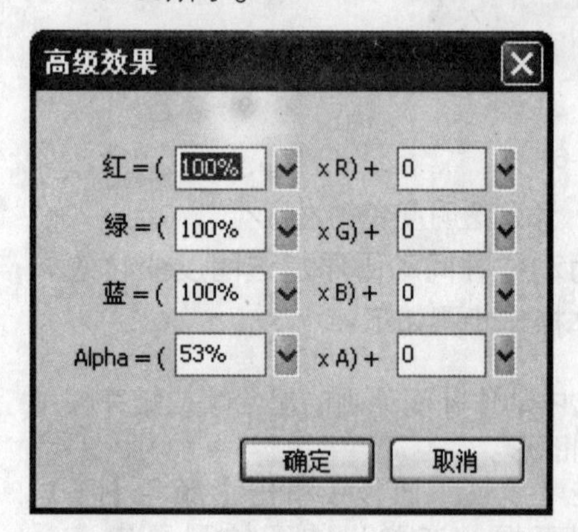

★ 图6-63

3 单击相应数值框中的按钮，并在打开的调节框中拖动滑块以调节数值，就可对图形的色调和透明度进行调节。除此之外，还可通过调节右侧的附加数值框，增加对色调和透明度调节的强度，如图6-64所示。

★ 图6-64

4 调整完成后单击【确定】按钮，即可为动作补间动画添加高级颜色变化效果。

动手练

掌握了运动补间动画的相关设置后，请读者跟随下面这个例子熟悉一下创建运动补间动画的方法和过程，其操作步骤如下：

1 新建一个Flash CS3文档。

2 执行【修改】→【文档】命令（或按【Ctrl+J】组合键），弹出【文档属性】对话框。

3 将舞台的背景颜色设置为“黑色”，不改变其他默认的选项，如图6-65所示。

文档属性

标题(T):
描述(D):
尺寸(I): 550像素 (宽) x 400像素 (高)
匹配(A): ○打印机(P) ○内容(C) ⊙默认(E)
背景颜色(B):
帧频(F): 12 fps
标尺单位(R): 像素
设为默认值(M) 确定 取消

★ 图6-65

4 单击【确定】按钮。

5 在工具箱中选择文本工具，在舞台中输入“FLASH WORLD”。

6 选中舞台中的文本，在【属性】面板中设置文本的属性，字体为“Arial”，字体大小为“68”，文本颜色为“白色”，如图6-66所示。

FLASH WORLD

★ 图6-66

7　执行【修改】→【转换为元件】命令（或按【F8】键），弹出【转换为元件】对话框，如图6-67所示。

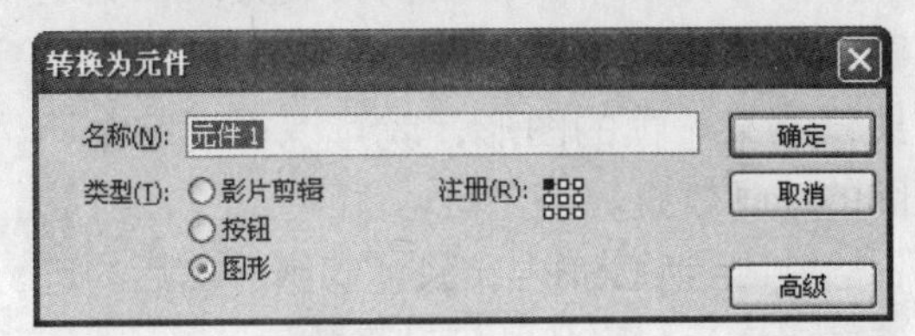

★ 图6-67

8　在【名称】文本框中输入“文本”。

9　选中【图形】单选按钮。

10　单击【确定】按钮。

11　执行【窗口】→【对齐】命令（或按【Ctrl+K】组合键），打开【对齐】面板，把转换好的图形元件对齐到舞台的中心位置，如图6-68所示。

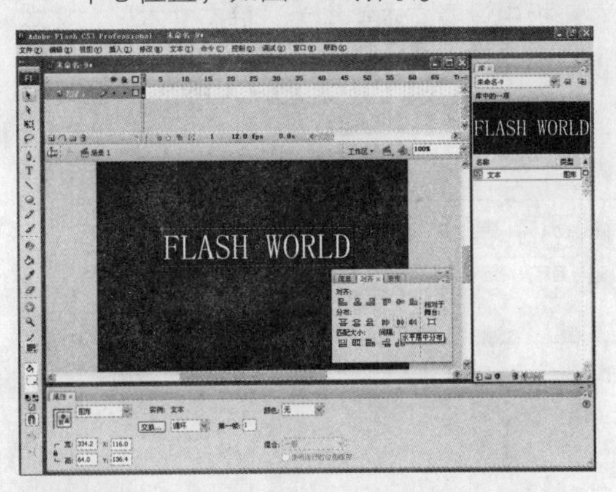

★ 图6-68

12　在【时间轴】面板的第20帧处，按【F6】键插入关键帧。

13　选中第20帧的舞台中对应的元件。

14　执行【窗口】→【变形】命令（或按【Ctrl+T】组合键），打开【变形】面板，如图6-69所示。

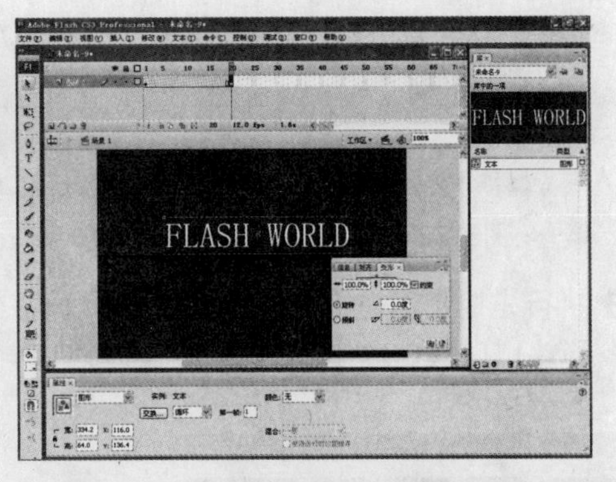

★ 图6-69

15　将图形元件的高度缩小为原来的10%，宽度不变。

16　在【属性】面板的【颜色】下拉列表中选择【Alpha】选项，将第20帧中的元件透明度设置为0，如图6-70所示。

17　在两个关键帧中，右击鼠标，弹出一个快捷菜单，如图6-71所示。

18　选择【创建补间动画】选项，在第1~20帧之间将产生运动补间帧，如图6-72所示。

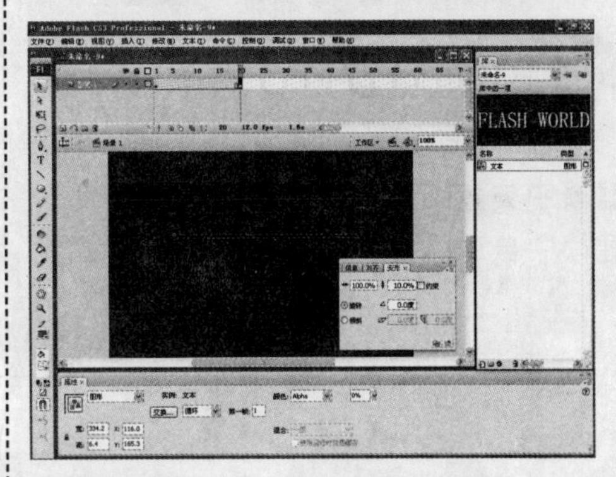

★ 图6-70

创建补间动画
创建补间形状
插入帧
删除帧
插入关键帧
插入空白关键帧
清除关键帧
转换为关键帧
转换为空白关键帧
剪切帧
复制帧
粘贴帧
清除帧
选择所有帧
复制动画
将动画复制为 ActionScript 3.0 脚本...
粘贴动画
特殊粘贴动画...
翻转帧
同步符号
动作

★ 图6-71

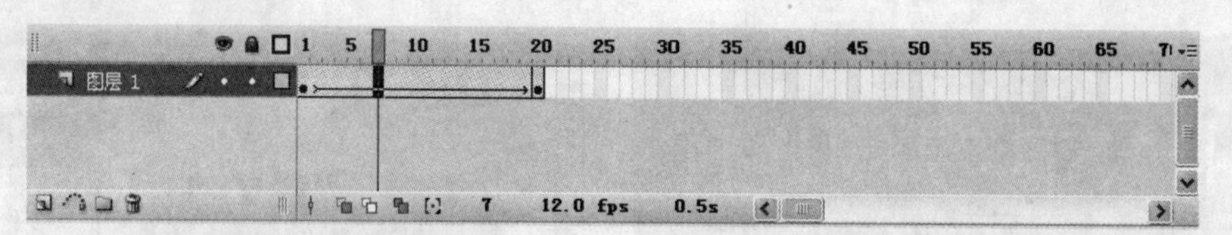

★ 图6-72

19 执行【控制】→【测试影片】命令（或按【Ctrl+Enter】组合键），得到动画的预览效果，如图6-73所示。

★ 图6-73

6.3.2 形状补间动画

形状补间动画是通过Flash计算两个关键帧中矢量图形的形状差别，并在两个关键帧中自动添加变化过程的一种动画类型，通常用于表现图形对象形状之间的自然过渡（如圆形和星形之间的形状和颜色转化）。形状补间动画的第1帧和最后一帧中的图形可以不具备任何关联关系，其动画的变形过程也不需制作者进行控制，如果修改某一帧的图形，就可以得到完全不同的动画效果。

在Flash CS3中，只能够给分离后的可编辑对象添加形状补间动画效果。

1. 制作形状补间动画

下面我们通过一个简单的实例来学习如何创建形状补间动画，其操作步骤如下：

1 新建一个Flash CS3文档。

2 在工具箱中选择文本工具，在【属性】面板中设置文本类型为"静态文本"，文本颜色为"黑色"，字体为"宋体"，字体大小为"80"，如图6-74所示。

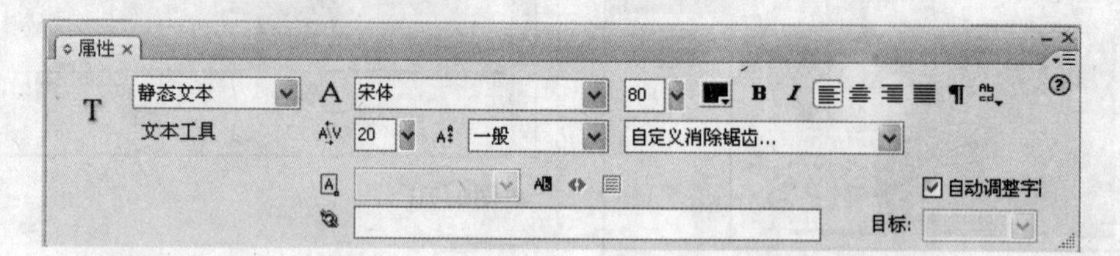

★ 图6-74

3 在舞台中输入文本"人"。

4 分别在时间轴的第10、20和30帧处，按【F7】键，插入空白关键帧。

5 使用【文本工具】，在第10帧的舞台中输入文本"文"；在第20帧的舞台中输入文本"奥"；在第30帧的舞台中输入文本"运"。

6 依次选中每个关键帧中的文本，执行【修改】→【分离】命令（或按【Ctrl+B】组合键），把文本分离成可编辑的网格状。

7 依次选中每个关键帧中的文本，在【属性】面板中把文本的填充颜色设置为不同的渐变色，如图6-75所示。

人文 奥运

★ 图6-75

8 选中所有帧，在【属性】面板中的【补间】下拉列表框中选择【形状】选项，这时将创建形状补间动画，如图6-76所示。

9 执行【控制】→【测试影片】命令（或按【Ctrl+Enter】组合键），得到动画的预览效果。

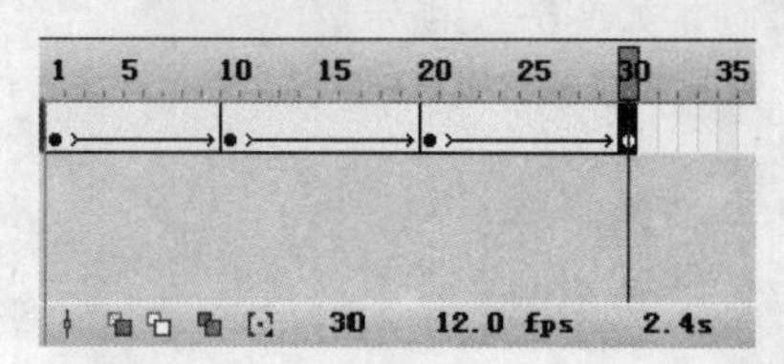

★ 图6-76

2. 形状提示

若要控制更加复杂的形状变化，可以使用形状提示。形状提示会标识起始形状和结束形状中相对应的点。可以通过给动画添加形状提示来控制变化的过程。

下面我们通过一个简单的实例来学习形状提示动画的制作方法，其操作步骤如下：

1 新建一个Flash CS3文档。

2 在工具箱中选择文本工具，在【属性】面板中设置文本类型为“静态文本”，文本颜色为“黑色”，字体为“Arial Black”，字体大小为“80”，如图6-77所示。

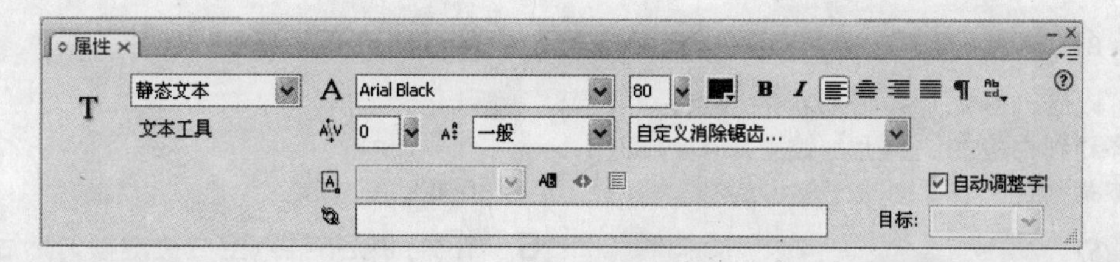

★ 图6-77

3 在舞台中输入数字“1”。

4 在时间轴中选择第20帧，按【F7】键，插入空白关键帧。

5 使用文本工具，在第20帧对应的舞台中输入数字2。

6 依次选择每个关键帧中的文本。执行【修改】→【分离】命令（或按【Ctrl+B】组合键）把文本分离成可编辑的网格状。

7 选中1~20之间的任意帧，在【属性】面板的【补间】下拉列表框中选择【形状】选项，这时的【时间轴】面板如图6-78所示。

8 按【Enter】键，在当前编辑状态中得到动画的预览效果，这时1到2的变形过程是由Flash软件随机生成的，如图6-79所示。

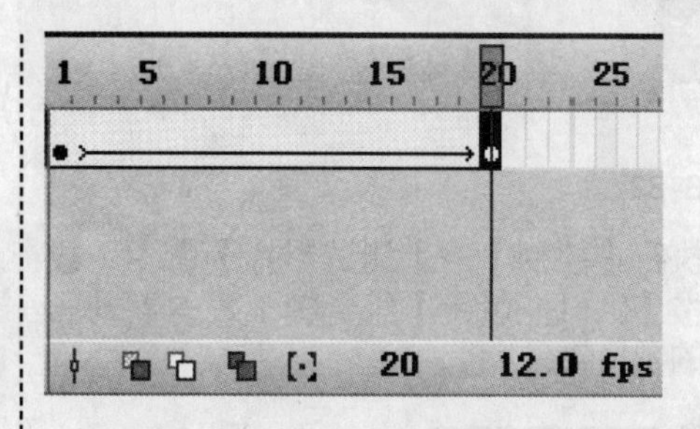

★ 图6-78

★ 图6-79

9 选中第1帧，执行【修改】→【形

状】→【添加形状提示】命令（或按【Ctrl+Shift+H】组合键），在动画中添加形状提示。

10 这时在舞台中的数字1上会增加一个标有a的红色圆点，同样在第20帧的数字2上也会生成同样的圆点，如图6-80所示。

★ 图6-80

11 分别把数字1和数字2上的形状提示点a移动到相应的位置上，如图6-81所示。

★ 图6-81

12 可以给动画添加多个形状提示点，并且移动到相应的位置上，效果如图6-82所示。

★ 图6-82

13 执行【控制】→【测试影片】命令（或按【Ctrl+Enter】组合键），得到动画的预览效果。

动手练

请读者利用形状补间动画，制作一个“桃花朵朵开”动画。通过此动画，掌握在Flash CS3中创建形状补间动画的方法。

具体操作步骤如下：

1 新建一个Flash CS3文档，在【属性】面板中将场景尺寸设置为190×480像素，背景色设置为白色，然后执行【文件】→【保存】命令，将其命名为“桃花朵朵开”。

2 双击图层 1，将图层1重命名为“背景”。

3 使用矩形工具绘制一个与背景同样大小的矩形，将颜色填充为“浅蓝色到白色”的渐变色。

4 选中该图层第100帧，单击鼠标右键，从弹出的快捷菜单中选择【插入帧】选项。

5 单击【插入图层】按钮，新建一个图层，并将其命名为“树干”，使用椭圆工具在舞台的左下角绘制一个无边框的棕色椭圆，如图6-83所示。

★ 图6-83

6 在第30帧中插入空白关键帧，然后使用刷子工具在画纸中绘制一个棕色的树干图形，如图6-84所示。

★ 图6-84

7 选中“树干”图层的第1帧和第30帧，单击鼠标右键，在弹出的快捷菜单中选择【创建补间形状】选项，创建出树干变形的形状补间动画效果，如图6-85所示。

★ 图6-85

8 新建另一个图层，命名为“桃花”，在第40帧中插入空白关键帧，然后使用椭圆工具在树干图形上绘制多个无边框的粉色椭圆，如图6-86所示。

★ 图6-86

9 在第75帧中插入空白关键帧，使用椭圆工具或刷子工具绘制粉色的桃花图形，将桃花图形复制多个，然后分别放置到与第40帧中的椭圆相对应的位置上，并对各桃花图形的大小进行适当调整，效果如图6-87所示。

★ 图6-87

10 将第40帧复制到第30帧中，然后在【颜色】面板中将粉色椭圆的Alpha值设置为0，使其完全透明。

11 选中第30帧，单击鼠标右键，在弹出的快捷菜单中选择【创建补间形状】选项，在第30～40帧之间创建出桃花由透明逐渐显示的形状补间动画效果。

12 选中第40帧，单击鼠标右键，在弹出的快捷菜单中选择【创建补间形状】选项，在第40～75帧之间创建出椭圆逐渐变形为桃花的形状补间动画效果。

13 新建第3个图层，命名为“文字”，在第80帧中插入空白关键帧，使用刷子工具在舞台右下角绘制黑色色块，如图6-88所示。

★ 图6-88

14 在第90帧中插入空白关键帧，使用文本工具输入“桃花朵朵开”黑色文字，并按【Ctrl+B】组合键将文字打散，如图6-89所示。

★ 图6-89

15 选中第80帧，单击鼠标右键，在弹出的快捷菜单中选择【创建补间形状】选项，在第80～90帧之间创建出色块变形为文字的形状补间动画效果。

16 按【Ctrl+Enter】组合键测试动画，即可看到本例制作的“桃花朵朵开”动画效果。

提示

在制作此动画的过程中，如果出现桃花在变化时位置发生交错的情况，可通过为相应的椭圆和桃花图形添加形状提示的方法来进行处理。

6.4 场景操作

知识点讲解

使用Flash CS3制作动画时，一般都在一个场景中完成；当需要制作大型动画时，就需要使用多个场景。使用多个场景相当于使用几个SWF文件一起创建一个较大的动画效果。每个场景都有一个时间轴，当播放头到达一个场景的最后一帧时，播放头将前进到下一个场景。发布SWF文件时，每个场景的时间轴会合并为SWF文件中的一个时间轴。

前面已经讲解过关于场景属性的设置，本节将向读者介绍关于场景的相关操作。场景的操作包括场景的添加、重命名和删除等。

当启动Flash CS3后，系统默认名称为“场景1”的空白场景，如图6-90所示。

★ 图6-90

要对场景进行操作，需要显示【场景】面板。执行【窗口】→【其他面板】→【场景】命令，即可打开【场景】面板，如图6-91所示。

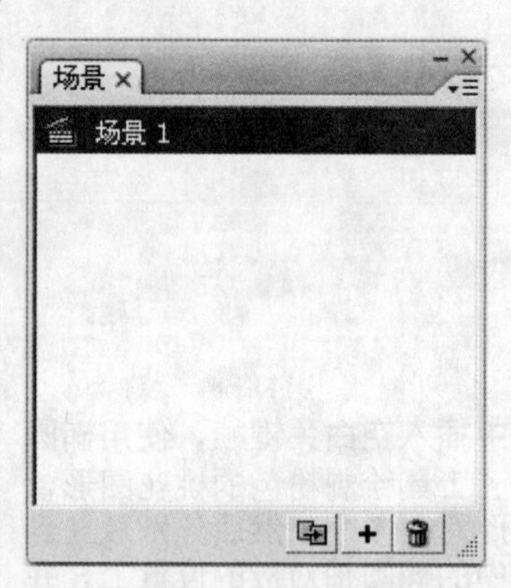

★ 图6-91

单击【场景】面板下方的【添加场景】按钮 + （或执行【插入】→【场景】命令），即可添加一个场景，如图6-92所示。

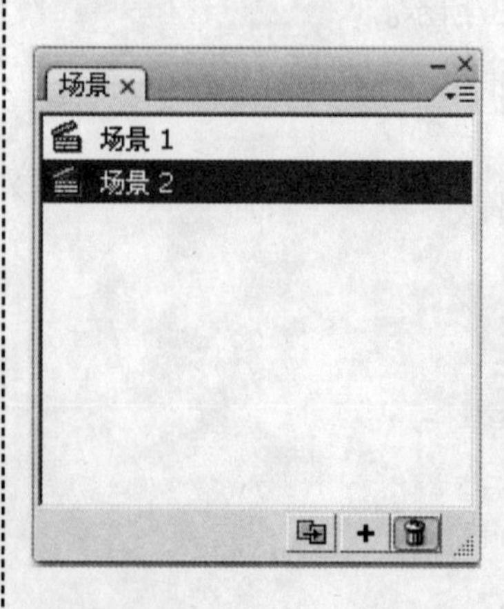

★ 图6-92

双击某一场景名，此场景名将变为高亮显示，如图6-93所示。在此位置上输入新的场景名即可重命名该场景。

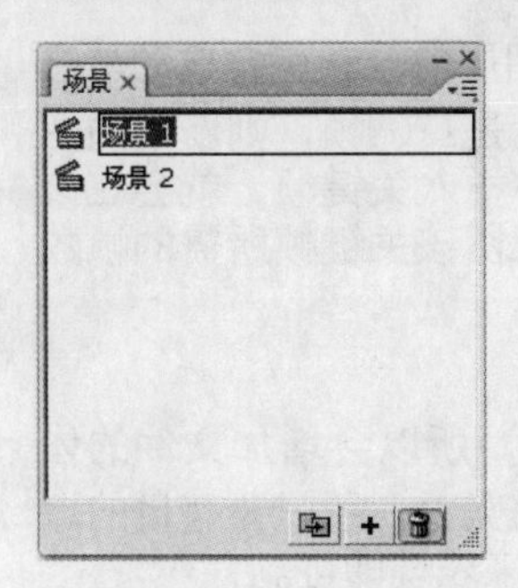

★ 图6-93

如果在动画制作中需要相同的场景，可以复制场景。单击【场景】面板下方的【直接复制场景】按钮，即可复制一个所选择的场景，如图6-94所示。

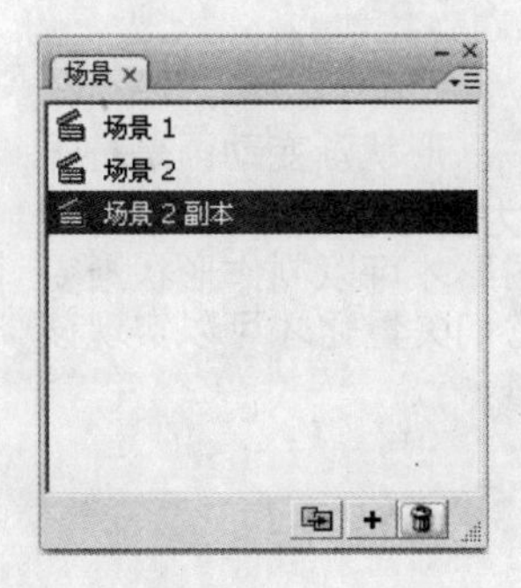

★ 图6-94

当某一场景不用或不合适时，可以将其删除。在【场景】面板中选择需要删除的场景，然后单击【场景】面板下方的【删除场景】按钮即可。

使用多个场景制作动画，可以分别选择场景制作所需要的动画，还可以为每个场景设置不同的动画属性。

动手练

不同场景之间的组合和互换构成了一个精彩的多镜头动画，因此经常会根据实际需要对场景的顺序进行调整。

对场景的位置进行调整的操作步骤如下：

1 执行【窗口】→【其他面板】→【场景】命令，打开【场景】面板。

2 在【场景】面板中，选择需要调整的场景，然后将其拖曳到合适的位置上即可，如图6-95所示。

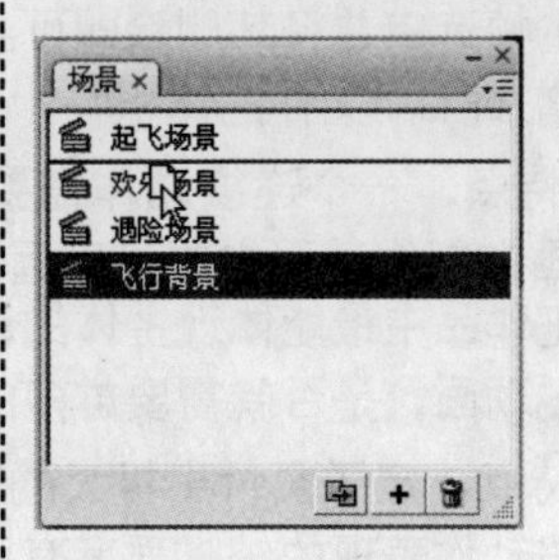

★ 图6-95

3 调整后的效果如图6-96所示。

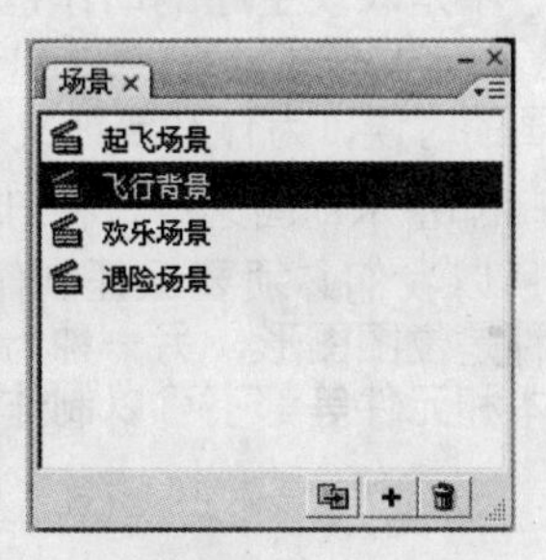

★ 图6-96

4 如果需要切换到某一场景，在【场景】面板中单击需要的场景名称即可，或单击【视图】菜单，从【转到】子菜单中选择需要的场景名称，如图6-97所示。

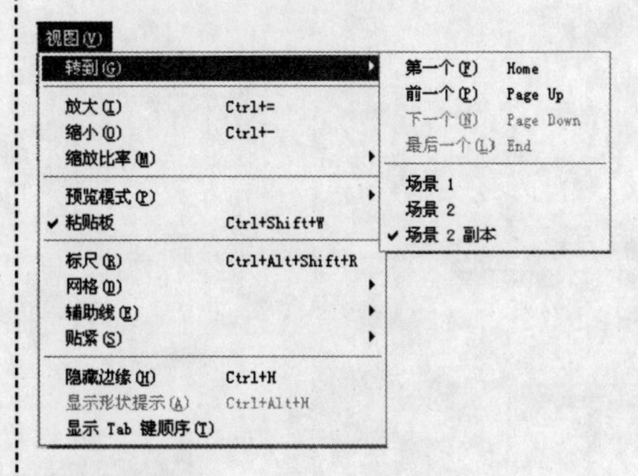

★ 图6-97

疑难解答

问 为什么插入关键帧后，其后面会自动插入普通帧？

答 这是Flash CS3中的正常现象，在Flash CS3中新建图层时，新建图层的帧长度会自动与已创建图层中最长的帧长度相匹配（如已创建图层中最长的帧长度是1200帧，则新建的图层长度都会自动延续到1200帧）。在这种情况下，如果在图层中插入关键帧，就会在该关键帧后面自动插入相应长度的普通帧。对于这种现象，只需保留该关键帧所需的帧数量，然后将多余的帧选中并将其删除即可。

问 使用逐帧动画会增加Flash文件的体积吗？

问 因为逐帧动画的特点，一个连续动作需要由许多个关键帧组成，所以会增加文件的体积。而且逐帧动画在制作过程中要付出远比其他制作形式更多的努力，所以要有目的地使用逐帧动画，把作品中最能体现主体的动作和表情用逐帧动画来表现即可。

问 动作表现越细腻的动画，是否就需要越多的帧？

答 由于逐帧动画的特点决定了要付出极大的努力去完成，因此有读者会产生这样的疑问。逐帧动画的帧数与动作表现的细腻程度有关系。同样一个举手的动作，用3帧完成和利用5帧完成，效果是不一样的。但是并不是说动作表现越细腻，就需要越多的帧，这是相对的，不是绝对的。一个幅度比较小的动作，就不需要很多帧去完成。另外，在作品中不是起到关键作用，不是表现主题的动作也可以适当地放宽帧数的限制，以减少制作动画效果的工作量。

问 在做形状渐变动画的时候，为什么要把文本和位图等矢量化？

答 形状渐变动画是Flash基本动画之一，在Flash创作中应用范围较广。形状渐变动画是基于形状来完成的，所以我们必须要保证制作形状渐变动画的素材为图形。在Flash中有两种图形分类，一种是位图图形，另一种为矢量图形。只有矢量图形才可以制作形状渐变动画。位图、文本和元件等都不可以制作此效果。我们只有将它们矢量化才可以实现该效果。

Chapter 07

第7章　使用图层

本章要点

- *图层的基本操作*
- *引导层*
- *利用引导层创建动画*
- *遮罩层*
- *移动遮罩*
- *变形遮罩*

通过上一章的“桃花朵朵开”实例可以看出当Flash动画制作需要涉及多个对象时，为了不影响各对象之间的编辑，需要将各对象放在不同的图层中，因此在比较大的动画制作中，必然会使用图层。本章将介绍Flash CS3图层的相关知识。

7.1 图层的基本操作

Flash CS3中的图层就像一张透明的纸，而动画中的多个图层，就相当于一叠透明的纸，通过调整这些纸张的上下位置，就可以改变纸张中图形的上下层次关系。把对象放置在不同的图层中，这样编辑制作时就不会互相影响了。

7.1.1 图层的概念及相关菜单

1. 图层的概念

在Flash CS3中，图层的概念和Photoshop中层的概念非常类似，不同的层上可以放置不同的文件，它给Flash引入了纵深的理念。层与层之间可以相互掩映、相互叠加，但是不会相互干扰。层和层之间可以毫无联系，也可以结合在一起，如图7-1所示。

★ 图7-1

在Flash CS3中，每个图层都拥有独立的时间轴，包含自己独立的多个帧，在编辑与修改某图层中的内容时，不会影响到其他图层。对于较为复杂的动画，用户可以将其进行合理划分，把动画元素分布在不同的图层中，然后分别对各图层中的元素进行编辑和管理，这样既可以简化烦琐的工作，也可有效地提高工作效率。

新建一个Flash CS3文档时，默认为图层1。在制作动画的过程中，可以通过新图层的增加来组织动画。

Flash CS3中的图层区域如图7-1所示，其中各按钮的功能及含义如下所述。

：该按钮用于隐藏或显示所有图层，单击该按钮即可在隐藏和显示状态之间进行切换。单击该按钮下方的 • 图标可隐藏对应的图层，图层隐藏后会在 • 图标的位置上出现 ✕ 图标。

：该按钮用于锁定图层，防止用户对图层中的对象进行误操作，再次单击该按钮可解锁图层。单击该按钮下方的 • 图标可锁定对应的图层，锁定图层后会在 • 图标的位置上出现图标。

：单击该按钮可用图层的线框模式显示所有图层中的内容，单击该按钮下方的 • 图标，将以线框模式显示 • 图标对应图层中的内容。

图层 1：表示当前图层的名称，双击该名称可对图层名称进行更改。

：表示当前图层的属性，图标为时表示图层是普通图层，当该图标为时表示图层是引导层，当该图标为时表示图层是遮罩层，而当图标为时表示图层是被遮罩层。

：表示该图层为正处于编辑状态的当前图层。

：单击该按钮可新建一个普通图层。

：单击该按钮可新建一个引导层。

：单击该按钮可新建一个图层文件夹。

：单击该按钮可删除选中的图层。

2. 使用图层快捷菜单

由于很多控制图层选项的工具都内置

在【时间轴】面板中，因此在【属性】面板中不能显示图层属性。当选中图层时，在【属性】面板中将显示有关帧的属性。在图层上单击鼠标右键，将弹出图层的快捷菜单，如图7-2所示。

显示全部
锁定其他图层
隐藏其他图层
插入图层
删除图层
引导层
添加引导层
✓遮罩层
显示遮罩
插入文件夹
删除文件夹
展开文件夹
折叠文件夹
展开所有文件夹
折叠所有文件夹
属性...

★ 图7-2

图层快捷菜单中各选项的功能如表7-1所示。

表7-1　图层快捷菜单中各选项的功能

选项名称	功能
显示全部	选择此选项，将显示所有的层，如果某些图层设置为隐藏，则将它们都设为可视
锁定其他图层	选择此选项，可将除当前活动图层外的其他层全部锁定
隐藏其他图层	选择此选项，使当前活动层可视，其他层隐藏
插入图层	选择此选项，在当前活动图层之上插入新的图层
删除图层	选择此选项，将删除当前活动层及其内容
引导层	选择此选项，将当前活动层转变为引导层
添加引导层	选择此选项，将在当前活动层之上插入一个新的运动引导层，当前活动层被默认为被引导层
遮罩层	选择此选项，将当前活动层转换为遮罩层
显示遮罩	选择此选项，将在遮罩或者遮罩层上激活遮罩效果
插入文件夹	选择此选项，将在当前活动图层或文件夹上插入新的图层文件夹
删除文件夹	选择此选项，将删除当前文件夹及其内容
展开文件夹	选择此选项，将打开当前图层文件夹，使其中的图层显示在图层堆栈和时间轴上
折叠文件夹	选择此选项，将关闭当前图层文件夹，隐藏其中的图层
展开所有文件夹	选择此选项，将打开所有图层文件夹，使所有的图层显示在图层堆栈和时间轴上
折叠所有文件夹	选择此选项，将关闭所有图层文件夹，隐藏其中的图层
属性	选择此选项，可在打开的对话框中设置图层属性

使用这些选项，可完成绝大部分图层的编辑操作。例如，选择【属性】选项，将打开【图层属性】对话框，如图7-3所示。

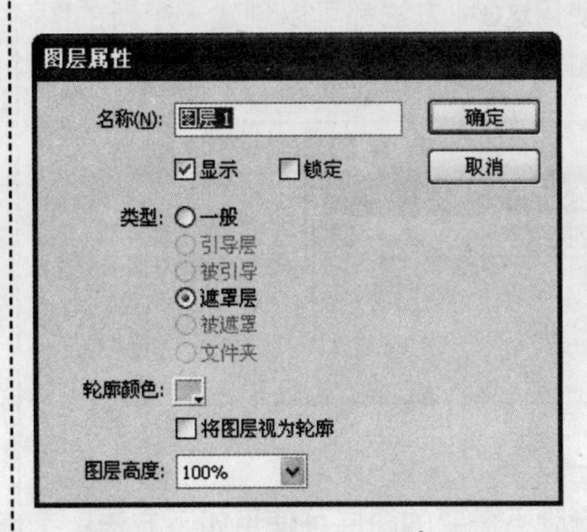

★ 图7-3

使用此对话框，可完成更改图层名称、设置图层类型、设置轮廓颜色或设置图层高度等操作。

7.1.2 图层的基本操作

Flash CS3除了提供一些图层的基本操作外，还提供了有其自身特点的图层锁定

及线框显示等操作，大部分的图层操作都在【时间轴】面板中完成。

1. 创建和删除图层

在Flash CS3中，图层的顺序是按建立的先后，由下到上统一放置在【时间轴】面板中的。最先建立的图层放置在最下面，当然也可以通过拖曳调整图层的顺序。

新建一个Flash CS3文档时，只有一个图层，在制作动画时，可根据需要创建新的图层。创建新图层主要有3种方法：

- 执行【插入】→【时间轴】→【图层】命令。
- 在【时间轴】面板中，右击需要添加图层的位置，在弹出的快捷菜单中，选择【插入图层】选项。
- 在【时间轴】面板中，单击【插入图层】按钮。

使用这3种方法都可以创建一个新的图层，如图7-4所示。

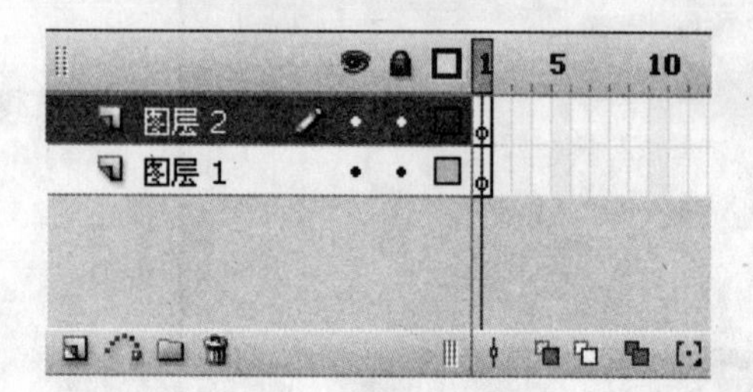

★ 图7-4

删除不需要的图层可使用如下方法：

- 在【时间轴】面板中，右击需要删除的图层，在弹出的快捷菜单中，选择【删除图层】选项。
- 选择需要删除的图层，在【时间轴】面板中，单击【删除图层】按钮。

2. 更改图层名称

Flash CS3会在创建新的图层时，按照默认名称为图层依次命名。为了更好地区分每一个图层的内容，可以更改图层名称。

双击想要重命名的图层名称，然后输入新的名称即可，如图7-5所示。

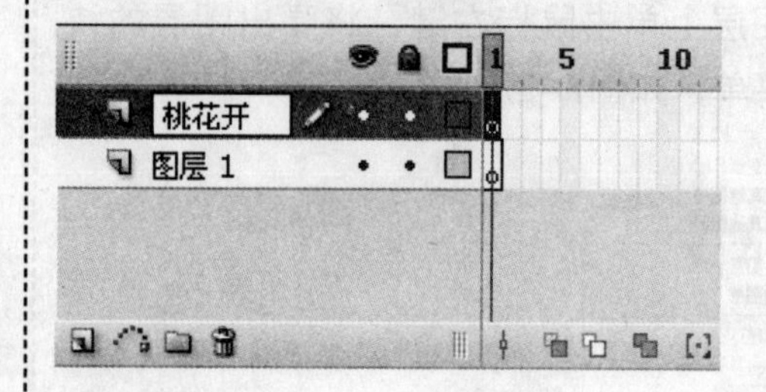

★ 图7-5

3. 选择图层

在Flash CS3中，选择图层的常用方法主要有如下3种：

- 在【时间轴】面板上直接单击所要选取的图层名称。
- 【时间轴】面板上单击所要选择的图层所包含的帧，即可选择该图层。
- 在编辑舞台中的内容时单击要编辑的图形，即可选择包含该图形的图层。

如果需要同时选择多个图层，这时可以按【Shift】键来连续地选择多个图层，也可以按【Ctrl】键来选择多个不连续的图层，如图7-6所示。

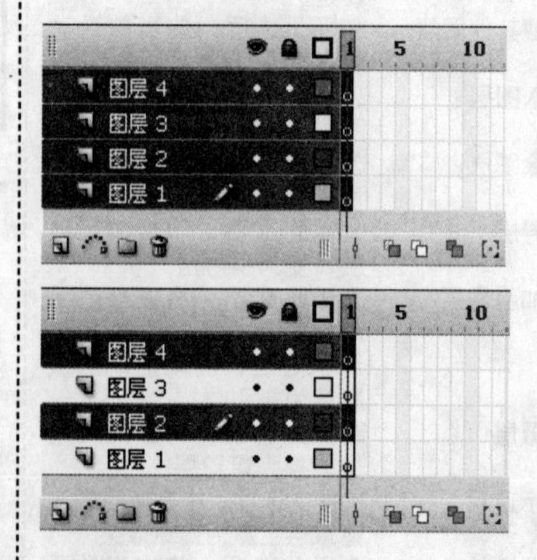

★ 图7-6

4. 改变图层的排列顺序

图层的排列顺序不同，会影响到图形的重叠形式，排列在上面的图层会遮挡下面的图层。设计者可以根据需要任意地改变图层的排列顺序。

在【时间轴】面板中，选中要移动的图层，按住鼠标左键将其拖动到需要的位置上，然后释放鼠标左键，即完成图层的移动，从而改变图层的排列顺序，如图7-7所示。

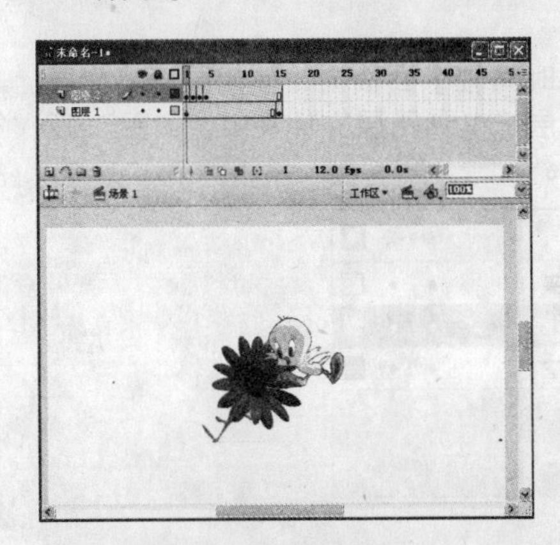

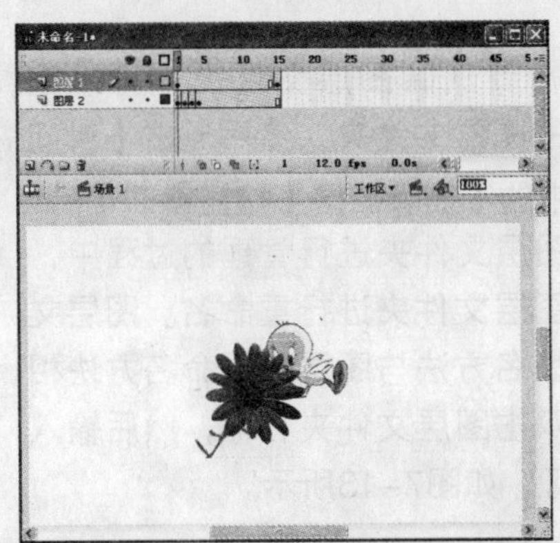

★ 图7-7

5. 锁定图层

当设计者已经完成了在某些图层上的操作后，而这些内容在一段时间内不需要编辑，这时为了避免对这些内容的误操作，可以将这些图层锁定。锁定图层的操作步骤如下：

1 选择需要锁定的图层。
2 单击【时间轴】面板中的【锁定图层】按钮，锁定当前图层。

图层锁定后，图层中的内容不能被编辑，但可以对图层进行复制或删除等操作。再次单击【锁定图层】按钮，可解除图层的锁定状态。

6. 显示和隐藏图层

在制作动画时，有时在对某一图层对象进行编辑时，其他图层对象的显示会给编辑操作带来不便，这时可以将影响操作的图层隐藏起来。

隐藏图层的操作步骤如下：

1 选择需要隐藏的图层。
2 单击【时间轴】面板中的【显示/隐藏图层】按钮，即可隐藏当前图层，如图7-8所示。

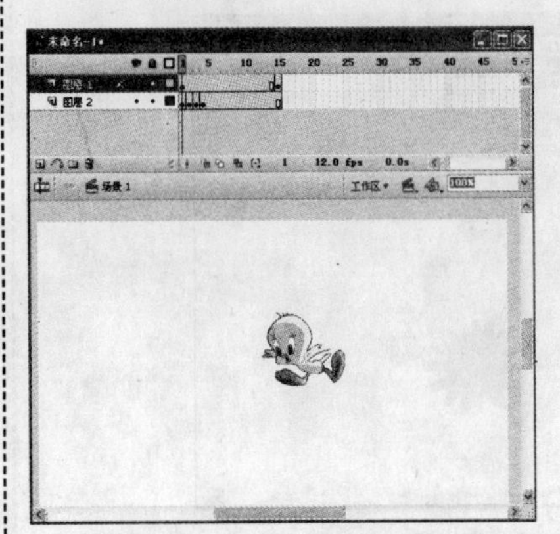

★ 图7-8

当某一图层被隐藏后，也可以根据需要将图层显示出来。再次单击【显示/隐藏图层】按钮，即可显示隐藏的图层。

7. 显示图层轮廓

可以利用Flash CS3的显示轮廓功能识别需要编辑的图层，每一层显示的轮廓颜色是不同的，这样就可解决在一个复杂影片中查找一个对象的难题。

如果需要显示图层轮廓，单击【时间

轴】面板中的【显示所有图层的轮廓】按钮，会将所有图层的轮廓显示出来，如图7-9所示。

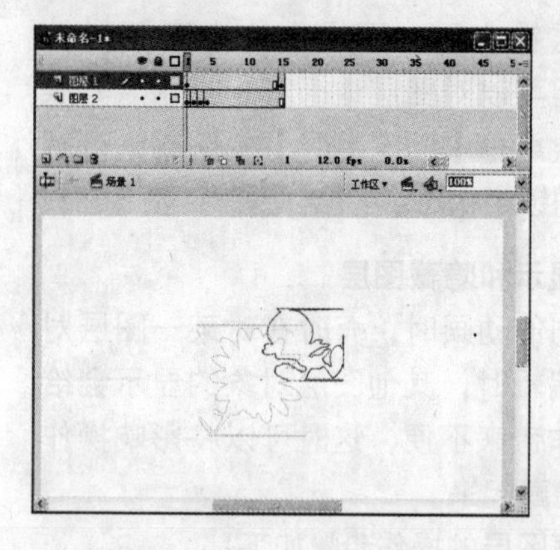

★ 图7-9

再次单击【显示所有图层的轮廓】按钮，即可取消图层轮廓的显示状态，如图7-10所示。

★ 图7-10

8. 使用图层文件夹

在Flash CS3中，可以创建图层文件夹并在图层文件夹中组织和管理图层。

使用图层文件夹的操作步骤如下：

1 单击【时间轴】面板中的【插入图层文件夹】按钮，创建图层文件夹，如图7-11所示。

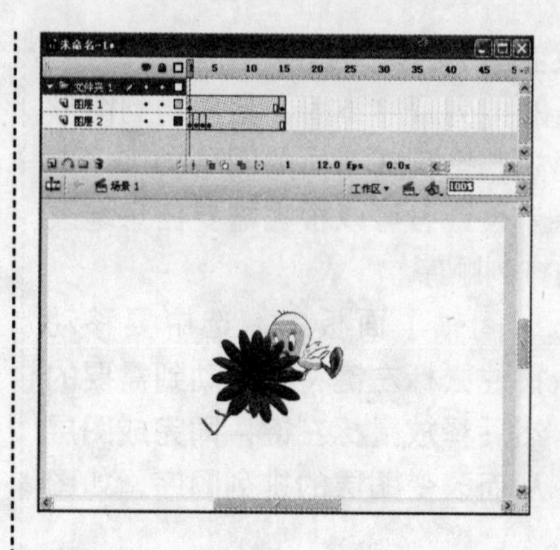

★ 图7-11

2 在【时间轴】面板中，使用鼠标将需要的图层拖曳到图层文件夹中，如图7-12所示。

★ 图7-12

如果需要删除图层文件夹，可以选择要删除的图层文件夹，然后单击【时间轴】面板中的【删除图层】按钮即可。

在对图层文件夹进行管理的过程中，还可以对图层文件夹进行重命名。图层文件夹的重命名方法与图层的重命名方法相同，只需双击图层文件夹名称，然后输入新名称即可，如图7-13所示。

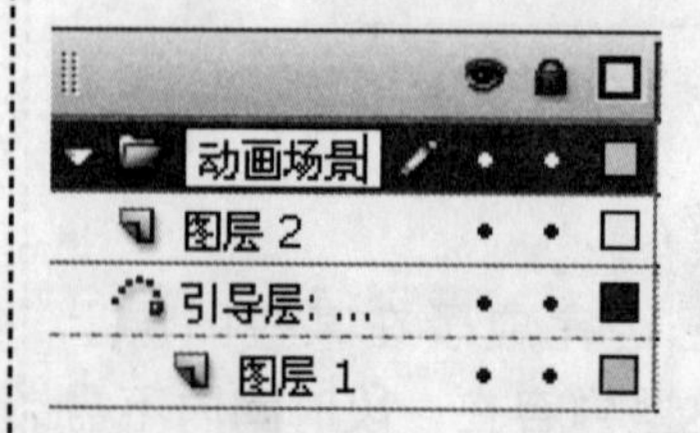

★ 图7-13

利用图层文件夹可以使动画制作更加方便快捷，但是有时候会使版面看起来很

复杂，这时可通过图层文件夹左侧的小三角按钮来控制图层文件夹的打开与关闭，使【时间轴】面板看起来比较简洁，如图7-14所示。

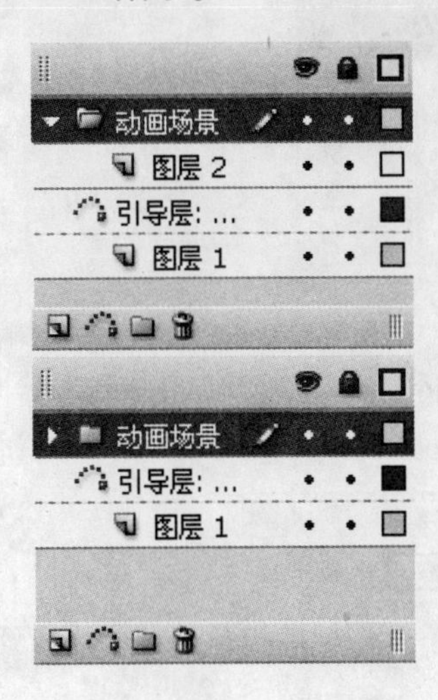

★ 图7-14

在删除图层文件夹时，将同时删除文件夹中的图层。如果想要继续使用将要删除的图层文件夹中的图层，在删除图层文件夹之前要先将此图层拖曳出文件夹。

动手练

请读者跟随下面的实例练习图层的相关操作，具体操作步骤如下：

1 新建一个Flash CS3文档，在【属性】面板中将场景的大小设置为“600×400像素”，背景颜色设置为“浅绿色”，如图7-15所示。

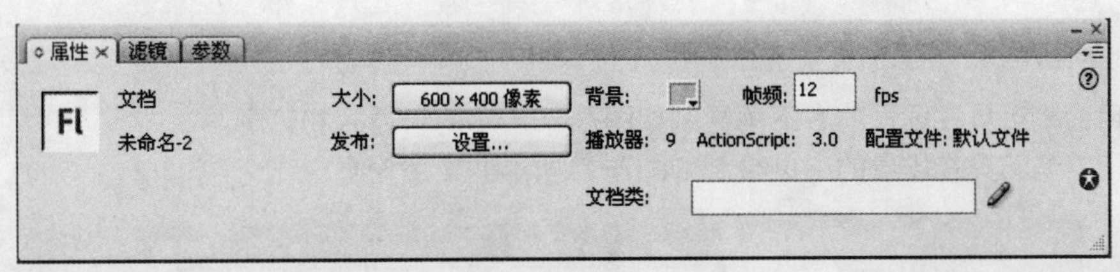

★ 图7-15

2 在图层区域中双击图层1的名称，将其重命名为“背景”，在工具箱中选择矩形工具，在【属性】面板将其笔触颜色设为无，填充颜色设置为“绿色”，如图7-16所示。

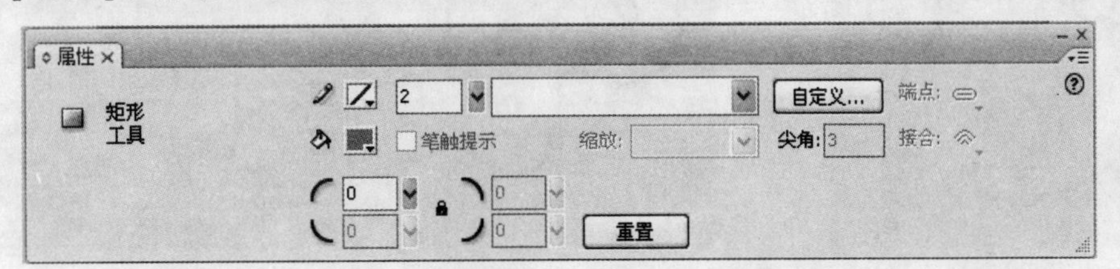

★ 图7-16

3 然后使用矩形工具在场景中绘制矩形。单击工具箱中的【选择工具】按钮，选中矩形后按住【Ctrl】键，拖动矩形，将其复制一个。利用相同的方法复制多个矩形，并将它们在场景中进行如图7-17所示的排列。

4 在图层区中单击按钮，新建图层2，如图7-18所示。

★ 图7-17

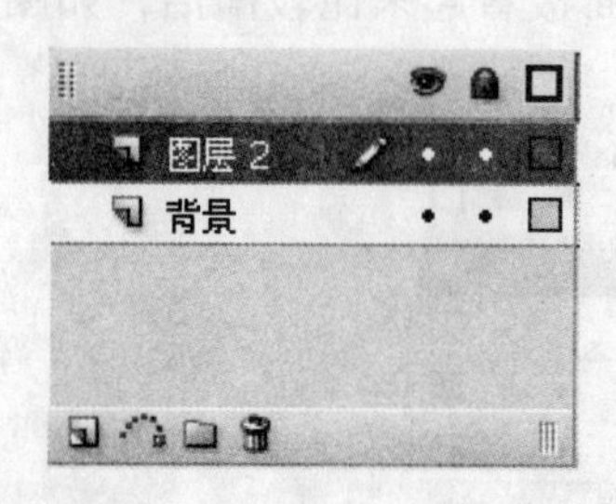

★ 图7-18

5 在工具箱中选择铅笔工具，然后在【属性】面板中将笔触高度设置为“2”，如图7-19所示。

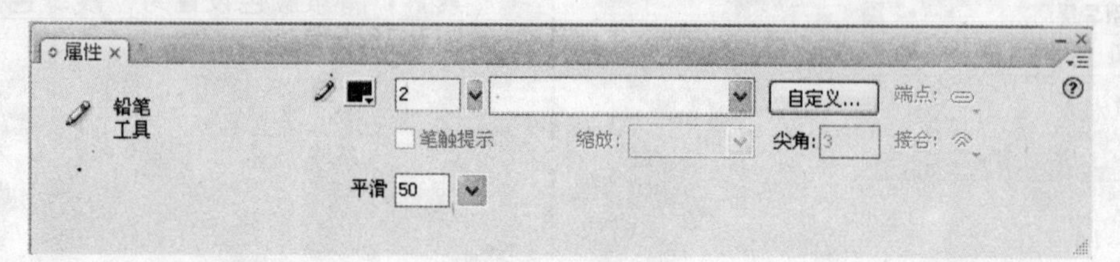

★ 图7-19

6 使用铅笔工具在场景的右下角绘制如图7-20所示的卡通人物轮廓。

7 使用铅笔工具在场景的中央绘制如图7-21所示的文字轮廓。

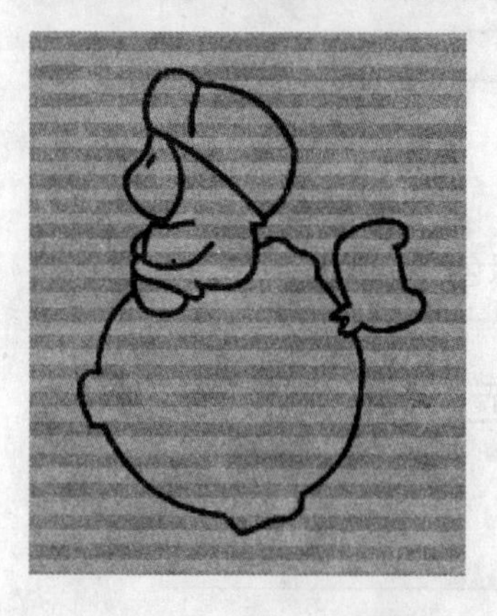

★ 图7-20

★ 图7-21

8 为防止其他图层的操作影响到“背景”图层，单击👁按钮，将其隐藏。单击工具箱中的【颜料桶工具】按钮，为卡通图形的帽子填充蓝色，为卡通图形的衣服填充红色，为卡通图形的面部、手和脚填充浅黄色，为卡通图形中的小猫形象填充灰蓝色，为卡通图形中的陨石填充黄绿色，效果如图7-22所示。

9 选择铅笔工具，在卡通图形中的陨石部分绘制线条，以作为填充色的分界线。

★ 图7-22

10 选择滴管工具吸取陨石中的颜色，在【颜色】面板中将颜色调浅，然后在陨石中央部分填充颜色，在【颜色】面板中将颜色调深，在陨石边缘的填充区域中填充颜色，然后删除刚才绘制的线条，效果如图7-23所示。

★ 图7-23

11 使用刷子工具在陨石中绘制大小不一的陨石斑点图形，在人物面部绘制脸上的腮红图形，为卡通图形中的小猫绘制耳朵和眼睛，效果如图7-24所示。

★ 图7-24

12 使用颜料桶工具为场景中的文字和树叶分别填充黄色、灰蓝色和浅绿色，并用刷子工具在文字和树叶中绘制白色反光部分，如图7-25所示。

★ 图7-25

13 使用钢笔工具绘制白云和树叶图形，分别为其填充白色和绿色，并将白云和树叶图形复制多个，通过任意变形工具对其大小进行调整后，拖动到场景中的相应位置上，如图7-26所示。

★ 图7-26

14 在工具箱中选择文本工具，设置好文本属性后，在场景下方输入“I think that I shall never see”和“A poem lovely as a tree”文字，如图7-27所示。

★ 图7-27

15 在图层区中单击按钮，新建图层3。然后在工具箱中选择椭圆工具，并在

【颜色】面板中将填充色设置为白色的放射状渐变色。

16 使用椭圆工具在场景中的卡通图形、文字和树叶图形的上方绘制多个大小不一的椭圆，并将笔触颜色设为无，如图7-28所示。

★ 图7-28

17 在图层区域中选中图层3，然后按住鼠标左键将其拖动到图层2的下方，使场景中的所有白色椭圆位于卡通图形和文字下方，以起到背景衬托的作用。

18 单击 按钮，显示“背景”图层，卡通招贴画的最终效果如图7-29所示。

★ 图7-29

本例中主要练习了新建图层、重命名图层及调整图层顺序等操作，对于本例中没有练习到的图层的其他常用操作，可在制作本例后自行进行练习，将其熟练掌握，为后面的学习做好准备。

7.1.3 分散到图层

用Flash CS3制作动画时，可以将不同的对象放置到不同的图层中，这样在制作动画时操作起来更方便。Flash CS3给我们提供了非常方便的命令，可以快速地把同一图层中的多个对象分别放置到不同的图层中，然后再分别进行处理。

动手练

将图像分散到图层的具体操作步骤如下：

1 在一个图层中选择多个对象，如图7-30所示。

★ 图7-30

2 执行【修改】→【时间轴】→【分散到图层】命令（或按【Ctrl+Shift+D】组合键），可以把舞台中的不同对象放置到不同的图层中，如图7-31所示。

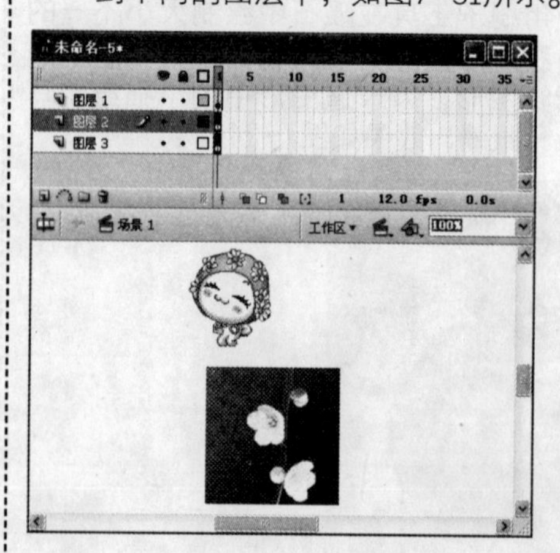

★ 图7-31

7.2 引导层

前面介绍的都是普通图层，在Flash CS3中还提供了另外两种图层，即引导层和遮罩层。首先来介绍引导层。引导层是一种特殊的图层，它可以分为普通引导层和运动引导层。在制作动画时，普通引导层起辅助定位的作用，运动引导层引导运动路径。引导层并不会从动画中输出，因此它不会增加Flash文件的体积，而且可以多次使用。

7.2.1 普通引导层

普通引导层建立在普通图层的基础上，其中的所有内容只是在绘制动画时作为参考，不会出现在最终效果中。建立一个普通引导层的操作步骤如下：

1 右击图层，弹出快捷菜单，如图7-32所示。

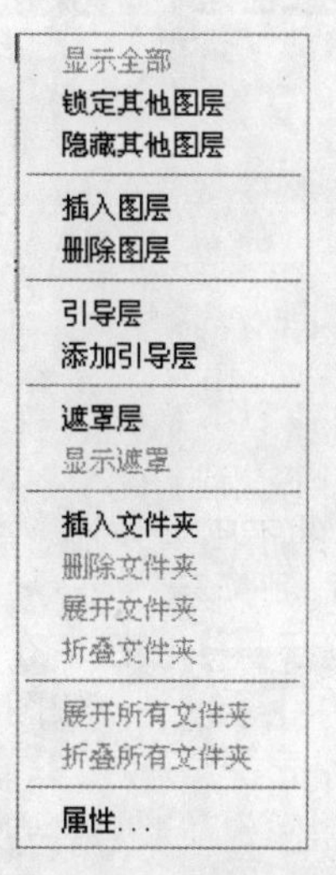

★ 图7-32

2 在此快捷菜单中选择【引导层】选项，即可将普通图层转换为普通引导层，如图7-33所示。

注 意

在实际的使用过程中，为了避免将一个普通图层拖曳到普通引导层的下方，使该引导层转换为运动引导层，最好将普通引导层放置在所有图层的下方。

图层 1
图层 2
图层 3

★ 图7-33

前面讲解了如何将普通图层转换为普通引导层，请读者跟随下面的步骤练习把普通引导层转换回普通图层，操作步骤如下：

1 在转换成普通引导层的图层上单击鼠标右键，弹出快捷菜单。

2 在弹出的快捷菜单中，再次选择【引导层】选项，即可将普通引导层转换为普通图层。

还可以通过改变图层属性将普通引导层转换为普通图层：在引导层上双击图层图标，打开【图层属性】对话框，在【类型】栏中选中 ⊙一般 单选按钮，然后单击【确定】按钮即可。

7.2.2 运动引导层

在Flash CS3中，设计者可以通过运动引导层来绘制物体的运动路径。运动引导层常用于制作使对象沿着特定路径移动的动画。和普通引导层相同，运动引导层中绘制的路径在最后发布的动画中是不可见的。

运动引导层至少与一个图层相连，与其相连的图层是被引导层。被引导层中的物体沿着运动引导层中设置的路径移动。创建运动引导层时，被选中的图层都会与该引导层相连。

注 意

当引导层与受其控制的图层之间加入普通图层时，可以设置它是否受控于引导层。用鼠标右击该图层，从弹出的快捷菜单中选择【属性】选项，打开如图7-34所示的对话框，如果选中【被引导】单选按钮，则表示该层受上面的引导层的影响；如果选中【一般】单选按钮，则表示不受引导层的影响。

图层属性
名称(N): 图层 3 确定
显示 锁定 取消
类型: 一般
引导层
被引导
遮罩层
被遮罩
文件夹
轮廓颜色:
将图层视为轮廓
图层高度: 100%

★ 图7-34

创建运动引导层后，受引导层控制的图层会向右缩进一格，如图7-35所示。

图层 3
图层 2
引导层: ...
图层 1

★ 图7-35

单击【时间轴】面板中的【删除图层】按钮，可以删除运动引导层。

下面以一个例子来说明引导层的使用方法，本例将实现一个小青蛙沿一段曲线路径移动的动画效果，具体操作步骤如下：

1 新建一个Flash CS3文档。

2 执行【文件】→【导入】→【导入到舞台】命令，导入一幅如图7-36所示的图片。

★ 图7-36

3 单击时间轴左下方的【添加运动引导层】按钮，为图层1创建一个引导层，如图7-37所示。

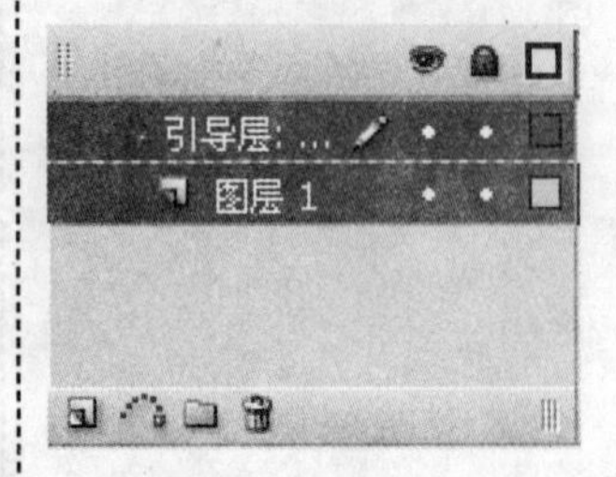

★ 图7-37

4 单击工具箱中的【铅笔工具】按钮，在场景中绘制作为路径的引导线条，如图7-38所示。

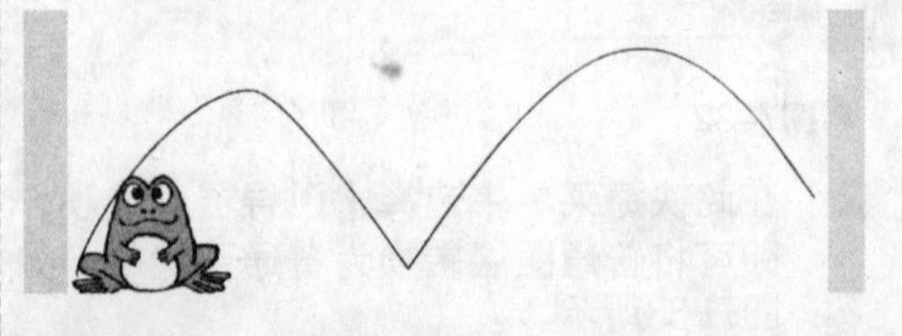

★ 图7-38

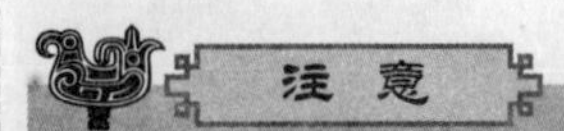

绘制的引导线应连续且流畅，如果引导线出现中断、交叉和转折过多等情况，将会导致引导动画无法正常创建。

5 根据要创建的引导动画的长度，在引导层中的相应位置上插入普通帧（如引导动画的长度为30帧，就在第30帧中插入普通帧）。

6 选中普通图层的第1帧，单击鼠标右键，在弹出的快捷菜单中执行【创建补间动画】命令，创建补间动画。

7 按住鼠标左键，将第1帧中的图形拖动到引导线的一端，此时图形将自动吸附到引导线上，如图7-39所示。

★ 图7-39

8 在第30帧中插入关键帧，然后将第30帧中的图形拖动到引导线的另一端，并使其吸附到引导线上，如图7-40所示。

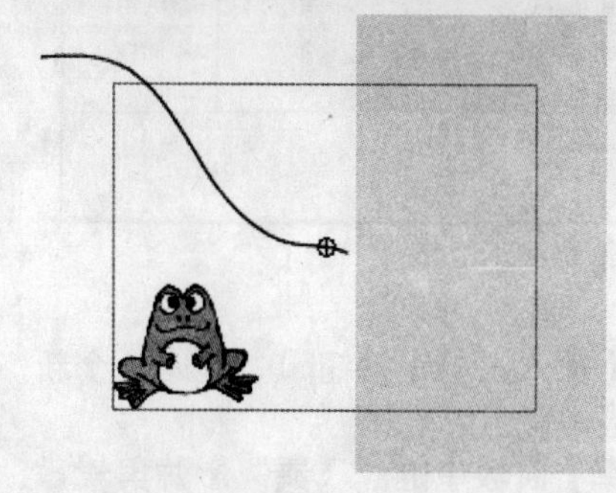

★ 图7-40

9 至此即完成了引导动画的创建，其时间轴状态如图7-41所示，按【Ctrl+Enter】组合键即可预览创建的引导动画效果。

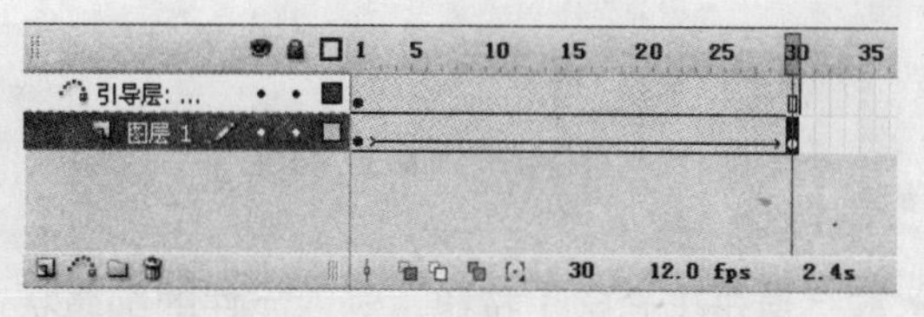

★ 图7-41

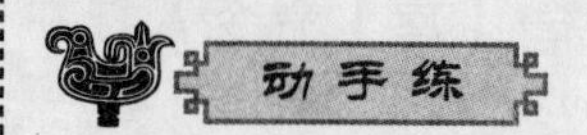

请读者根据前面讲解的知识自己制作一个利用引导层创建的动画，例如制作一个花丛中蝴蝶飞舞的动画，具体操作步骤如下：

1 新建一个Flash CS3文档。

2 执行【文件】→【导入】→【导入到库】命令，弹出【导入到库】对话框，如图7-42所示。

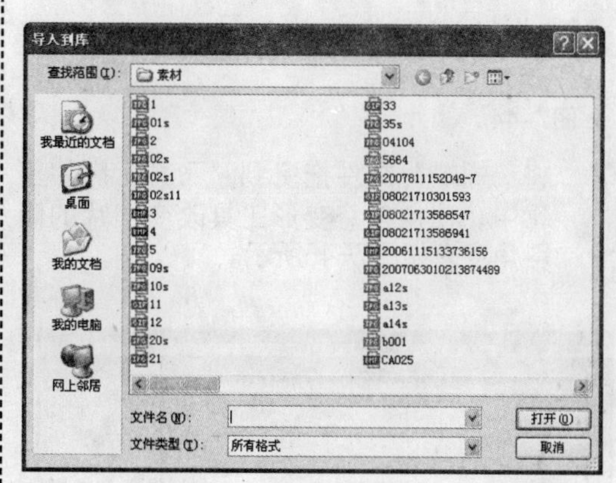

★ 图7-42

3 选择图片素材，单击【打开】按钮，将图片导入到库中。

4 执行【插入】→【新建元件】命令，打开【创建新元件】对话框，在【名称】文本框中输入元件名称，选中【影片剪辑】单选按钮，如图7-43所示。

★ 图7-43

提 示

关于元件的具体知识会在下一章中详细介绍。

5 单击【确定】按钮，进入元件的编辑状态。

6 执行【窗口】→【库】命令，打开【库】面板，如图7-44所示。

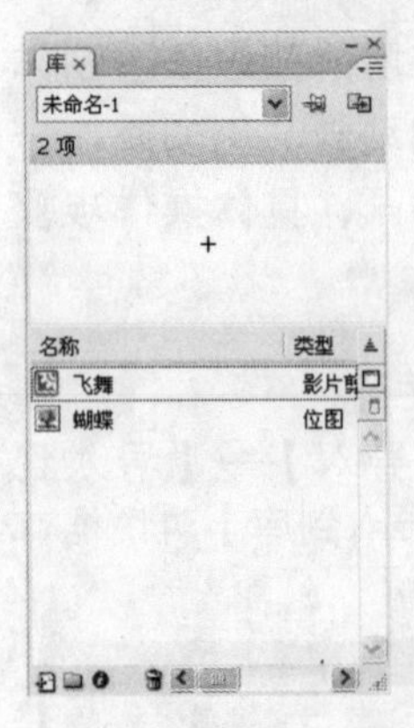

★ 图7-44

7 将“蝴蝶”文件拖曳到“飞舞”影片剪辑中，使用任意变形工具改变图片的倾斜角度，如图7-45所示。

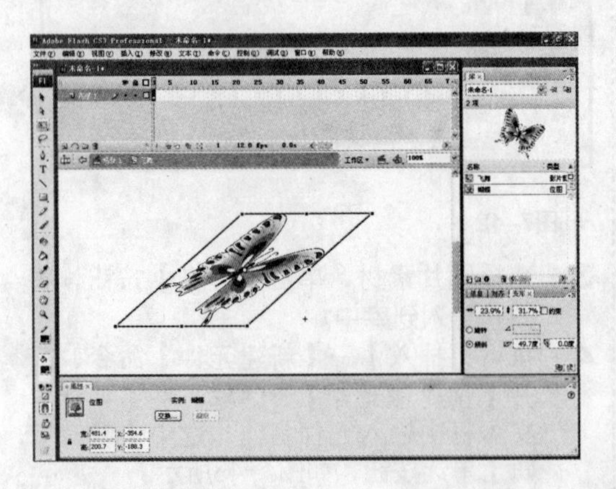

★ 图7-45

8 选中图层1的第2帧，按【F6】键插入关键帧。

9 使用任意变形工具改变图片大小，如图7-46所示。

10 单击 场景 1 按钮返回场景编辑状态，双击图层1名称，将图层1命名为“花”。

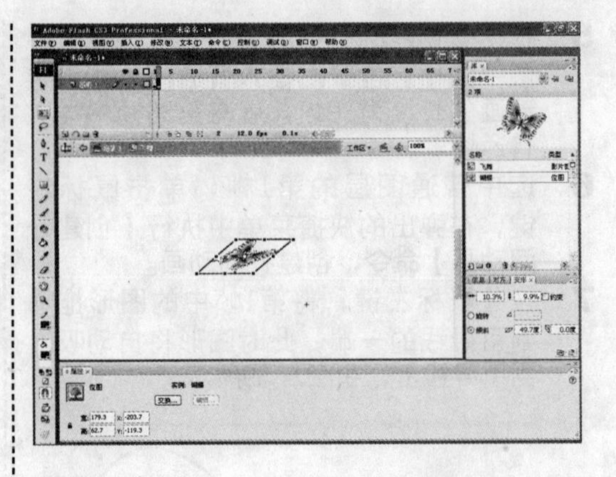

★ 图7-46

11 执行【文件】→【导入】→【导入到库】命令，然后将花从【库】面板中拖曳到场景中，使用任意变形工具让图片与场景大小一致。

12 选中第50帧，按【F5】键插入帧，如图7-47所示。

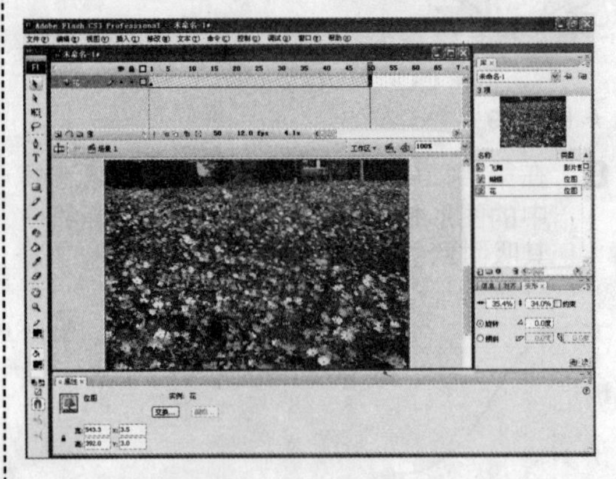

★ 图7-47

13 单击【插入图层】按钮，插入一个新的图层，命名为“蝶”。

14 将【库】面板中的“飞舞”影片剪辑，拖曳到场景中，并调整其大小。如图7-48所示。

15 单击【添加运动引导层】按钮，插入引导层，如图7-49所示。

16 选择铅笔工具，在【引导层】中绘制引导线，如图7-50所示。

17 选择“蝶”图层的第1帧中的蝴蝶，在【属性】面板中单击【颜色】右侧的下拉按钮，在弹出的下拉列表中选择【高级】选项。

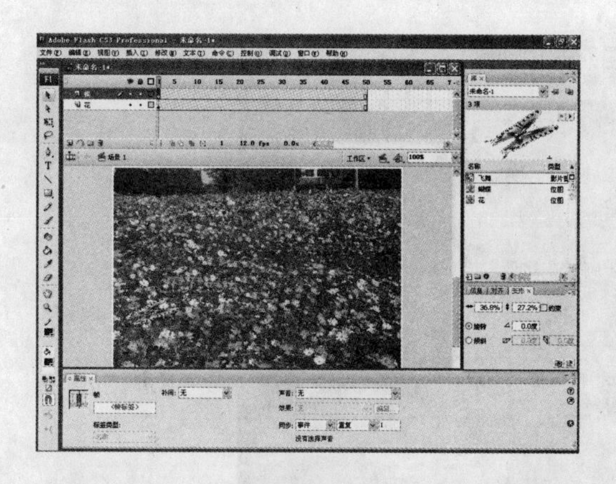

★ 图7-48

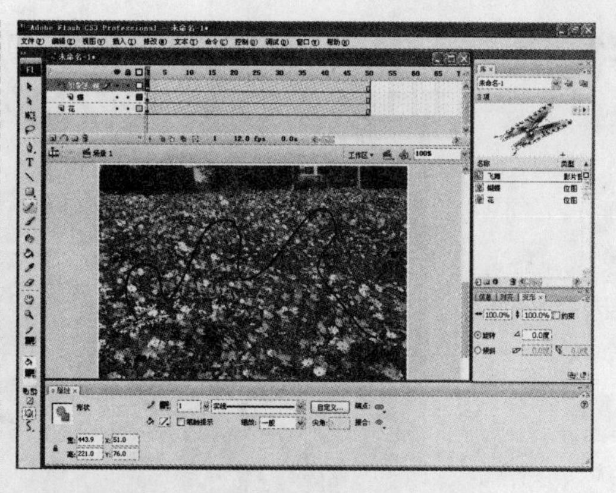

★ 图7-50

★ 图7-49

18 单击右侧的【设置】按钮，弹出【高级效果】对话框，在其中进行设置，如图7-51所示。

19 单击【确定】按钮，返回工作区，在第50帧中按【F6】键插入关键帧，如图7-52所示。

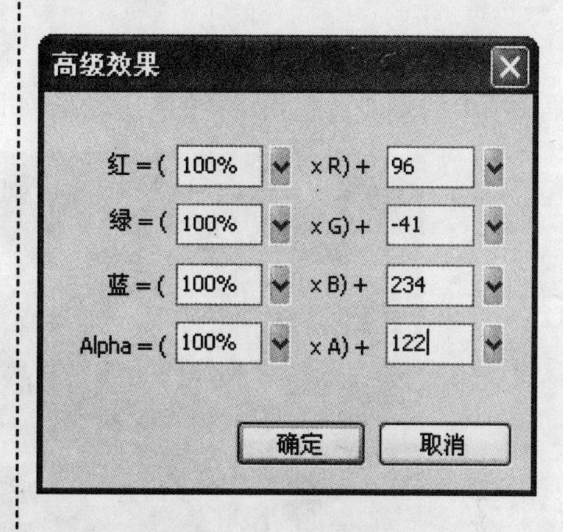

★ 图7-51

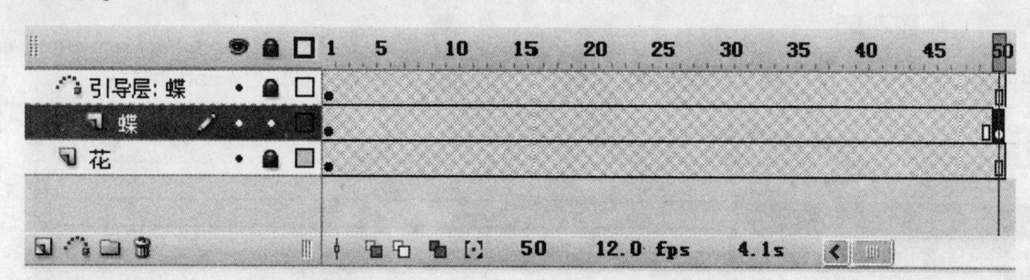

★ 图7-52

20 选中第1帧，在【属性】面板的【补间】下拉列表框中选择【动画】选项，并选中【调整到路径】复选框，如图7-53所示。

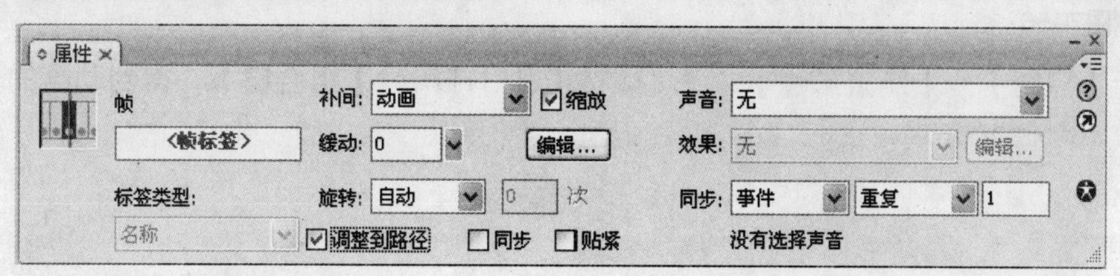

★ 图7-53

21 将第1帧中的蝴蝶调整到路径的开始点，如图7-54所示。

★ 图7-54

22 将第50帧中的蝴蝶调整到路径的结束点，如图7-55所示。

★ 图7-55

23 用相同的方法，建立“蝶2”图层和“蝶2”图层的引导层，如图7-56所示。

1 5 10 15 20 25 30 35 40 45 50
引导层: ...
蝶2
引导层: 蝶
蝶
花
1 12.0 fps 0.0s

★ 图7-56

24 执行【控制】→【测试影片】命令（或按【Ctrl+Enter】组合键），得到动画的预览效果，如图7-57所示。

★ 图7-57

7.3 遮罩层

遮罩层也是一种特殊的图层，其作用是将遮罩层下面图层的内容通过一个窗口显示出来，这个窗口的形状就是遮罩层内容的形状。在遮罩层中绘制的一般单色图形、渐变图形、线条和文本等，都会成为挖空区域。利用遮罩层可以制作出很多变幻莫测的神奇效果，如探照灯效果、百叶窗效果等。

7.3.1 创建遮罩层

知识点讲解

遮罩层在创建时与普通图层一样，需要单击图层列表下方的【插入图层】按钮，然后将普通图层转换为遮罩层。

在Flash CS3中创建遮罩层的常用方法主要有以下两种。

- 利用快捷菜单创建：在图层区域中用鼠标右键单击要作为遮罩层的图层，在弹出的快捷菜单中选择【遮罩层】选项，如图7-58所示，将当前图层转换为遮罩层。此时该图层的图层图标变为（表示该图层为遮罩层），其下方图层的图层图标变为（表示该图层为被遮罩层），并且Flash CS3自动在两个图层之间建立链接关系，同时将其锁定，如图7-59所示。若需对图层再次进行编辑，则需要先解除锁定。

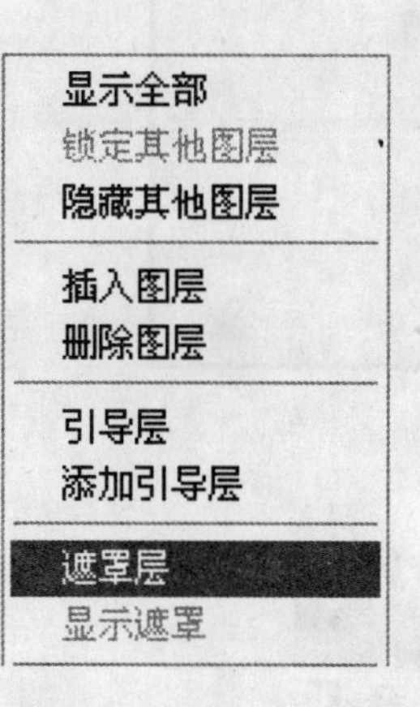

★ 图7-58

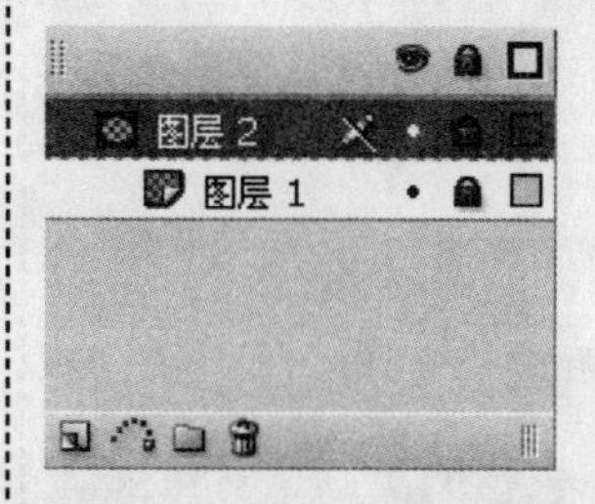

★ 图7-59

- 通过改变图层属性创建：在图层区域

中双击要转换为遮罩层的图层图标，打开【图层属性】对话框，在【类型】栏中选中◎遮罩层单选按钮（如图7-60所示），然后单击【确定】按钮，即可将图层转换为遮罩层。

通过改变图层属性创建遮罩层后，Flash CS3不会为其自动链接被遮罩层（如图7-61所示），此时还需要双击遮罩层下方图层的图标，在打开的【图层属性】对话框中选中◎被遮罩单选按钮并单击【确定】按钮，将该图层转换为被遮罩层，并使其与遮罩层建立链接关系。

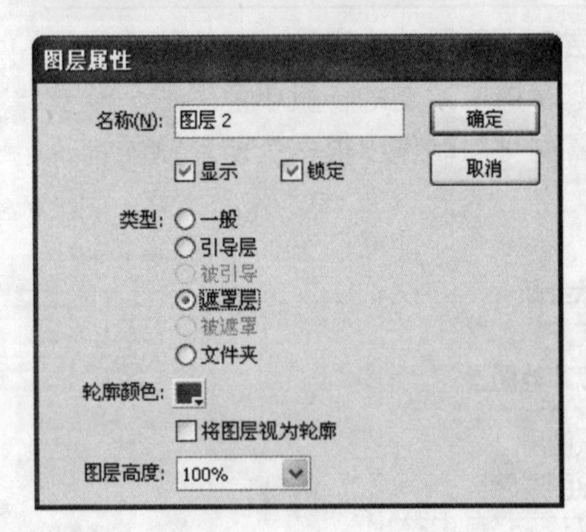

★ 图7-60

★ 图7-61

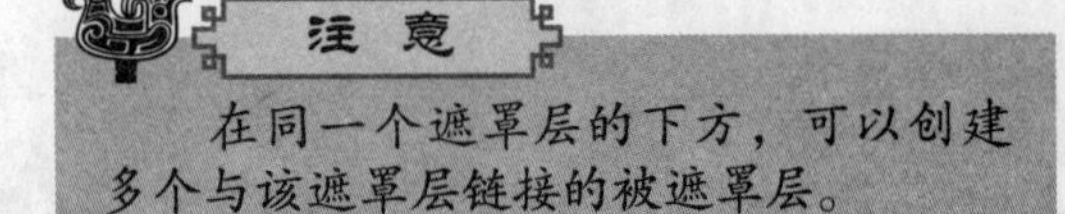

注意

在同一个遮罩层的下方，可以创建多个与该遮罩层链接的被遮罩层。

动手练

若要将建立的遮罩层重新转换为普通图层，最常用的方法也有两种。请读者根据下面的提示进行练习。

- 通过快捷菜单取消：用鼠标右键单击遮罩层，在弹出的快捷菜单中再次选择【遮罩层】选项，即可将遮罩层重新转换为普通图层。
- 通过改变图层属性取消：双击遮罩层的图层图标，在打开的【图层属性】对话框的【类型】栏中选中◎一般单选按钮，然后单击【确定】按钮。

7.3.2 移动遮罩

知识点讲解

按遮罩效果来分，遮罩图层可以分为移动遮罩和变形遮罩两种，下面举例说明创建移动遮罩的过程，其操作步骤如下：

1. 新建一个Flash CS3文档。
2. 执行【文件】→【导入】→【导入到舞台】命令，向舞台中导入一张图片素材。
3. 在【时间轴】面板中单击【插入图层】按钮，新建一个图层，如图7-62所示。

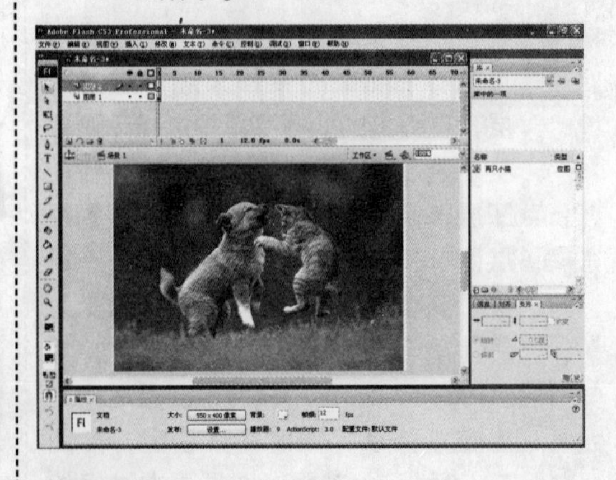

★ 图7-62

4 打开工具箱中的【矩形工具】下拉列表框，从中选择【椭圆工具】选项，在新建图层所对应的舞台中绘制椭圆。绘制的椭圆可选择任意颜色，如图7-63所示。

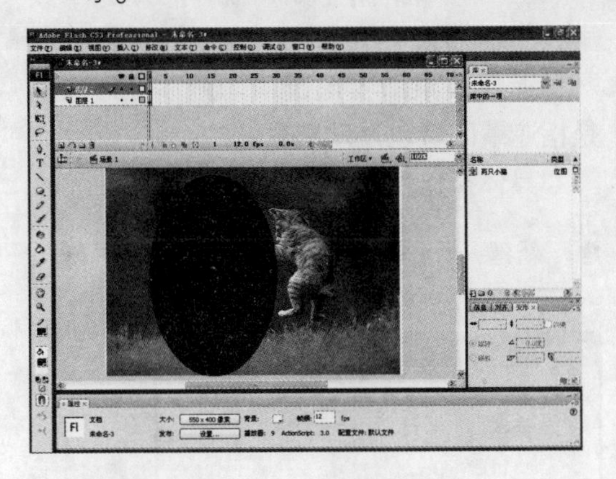

★ 图7-63

5 右击新建的图层名称，弹出一个快捷菜单。

6 在弹出的快捷菜单中选择【遮罩层】选项。完成后，在圆形中将显示图片，如图7-64所示。

★ 图7-64

再次选择【遮罩层】选项，可以取消遮罩层效果。

创建遮罩层后，相应的图层会自动锁定。如果需要编辑遮罩层中的内容，必须先取消图层的锁定状态。

动手练

通过上面小节的学习，读者大体掌握了遮罩层的相关知识，请读者跟随下面制作探照灯效果的步骤，进一步巩固所学内容。

具体操作步骤如下：

1 新建一个Flash CS3文档。

2 执行【文件】→【导入】→【导入到舞台】命令（或按【Ctrl+R】组合键），导入如图7-65所示的图片。

★ 图7-65

3 单击【插入图层】按钮，新建图层2，并在第1帧中绘制如图7-66所示的图形。

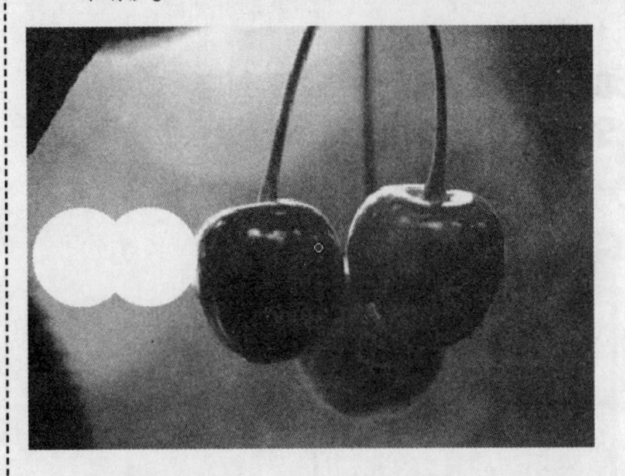

★ 图7-66

4 在图层2的第10帧、第20帧、第30帧及图层1的第30帧处分别按【F6】键插入关键帧，如图7-67所示。

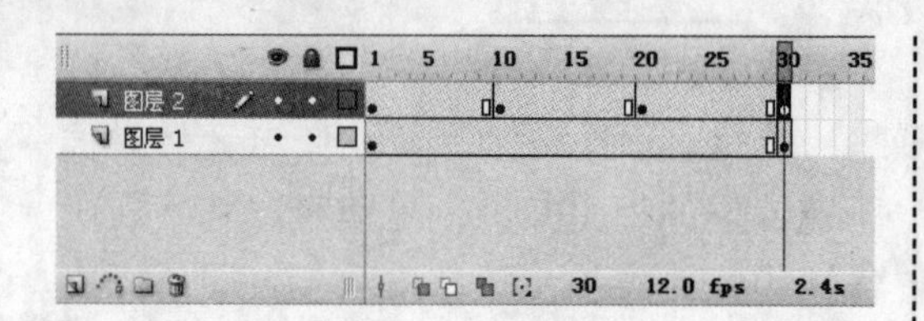

★ 图7-67

5 分别单击图层2的第10帧、第20帧和第30帧，将图形移动到不同的位置。

6 在图层2的第1、10、20和30帧中分别单击鼠标右键，从弹出的快捷菜单中选择【创建补间动画】选项，此时【时间轴】面板如图7-68所示。

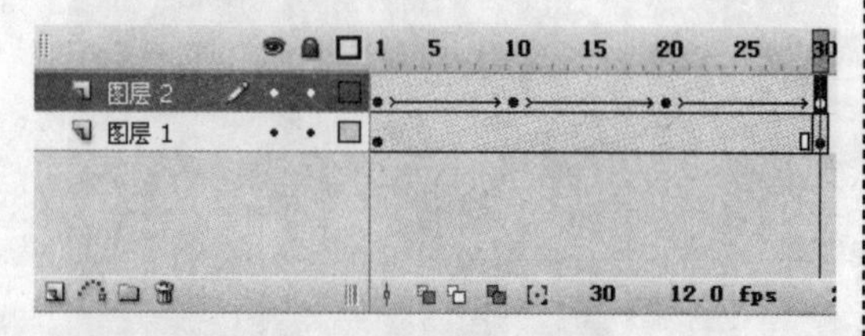

★ 图7-68

7 在图层2上单击鼠标右键，从弹出的快捷菜单中选择【遮罩层】选项，使图形产生遮罩效果，如图7-69所示。

★ 图7-69

8 改变当前时间，可以看到遮罩效果。

9 执行【控制】→【测试影片】命令（或按【Ctrl+Enter】组合键），得到动画的预览效果，如图7-70所示。

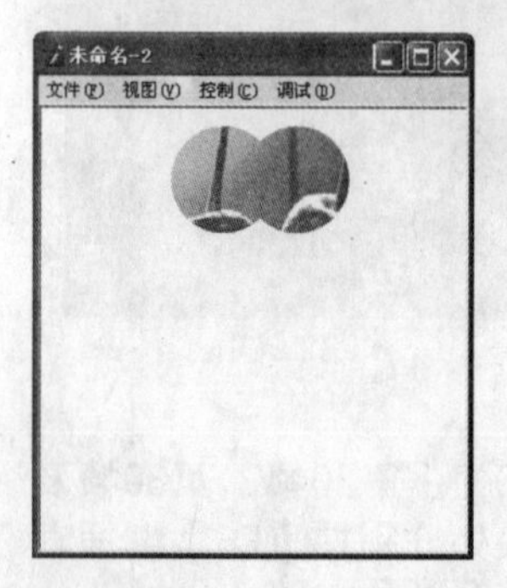

★ 图7-70

7.3.3 变形遮罩

上一小节讲解了如何制作移动遮罩效果，下面通过一个实例来说明如何创建另一种遮罩效果即变形遮罩。所谓变形遮罩是指遮罩区域也是动态变化的。

具体操作步骤如下：

1 新建一个Flash文档，属性设置如图7-71所示。

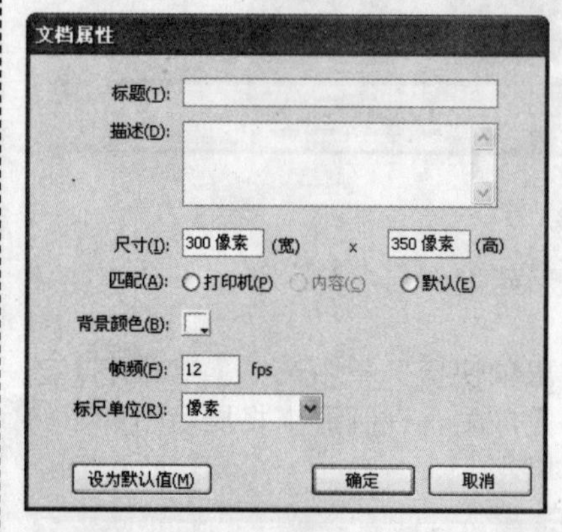

★ 图7-71

2 执行【文件】→【导入】→【导入到舞台】命令，导入一幅图片，并调整其大小，如图7-72所示。

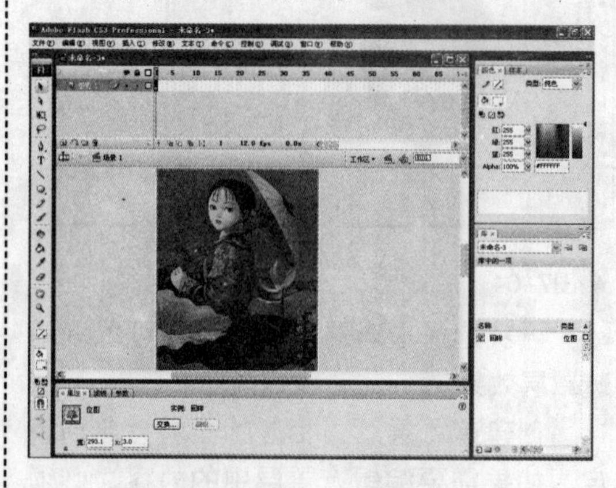

★ 图7-72

3 单击【插入图层】按钮新建一个图层，将其命名为“遮罩层”，在其中绘制如图7-73所示的图形。

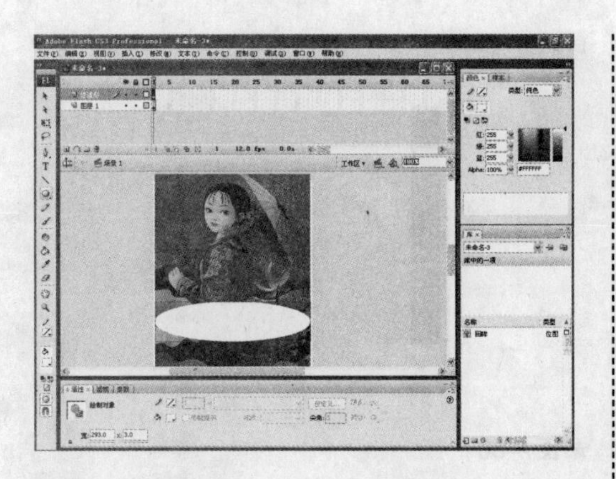

★ 图7-73

4 分别选取两个图层的第30帧，按【F6】键，分别插入关键帧，如图7-74所示。

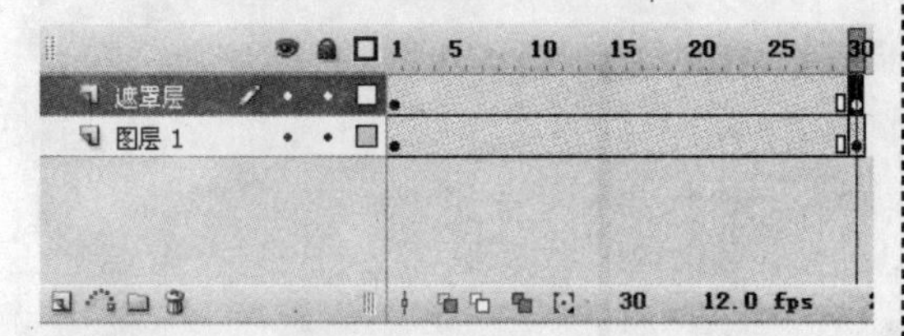

★ 图7-74

5 单击“遮罩层”的第30帧，调整图形位置及形状，如图7-75所示。

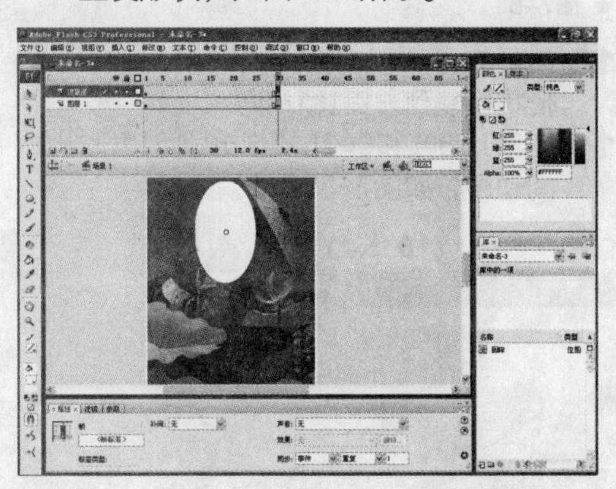

★ 图7-75

6 在“遮罩层”中单击第1帧及第30帧，分别按【Ctrl+B】组合键将图形打散。

7 在“遮罩层”的第1帧中单击鼠标右键，从弹出的快捷菜单中选择【创建补间形状】选项。

8 在“遮罩层”上单击鼠标右键，在弹出的快捷菜单中选择【遮罩层】选项，如图7-76所示。

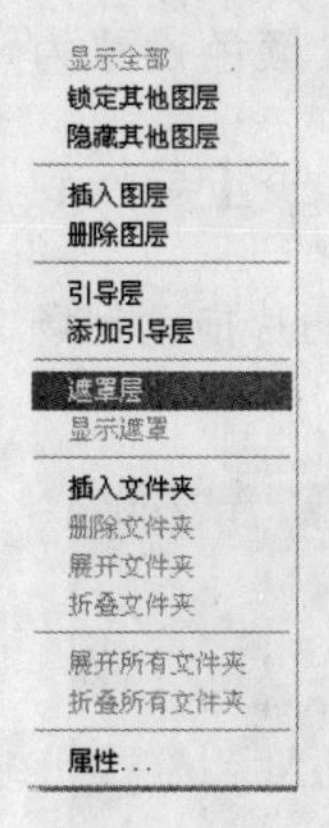

★ 图7-76

9 执行【控制】→【测试影片】命令（或按【Ctrl+Enter】组合键），得到动画的预览效果，如图7-77所示。

★ 图7-77

遮罩动画在Flash CS3中的应用范围非常广，很多看上去很漂亮的动画特效都可以通过遮罩方式来实现。利用变形遮罩可以制作出百叶窗的效果，让图片出现晃动效果也是通过变形遮罩来完成的，当动画播放的时候，会有一种来回晃动的效果出现，就像是地震了一样。

读者可跟随下面的实例来巩固所学知识，具体操作步骤如下：

1 新建一个Flash文档，执行【修改】→【文档】命令，将场景大小设置为“450×320像素”，背景颜色设置为“白色”。

2 执行【文件】→【导入】→【导入到库】命令，导入两张图片。

3 在【库】面板中将第一幅图片拖动到场景中，如图7-78所示。

★ 图7-78

4 然后在图层1的第60帧中插入普通帧。

5 新建图层2，在【库】面板中将第二幅图片拖动到场景中，使用任意变形工具将其缩放到与第一幅图片相同的大小，如图7-79所示。

★ 图7-79

6 然后在图层2的第60帧中插入普通帧。

7 执行【插入】→【新建元件】命令，新建一个影片剪辑“baiye”。

8 选择矩形工具绘制一个矩形，如图7-80所示。

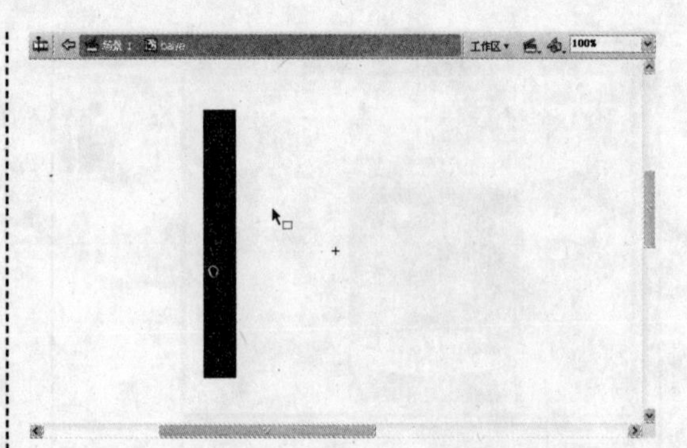

★ 图7-80

9 在第5帧中插入关键帧，将改变矩形的形状，如图7-81所示。

★ 图7-81

10 然后在第10帧中插入关键帧，将矩形的形状恢复到与第1帧相同。

11 在第1~5帧和6~10帧中分别创建形状补间动画，如图7-82所示。

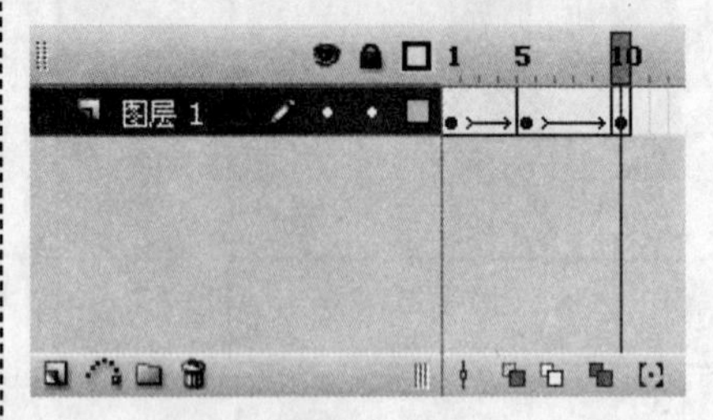

★ 图7-82

12 回到主场景，执行【插入】→【新建元件】命令创建一个新的影片剪辑，将刚刚创建的“baiye”影片剪辑元件拖进来，注意每个都要靠近，如图7-83所示。

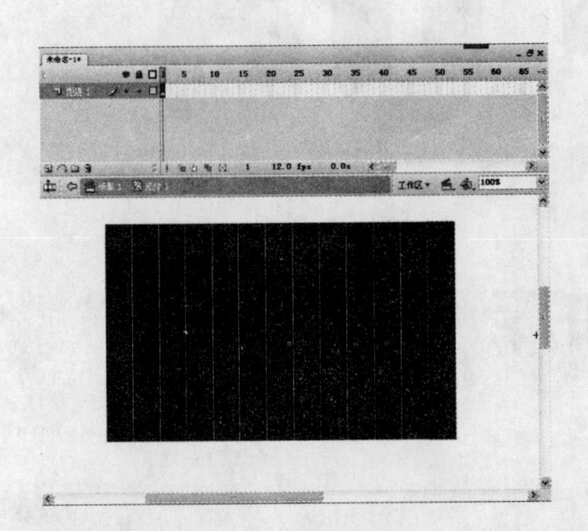

★ 图7-83

13 返回主场景，新建图层3，将新创建的影片剪辑元件拖到场景中，并调整其大小使其与导入的图片大小相同。

14 在图层3上单击鼠标右键，在弹出的快捷菜单中选择【遮罩层】选项，将图层3转换为遮罩层。

15 按【Ctrl+Enter】组合键测试动画，效果如图7-84所示。

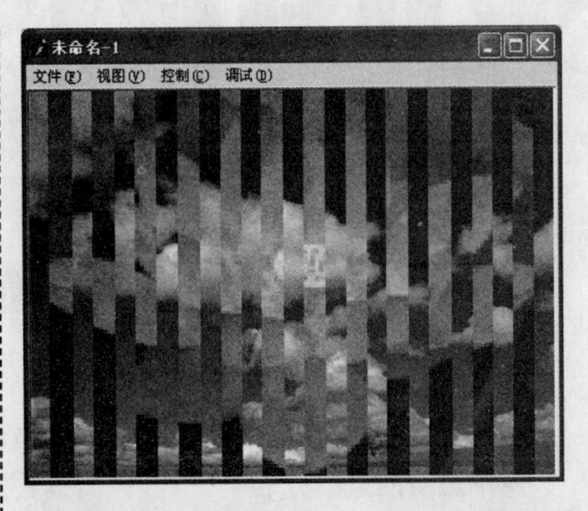

★ 图7-84

晃动的效果可以使用Flash CS3的逐帧动画来制作，把每一帧中的图片素材旋转到不同的角度，而且旋转角度依次减少，最后遮罩到一个矩形中，效果完成。

疑难解答

问 为什么在创建引导动画之后，动画对象没有按照引导层中的引导线运动？

答 产生这种情况通常有两种可能的原因。第一种原因是绘制的引导线出现了问题，此时应仔细检查绘制的引导线是否出现了中断、交叉或转折过多等情况，建议将场景的显示比例放大之后再进行检查。如发现这类问题，可通过调整引导线的形状，连接中断的线条，以及重新绘制引导线的方式解决。第二种原因就是动画对象并没有吸附到引导线上，此时可在场景中单击鼠标右键，在弹出的快捷菜单中执行【贴紧】→【贴紧到对象】命令，开启图形的自动贴紧功能，然后再将图形对象拖动到引导线上方，此时图形对象将自动吸附到引导线上。

问 同一个运动引导层可否限制两个以上的图层中元件的移动路线？

答 可以。因为运动引导层是制作的参考工具，所以可以适用不同的元件。但是大家要注意的是，这两个元件图层的状态要同属于一个运动引导层，否则将无法实现效果。

问 制作遮罩层动画的时候，是否必须使用运动补间？

答 只有在制作引导层动画的时候，才必须使用运动补间，遮罩层动画可以使用任何补间。

Chapter 08

第8章　使用元件和库

本章要点

- *Flash CS3元件*
- *Flash CS3元件实例*
- *Flash CS3元件库*

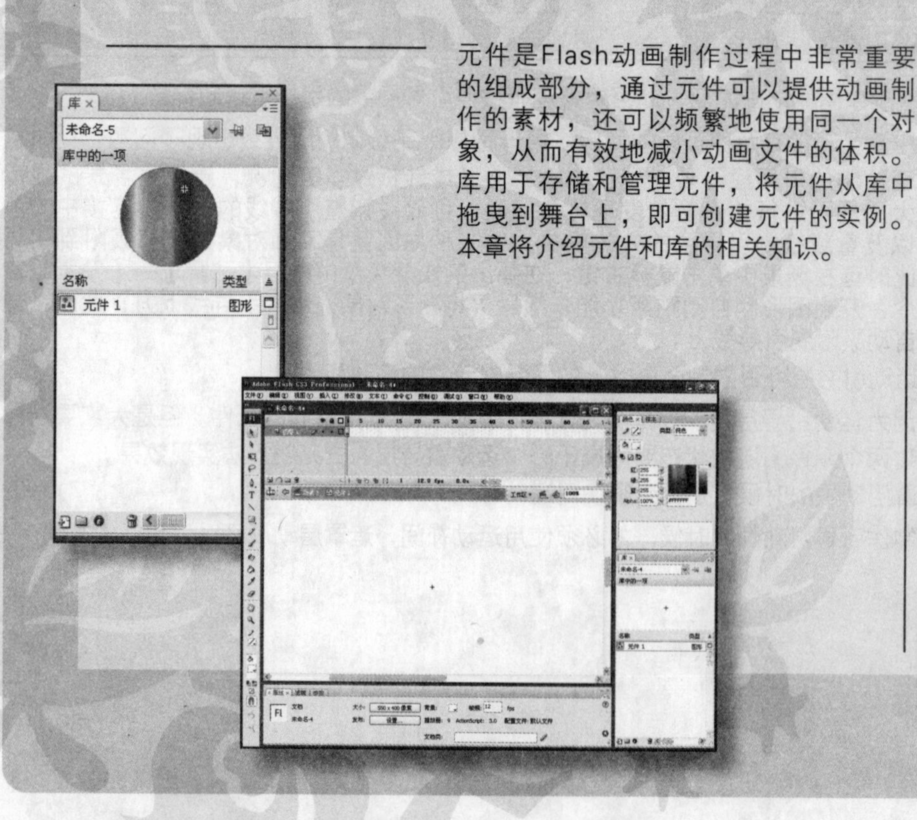

元件是Flash动画制作过程中非常重要的组成部分，通过元件可以提供动画制作的素材，还可以频繁地使用同一个对象，从而有效地减小动画文件的体积。库用于存储和管理元件，将元件从库中拖曳到舞台上，即可创建元件的实例。本章将介绍元件和库的相关知识。

8.1　元件

在Flash CS3中，元件是在元件库中存放的各种图形、动画、按钮或者引入的声音和视频文件。使用元件可以简化影片的编辑量并有效减小文件体积。

8.1.1　元件的类型

知识点讲解

在Flash CS3中，元件分为图形元件、按钮元件和影片剪辑元件三种类型，不同的元件类型有不同的特点及用途。

- 图形元件——图形元件用于创建可反复使用的图形，通常用于静态的图像或简单的动画，它可以是矢量图形、图像、动画或声音。图形元件的时间轴和影片场景的时间轴同步运行，但它不能添加交互行为和声音控制。
- 按钮元件——按钮元件用于创建影片中的交互按钮，通过事件来激发它的动作。按钮元件有弹起、指针经过、按下和点击4种状态。每种状态都可以通过图形、元件及声音来定义。创建按钮元件时，按钮编辑区域中提供了这4种状态帧。当用户创建了按钮后，就可以给按钮实例分配动作。
- 影片剪辑元件——影片剪辑元件是主动画的一个组成部分，是功能最多的元件。它和图形元件的主要区别在于它支持ActionScript和声音，具有交互性。影片剪辑元件本身就是一段小动画，能够独立播放，可以包含交互控制、声音以及其他影片剪辑的实例，也可以将它放置在按钮元件的时间轴上来制作动画按钮。影片剪辑元件的时间轴是独立运行的。

8.1.2　创建图形元件

图形元件是最简单的一种元件。在制作动画的过程中，创建元件主要有两种方法：一是创建一个空白元件，在元件的编辑窗口中编辑元件；二是选中当前工作区中的对象，然后将其转换为元件。

1. 新建图形元件

创建一个空白元件是使用频率最高的一种方法。在Flash CS3中，新建一个空白图形元件的操作步骤如下：

1. 新建一个Flash CS3文档。
2. 执行【插入】→【新建元件】命令（或按【Ctrl+F8】组合键），弹出【创建新元件】对话框，如图8-1所示。
3. 在【名称】文本框中输入新元件的名称。
4. 在【类型】区域中选中【图形】单选按钮。

★ 图8-1

5. 单击【确定】按钮，进入到图形元件的编辑状态，如图8-2所示。

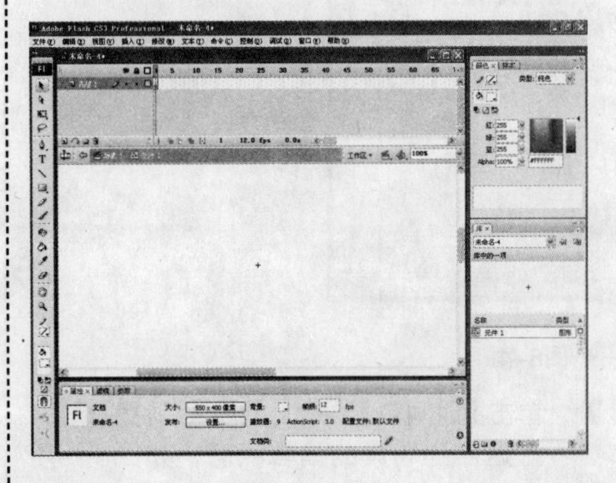

★ 图8-2

6 在图形元件的编辑状态下，可以使用Flash CS3工具箱中的绘图工具或文本工具来绘制图形或输入文本，也可以导入或粘贴外部的图形对象，同时使用Flash CS3提供的功能还可以对这些对象进行变形及翻转等编辑处理，如图8-3所示。

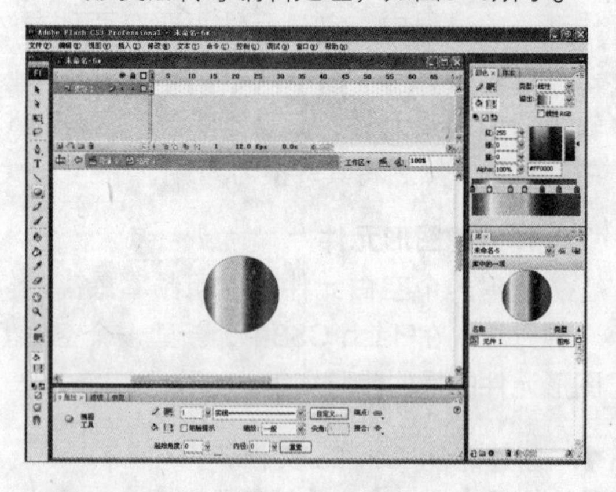

★ 图8-3

提 示

新建的图形元件自动保存在库中，执行【窗口】→【库】命令（或按【Ctrl+L】组合键），在弹出的【库】面板中便可以看到刚创建的图形元件，如图8-4所示。

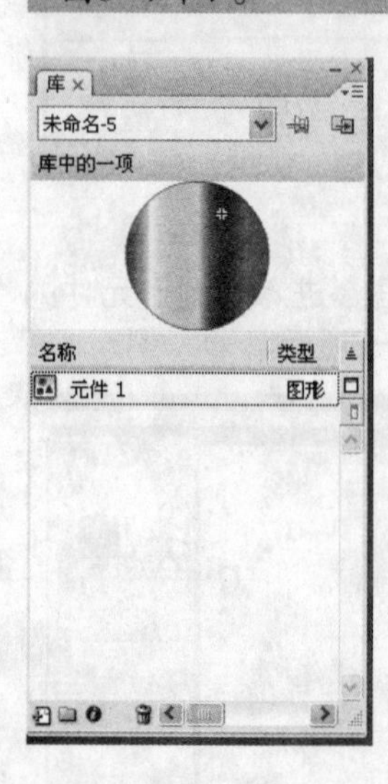

★ 图8-4

7 单击【时间轴】面板上的场景名称场景 1，可返回到场景的编辑状态，如图8-5所示。

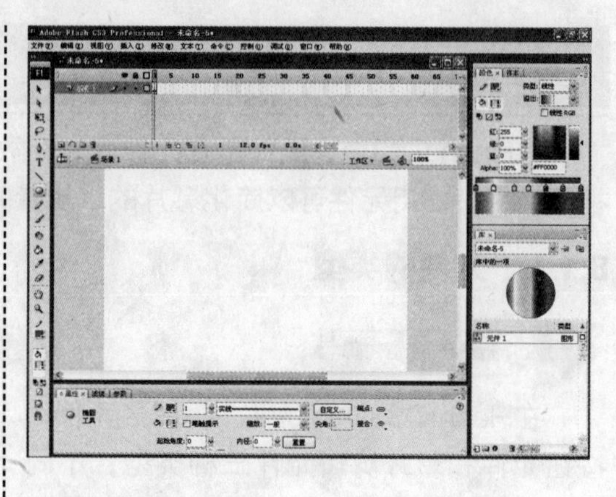

★ 图8-5

8 在【库】面板中，选择刚创建的图形元件，将其拖曳到舞台中，该元件就可以应用到动画制作过程中了，如图8-6所示。

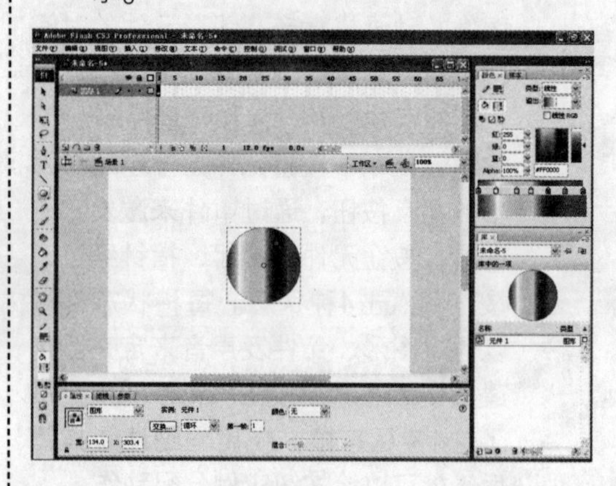

★ 图8-6

2. 转换为图形元件

在制作动画的过程中，经常会遇到这样的情况，由于事先没有想好动画制作的每一个细节，在主场景中制作的图形在动画中又需要反复使用，这时就可以将其转换为图形元件。既可以将导入的图片转换为图形元件，又可以将现有对象转换为元件。

将舞台中现有的对象转换为图形元件的操作步骤如下：

1 新建一个Flash CS3文档。

2 选中当前舞台中编辑好的对象，如图8-7所示。

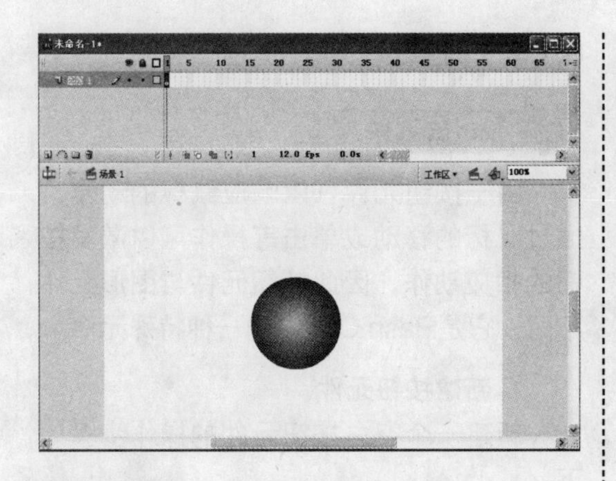

★ 图8-7

3 执行【修改】→【转换为元件】命令（或按【F8】键），弹出【转换为元件】对话框。
4 在【名称】文本框中输入元件的名称。
5 在【类型】区域中选中【图形】单选按钮，如图8-8所示。

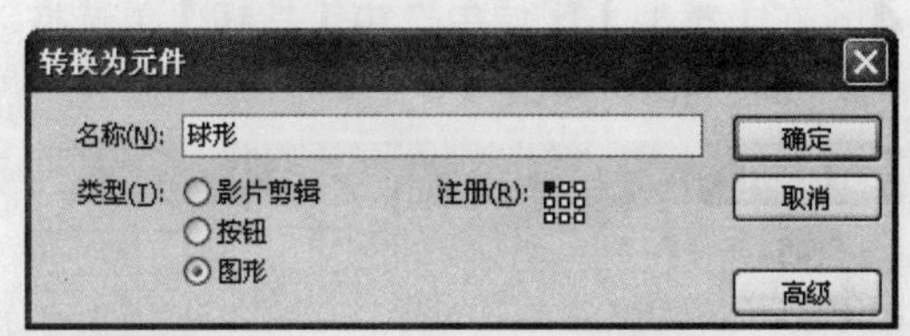

★ 图8-8

6 在【注册】区域中调整元件的中心点位置。
7 单击【确定】按钮，即可将选择的图形对象转换为图形元件。
8 执行【窗口】→【库】命令（或按【Ctrl+L】组合键），在弹出的【库】面板中便可以找到刚刚转换好的图形元件，如图8-9所示。

提 示

如果需要将刚刚转换好的元件应用到舞台中时，同使用一个新创建的图形元件一样，只要用鼠标把元件拖曳到舞台中即可，如图8-10所示。

★ 图8-9

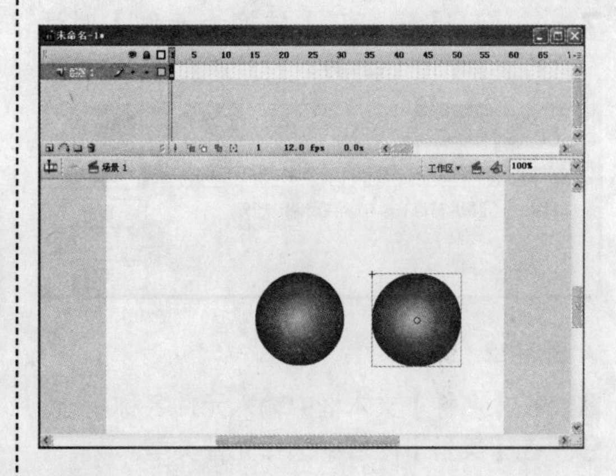

★ 图8-10

动手练

前面讲解了如何创建一个新的空白元件及如何将现有对象转换为元件，除此之外，还可以将外部导入的图片转换为元件，读者可跟随下面的步骤进行练习：

1 新建一个Flash CS3文档。
2 执行【文件】→【导入】→【导入到库】命令，打开【导入到库】对话框，如图8-11所示。
3 选择需要的图片对象。
4 单击【打开】按钮，可将选择的图片导入到Flash CS3库中。
5 执行【窗口】→【库】命令，打开【库】面板，可以找到刚导入的图片。

★ 图8-11

6 选中【库】中的图片，将其拖曳到舞台中。

7 按【F8】键打开【转换为元件】对话框，如图8-12所示。

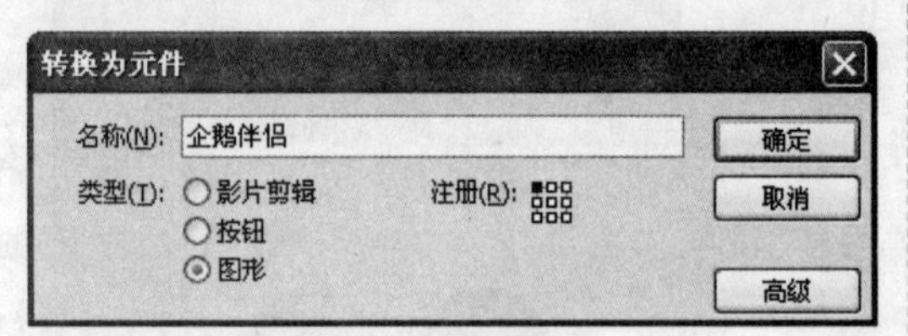

★ 图8-12

8 在【名称】文本框中输入元件名称。

9 在【类型】区域中选择元件类型。

10 单击【确定】按钮，可以在【库】面板中看到转换后的元件，如图8-13所示。

★ 图8-13

8.1.3 创建按钮元件

知识点讲解

由于按钮元件可以响应鼠标的动作，通过鼠标的移动或单击等操作可以激发按钮的相应动作，因此按钮元件与图形元件不同，它是Flash CS3中的一种特殊元件。

1. 新建按钮元件

新建一个空白按钮元件的操作步骤如下：

1 新建一个Flash CS3文档。

2 执行【插入】→【新建元件】命令（或按【Ctrl+F8】组合键），弹出【创建新元件】对话框。

3 在【名称】文本框中输入新元件的名称。

4 在【类型】区域中选中【按钮】单选按钮，如图8-14所示。

★ 图8-14

5 单击【确定】按钮，系统将自动进入到按钮元件的编辑状态，如图8-15所示。

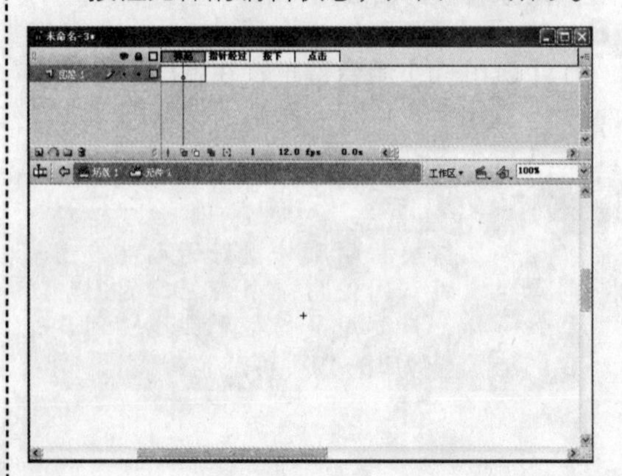

★ 图8-15

6 使用Flash CS3工具箱中的绘图工具或文本工具来绘制图形或输入文本，也可以导入或粘贴外部的图形对象，同时使用Flash CS3提供的功能还可以对这些对象进行编辑处理。

> **提 示**
>
> 与图形元件一样，新建的按钮元件也自动保存在库中，执行【窗口】→【库】命令（或按【Ctrl+L】组合键），在弹出的【库】面板中便可以查看刚创建的按钮元件。

2. 按钮元件的4种状态

在Flash CS3中，按钮元件和其他的元件的时间轴不同，它有4种状态，每种状态都有特定的名称，可以在【时间轴】面板中进行定义，如图8-16所示。

根据鼠标事件将按钮元件的时间轴分为弹起、指针经过、按下和点击4个帧，其意义如下：

- 弹起——指鼠标指针没有接触按钮时的状态，是按钮的初始状态，其中包括一个默认的关键帧，可以在这个帧中绘制各种图形或者插入影片剪辑元件。

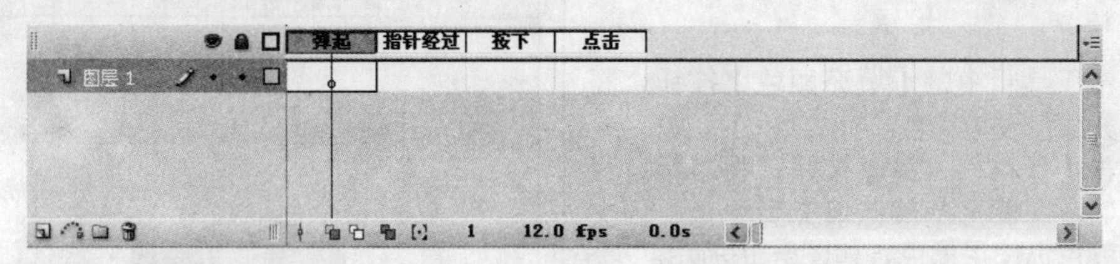

★ 图8-16

- 指针经过——指鼠标移动到该按钮的上面，但没有按下鼠标时的状态。如果需要在鼠标移动到该按钮上出现一些内容，可以在“指针经过”状态帧中添加内容。
- 按下——指鼠标移动到按钮上面并且按下了鼠标左键时的状态。如果需要在按下按钮的时候同样发生变化，也可以在“按下”状态帧中绘制图形或者放置影片剪辑元件。
- 点击——用于定义鼠标的有效点击区域。在Flash CS3的按钮元件中，这是非常重要的一帧，可以使用按钮元件的“点击”状态帧来制作隐藏按钮。

下面通过介绍文字按钮的制作过程来具体了解如何利用按钮元件的4种状态创建按钮元件，其操作步骤如下：

1 按照上面讲的步骤创建按钮元件，进入到按钮元件的编辑状态。

2 在按钮元件的编辑窗口中选择“弹起”状态。

3 单击工具箱中的【椭圆工具】按钮，在舞台中绘制一个椭圆。

4 在【属性】面板中设置椭圆的笔触颜色为无，填充颜色为红色。

5 单击工具箱中的【文本工具】按钮，在按钮的“弹起”状态中输入文本。

6 设置文本颜色为黑色，如图8-17所示。

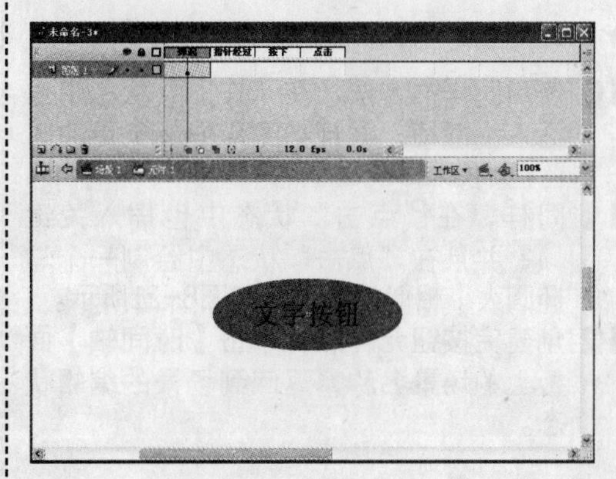

★ 图8-17

7 在“指针经过”状态的关键帧上按【F6】键插入关键帧，如图8-18所示。

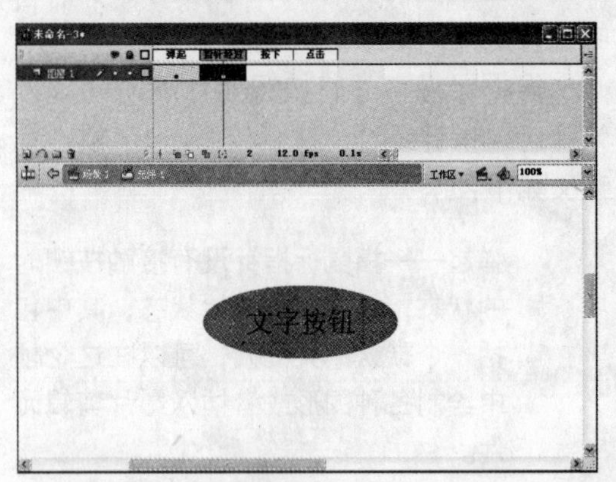

★ 图8-18

8 单击工具箱中的【填充颜色】按钮，将填充颜色改为绿色。

9 单击【颜料桶工具】按钮，将“指针经过”状态图形的颜色填充为绿色，但文字颜色仍使用黑色，如图8-19所示。

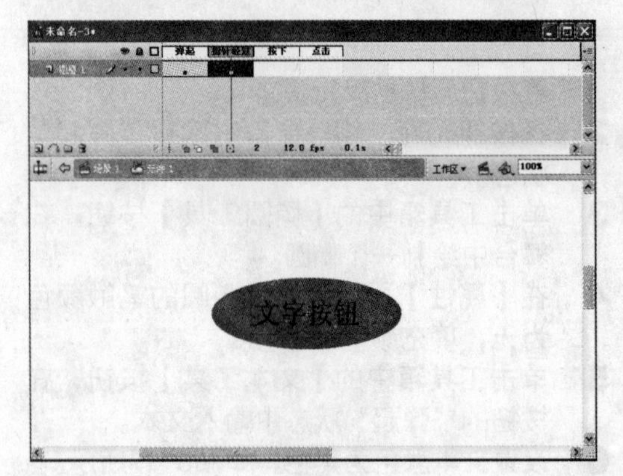

★ 图8-19

10 使用同样的方法，在“按下”状态中也插入关键帧，并且把图形的颜色更改为蓝色，如图8-20所示。

11 同样，在“点击”状态中也插入关键帧，并且在“点击”状态中绘制一个与椭圆大小相似的矩形，如图8-21所示。

12 创建完按钮元件后，单击【时间轴】面板上的场景名称，返回到场景的编辑状态。

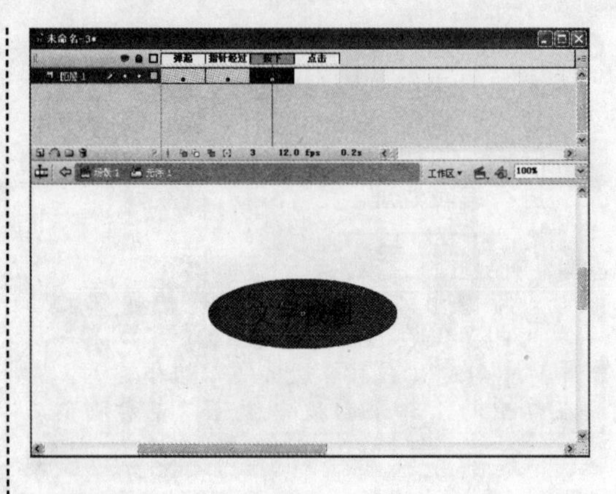

★ 图8-20

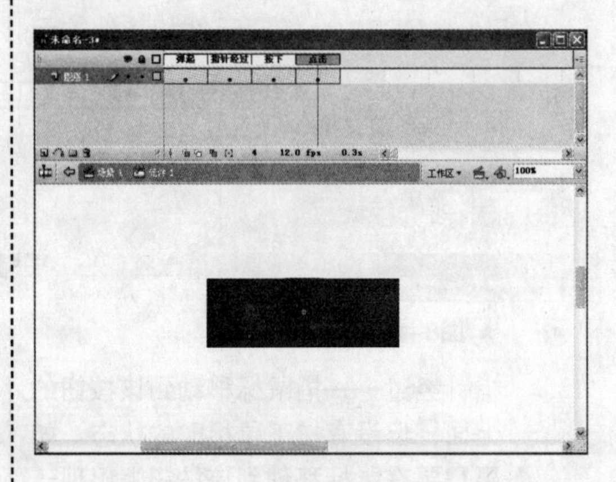

★ 图8-21

13 然后执行【窗口】→【库】命令（或按【Ctrl+L】组合键），在弹出的【库】面板中找到刚创建的按钮元件，如图8-22所示。

★ 图8-22

14 从【库】面板中将按钮元件拖曳到舞台中，就可以将该元件应用到动画制作中了，如图8-23所示。

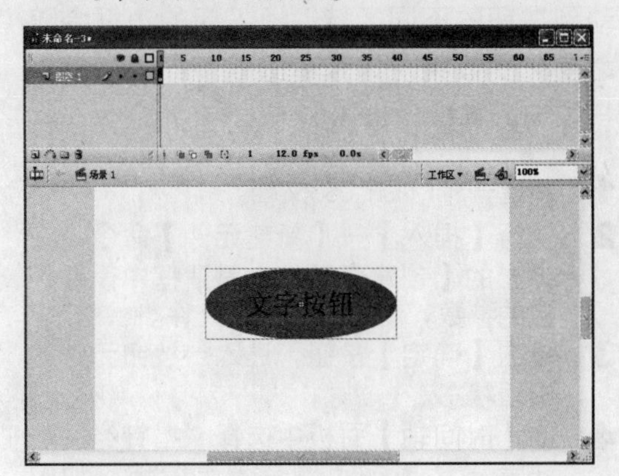

★ 图8-23

15 执行【控制】→【测试影片】命令（或按【Ctrl+Enter】组合键），在Flash播放器中预览按钮效果，如图8-24所示。

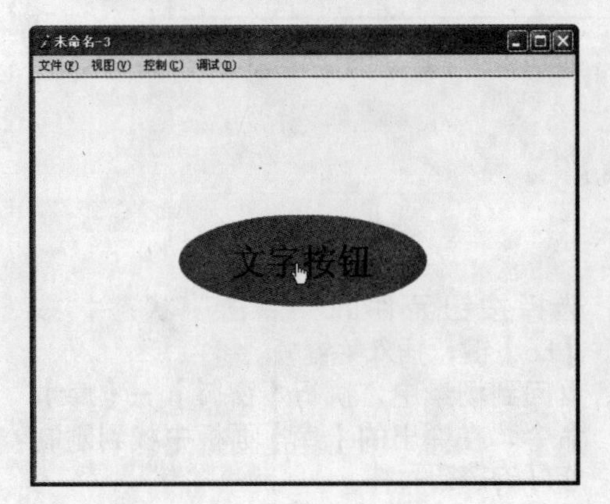

★ 图8-24

提 示

在Flash播放器中预览时，"点击"状态下绘制的矩形是不可见的，它的主要作用是使鼠标单击的有效区在整个矩形范围内，当鼠标移到按钮元件上时，鼠标指针将变为手形。

3. 转换为按钮元件

像图形元件一样，也可将舞台中的现有对象转换为按钮元件，其操作步骤如下：

1 新建一个Flash CS3文档。

2 在舞台中选择一个已经编辑好的图形对象，如图8-25所示。

★ 图8-25

3 执行【修改】→【转换为元件】命令（或按【F8】键），弹出【转换为元件】对话框。

4 在【名称】文本框中输入新元件的名称。

5 在【类型】区域中选中【按钮】单选按钮，如图8-26所示。

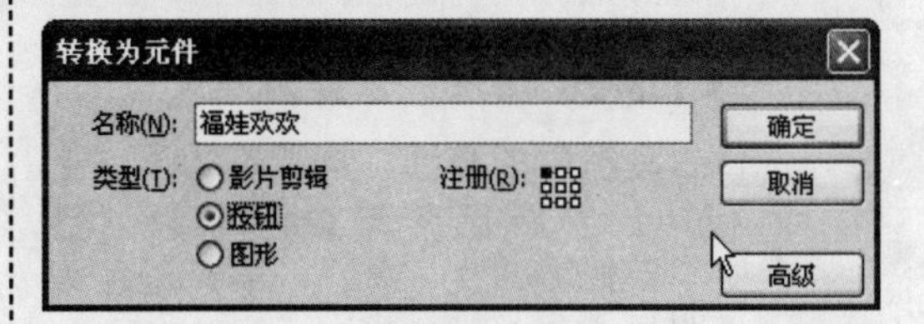

★ 图8-26

6 在【注册】区域中调整元件的中心点位置。

7 单击【确定】按钮，即可完成按钮元件的转换操作。

8 执行【窗口】→【库】命令（或按【Ctrl+L】组合键），在弹出的【库】面板中可找到刚转换的按钮元件，如图8-27所示。

★ 图8-27

当需要将创建好的按钮元件应用到舞台中时，只要用鼠标拖曳按钮元件到舞台中即可。

动手练

利用Flash CS3可制作出当鼠标指针移动到按钮的不同区域时，按钮的边框会随之变化的效果。请读者跟随下面的步骤进行练习，其操作步骤如下：

1 新建一个Flash CS3文档。

2 执行【插入】→【新建元件】命令，在弹出的【创建新元件】对话框中设置相应的参数，新建一个按钮元件。

3 单击【确定】按钮，进入到按钮元件的编辑状态。

4 在【时间轴】面板中选择“指针经过”状态，按【F6】键插入关键帧，如图8-28所示。

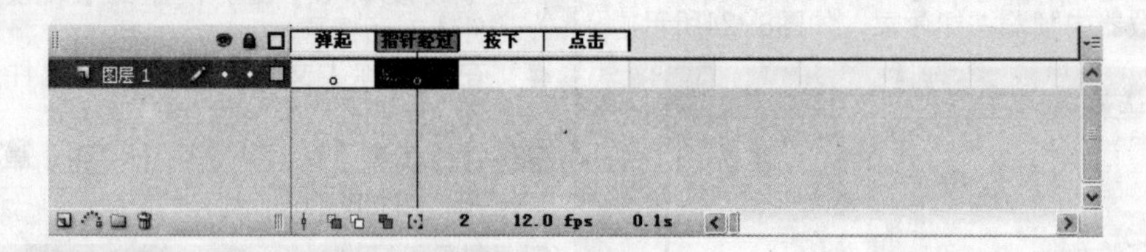

★ 图8-28

5 选择工具箱中的椭圆工具，在【属性】面板中设置椭圆的笔触颜色为“红色”，笔触高度为“8”，填充颜色为“透明”。

6 选择按钮元件的“指针经过”状态，在舞台中绘制一个椭圆，如图8-29所示。

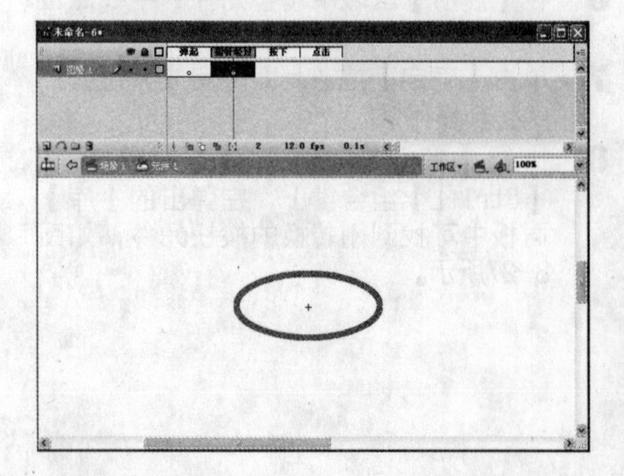

★ 图8-29

7 选择按钮元件的“点击”状态，按【F6】键，插入关键帧。

8 返回到场景中，执行【窗口】→【库】命令，在弹出的【库】面板中找到刚制作好的按钮元件。

9 将按钮元件拖曳到舞台的中心，如图8-30所示。

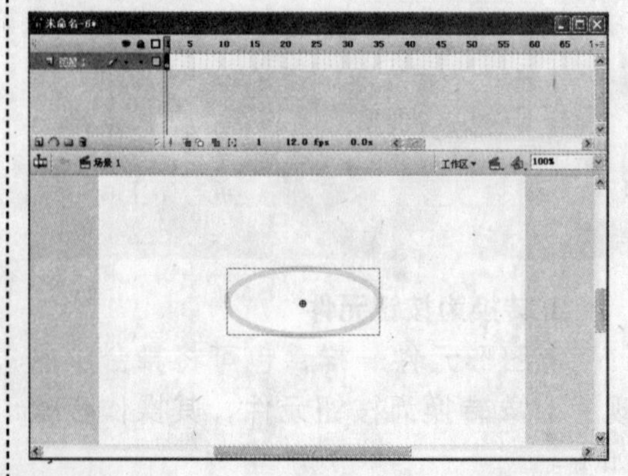

★ 图8-30

10 执行【窗口】→【变形】命令，选中【约束】复选框，在文本框中输入“45.0%”，如图8-31所示。

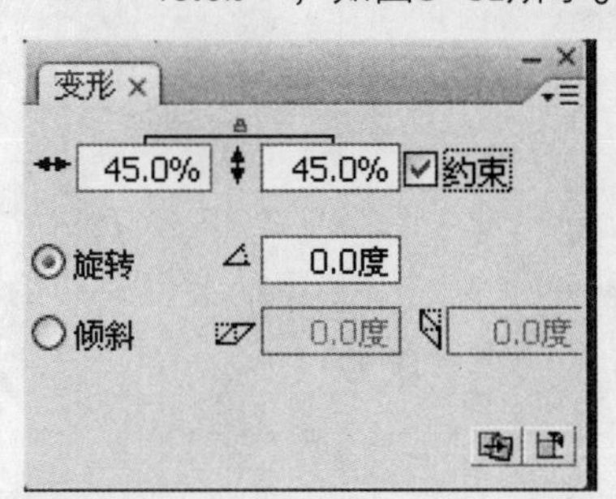

★ 图8-31

11 单击【复制并应用变形】按钮，复制缩小后的按钮。

12 选择工具箱中的椭圆工具，根据缩小后的椭圆尺寸，绘制一个椭圆，放置到按钮元件的正中心，如图8-32所示。

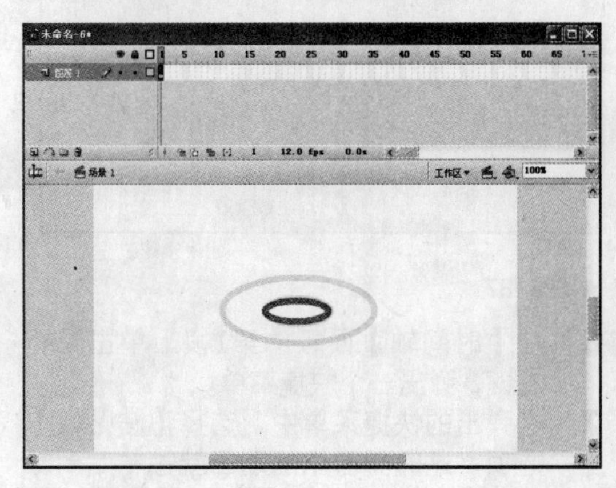

★ 图8-32

13 执行【修改】→【转换为元件】命令，将制作好的椭圆转换为一个按钮元件。

14 双击此按钮元件，进入到该元件的编辑状态，如图8-33所示。

15 选择按钮元件的“指针经过”状态，按【F6】键，插入关键帧。

16 将“指针经过”状态中的椭圆颜色进行适当的修改。

17 执行【控制】→【测试影片】命令，在Flash播放器中得到按钮的预览效果。

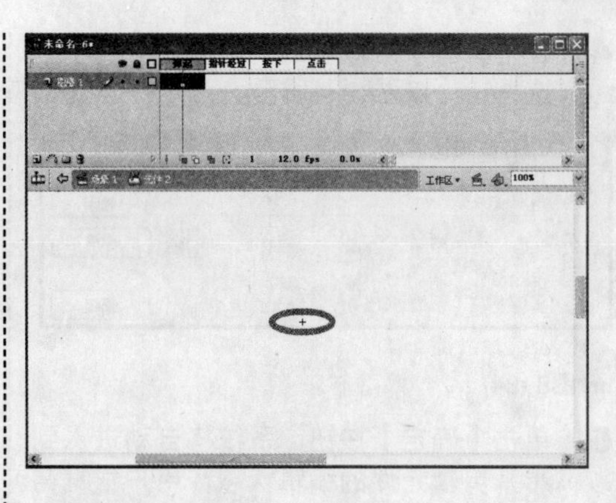

★ 图8-33

8.1.4 创建影片剪辑元件

知识点讲解

在制作动画的过程中，当需要重复使用一个已经创建的动画片段时，最好的办法就是将这个动画转换为影片剪辑元件，或者是新建影片剪辑元件。转换和新建影片剪辑元件的方法和图形元件大体相同，编辑的方式也很相似。

影片剪辑元件有自己的时间轴，可独立于主时间轴外运行，当主动画停止播放的时候还会继续运行。例如将一个10帧影片剪辑元件放在只有一帧的主时间轴的第1帧中，该影片剪辑元件也会运行到它的结尾。

提 示

影片剪辑元件在主动画播放的时间轴上需要一个关键帧。

1. 新建影片剪辑元件

新建一个空白影片剪辑元件的操作步骤如下：

1 新建一个Flash CS3文档。

2 执行【插入】→【新建元件】命令（或按【Ctrl+F8】组合键），弹出【创建新元件】对话框。

3 在【名称】文本框中输入新元件的名称。

4 在【类型】区域中选中【影片剪辑】单选按钮，如图8-34所示。

创建新元件

名称(N): 影片剪元件 确定

类型(T): ⊙影片剪辑 取消

○按钮

○图形

高级

★ 图8-34

5 单击【确定】按钮，系统将自动进入到影片剪辑元件的编辑状态，用户根据需要进行编辑即可。

2. 将舞台中的对象转换为影片剪辑元件

如果想多次使用舞台中的某个影片片段，可以将其转换为影片剪辑元件，从而提高动画制作的效率，

将舞台中的动画转换为影片剪辑元件的操作步骤如下：

1 打开一个Flash CS3文档。

2 在【时间轴】面板中选择一个已经制作好的动画的多个帧序列，如图8-35所示。

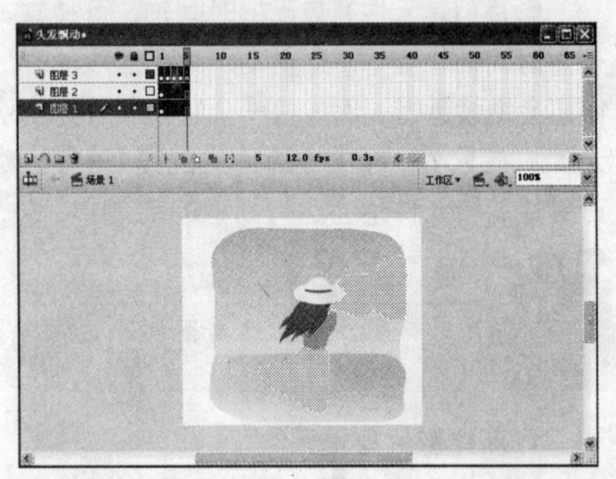

★ 图8-35

3 在选择的帧序列上单击鼠标右键，弹出一个快捷菜单，如图8-36所示。

4 选择【复制帧】选项，复制已选择的帧序列。

5 创建一个新的影片剪辑元件，进入影片剪辑元件的编辑状态，如图8-37所示。

创建补间动画
创建补间形状

插入帧
删除帧

插入关键帧
插入空白关键帧
清除关键帧
转换为关键帧
转换为空白关键帧

剪切帧
复制帧
粘贴帧
清除帧
选择所有帧

复制动画
将动画复制为 ActionScript 3.0 脚本...
粘贴动画
特殊粘贴动画...

翻转帧
同步符号

动作

★ 图8-36

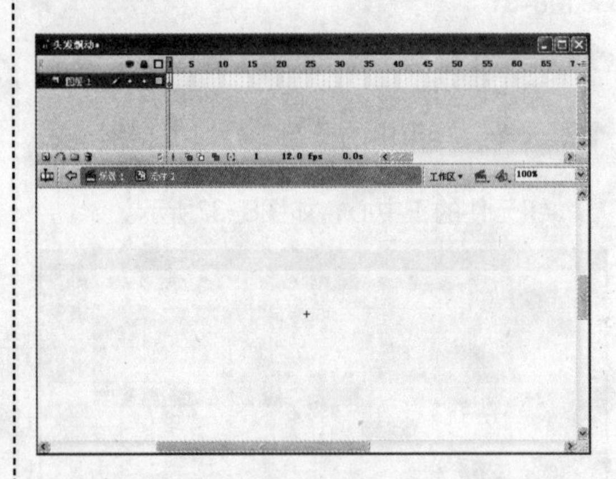

★ 图8-37

6 在【时间轴】面板的第1帧上单击鼠标右键，弹出一个快捷菜单。

7 在弹出的快捷菜单中，选择【粘贴帧】选项，这时舞台中的动画就被粘贴到影片剪辑元件中了，如图8-38所示。

★ 图8-38

8 执行【窗口】→【库】命令（或按【Ctrl+L】组合键），在弹出的【库】面板中可以找到刚转换的影片剪辑元件，如图8-39所示。

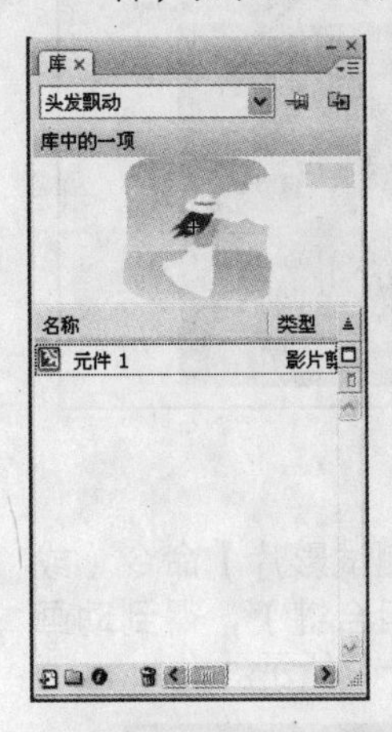

★ 图8-39

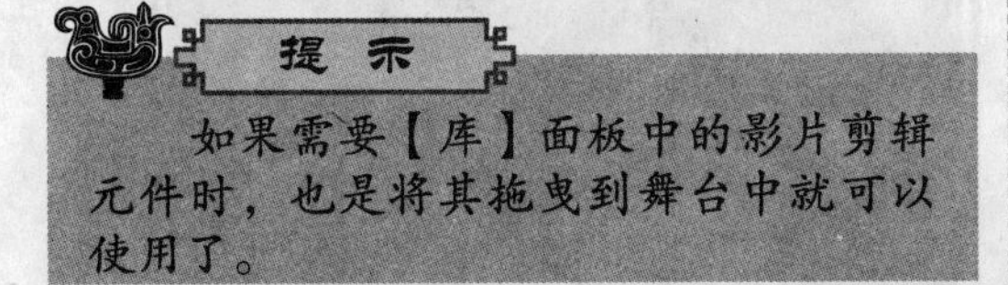

如果需要【库】面板中的影片剪辑元件时，也是将其拖曳到舞台中就可以使用了。

下面通过制作“恭喜发财”动画，使读者了解简单影片剪辑元件的制作方法。其具体操作步骤如下：

1 新建一个Flash CS3文档。

2 执行【文件】→【导入】→【导入到舞台】命令，弹出【导入】对话框，如图8-40所示。

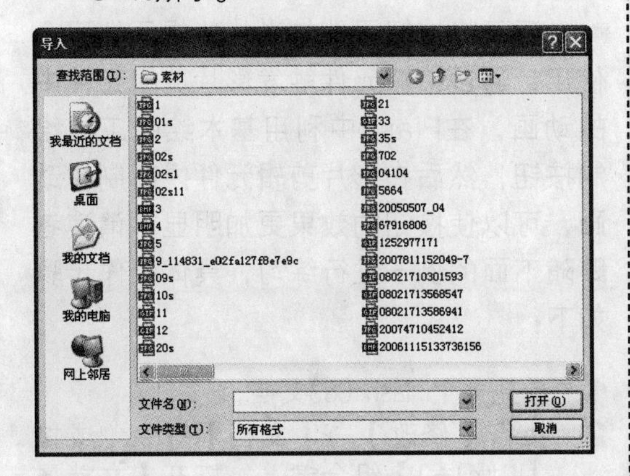

★ 图8-40

3 选择图片素材，单击【打开】按钮，将图片导入到舞台中。

4 使用任意变形工具调整图片大小，使它与舞台大小相同，如图8-41所示。

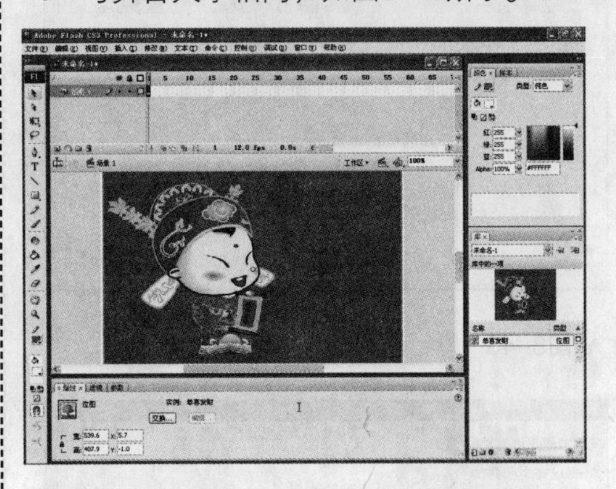

★ 图8-41

5 执行【插入】→【新建元件】命令，打开【创建新元件】对话框。

6 在【名称】后面的文本框中输入元件名称，并选中【影片剪辑】单选按钮，如图8-42所示。

★ 图8-42

7 单击【确定】按钮，进入到影片剪辑的编辑状态。

8 选择文本工具，分别在舞台中输入“恭”、“喜”、“发”和“财”4个字，并将文本设置为不同的颜色，摆放到合适的位置上，如图8-43所示。

9 在第5帧中按【F6】键，插入关键帧，修改文字的颜色，并使用任意变形工具，调整文字大小和旋转角度，如图8-44所示。

10 分别在第10、15和20帧处，按【F6】键插入关键帧，并调整其中文字的颜色和旋转角度，如图8-45所示。

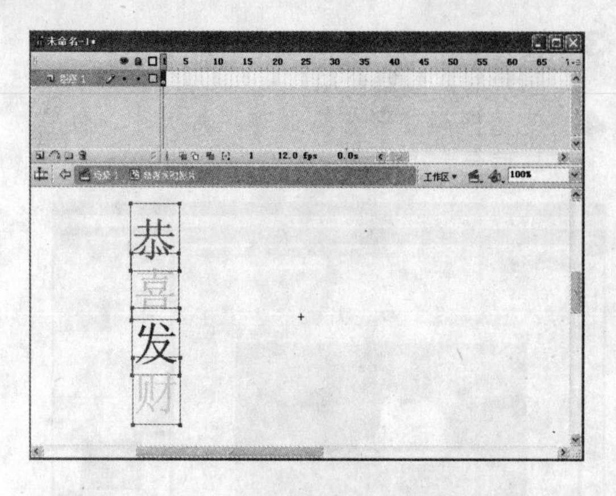

★ 图8-43

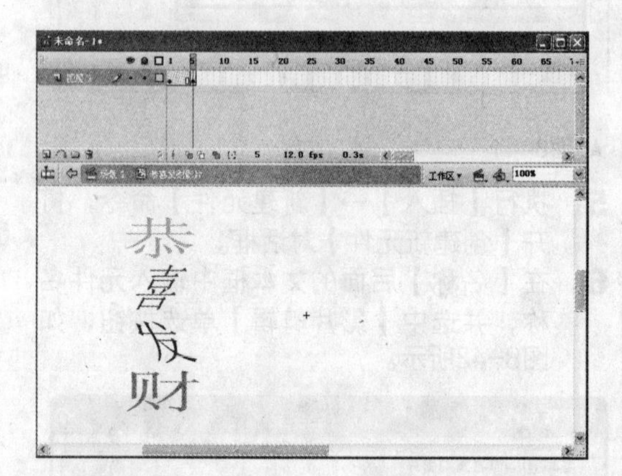

★ 图8-44

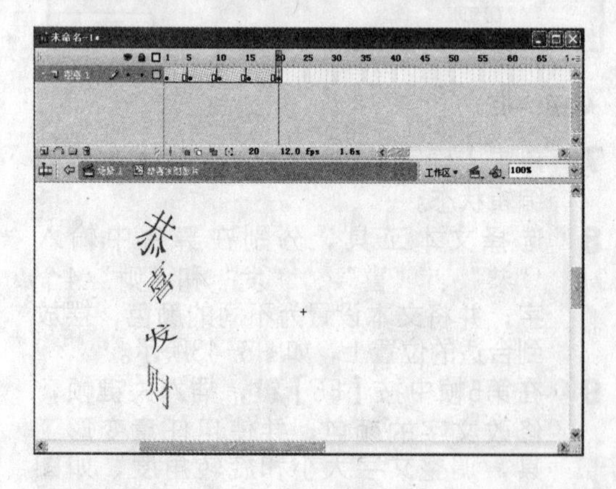

★ 图8-45

11 返回到场景的编辑状态，在【库】面板中选择“恭喜发财”影片剪辑，将其拖曳到舞台的合适位置上，如图8-46所示。

★ 图8-46

12 执行【控制】→【测试影片】命令（或按【Ctrl+Enter】组合键），得到动画的预览效果，如图8-47所示。

★ 图8-47

还可将按钮元件与影片剪辑元件配合使用，通过按钮元件触发影片剪辑元件中的动画，在Flash中利用基本绘图工具绘制按钮，然后在影片剪辑元件内部制作动画，可以使按钮的效果更加明显。请读者跟随下面的例子进行练习，具体操作步骤如下：

1 新建一个Flash CS3文档。

2 执行【修改】→【文档】命令（或按【Ctrl+J】组合键），打开【文档属性】对话框，如图8-48所示。

★ 图8-48

3 在【标题】和【描述】文本框中输入相关介绍，这些内容将会被Flash CS3的元数据引用，便于在网络上搜索。

4 在【尺寸】对话框中输入文档的宽度为“600像素”，高度为“300像素”，背景颜色为“深蓝色”。

5 按【Ctrl+F8】组合键，会弹出【创建新元件】对话框，如图8-49所示。

★ 图8-49

6 选中【按钮】单选按钮，单击【确定】按钮，这时会进入到按钮元件的编辑状态。

7 选择工具箱中的矩形工具，然后单击【对象绘制】按钮，在【属性】面板中将矩形的边角半径设为10。

8 使用工具箱中的矩形工具在舞台中绘制一个灰色的圆角矩形，效果如图8-50所示。

9 按【Ctrl+T】组合键打开Flash CS3的【变形】面板。

10 取消选中【变形】面板中的【约束】复选框，把当前的圆角矩形的宽度缩小为原来的95％，高度缩小为原来的90％，并且在缩小的同时复制，如图8-51所示。

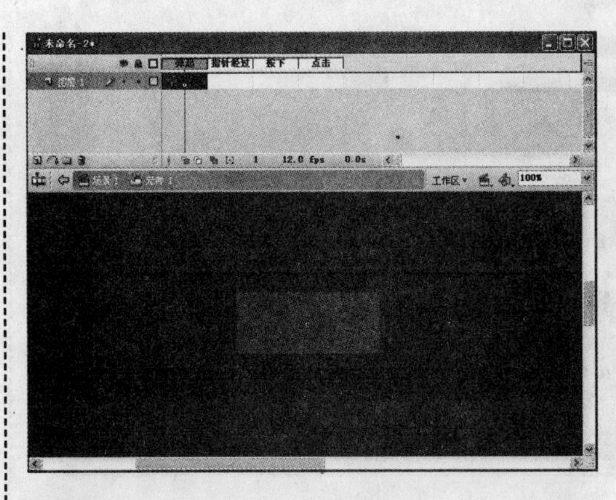

★ 图8-50

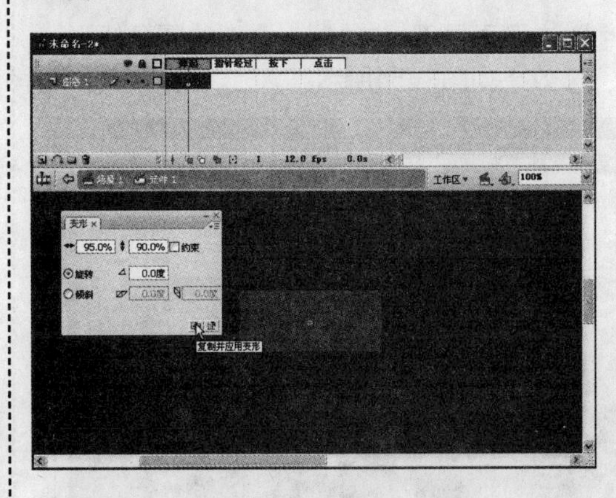

★ 图8-51

11 为缩小后的圆角矩形填充放射状渐变色，颜色由绿色过渡到黑色，效果如图8-52所示。

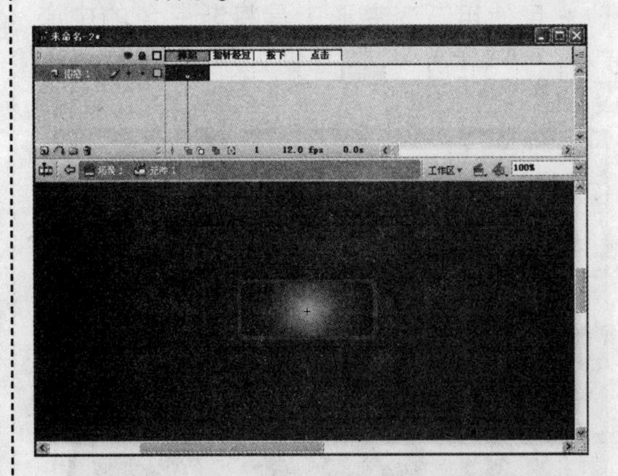

★ 图8-52

12 单击【时间轴】面板左下角的【插入图层】按钮，创建一个新的图层，效果如图8-53所示。

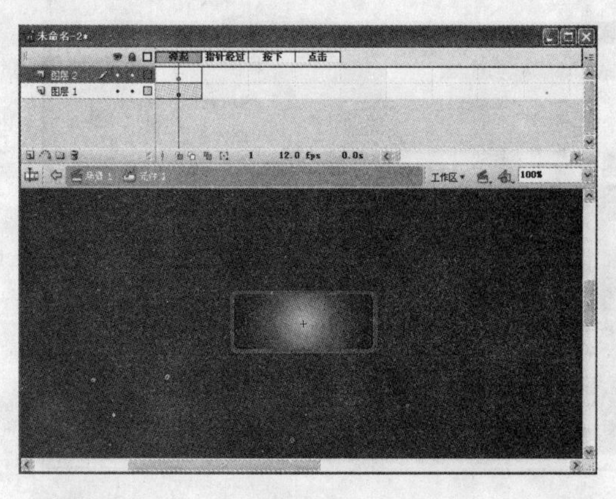

★ 图8-53

13 在“图层2”中绘制一个新的圆角矩形，效果如图8-54所示。

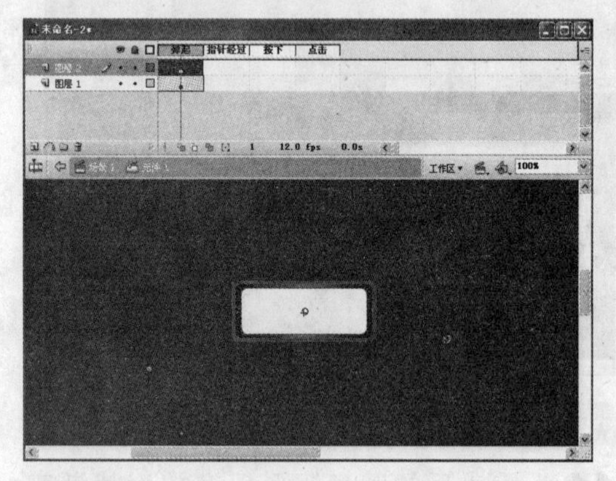

★ 图8-54

14 为该圆角矩形填充放射状渐变色，并且使用渐变变形工具将渐变色的中心点调整到矩形的右上角，效果如图8-55所示。

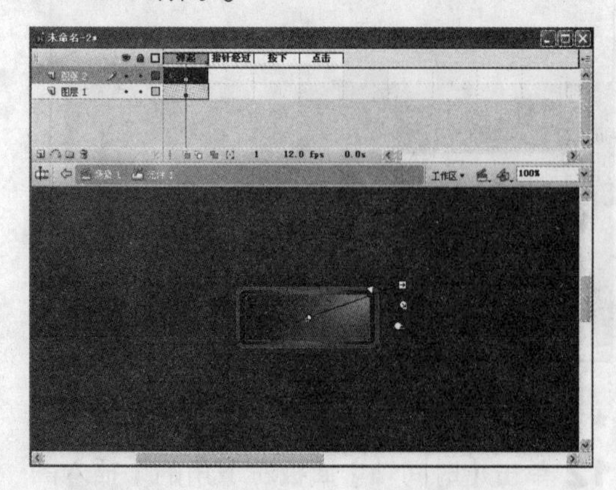

★ 图8-55

15 选择刚刚绘制好的圆角矩形，按【F8】键打开如图8-56所示的【转换为元件】对话框，将圆角矩形转换为影片剪辑元件。

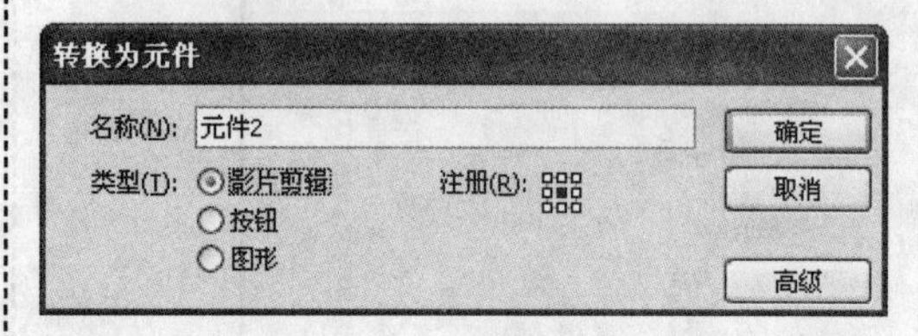

★ 图8-56

16 单击【时间轴】面板左下角的【插入图层】按钮创建一个新的图层，效果如图8-57所示。

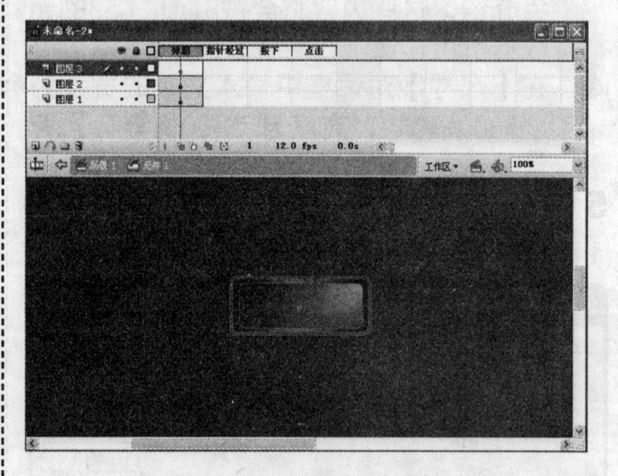

★ 图8-57

17 使用工具箱中的矩形工具，在“图层3”的舞台中绘制两个白色的圆角矩形，效果如图8-58所示。

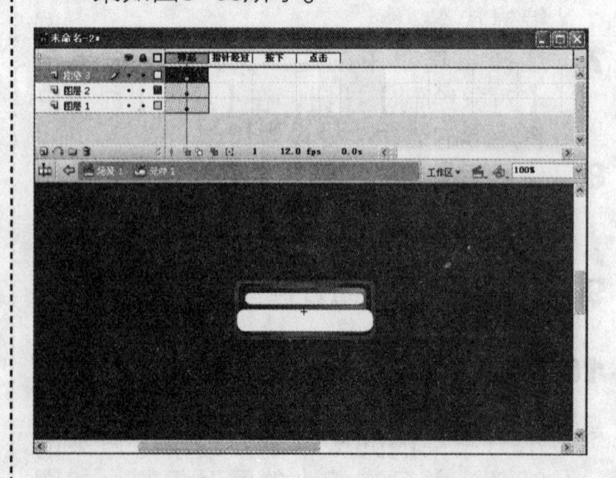

★ 图8-58

18 执行【窗口】→【颜色】命令（或按

【Shift+F9】组合键），打开【颜色】面板，如图8-59所示。

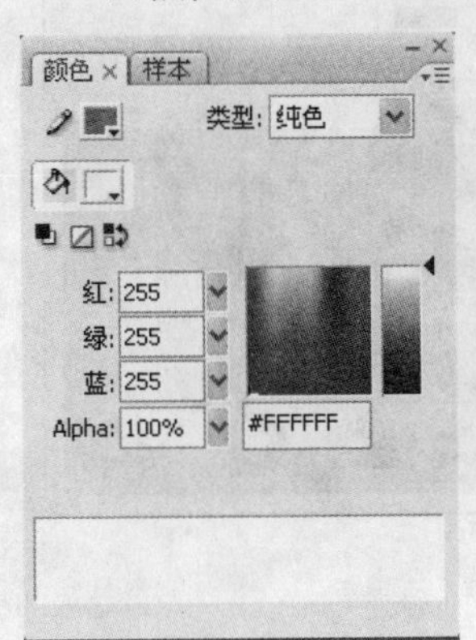

★ 图8-59

19 在【颜色】面板中分别设置这两个矩形的透明度，设置上方矩形的透明度为“70”，下方矩形的透明度为“20”，效果如图8-60所示。

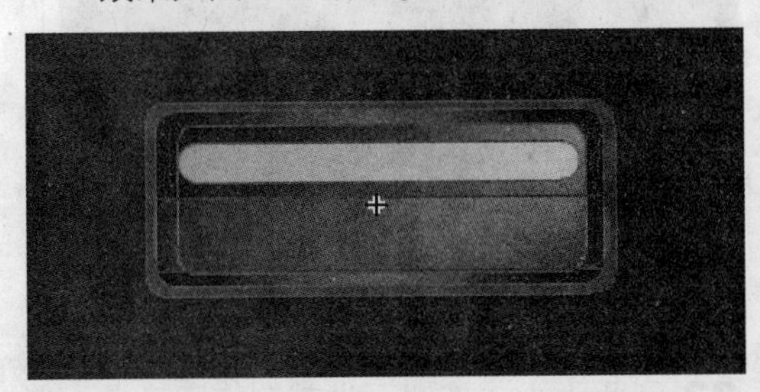

★ 图8-60

20 执行【窗口】→【库】命令（或按【Ctrl+L】组合键），打开【库】面板，如图8-61所示。

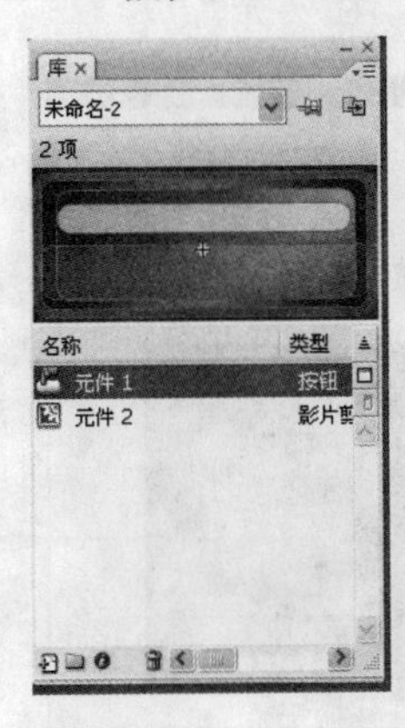

★ 图8-61

21 在【库】面板中的元件2上快速双击鼠标，进入元件2的编辑状态。

22 在元件2内部的【时间轴】面板上按【F6】键，间隔5帧插入关键帧，一共做20帧的动画，效果如图8-62所示。

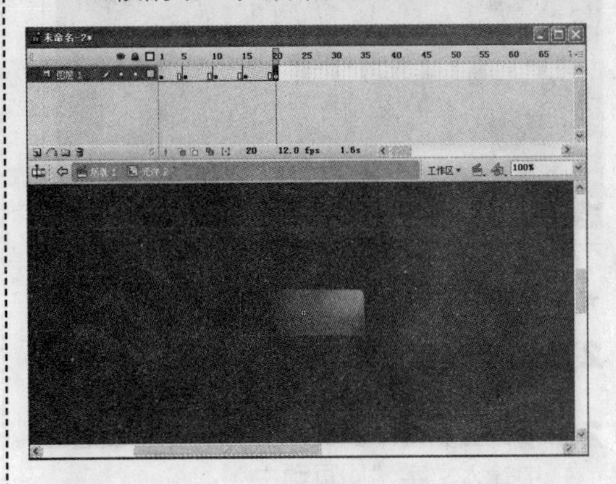

★ 图8-62

23 改变第5、10和15帧中圆角矩形的渐变色，但是整体的渐变色方向和范围不改变。

24 选择时间轴中的所有帧，单击鼠标右键，在弹出的快捷菜单中选择【创建补间形状】选项，添加形状补间动画，如图8-63所示。

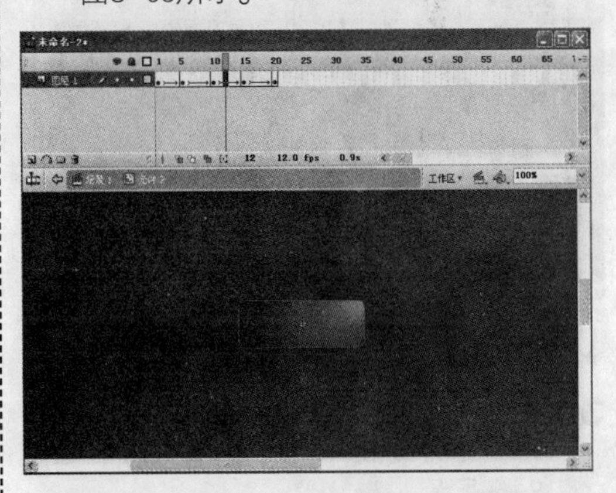

★ 图8-63

25 在【库】面板中的元件1上快速双击鼠标，返回按钮元件的编辑状态。

26 在按钮元件内的三个图层的“指针经过”状态中，按【F6】键插入关键帧，如图8-64所示。

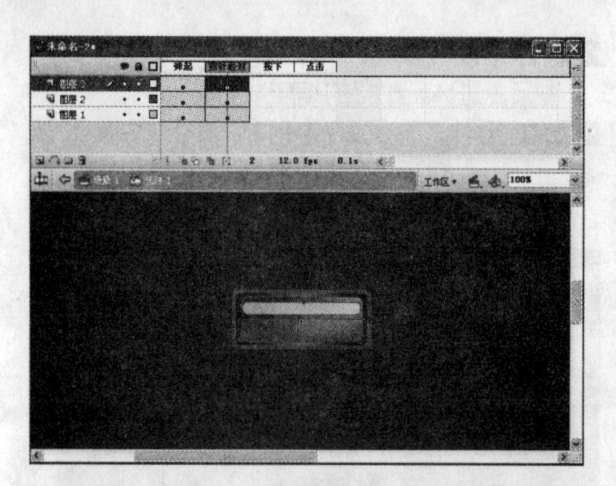

★ 图8-64

27 使用【颜色】面板，把“图层3”中所有矩形的透明度都更改为“10”。

28 使用工具箱中的文本工具，在“图层3”中输入文字“网页顽主”。

29 使用【属性】面板中的【颜色】下拉菜单，把“图层2”中的影片剪辑元件实例的透明度也调整为“20”，效果如图8-65所示。

★ 图8-65

30 在按钮元件的“按下”状态和“点击”状态中依次按【F5】键插入帧，如图8-66所示。

31 在“图层2”的“按下”状态中按【F6】键，插入关键帧。

32 使用【属性】面板中的【颜色】下拉菜单，把“图层2”中的影片剪辑元件实例的亮度调整为“50%”，效果如图8-67所示。

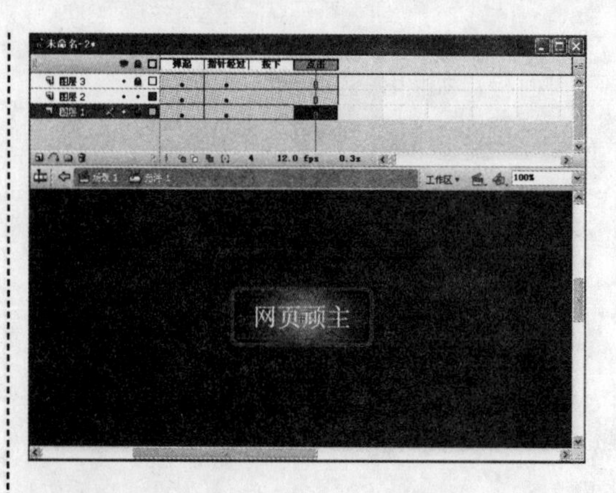

★ 图8-66

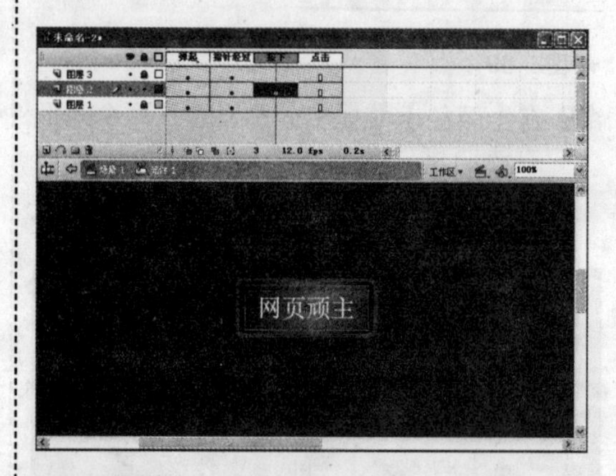

★ 图8-67

33 到此为止，按钮元件就制作完毕了，单击【时间轴】面板左上角的【场景1】按钮，返回到主场景中。

34 在【库】面板中拖曳多个按钮元件到舞台中，并且调整好它们之间的位置，效果如图8-68所示。

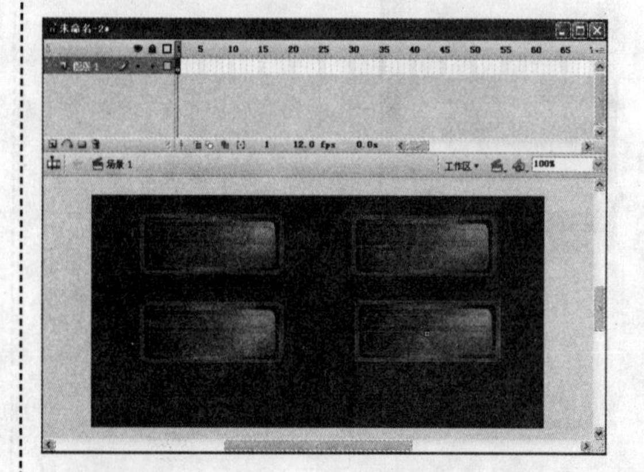

★ 图8-68

35 执行【控制】→【测试影片】命令（或按【Ctrl+Enter】组合键），得到动画的预览效果，如图8-69所示。

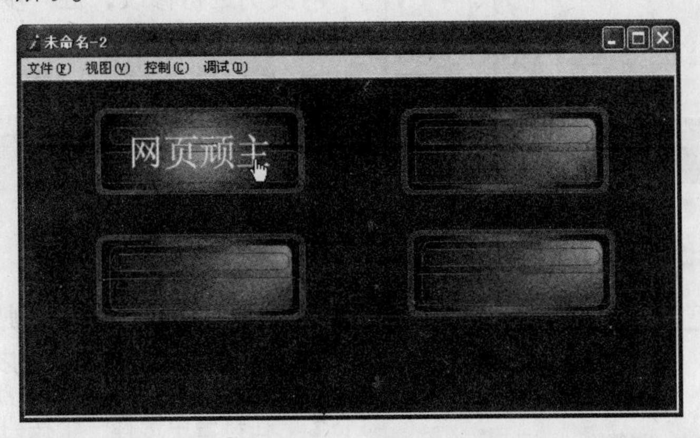

★ 图8-69

8.2 元件实例

当创建了元件并将其添加到场景中以后，实际上是在舞台中放置了一个元件实例，在动画制作中的任何位置上，也包括在其他元件中，都可以创建元件的实例。实例是元件的一个简单的复制，在动画制作中可以编辑这些实例，而对这些实例的编辑不会对元件本身产生任何影响。

8.2.1 创建元件的实例

知识点讲解

在Flash CS3的舞台中创建元件实例的操作步骤如下：

1 在当前场景中选择放置实例的图层，单击放置元件的某一帧，然后按【F6】键插入关键帧。

注　意

Flash CS3只能把实例放在所选图层的关键帧中。

2 执行【窗口】→【库】命令（或按【Ctrl+L】组合键），在弹出的【库】面板中可以看到所有的元件，如图8-70所示。

★ 图8-70

3 在【库】面板中选择需要应用的元件，将其拖曳到舞台中，即可创建元件的实例，如图8-71所示。

提　示

既可拖动预览框中显示的元件图片，也可以拖动在元件列表框中显示的元件名。

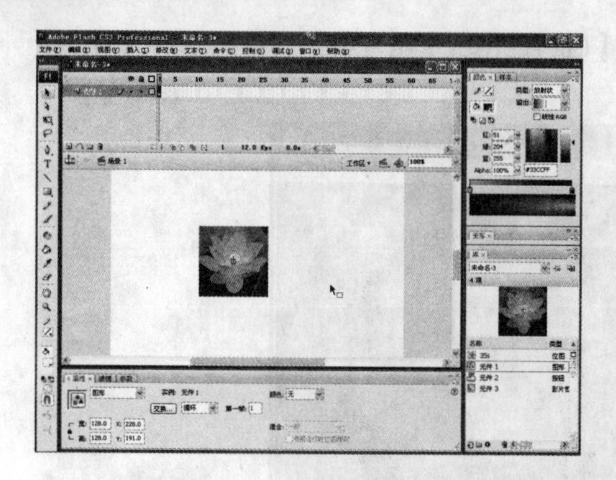

★ 图8-71

8.2.2 修改元件实例

创建实例后，如果在制作动画的过程中觉得某个元件实例的效果不好，还可以对实例进行修改，进一步完善实例的使用效果。

提 示

Flash CS3在动画文档中只记录实例修改的数据，而不保存每一个实例，因此Flash动画的体积都很小，非常适合于在网上传输和播放。

1. 修改按钮元件实例

修改按钮元件实例的操作步骤如下：

1 在舞台中选择一个按钮元件的实例。

2 执行【窗口】→【属性】命令（或按【Ctrl+F3】组合键），打开Flash CS3的【属性】面板，如图8-72所示。

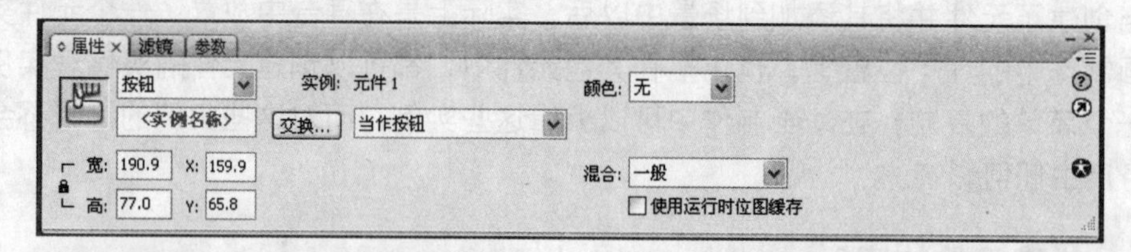

★ 图8-72

3 在【实例名称】文本框中可以给按钮元件的实例命名。

4 单击【交换】按钮，在弹出的【交换元件】对话框中可以将当前的实例更改为其他元件的实例。

5 单击【当作按钮】选项所在的下拉箭头，根据需要设置鼠标的响应方式，如图8-73所示。

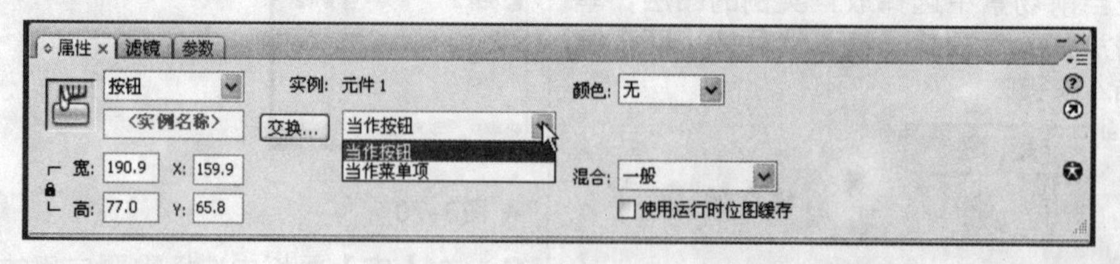

★ 图8-73

提 示

选择【当作按钮】选项是指当按下按钮元件时，其他对象不再响应鼠标操作；选择【当作菜单项】选项是指当按钮被按下时，其他对象还会响应鼠标的操作。

6 单击【颜色】下拉列表框，选择按钮元件的颜色属性，相关操作参考下面的修改影片剪辑元件实例。

7　单击【混合】下拉列表框，设置按钮元件的混合模式。

2. 修改影片剪辑元件实例

修改影片剪辑元件实例的操作步骤如下：

1　在舞台中选择一个影片剪辑元件的实例。

2　执行【窗口】→【属性】命令（或按【Ctrl+F3】组合键），打开Flash CS3的【属性】面板，如图8-74所示。

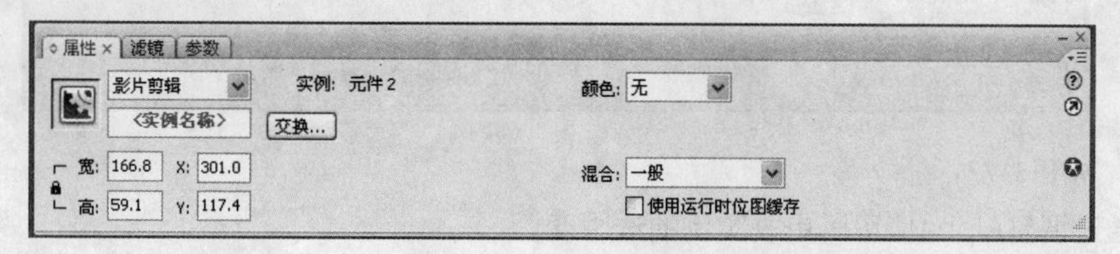

★ 图8-74

3　在【实例名称】文本框中可以给影片剪辑元件的实例命名。

4　单击【交换】按钮，在弹出的【交换元件】对话框中可以将当前的实例更改为其他元件的实例。

5　单击【颜色】下拉列表框，选择影片剪辑元件的颜色属性。

【颜色】下拉列表框包含【无】、【亮度】、【色调】、【Alpha】和【高级】等5个选项，除【无】选项外，其他各选项的含义如下所述。

▶ 亮度

选择【颜色】下拉列表框中的【亮度】选项，在其右侧将出现与亮度相关的设置组合框，如图8-75所示。

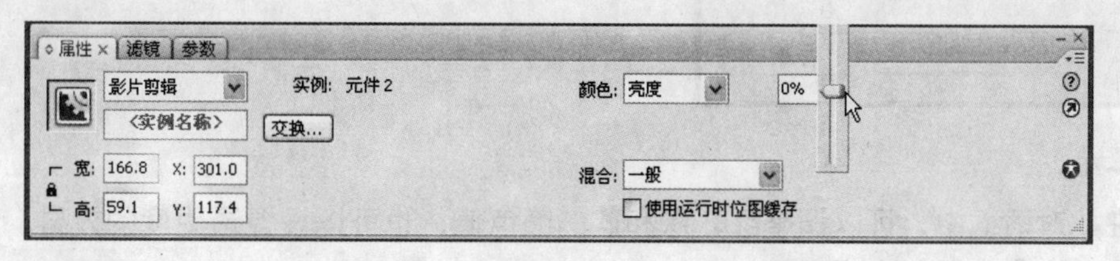

★ 图8-75

通过更改亮度值可以更改实例的明暗程度。

▶ 色调

选择【颜色】下拉列表框中的【色调】选项，在其右侧将出现与色调相关的设置组合框，如图8-76所示。

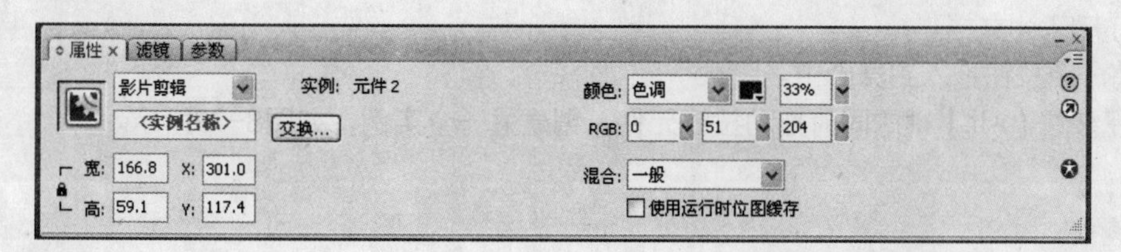

★ 图8-76

通过色调的改变可以更改实例的颜色。

▶ Alpha

选择【颜色】下拉列表框中的【Alpha】选项，在其右侧将出现与透明度相关的设置组合框，如图8-77所示。

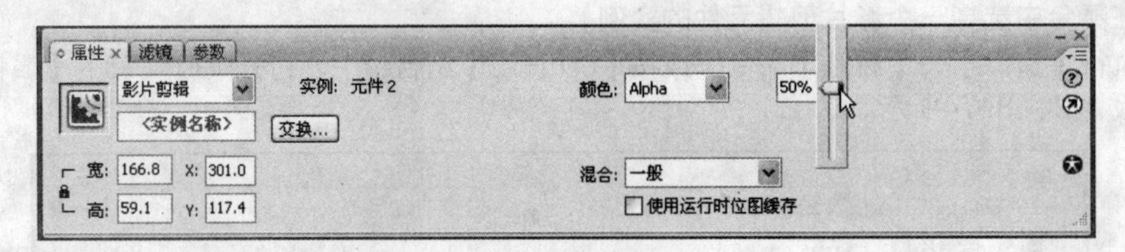

★ 图8-77

通过调整Alpha值可以更改实例的透明度。

▶ 高级

选择【颜色】下拉列表框中的【高级】选项，在其右侧将出现一个【设置】按钮。单击【设置】按钮，将打开【高级效果】对话框，如图8-78所示。

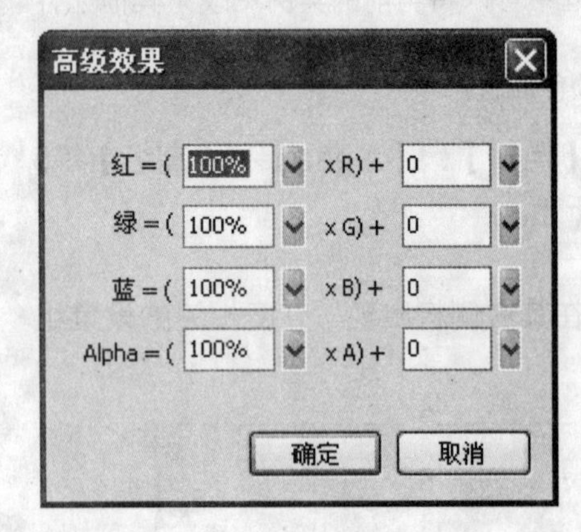

★ 图8-78

在此对话框中，可以调整红、绿和蓝的颜色值，也可以设置透明度的效果。设置完毕后，单击【确定】按钮即可。

6 单击【混合】下拉列表框，选择影片剪辑元件的混合模式。

动手练

请读者跟随下面的练习进行操作，巩固修改元件实例的方法。

1 打开Flash文档。

2 将一个按钮拖入到舞台中。

3 在按住【Alt】键的同时拖动按钮元件，创建另一个实例，如图8-79所示。

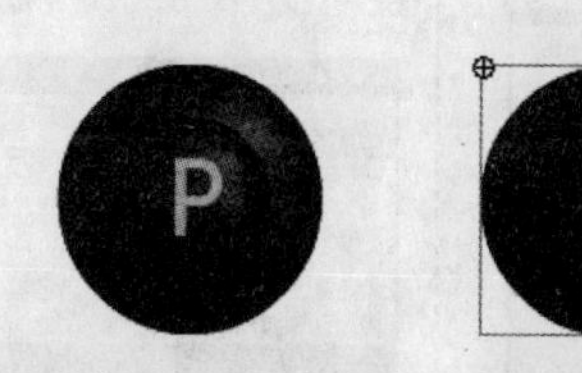

★ 图8-79

4 保持副本处于选中状态，在【属性】面板的【颜色】下拉列表框中选择【色调】选项，如图8-80所示。

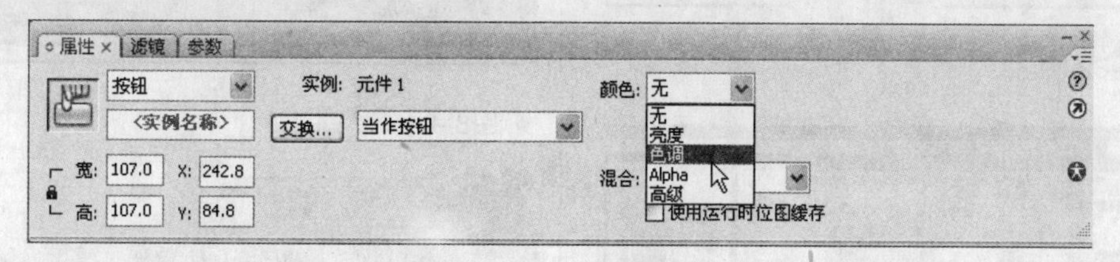

★ 图8-80

5 在【RGB】区域中，分别拖动红色、绿色和蓝色的滑块，调整数值，则实例副本的颜色会随之改变而原实例不变，如图8-81所示。

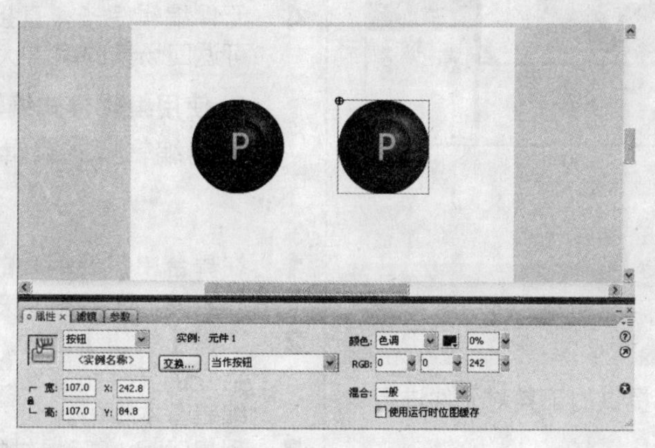

★ 图8-81

8.2.3 编辑元件实例

编辑元件实例也可以通过编辑元件来完成，完成元件的编辑后，Flash自动更新当前影片中所有应用了该元件的实例。Flash CS3提供三种方法。

1. 在当前位置编辑元件

在当前位置编辑元件的操作步骤如下：

1 在舞台中需要编辑的元件实例上单击鼠标右键，弹出一个快捷菜单，如图8-82所示。

2 选择【在当前位置编辑】选项，这时舞台中的其他对象显示为灰色，时间轴左上角的信息栏中会显示正在编辑的元件名称，如图8-83所示。

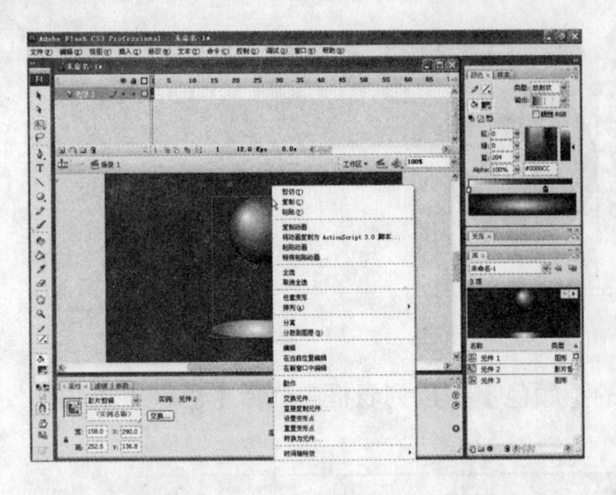

★ 图8-82

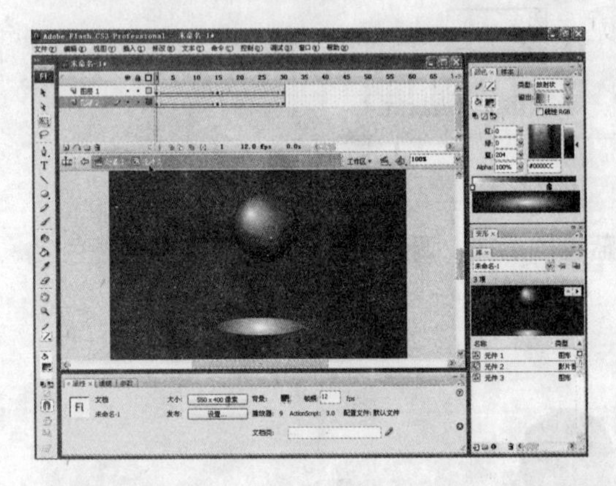

★ 图8-83

技 巧

通过双击元件的实例也可以在当前位置编辑元件。

3 利用Flash CS3提供的工具对元件进行编辑处理。

4 元件编辑完毕，单击【时间轴】面板上的场景名称，便可以返回到场景的编辑状态。

2. 在新窗口中编辑元件

在新窗口中编辑元件的操作步骤如下：

1 在舞台中需要编辑的元件实例上单击鼠标右键，弹出一个快捷菜单。

2 选择【在新窗口中编辑】选项，系统将自动进入到独立的元件编辑窗口，窗口中可以显示该元件的时间轴，如图8-84所示。

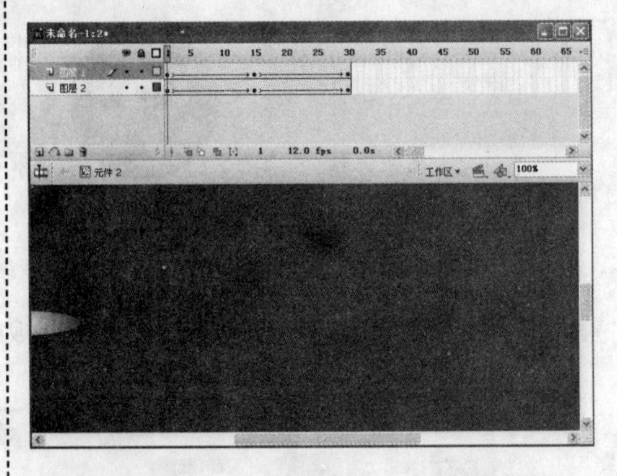

★ 图8-84

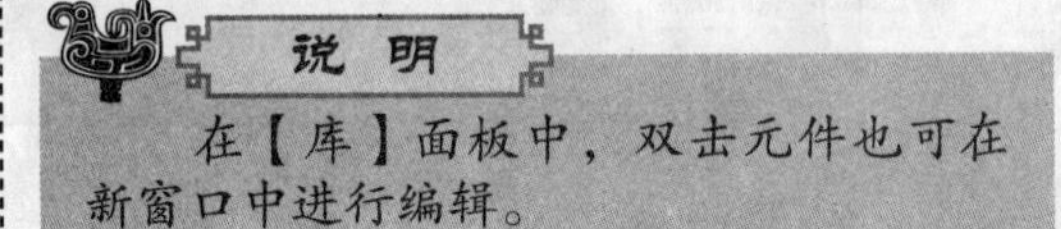

说 明

在【库】面板中，双击元件也可在新窗口中进行编辑。

3 利用Flash CS3提供的工具对元件进行编辑处理。

4 元件编辑完毕，直接将新窗口关闭，即可返回场景的编辑状态。

3. 使用编辑模式编辑元件

使用编辑模式编辑元件的操作步骤如下：

1 在舞台中需要编辑的元件实例上单击鼠标右键，弹出一个快捷菜单。

2 选择【编辑】选项，系统将自动进入到独立的元件编辑窗口，与在当前窗口中编辑基本相同。

3 利用Flash CS3提供的工具对元件进行编辑处理。

4 元件编辑完毕，单击【时间轴】面板左上角的场景名称，便可以返回场景的编辑状态。

动手练

前面我们已经学习了如何创建、修改、删除元件以及设置元件各种属性的操作，下面我们将使用前面介绍的知识具体讲解元件实例的应用。

制作放风筝动画的操作步骤如下：

1 新建一个Flash CS3文档，将图层1重命名为“背景”。

2 执行【文件】→【导入】→【导入到舞台】命令，弹出【导入】对话框，如图8-85所示。

★ 图8-85

3 选择“背景”图片，单击【打开】按钮，将图片导入到舞台中。

4 使用任意变形工具调整图片大小，使它与舞台大小相同，如图8-86所示。

★ 图8-86

5 执行【插入】→【新建元件】命令，打开【创建新元件】对话框。

6 在【创建新元件】对话框中输入元件名称，选中【图形】单选按钮，如图8-87所示。

7 单击【确定】按钮，进入元件的编辑状态。

★ 图8-87

8 选择工具箱中的绘图工具，在舞台中绘制风筝图，这里绘制了一个扇形的风筝图，如图8-88所示。

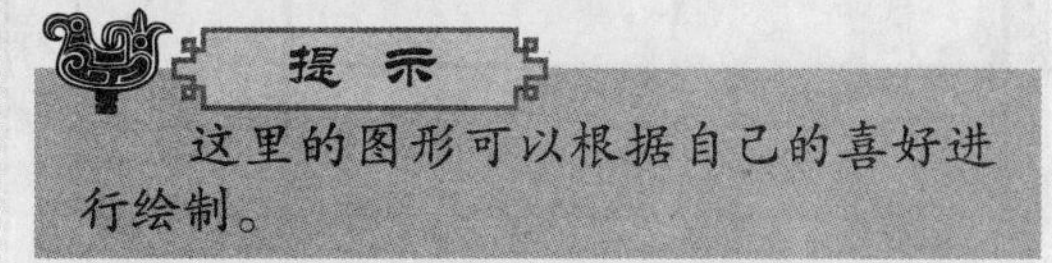

提　示

这里的图形可以根据自己的喜好进行绘制。

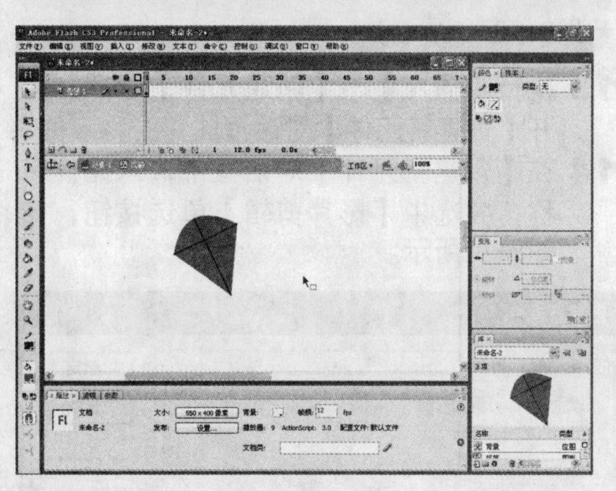

★ 图8-88

9 新建“叶子1”图形元件。

10 选择工具箱中的绘图工具，在舞台中绘制三片叶子，如图8-89所示。

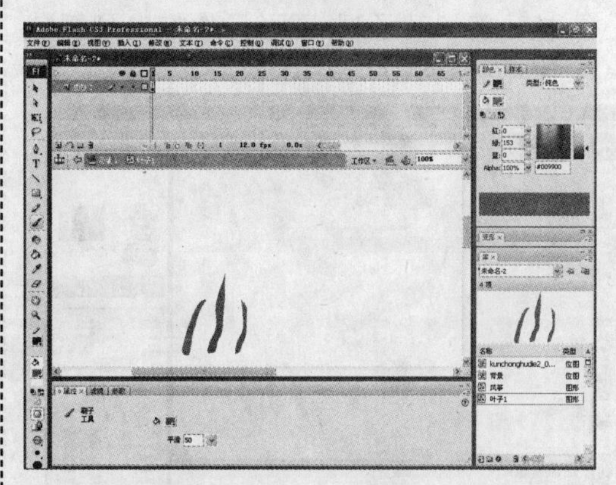

★ 图8-89

11 新建“叶子2”图形元件。

12 选择工具箱中的绘图工具，在舞台中绘制两片叶子，如图8-90所示。

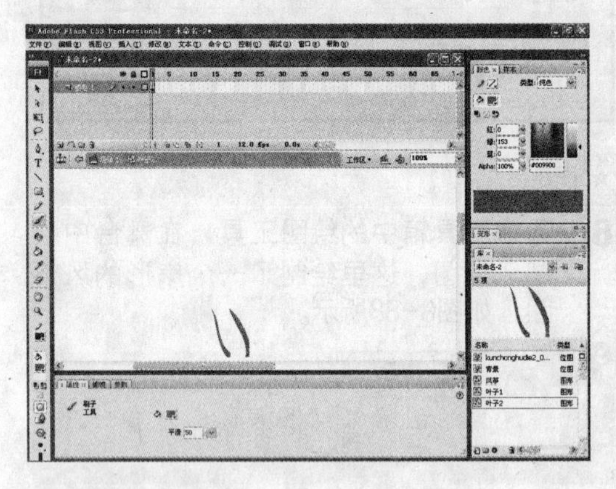

★ 图8-90

13 执行【插入】→【新建元件】命令，打开【创建新元件】对话框。

14 在【创建新元件】对话框中输入元件名称，并选中【影片剪辑】单选按钮，如图8-91所示。

★ 图8-91

15 单击【确定】按钮，进入影片剪辑的编辑状态。

16 选中影片剪辑编辑状态中图层1的第1帧，将“叶子1”图形元件拖曳到舞台中，如图8-92所示。

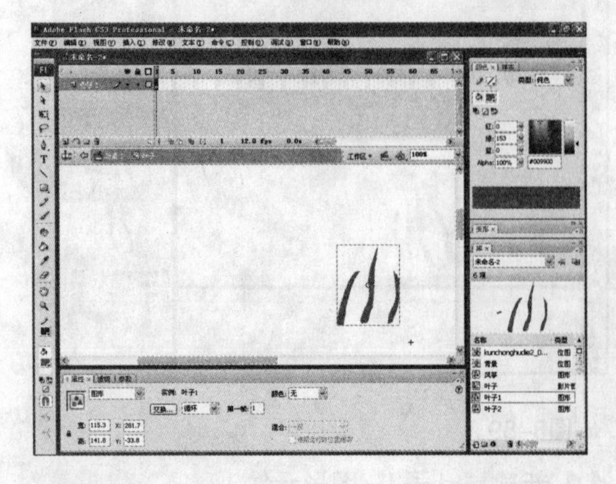

★ 图8-92

17 选中第2帧，按【F6】键插入关键帧。

18 选择任意变形工具，将第2帧中的图形进行旋转，如图8-93所示。

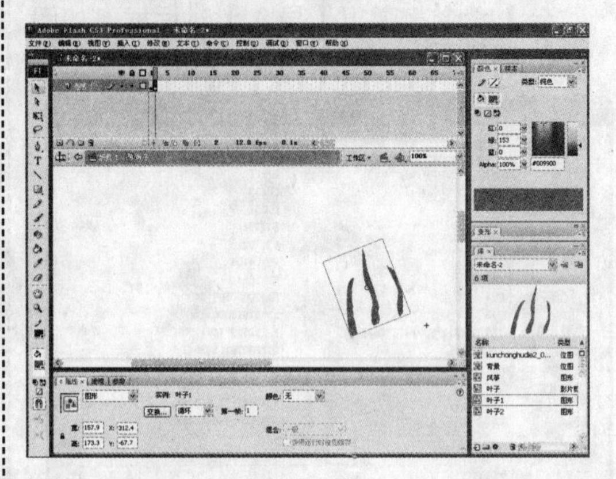

★ 图8-93

19 单击【插入图层】按钮，在影片剪辑编辑状态中新建一个图层2。

20 选中此影片中图层2的第1帧，将“叶子2”图形元件拖曳到舞台中，如图8-94所示。

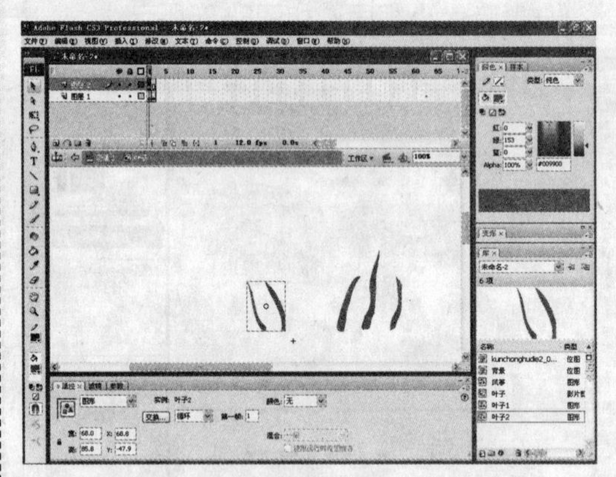

★ 图8-94

21 选中此影片中图层2的第2帧，按【F6】键插入关键帧。

22 选择任意变形工具将第2帧中的图形进行旋转，如图8-95所示。

23 再次新建一个影片剪辑元件，命名为“风筝飞”。

24 选中“风筝”图形元件，将其拖曳到场景中，如图8-96所示。

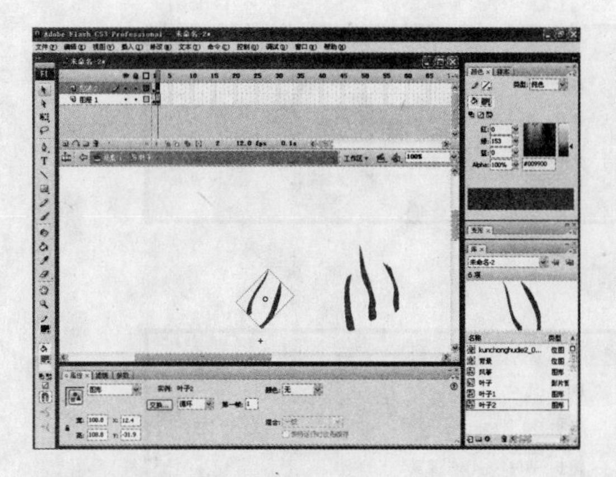

★ 图8-95

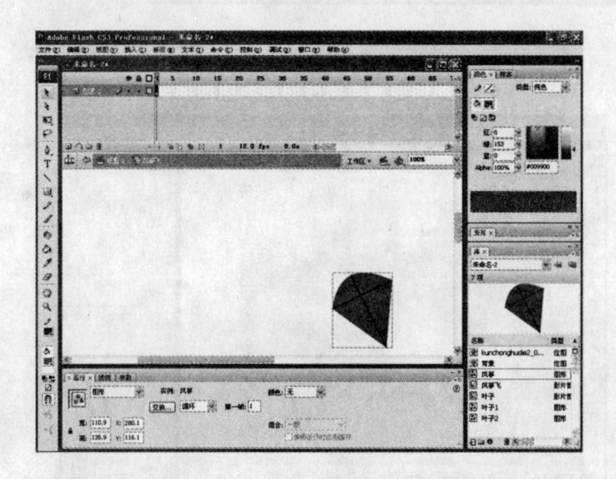

★ 图8-96

25 选中影片“风筝”的第10帧，按【F6】键，插入一个关键帧。

26 将元件向上移动，并使用任意变形工具对其进行缩放，如图8-97所示。

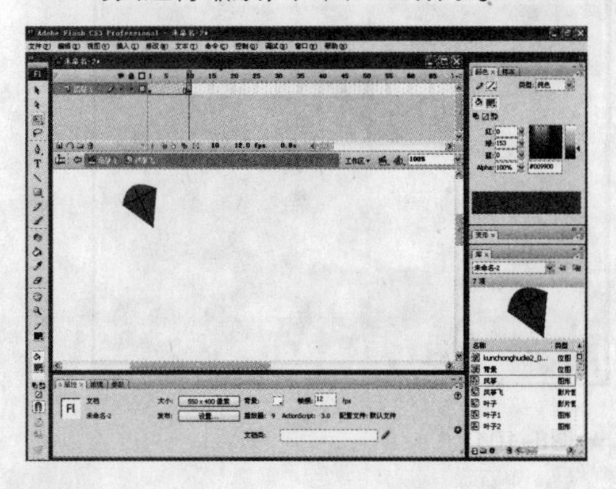

★ 图8-97

27 选中影片“风筝”的第11帧，按【F6】键，插入一个关键帧。

28 单击【插入图层】按钮，在影片“风筝飞”中新建图层2。

29 选中图层2的第1帧，用铅笔工具绘制一条曲线，如图8-98所示。

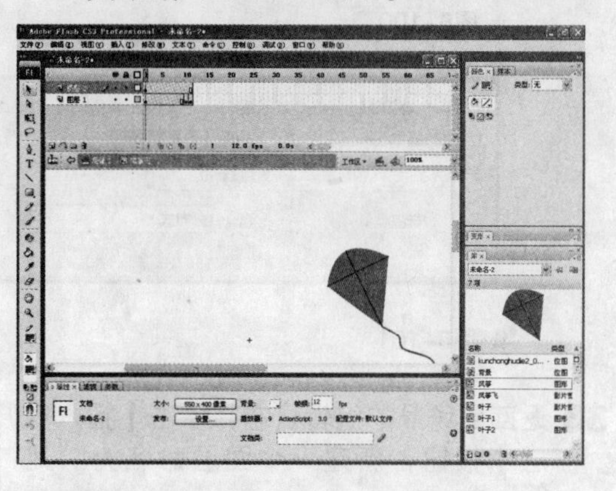

★ 图8-98

30 选中图层2第11帧，插入关键帧，使用任意变形工具将线条拉长，如图8-99所示。

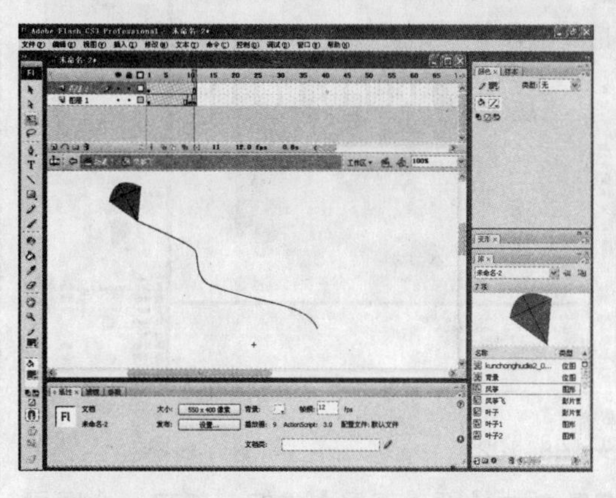

★ 图8-99

31 选中图层1的第1帧，在【属性】面板中单击【补间】下拉列表框，选择【动画】选项，如图8-100所示。

32 选中图层2的第1帧，在【属性】面板中将【动作】补间改为【形状】补间，如图8-101所示。

★ 图8-100

★ 图8-101

33 返回到场景的编辑状态，单击【插入图层】按钮，新建一个图层命名为“风筝”。

34 将“风筝”影片剪辑拖曳到舞台的合适位置上，如图8-102所示。

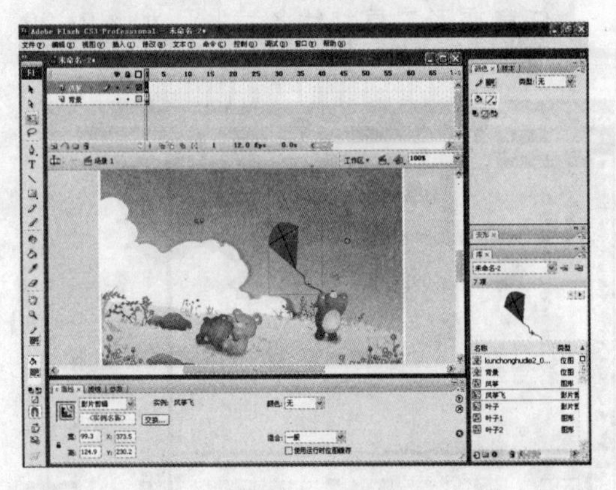

★ 图8-102

35 单击【插入图层】按钮，新建一个图层命名为“叶子”。

36 将两个“叶子”影片剪辑拖曳到舞台的合适位置上，并调整大小，如图8-103所示。

37 执行【控制】→【测试影片】命令（或按【Ctrl+Enter】组合键），得到动画的预览效果，如图8-104所示。

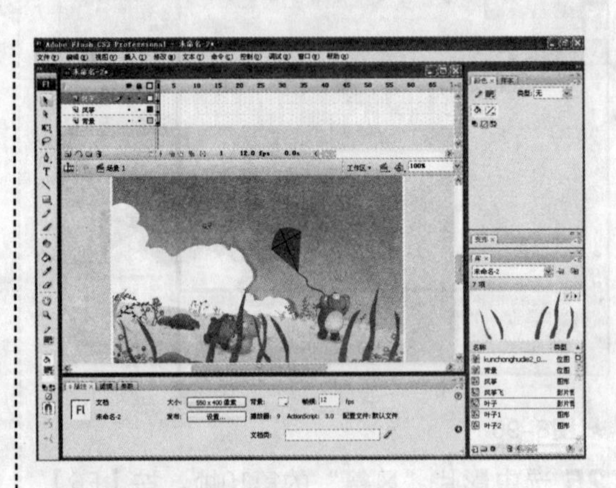

★ 图8-103

★ 图8-104

8.3 元件库

Flash CS3的元件都存储在【库】面板中，用户可以在【库】面板中对元件进行编辑和管理，也可以直接从【库】面板中拖曳元件到场景中制作动画。

8.3.1 元件库的基本操作

知识点讲解

在库中可利用文件夹对元件和素材进行更好的管理。执行【窗口】→【库】命令（或按【Ctrl+L】组合键），打开【库】面板，如图8-105所示。要想掌握元件库的基本操作，首先要了解【库】面板中各按钮的功能。

★ 图8-105

【库】面板中各按钮的功能及含义如下所述。

按钮：用于固定当前选定的库。

按钮：用于新建一个【库】面板。

和按钮：用于改变库中元件和素材的排列顺序。

按钮：用于将【库】面板展开，以便显示元件和素材的名称、类型、使用次数和最后一次改动的时间等详细信息，如图8-106所示。

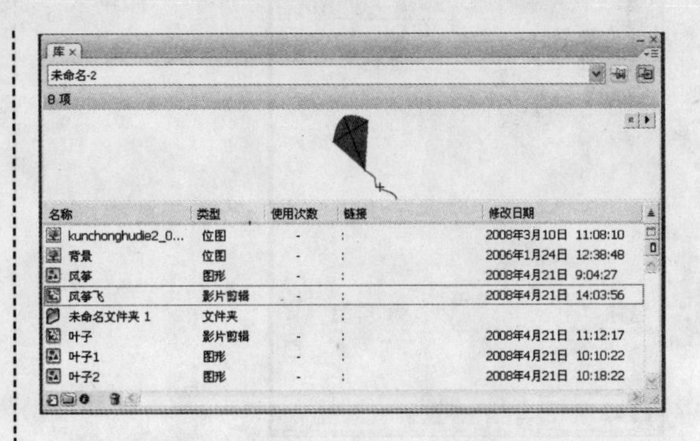

★ 图8-106

按钮：用于将展开的【库】面板恢复到原大小。

按钮：用于打开【创建新元件】对话框，创建新元件。

按钮：用于在【库】面板中新建文件夹，对元件和素材进行分类和管理。

按钮：用于查看选中元件或素材的属性。

按钮：用于删除选中的元件、素材或文件夹。

注意

在【库】面板中将显示该动画中的所有元件和素材，新建动画文档的【库】面板中没有任何内容。

动手练

通过上面知识的介绍，读者对【库】面板各组成部分的功能及含义有了一定的了解。在【库】面板中，可进行新建元件、更改元件、删除元件及改变显示方式等操作。请读者跟随下面的操作练习如何新建元件。

1 新建一个Flash CS3文档。

2 执行【窗口】→【库】命令（或按【Ctrl+L】组合键），当前弹出的【库】面板中是没有任何元件的，如图8-107所示。

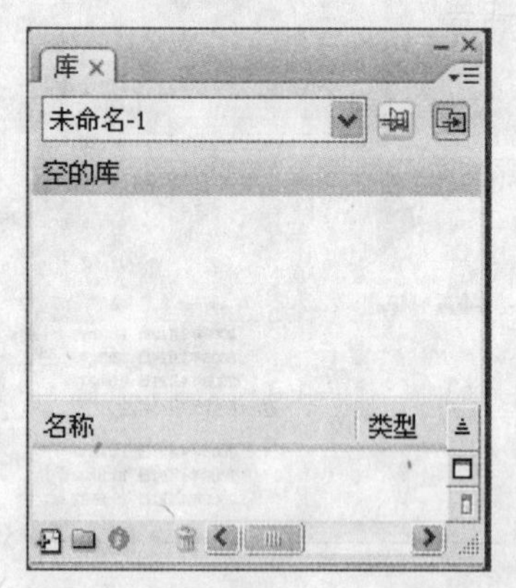

★ 图8-107

3 单击【新建元件】按钮，打开【创建新元件】对话框，如图8-108所示。

★ 图8-108

4 在【名称】文本框中输入元件的名称。

5 在【类型】区域中，根据需要选中相应的单选按钮。

6 单击【确定】按钮，进入元件的编辑状态，此时的【库】面板如图8-109所示。

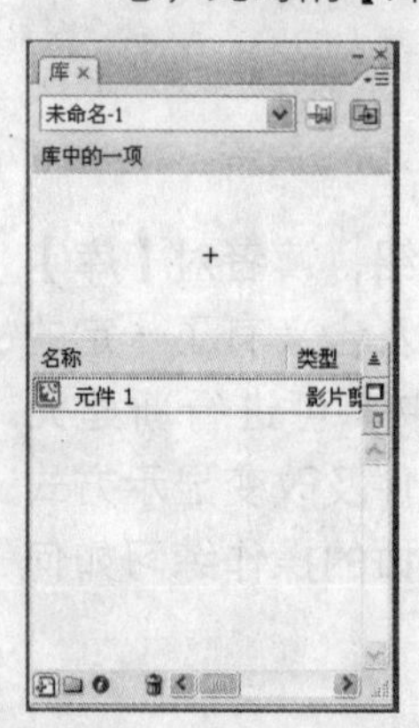

★ 图8-109

技巧

单击【库】面板中的【新建文件夹】按钮，在【库】面板中创建不同的文件夹，便于元件的分类管理，如图8-110所示。选择需要的元件，将元件拖曳到库的文件夹中，如图8-111所示。

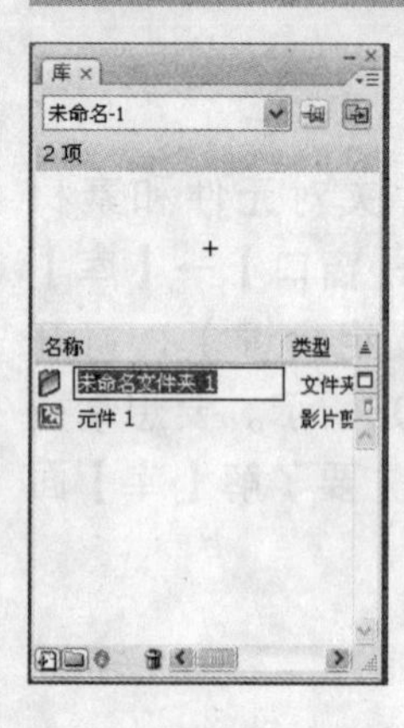

★ 图8-110

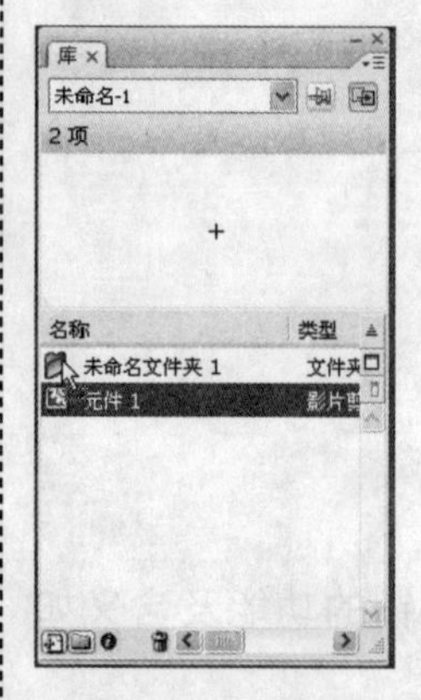

★ 图8-111

注意

若要将元件或素材移出文件夹，只需选中该元件或素材，然后按住鼠标左键，将其拖动到文件夹外即可。另外，在对打开的文件夹中的元件或素材进行相应操作后，可双击按钮将该文件夹关闭，以便在【库】面板中显示更多的相关内容。

- 选择库中的一个元件，单击【属性】按钮，弹出【元件属性】对话框，

如图8-112所示，在该对话框中可以更改元件的名称和类型。

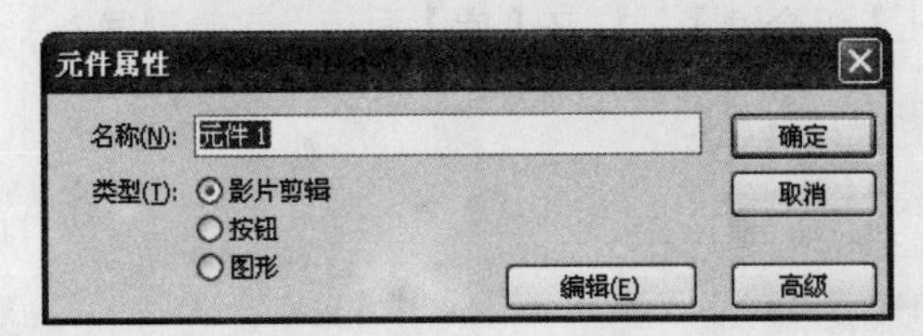

★ 图8-112

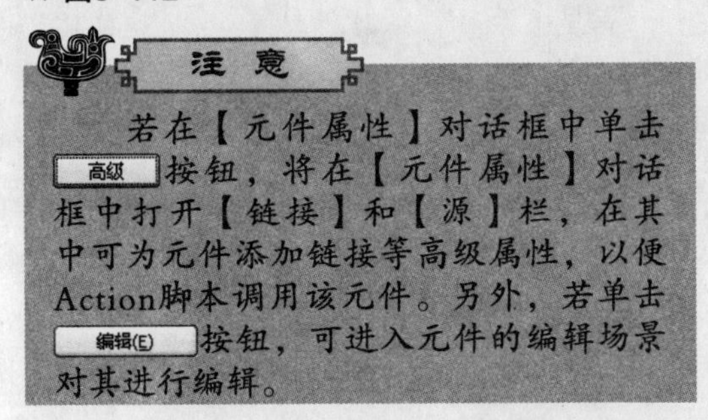

若在【元件属性】对话框中单击  高级 按钮，将在【元件属性】对话框中打开【链接】和【源】栏，在其中可为元件添加链接等高级属性，以便Action脚本调用该元件。另外，若单击 编辑(E) 按钮，可进入元件的编辑场景对其进行编辑。

- 单击【删除】按钮，可直接把元件从库中删除。
- 单击【切换排序顺序】按钮，可调整元件在【库】面板中的排列顺序。
- 单击【宽库视图】按钮，可以切换到加宽模式。这样可以浏览元件的名称、类型和使用次数等更加详细的信息。
- 单击【窄库视图】按钮，可以把宽库视图更改回正常的显示状态。
- 单击【库】右上角的小三角按钮，弹出一个选项菜单，使用此选项菜单可以对库中的元件进行更加详细的管理。

8.3.2 调用库

知识点讲解

在Flash CS3中，制作动画时可能会用到一些已完成好的素材，我们可使用【导入到库】功能，将导入到动画中的对象自动保存到库中，这样使用起来更加方便。下面通过一个简单的实例来说明其操作过程，具体操作步骤如下：

1 新建一个Flash文档。
2 执行【文件】→【导入】→【导入到库】命令，打开【导入到库】对话框，如图8-113所示。

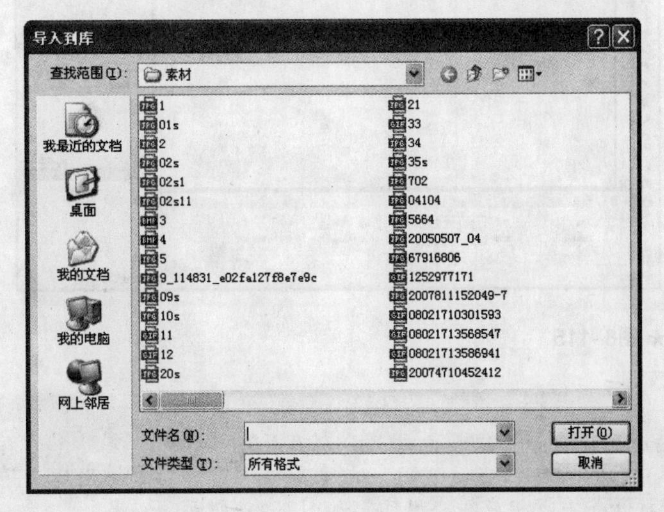

★ 图8-113

3 选择需要导入的素材。
4 单击【打开】按钮，素材将会直接导入到当前动画的元件库中。
5 执行【窗口】→【库】命令（或按【Ctrl+L】组合键），打开【库】面板，可看到导入的对象，如图8-114所示。

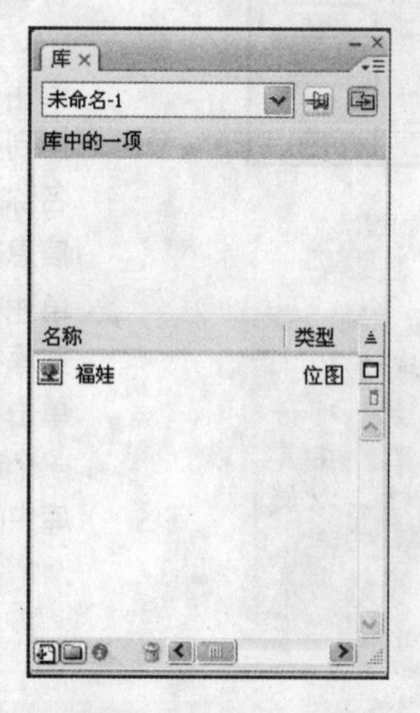

★ 图8-114

如果需要使用导入的素材，用鼠标直接将其拖曳到舞台中的相应位置上即可，如图8-115所示。

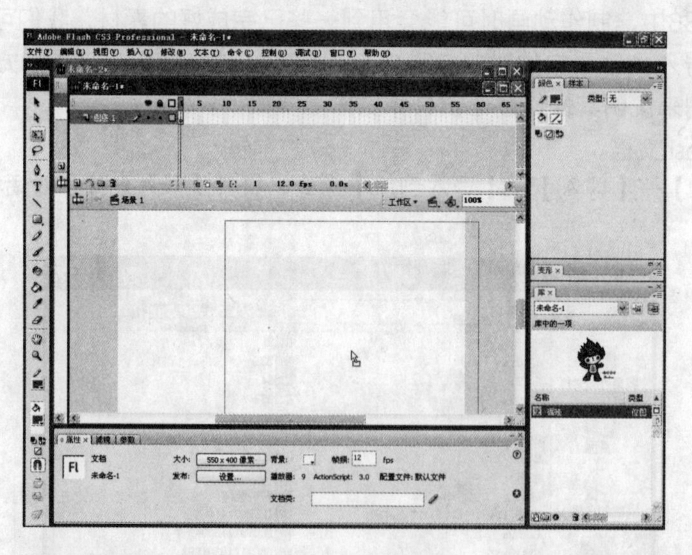

★ 图8-115

Flash CS3的公用库自带了很多元件，分别存放在“学习交互”、“类”和“按钮”等三个不同的库中，用户可以直接使用。在【窗口】菜单的【公用库】子菜单中，选择某一菜单项，可打开或关闭相应的公用库，如图8-116所示。

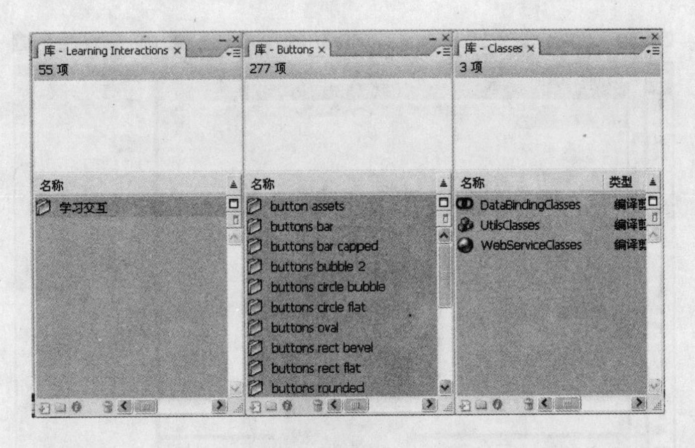

★ 图8-116

公用库的使用方式与普通【库】面板的使用方法相同，参考本章前面的内容。

动手练

在制作Flash CS3的动画时，可以调用其他影片文件的【库】面板中的元件，这样就不需要重复制作相同的素材，可以大大提高动画的制作效率。下面通过一个简单的实例来说明调用其他【库】面板中的元件的操作，请读者跟随下面的步骤进行练习：

1 新建一个Flash CS3文档。

2 执行【窗口】→【库】命令（或按【Ctrl+L】组合键），打开【库】面板，如图8-117所示。

3 执行【文件】→【导入】→【打开外部库】命令（或按【Ctrl+Shift+O】组合键），打开另外一个影片的【库】面板，不是当前影片的【库】面板呈灰色，如图8-118所示。

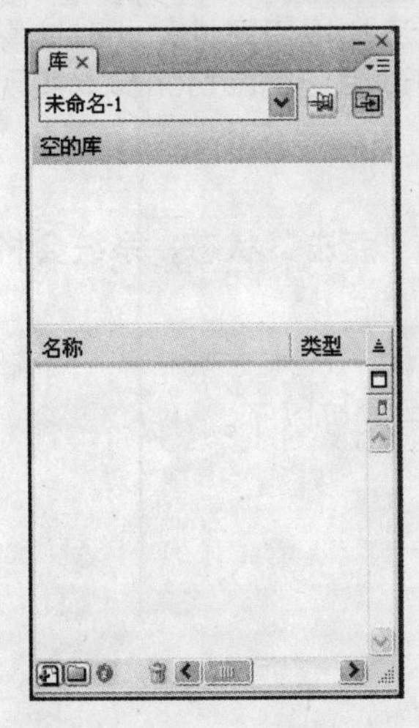

★ 图8-117

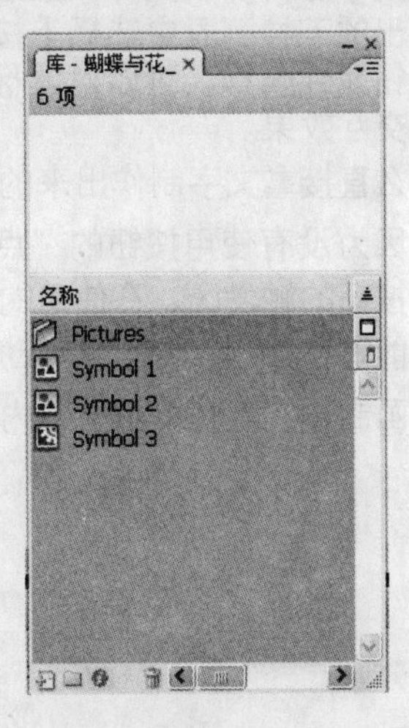

★ 图8-118

4 直接将其他影片的【库】面板中的元件拖曳到当前影片中来，如图8-119所示。

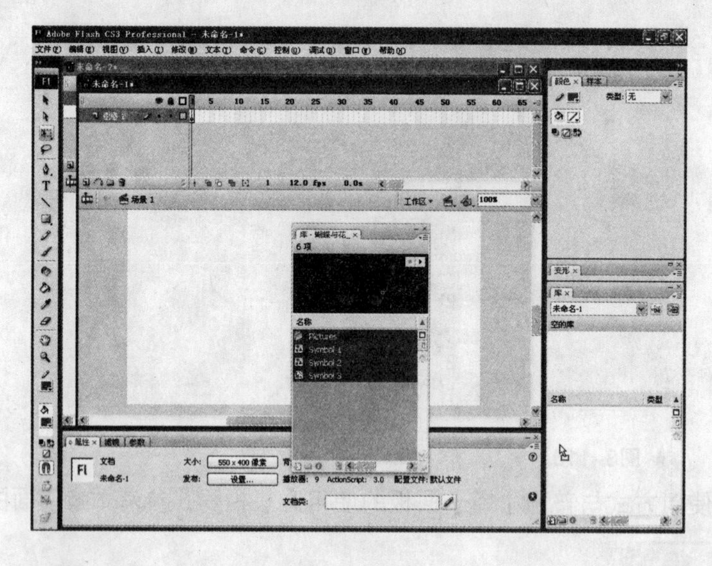

★ 图8-119

5 选择的元件将被自动添加到当前的元件库中。

疑难解答

问 如果要使影片剪辑元件也具有类似按钮元件的响应鼠标动作的效果，应如何处理呢？

答 通常情况下，如果通过更改元件属性的方式，直接将影片剪辑元件转换为按钮元件，则可能会出现转换的按钮元件的帧长度超过4帧的情况，从而导致按钮的状态混乱。如果只需要影片剪辑元件具备按钮元件的点击效果，以及能够通过点击实现相应的交互效果，则可选中影片剪辑元件，然后在【属性】面板中单击影片剪辑下拉列表框中的按钮，在弹出的下拉列表中选择【按钮】选项，为影片剪辑添加按钮属性，此时该影片剪辑就和按钮元件一样，可以对鼠标动作做出反应，并能通过相应的Action脚本实现与按钮相同的交互效果。

问 为什么直接拿文字制作出来的按钮不容易点击呢？

答 这是因为没有使用按钮的“点击”状态，如果未定义“点击”状态，系统会将文字本身作为按钮的触发区，在使用的时候就不是很灵活了。

问 怎么能够在按钮元件里显示动画效果呢？

答 把动画制作在影片剪辑元件内，然后嵌套到按钮元件中就可以了。

Chapter 09

第9章　特效的应用

本章要点

- *使用滤镜效果*
- *使用混合模式*
- *使用时间轴特效*

为了更好地支持动画的制作，使动画的效果更加形象逼真，Flash CS3增加了许多特效，通过应用这些特效，可以轻松地创建各种精美的动画效果。本章将介绍Flash CS3特效应用的相关知识。

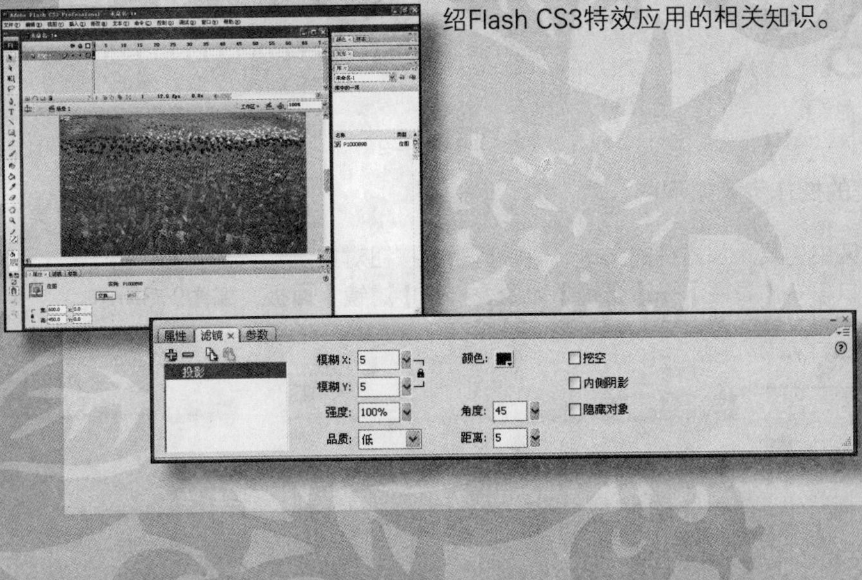

9.1 使用滤镜效果

滤镜效果是Flash CS3中新增加的一个功能，与引导动画和遮罩动画不同，滤镜只适用于文本、影片剪辑和按钮对象。Flash CS3为动画制作提供了投影、模糊、发光、斜角、渐变发光、渐变斜角和调整颜色等7种不同的特效。

9.1.1 添加和删除滤镜效果

知识点讲解

Flash CS3中的滤镜可以为文本、按钮和影片剪辑增加特殊的视觉效果（如投影、模糊、发光和斜角等效果），如图9-1和图9-2所示。在之前的Flash版本中，因为没有滤镜功能，所以需要表现图形逐渐模糊、图形渐变发光以及阴影等效果时，通常需要利用多个连续的图片素材，或通过制作专门的元件来实现。利用这些方式进行制作，不仅增加了制作的难度，同时还会增加Flash动画文件的体积。而在Flash CS3中，只需为图形添加相应的滤镜，就可以制作出这类特殊的视觉效果。

★ 图9-1

★ 图9-2

添加滤镜的操作步骤如下：

1 选中工作区中需要添加滤镜的文本、影片剪辑或按钮对象。

2 执行【窗口】→【属性】→【滤镜】命令，打开【滤镜】面板，如图9-3所示。

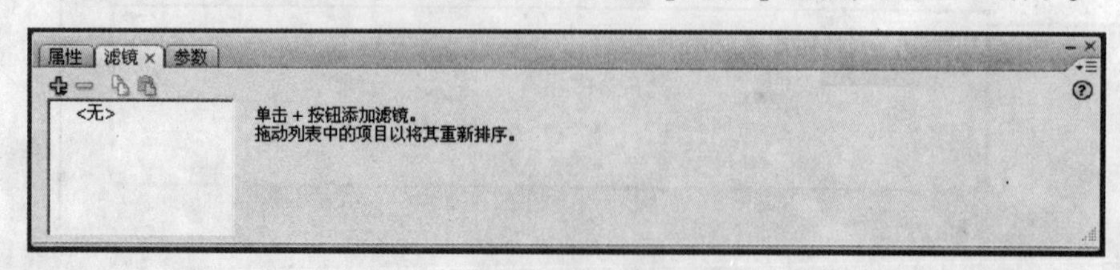

★ 图9-3

3 单击【添加滤镜】按钮，打开【滤镜】面板的选项菜单，如图9-4所示。

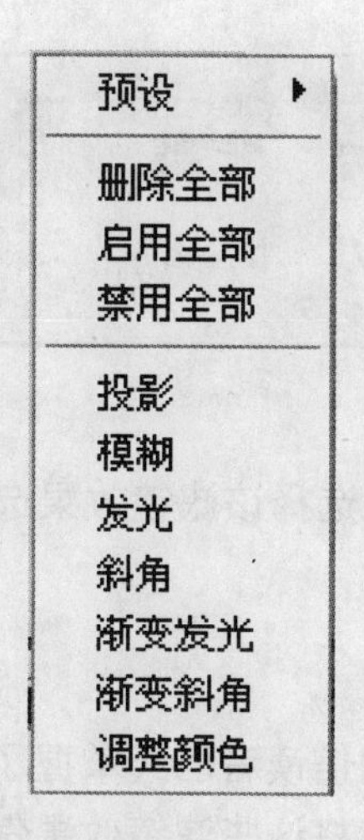

★ 图9-4

4 选择需要的滤镜效果选项，所选择的滤镜效果将添加到【滤镜】面板的列表框中，并出现相应滤镜效果选项的设置项，如图9-5所示。

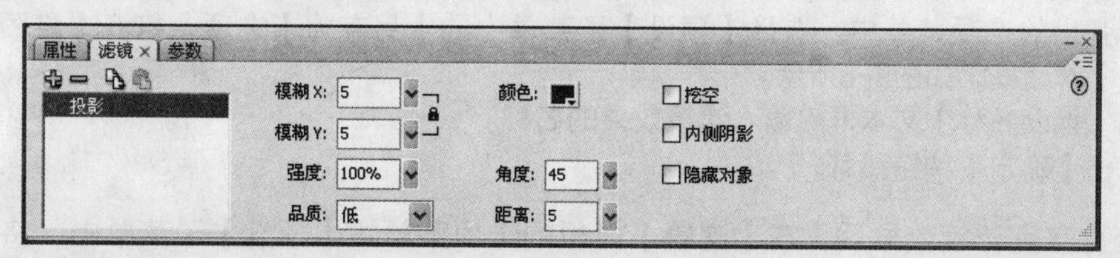

★ 图9-5

5 根据动画制作的要求设置相应的参数即可。

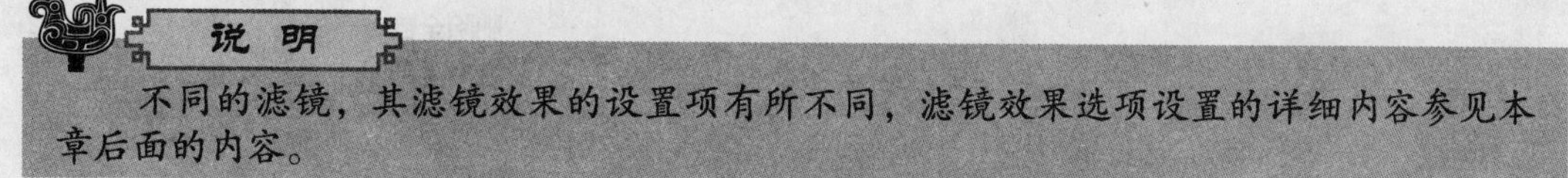

说　明

不同的滤镜，其滤镜效果的设置项有所不同，滤镜效果选项设置的详细内容参见本章后面的内容。

6 继续在【滤镜】面板的选项菜单中，选择滤镜效果选项，可以为同一个对象添加多个滤镜效果，如图9-6所示。

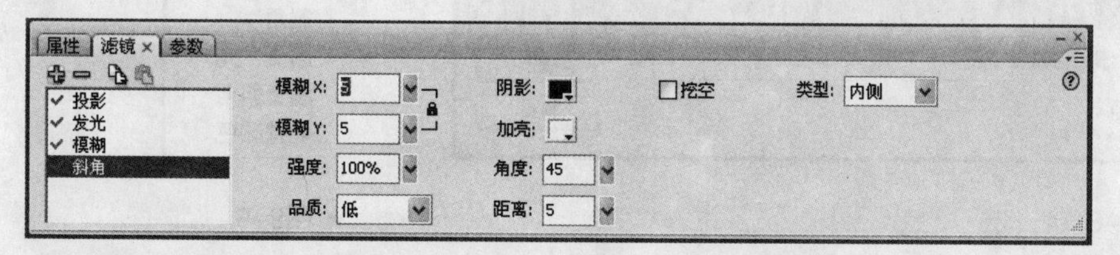

★ 图9-6

当一个对象具有多个滤镜效果时，可以改变滤镜效果的排列顺序，从而形成不同的动画效果。如果想改变滤镜效果的排列顺序，只要选择相应的滤镜，然后将其拖曳到所需要的位置上即可，如图9-7所示。

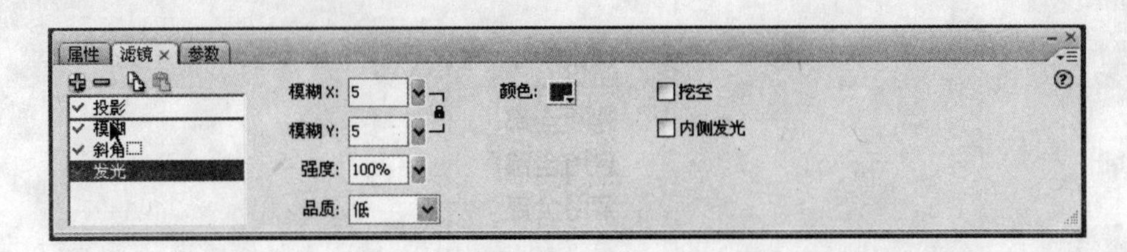

★ 图9-7

当不需要某一滤镜效果时，先选择该滤镜效果选项，然后单击【删除滤镜】按钮▭即可。

动手练

通过上面小节内容的讲解，相信读者已经掌握了如何添加和删除滤镜效果。当设置完某一对象的滤镜效果后，还可以将这些滤镜效果保存起来，将其应用到其他对象中。请读者根据下面的步骤进行练习，保存滤镜效果的操作步骤如下：

1. 单击【滤镜】面板中的【添加滤镜】按钮✚。
2. 在弹出的选项菜单中，选择【预设】子菜单中的【另存为】选项，打开【将预设另存为】对话框，如图9-8所示。
3. 在【预设名称】文本框中输入滤镜效果的名称。
4. 单击【确定】按钮即可。

当保存完滤镜效果后，在【滤镜】面板的选项菜单的【预设】子菜单中，将出现该滤镜效果的名称，如图9-9所示。

★ 图9-8

预设
删除全部
启用全部
禁用全部
投影
模糊
发光
斜角
渐变发光
渐变斜角
调整颜色
另存为...
重命名...
删除...
滤镜效果1

★ 图9-9

要使用保存的滤镜效果，首先选择需要使用滤镜效果的文本、影片剪辑和按钮对象，然后选择【预设】子菜单中保存的滤镜效果选项即可。

9.1.2 设置滤镜参数

知识点讲解

Flash CS3提供了投影、模糊、发光、斜角、渐变发光、渐变斜角和调整颜色等7种

不同的滤镜效果，不同的滤镜效果有不同的设置参数，下面分别介绍这些滤镜效果的设置参数。

1. 投影

投影滤镜效果与Fireworks中的投影效果类似，包括模糊、强度、品质、颜色、角度、距离、挖空、内侧阴影和隐藏对象等设置参数，如图9-10所示。

★ 图9-10

这些设置参数的含义如下所述。

- 模糊——可分别从X轴和Y轴两个方向对对象设置投影的模糊程度，取值范围为0~100。如果需要解除X和Y方向的比例锁定，可以单击X和Y后的锁定按钮，再次单击该按钮可以锁定比例。
- 强度——可以对投影的强烈程度进行设置，取值范围为0%~100%，随数值的增大，投影的显示越清晰。
- 品质——可以对投影的品质高低进行设置，有“高”、“中”和“低”三项参数，品质参数越高，投影越清晰。
- 颜色——单击此按钮，可以在打开的调色板中对投影的颜色进行设置。
- 角度——可以对投影的角度进行设置，取值范围为0°~360°。
- 距离——可以对投影的距离大小进行设置，取值范围为-32~32。
- 挖空——可以显示在投影作为背景的基础上挖空的对象。
- 内侧阴影——可以将阴影的生成方向设置为指向对象内侧。
- 隐藏对象——可以取消对象的显示，只显示投影而不显示原来的对象。

如图9-11所示的是添加投影滤镜效果的文本。

★ 图9-11

2. 模糊

模糊滤镜包括模糊程度和品质两个设置参数，如图9-12所示。

★ 图9-12

这两个设置参数的含义如下所述。

- 模糊——可以分别从X轴和Y轴两个方向对对象设置模糊程度，取值范围为0~100。如果需要解除X和Y方向的比例锁定，可以单击X和Y后的锁定按钮，再次单击该按钮可以锁定比例。
- 品质——可以对模糊的品质高低进行设置，有“高”、“中”和“低”三项参数，品质参数越高，模糊效果越明显。

添加模糊滤镜效果的文本如图9-13所示。

★ 图9-13

3. 发光

发光滤镜的效果与Photoshop中的发光效果类似，包括模糊、强度、品质、颜色、挖空和内侧发光等设置参数，如图9-14所示。

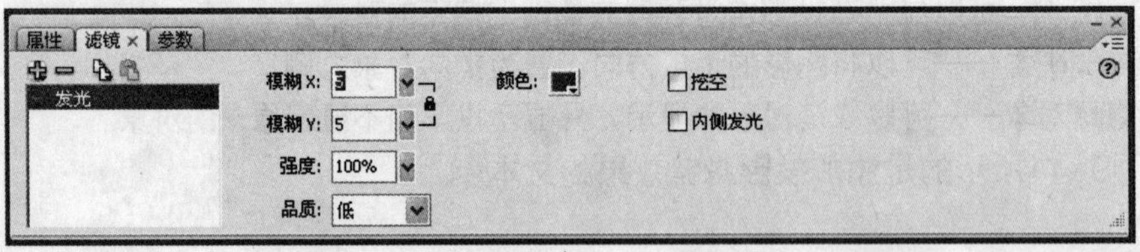

★ 图9-14

这些设置参数的含义如下所述。

- 模糊——可以分别从X轴和Y轴两个方向对发光的模糊程度进行设置，取值范围为0~100。如果需要解除X和Y方向的比例锁定，可以单击X和Y后的锁定按钮，再次单击该按钮可以锁定比例。
- 强度——可以对发光的强烈程度进行设置，取值范围为0%~100%，随着数值的增大，发光的显示越清晰。
- 品质——可以对发光的品质高低进行设置，有“高”、“中”和“低”三项参数，品质参数越高，发光越清晰。
- 挖空——可以显示在发光效果作为背景的基础上挖空的对象。

- 内侧发光——可以将发光的生成方向设置为指向对象内侧。

添加发光滤镜效果的文本如图9-15所示。

FLASH WORLD

★ 图9-15

4. 斜角

可以利用斜角滤镜制作立体的浮雕效果，包含模糊、强度、品质、阴影、加亮、角度、距离、挖空和类型等设置参数，如图9-16所示。

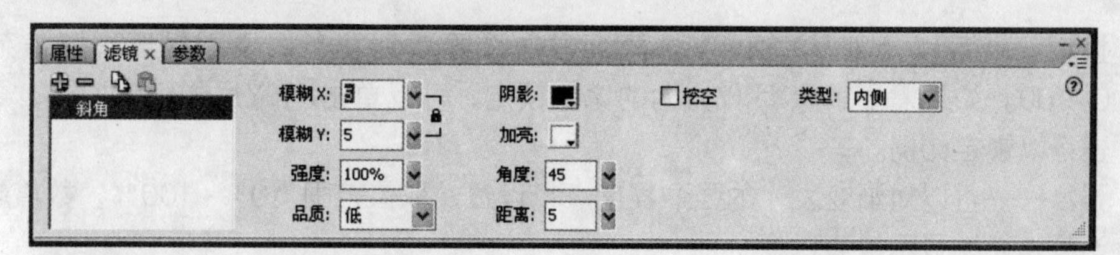

★ 图9-16

这些设置参数的含义如下所述。

- 模糊——可以分别从X轴和Y轴两个方向设置斜角的模糊程度，取值范围为0~100。如果需要解除X和Y方向的比例锁定，单击X和Y后的锁定按钮，再次单击该按钮可以锁定比例。
- 强度——可以对斜角的强烈程度进行设置，取值范围为0%~100%，随着数值的增大，斜角的效果越明显。
- 品质——可以对斜角倾斜的品质高低进行设置，有“高”、“中”和“低”三项参数，品质参数越高，斜角效果越明显。
- 阴影——可以在调色板中选择斜角的阴影颜色。
- 加亮——可以在调色板中选择斜角的高光加亮颜色。
- 角度——可以对斜角的角度进行设置，取值范围为0°~360°。
- 距离——可以对斜角距离对象的大小进行设置，取值范围为-32~32。
- 挖空——可以显示在斜角效果作为背景的基础上挖空的对象。
- 类型——可以对斜角的应用位置进行设置，分为内侧、外侧和强制齐行，如果选择强制齐行，则在内侧和外侧同时应用斜角效果。

添加投影滤镜效果的文本如图9-17所示。

FLASH WORLD

★ 图9-17

5. 渐变发光

渐变发光滤镜的效果与发光滤镜的效果基本相同，区别是前者可以调节发光的颜色为渐变颜色，同时设置发光的角度、距离和类型，其设置参数如图9-18所示。

★ 图9-18

这些设置参数的含义如下所述。

- 模糊——可以分别从X轴和Y轴两个方向设置渐变发光的模糊程度，取值范围为0~100。如果需要解除X和Y方向的比例锁定，可以单击X和Y后的锁定按钮，再次单击可以锁定比例。
- 强度——可以对渐变发光的强烈程度进行设置，取值范围为0%~100%，数值越大，渐变发光的显示越清晰。
- 品质——可以对渐变发光的品质高低进行设置，有“高”、“中”和“低”三项参数，品质参数越高，发光越清晰。
- 挖空——可以显示在渐变发光效果作为背景的基础上挖空的对象。
- 角度——可以对渐变发光的角度进行设置，取值范围为0°~360°。
- 距离——可以对渐变发光的距离大小进行设置，取值范围为-32~32。
- 类型——可以对渐变发光的应用位置进行设置，可以是内侧、外侧或强制齐行。
- 变色——利用面板中的渐变色条控制渐变颜色，默认情况下为白色到黑色的渐变色。在白色控制条上单击鼠标左键可以增加新的颜色控制点。向下方拖曳已有的颜色控制点，就可以删除该控制点。单击控制点上的颜色块，可以在弹出的系统调色板上选择要改变的颜色。

添加渐变发光滤镜效果的文本如图9-19所示。

★ 图9-19

6. 渐变斜角

渐变斜角滤镜的效果与斜角滤镜的效果基本相同，区别是渐变斜角可以精确控制斜角的渐变颜色，其设置参数如图9-20所示。

★ 图9-20

这些设置参数的含义如下所述。

- 模糊——可以分别从X轴和Y轴两个方向设置斜角的模糊程度，取值范围为0~100。如果需要解除X和Y方向的比例锁定，可以单击X和Y后的锁定按钮，再次单击可以锁定比例。
- 强度——可以对斜角的强烈程度进行设置，取值范围为0%~100%，数值越大，斜角的效果越明显。
- 品质——可以对斜角倾斜的品质高低进行设置，有“高”、“中”和“低”三项参数，品质参数越高，斜角效果越明显。
- 阴影——可以在调色板中选择颜色设置斜角的阴影颜色。
- 加亮——可以在调色板中选择颜色设置斜角的高光加亮颜色。
- 角度——可以对斜角的角度进行设置，取值范围为0°~360°。
- 距离——可以对斜角距离对象的大小进行设置，取值范围为-32~32。
- 挖空——可以将斜角效果作为背景，显示挖空的对象部分。
- 类型——可以对斜角的应用位置进行设置，可以是内侧、外侧和强制齐行，如果选择强制齐行，则在内侧和外侧同时应用斜角效果。
- 渐变色——利用面板中的渐变色条控制渐变颜色，默认情况下为白色到黑色的渐变色。在白色控制条上单击鼠标左键可以增加新的颜色控制点。向下方拖曳已有的颜色控制点，就可以删除该控制点。单击控制点上的颜色块，可以在弹出的系统调色板中选择要改变的颜色。

添加渐变斜角滤镜效果的文本如图9-21所示。

★ 图9-21

7. 调整颜色

通过对对象设置调整颜色滤镜的效果，可以调整影片剪辑、文本或按钮的颜色，如亮度、对比度、饱和度和色相等。调整颜色滤镜的设置参数如图9-22所示。

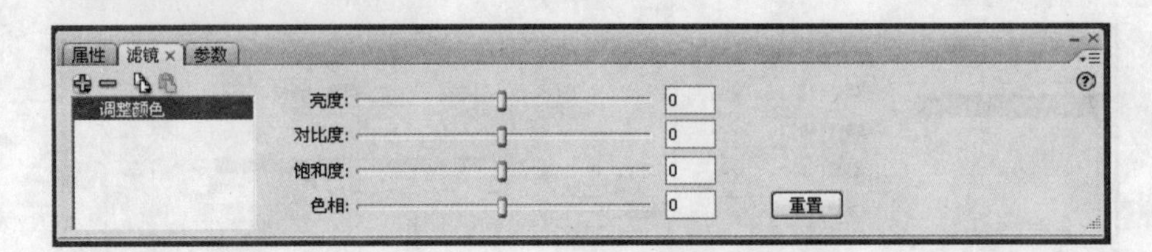

★ 图9-22

这些设置参数的含义如下所述。

- 亮度——通过拖动滑块来调整对象的亮度。向左拖动滑块可以降低对象的亮度，向右拖动可以增强对象的亮度，取值范围为-100~100。
- 对比度——通过拖动滑块来调整对象的对比度。向左拖动滑块可以降低对象的对比度，向右拖动可以增强对象的对比度，取值范围为-100°~100°。
- 饱和度——通过拖动滑块来调整色彩的饱和程度。向左拖动滑块可以降低对象中包含颜色的浓度，向右拖动可以增加对象中包含颜色的浓度，取值范围为-100~100。
- 色相——通过拖动滑块来调整对象中各个颜色色相的浓度，取值范围为-180~180。
- 重置——单击该按钮可以返回到初始状态。

添加调整颜色滤镜效果的影片剪辑元件如图9-23所示。

★ 图9-23

注 意

应用于对象的滤镜类型、数量和质量会影响SWF动画文件的播放性能，对象应用的滤镜越多，Macromedia Flash Player要处理的计算量也就越大。因此，对于同一个对象，建议用户最好只应用有限数量的滤镜。除此之外，用户也可通过调整所应用滤镜的强度和品质等参数，减少其计算量，从而在性能较低的电脑上也能获得较好的播放效果。

动手练

了解了滤镜的几种类型后，在动画制作过程中，就可以将这些效果应用到其中了。请读者根据下面的实例——“故乡的云”滤镜动画，练习为动画对象添加滤镜的基本操作，掌握制作滤镜动画的方法。

具体操作步骤如下：

1 新建一个Flash CS3文档，在【属性】面板中将场景尺寸设置为“750×400像素”，背景色设置为“白色”。

2 执行【文件】→【保存】命令，将其存储为“故乡的云”。

3 执行【文件】→【导入】→【导入到库】命令，将“云”和“草地”图片素材导入到库中。

4 新建“风车”影片剪辑元件，将图层1重命名为“风车底座”图层，然后在编辑场景中绘制一个如图9-24所示的白色渐变色图形，并在第40帧中插入普通帧。

5 新建“叶片”图层，在该图层中绘制一个白色渐变色的风车叶片图形，如图9-25所示，然后将图形放置到风车底座图形的上方，如图9-26所示。

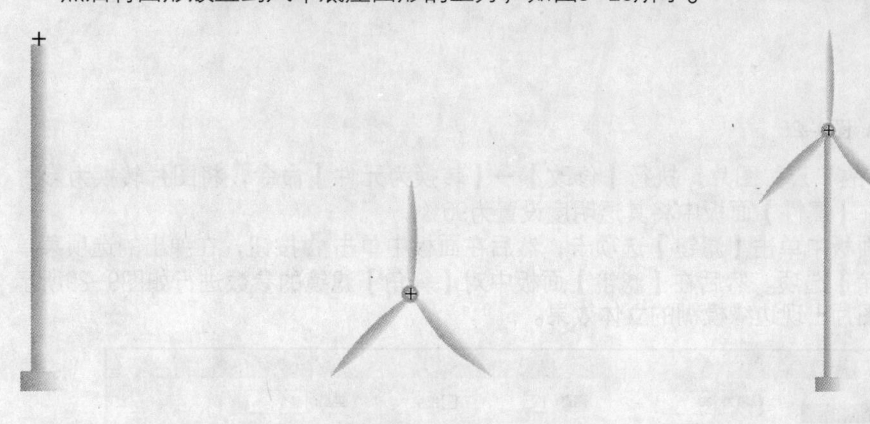

★ 图9-24　　★ 图9-25　　★ 图9-26

6 在“叶片”图层的第40帧中插入关键帧，选中第1帧创建补间动画，然后在【属性】面板的“旋转: 自动”下拉列表框中，将其设置为顺时针旋转3次，使风车叶片出现旋转的动画效果。编辑完成后，单击【时间轴】面板左上角的“场景 1”按钮，返回主场景。

7 在主场景中将图层1重命名为“天空”图层，然后使用矩形工具在场景中绘制一个与场景大小相同的矩形（矩形颜色为蓝绿线性渐变色），如图9-27所示。并在第200帧中插入普通帧。

★ 图9-27

8 新建“云”图层，在【库】面板中将“云”图片素材拖动到场景中，对图片大小和宽度进行适当的调整，并将其放置到如图9-28所示的位置上。

★ 图9-28

9 选中第1帧中的“云”图片，执行【修改】→【转换为元件】命令，将图片转换为影片剪辑元件，在【属性】面板中将其透明度设置为90％。

10 在【属性】面板中单击【滤镜】选项卡，然后在面板中单击按钮，在弹出的选项菜单中选择【斜角】选项。然后在【滤镜】面板中对【斜角】滤镜的参数进行如图9-29所示的设置，使图片出现边缘模糊的立体效果。

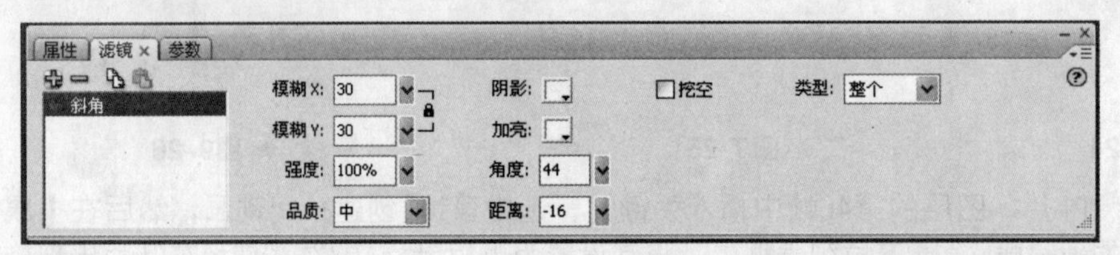

★ 图9-29

将“云”的属性设置为“影片剪辑”的目的是为了给图片添加滤镜。如果不设置该属性，就无法为其添加滤镜效果。

11 在“云”图层的第200帧中插入关键帧，然后将该帧中的“云”图片向右拖动，如图9-30所示，制作出表现云朵向右移动的动画效果。

★ 图9-30

12 选中图层“云”的第1帧，单击鼠标右键，在弹出的快捷菜单中选择【创建补间形状】选项。

13 新建“田野”图层，在【库】面板中将“田野”图片素材拖动到场景中，对图片大小进行适当调整，并将其放置到场景的下方，如图9-31所示。

★ 图9-31

14 选中第1帧创建补间动画，选中第1帧中的“田野”图片，执行【修改】→【转换为元件】命令，将其转换为影片剪辑元件。

15 在【属性】面板中单击【滤镜】选项卡，然后在面板中单击✚按钮，在弹出的选项菜单中选择【调整颜色】选项，然后将滤镜的参数进行如图9-32所示的设置。

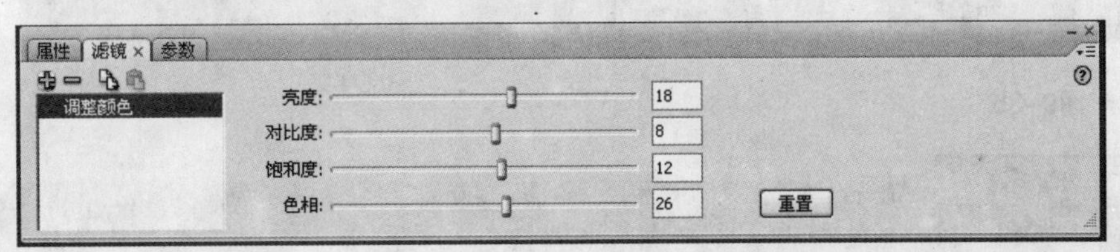

★ 图9-32

16 设置完毕后，即可看到场景中“田野”的色调变为翠绿色，如图9-33所示。

★ 图9-33

17 在“田野”图层的第200帧中插入关键帧，选中该帧中的“田野”图片，并在【滤镜】面板左侧的列表框中选择【调整颜色】滤镜，然后对亮度、对比度、饱和度和色相参数进行调整，如图9-34所示。

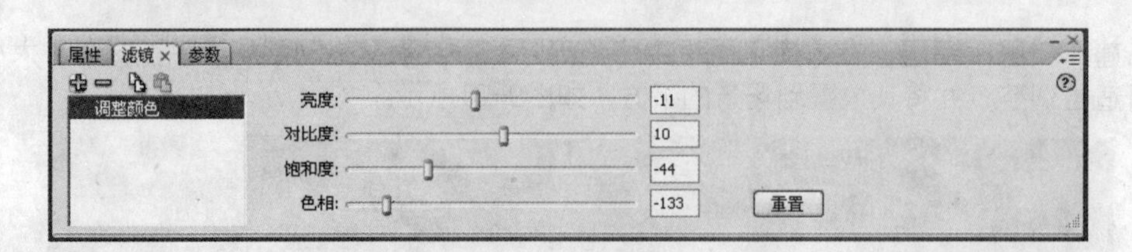

★ 图9-34

18 设置完毕后，即可将第200帧中的“田野”的色调变为黄褐色，如图9-35所示，制作出表现山坡、小屋和树木的逐渐变色的动画效果。

★ 图9-35

说 明

如果在第1～200帧之间插入关键帧，并调整各关键帧中“田野”的滤镜参数，可制作出更加多变的变色效果。

19 选中图层“田野”的第1帧，单击鼠标右键，在弹出的快捷菜单中选择【创建补间形状】选项。

20 新建“风车”图层，然后在【库】面板中将“风车”影片剪辑元件拖动到场景中，然后将其缩小，并放置到如图9-36所示的位置上。

★ 图9-36

21 选中“风车”影片剪辑元件，在【属性】面板中单击【滤镜】选项卡，然后在面板中单

击按钮，在弹出的选项菜单中选择【投影】选项，然后对【投影】滤镜的参数进行如图9-37所示的设置。

属性 | 滤镜 | 参数
投影
模糊X: 5　颜色:　挖空
模糊Y: 5　内侧阴影
强度: 50%　角度: 45　隐藏对象
品质: 低　距离: 3

★ 图9-37

22 在添加滤镜并设置滤镜参数后，即可为“风车”影片剪辑元件添加阴影效果，使其在场景中更加突出。

23 选中“风车”影片剪辑元件，将其复制两个，然后分别对复制的影片剪辑元件的大小进行调整，并将其进行如图9-38所示的排列。

24 编辑完成后，按【Ctrl+Enter】组合键测试动画，即可看到本例制作出的动画效果。

★ 图9-38

9.2 使用混合模式

当两个对象的颜色通道以某种数学计算方法混合叠加到一起的时候，两个对象将产生某种特殊的变化效果。动画制作可以通过Flash CS3新增的混合模式，对对象之间的混合模式进行处理。在Flash CS3中，只能够给按钮元件和影片剪辑元件添加混合模式。

9.2.1 添加混合模式

知识点讲解

Flash CS3提供了图层、色彩增殖、变暗、变亮、荧幕、叠加、强光、增加、减去、反转、差异、Alpha和擦除等混合模式。

动手练

读者可根据下面的练习学习在Flash CS3中添加混合模式，具体操作步骤如下：

1 选择需要添加混合模式的按钮或影片剪辑对象。

2 在【属性】面板中，打开【混合】下拉列表框，如图9-39所示。

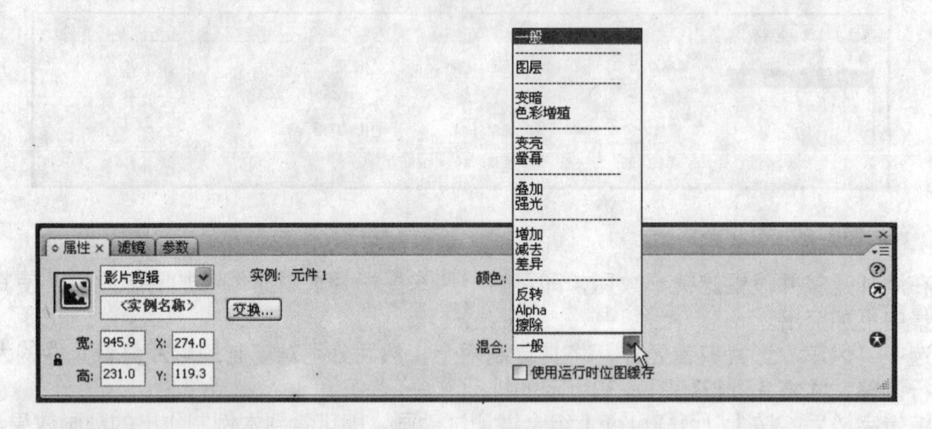

★ 图9-39

3 根据动画制作的需要，选择相应的混合模式。

在Flash CS3中，同一个对象只能选择一种混合模式效果。如果需要删除混合模式效果，只需在【混合】下拉列表框中选择【一般】选项即可。

9.2.2 混合模式的效果

知识点讲解

由于混合模式取决于应用混合模式的对象的颜色和基础颜色，因此必须试验不同的颜色，以查看结果，为了使混合模式的应用效果更直观，下面举例说明混合模式的各种效果，其操作步骤如下：

1 执行【文件】→【导入】→【导入到舞台】命令，在舞台上导入一张背景位图，如图9-40所示。

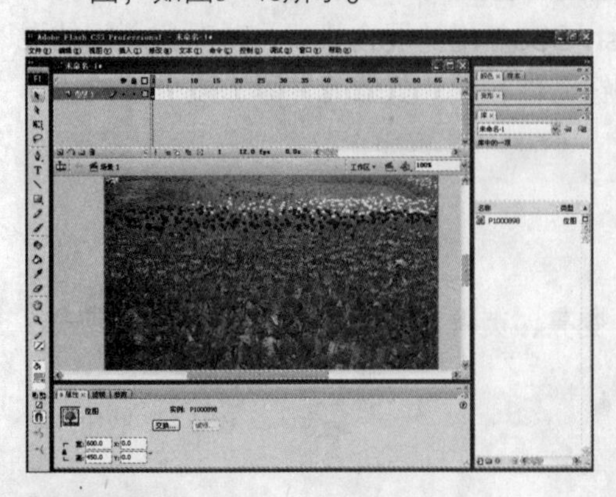

★ 图9-40

2 重复上述操作，在背景位图上再导入一张位图图片，如图9-41所示。

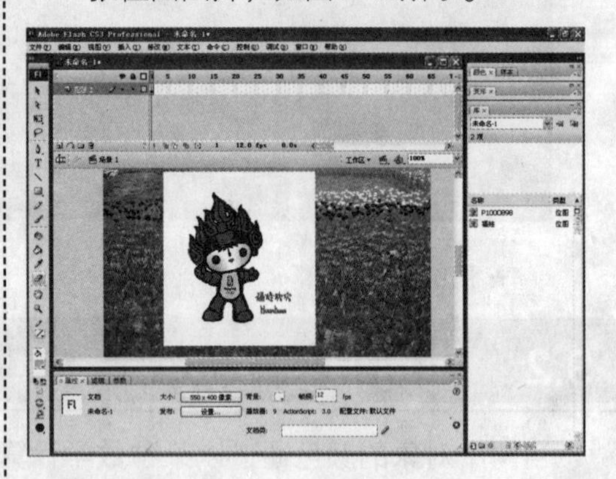

★ 图9-41

3 选择新导入的位图图片，按【F8】键，弹出【转换为元件】对话框，

4 将导入的图片转换为影片剪辑元件，这时【属性】面板中的【混合】下拉列表框变为有效，如图9-42所示。

5 打开【混合】下拉列表框，选择不同的混合模式效果。

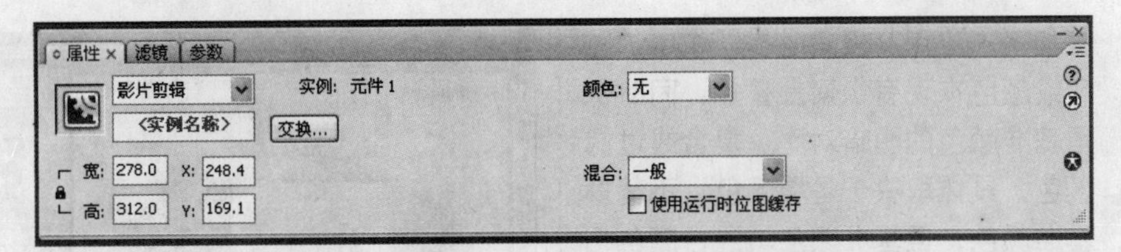

★ 图9-42

- 变暗——应用此模式时，系统会自动查看对象中的颜色信息，并选择基准颜色或混合颜色中较暗的颜色作为结果颜色。比结果颜色暗的像素保持不变，比结果颜色亮的像素被替换，效果如图9-43所示。

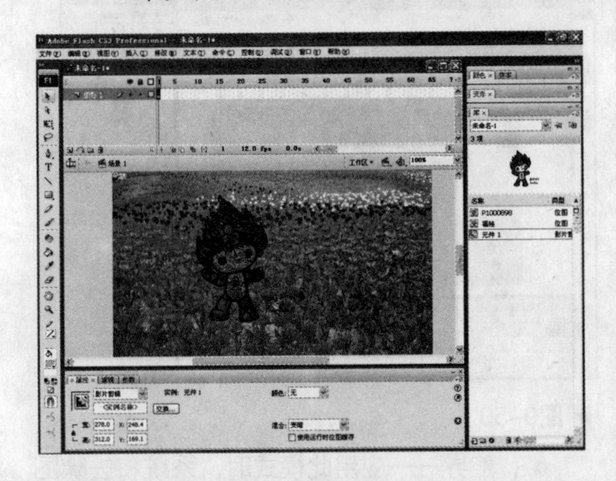

★ 图9-43

- 色彩增殖——应用此模式时，系统会自动查看对象中的颜色信息，并把基准颜色与混合颜色复合。结果颜色总是较暗的颜色，任何颜色与白色复合保持不变，任何颜色与黑色复合产生黑色，效果如图9-44所示。
- 变亮——应用此模式时，系统会自动查看对象中的颜色信息，并把基准颜色或混合颜色中较亮的颜色作为结果色。比混合颜色亮的像素保持不变，比混合颜色暗的像素被替换，效果如图9-45所示。
- 荧幕——应用此模式时，系统会将混合颜色的反色复合为基准颜色，从而产生漂白效果，效果如图9-46所示。

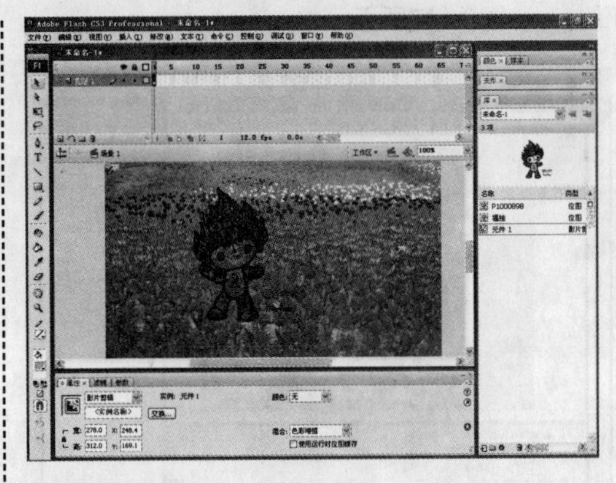

★ 图9-44

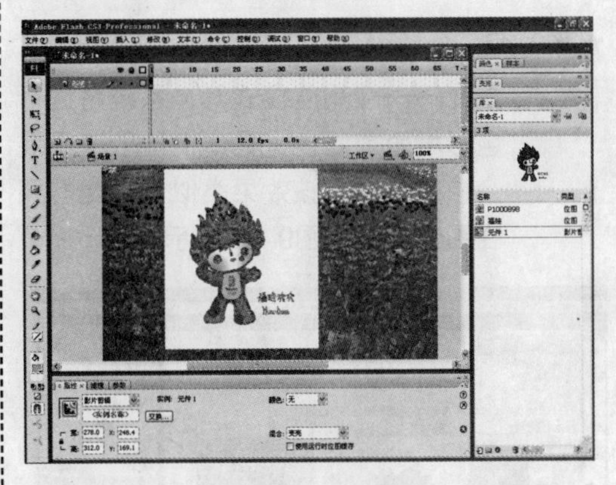

★ 图9-45

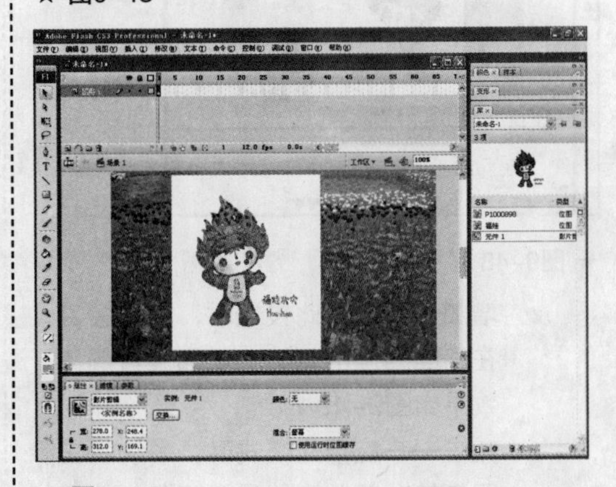

★ 图9-46

▶ 叠加——应用此模式时，图像中的图案或颜色在现有像素上叠加，同时保留基准颜色的明暗对比。复合或过滤颜色，具体取决于基准颜色，不替换基准颜色，但基准颜色与混合颜色相混以反映原色的暗度或亮度，效果如图9-47所示。

★ 图9-47

▶ 强光——应用此模式时，系统将进行色彩增殖或滤色，具体情况取决于混合模式颜色，该效果类似于聚光灯照在图像上，如图9-48所示。

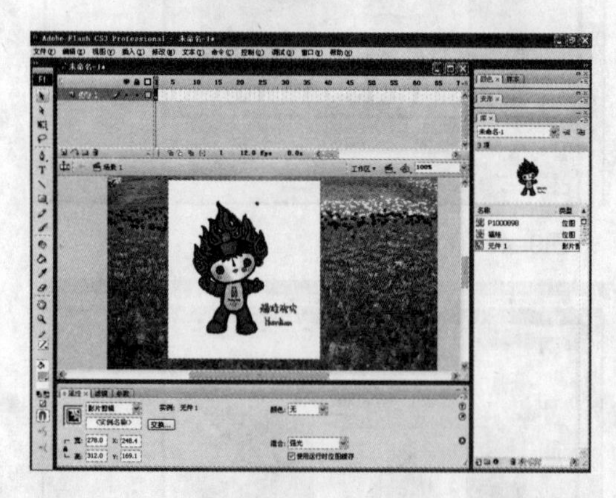

★ 图9-48

▶ 增加——应用此模式时，系统会自动在基准颜色的基础上增加混合颜色，效果如图9-49所示。

▶ 减去——应用此模式时，系统将去除图像基准颜色中的混合颜色，效果如图9-50所示。

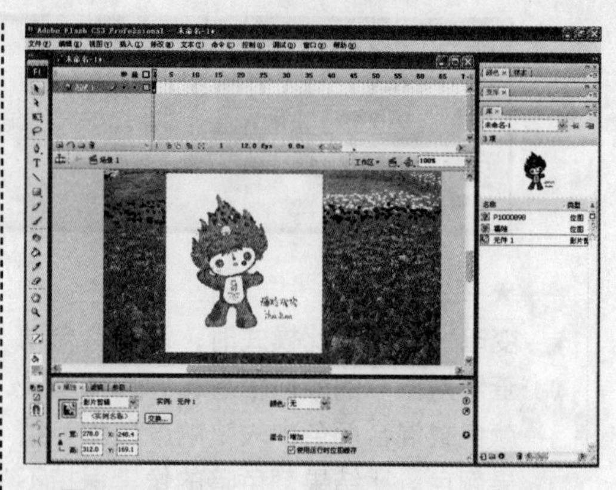

★ 图9-49

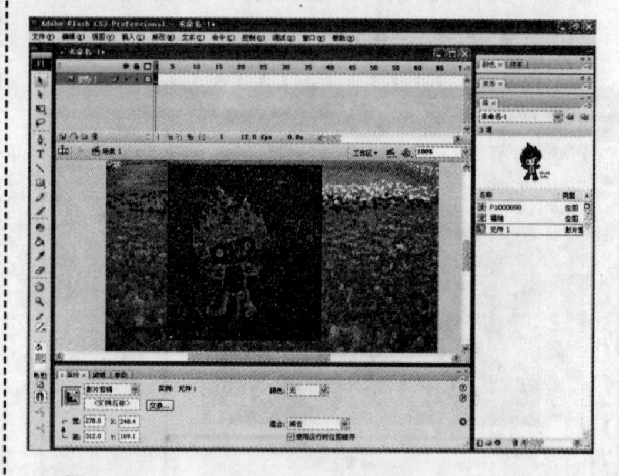

★ 图9-50

▶ 差异——应用此模式时，系统将去除图像基准颜色中的混合颜色或者去除混合颜色中的基准颜色，从亮度较高的颜色中去除亮度较低的颜色，具体取决于哪一个颜色的亮度值更大。与白色混合将反转基准颜色，与黑色混合则不产生任何变化，效果如图9-51所示。

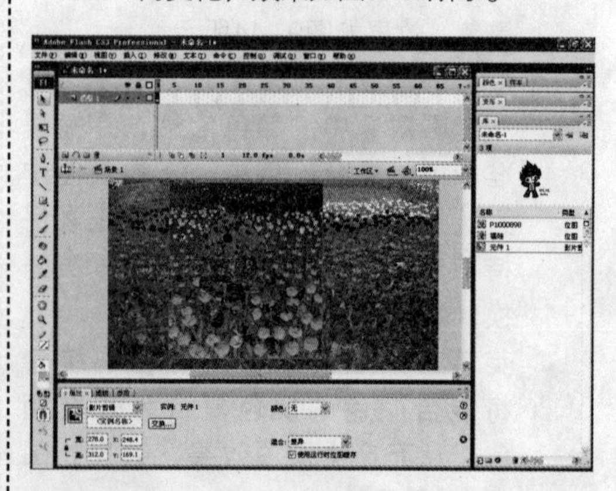

★ 图9-51

▶ 反转——应用此模式时，将反向显示基准颜色，效果如图9-52所示。

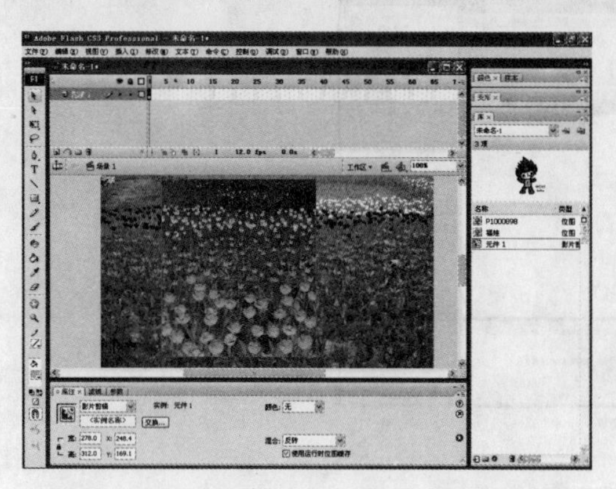

★ 图9-52

▶ Alpha——应用此模式时，将透明显示基准颜色，效果如图9-53所示。

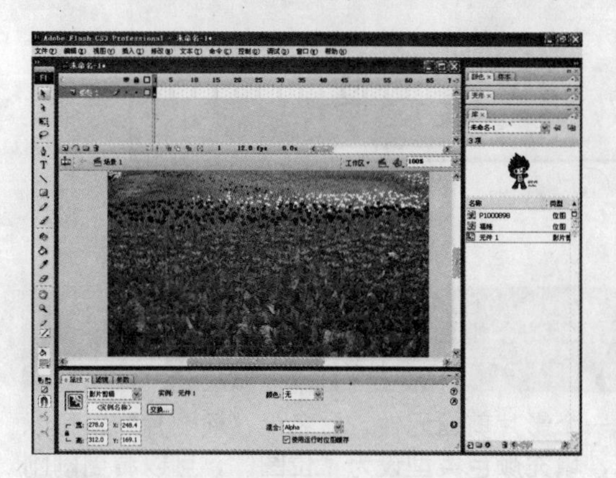

★ 图9-53

▶ 擦除——应用此模式时，将擦除影片剪辑中的颜色，显示下层的颜色，效果如图9-54所示。

图层混合模式可以层叠各个影片剪辑，而不影响其颜色。灵活地使用对象的混合模式，可以得到更加丰富的颜色效果。

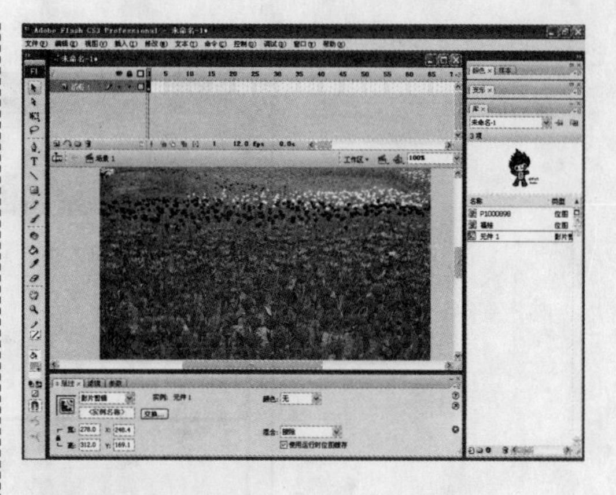

★ 图9-54

熟悉了图层混合模式的各种效果后，就可以根据动画制作的需要将这些模式应用到动画当中。请读者跟随下面的实例练习混合模式的使用方法，使场景时紫时绿、时明时暗。

具体操作步骤如下：

1 新建一个Flash CS3文档。
2 执行【文件】→【导入】→【导入到库】命令，打开【导入到库】对话框。
3 选择要导入的图片，单击【打开】按钮，将图片导入到库中，如图9-55所示。

★ 图9-55

4 执行【插入】→【新建元件】命令，打开【创建新元件】对话框，创建一个影片剪辑元件，并进入影片剪辑元件的编辑窗口，如图9-56所示。

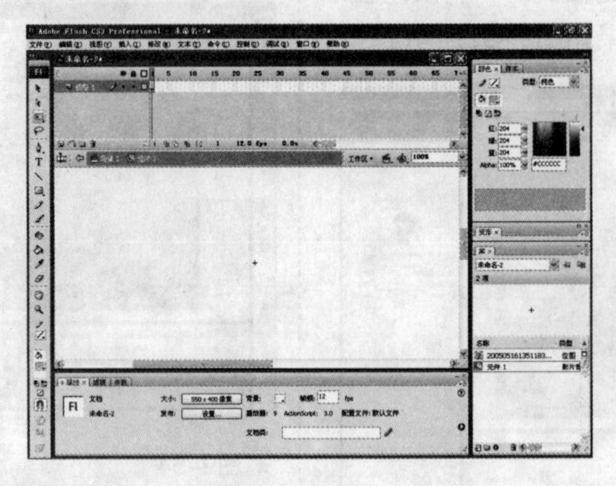

★ 图9-56

5 将刚刚导入的图片拖放到舞台上，在【属性】面板中调整其大小，将图片的宽高比锁定，并输入宽的数值“310”，如图9-57所示。

★ 图9-57

提 示

由于直接导入的图片并不能使用混合模式，混合模式只适用于影片剪辑和按钮，所以我们要把图片转换成影片剪辑元件。

6 执行【插入】→【新建元件】命令，新建一个影片剪辑元件，命名为“横图片”，可以看到此时的【颜色】面板中笔触颜色为无，填充颜色类型设为“位图”，可以看到刚刚导入的图片，如图9-58所示。

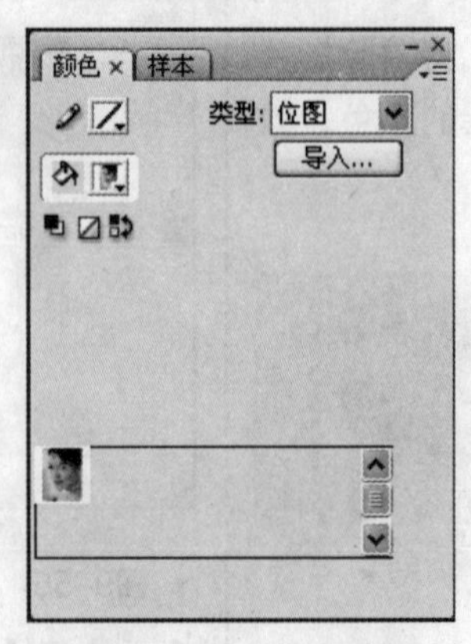

★ 图9-58

7 单击工具箱中的【矩形工具】按钮，绘制一个长方形，作为填充色的图片会以原始大小出现。

8 选择渐变变形工具，分别用鼠标按住填充变形框左边和下边的箭头向里推，将填充图片缩小，直到小图片显示完整且刚好撑满矩形的上下端为止，如图9-59所示。

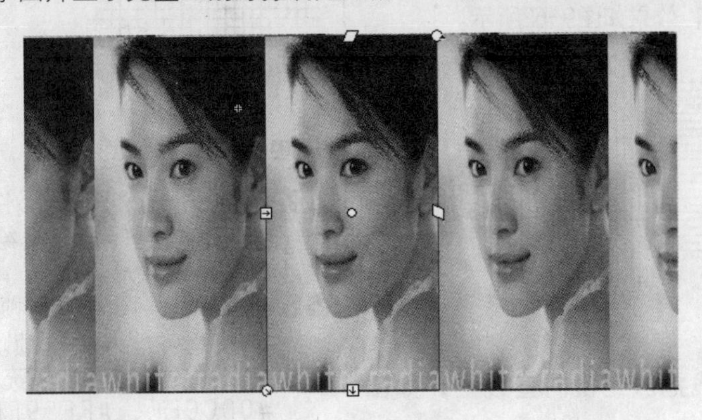

★ 图9-59

提　示

调整大小之前，一定要先将图片打散。

9 在图层1的第80帧处插入一个关键帧，使用填充变形工具选择最前面的填充图片，将鼠标放到填充变形框中心，当其成为十字箭头即可移动状态时，按住鼠标，将其拖放到最后一张图片的位置后释放鼠标。

注　意

保持图片的水平位置，否则在图片移动的动画中会出现抖动。

10 选中图层1中第1~80帧之间的任意一帧，单击鼠标右键，在弹出的快捷菜单中选择【创建补间形状】选项。

11 新建另一个影片剪辑元件，命名为“竖图片”。利用这个元件制作图片从下向上的纵向运动，其制作方法与“横图片”相同，所不同的是矩形为纵向放置，如图9-60所示。

12 执行【插入】→【新建元件】命令，新建一个图形元件，命名为“网格”。

13 选择工具箱中的线条工具，在【属性】面板中将笔触颜色设为“2像素”，画一条横线。

★ 图9-60

14 按住【Alt】键拖动鼠标将该直线向下复制多条，选中所有直线，执行【修改】→【对齐】→【左对齐】命令，再执行【修改】→【对齐】→【按高度均匀分布】命令，使其排列整齐，分布均匀，如图9-61所示。

★ 图9-61

15 使用选择工具框选所有直线，按住【Alt】键将其拖放到舞台的其他位置，复制一组直线，注意不要与原直线重合。执行【修改】→【变形】→【顺时针旋转90度】命令，效果如图9-62所示。

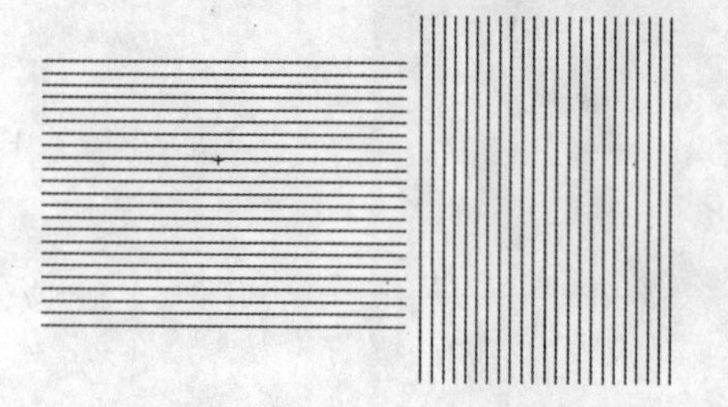

★ 图9-62

16 将纵向直线拖放到横向直线上，如图9-63所示。

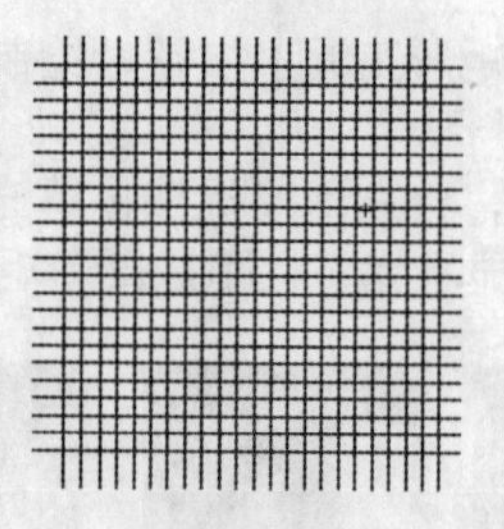

★ 图9-63

17 新建另一个图形元件，命名为“背景”，使用矩形工具绘制一个与舞台尺寸相同的矩形。

18 在第8帧、16帧、24帧、32帧、42帧及55帧处各插入关键帧。从第1帧开始，在各关键帧处依次填充纯色：#CC99FF、#00CCFF、#FF99FF、#33CC99、#666666、#FFCC33和#FFFFFF，并设置补间类型为“形状”。图层结构如图9-64所示。

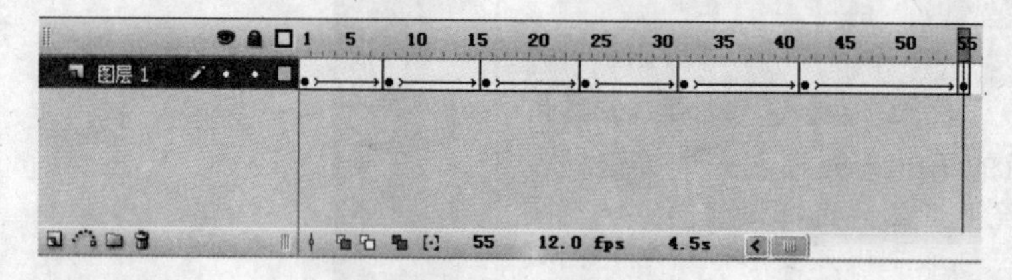

★ 图9-64

提 示

由于混合模式是基于下层色彩而变化的，所以下层图形的色彩至关重要，它的变化会使应用混合模式的图形生成不同的色彩和明度。所以在设计背景元件时，我们使它进行不同颜色间的变化。

19 在“背景”图形元件中新建一个图层，将【库】面板中的“网格”元件拖入舞台中，在【属性】面板中将网格的Alpha值设为20%，如图9-65所示，并在第55帧处插入帧。

★ 图9-65

20 回到主场景中，将图层1重命名为“图片”，将图片拖放到舞台上。选中图片元件后，打开【属性】面板，在其中的【混合】下拉列表框中选择【色彩增殖】选项，由于舞台是白色的，舞台以外是灰色的，使用“色彩增殖”混合模式后，图片在舞台上的部分没

有任何变化，而舞台外的部分颜色却变暗了，这样用户就能根据需要调整图片的位置了。

21 在第1帧、第25帧、第32帧、第56帧、第66帧和第78帧处各插入关键帧，并在各帧之间创建补间动画。

22 打开【属性】面板，设置第1帧的混合模式为“一般”，以下依次根据需要进行选择，在第130帧处插入帧。图层结构如图9-66所示。

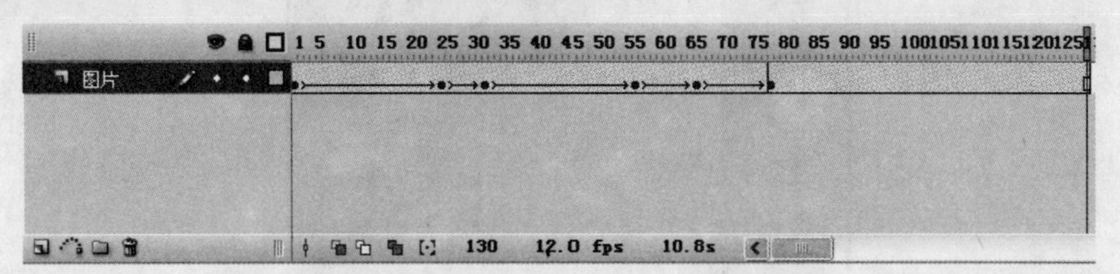

★ 图9-66

23 新建一个图层，重命名为“背景”，在第25帧处插入空白关键帧，将“背景”元件从【库】面板中拖放到舞台上。在第78帧和第90帧处各插入关键帧，并设置补间动画。在第90帧处选择“背景”元件，打开【属性】面板，将颜色的Alpha值设为0%。设置这一段逐渐透明的动画是为了实现网格逐渐隐去的效果。

24 将“背景”图层拖到“图片”图层的下方，如图9-67所示。

25 新建一个图层，重命名为“横竖图片”。隐藏其他图层，将“横图片”元件从“库”面板中拖放到舞台下方，如图9-68所示。

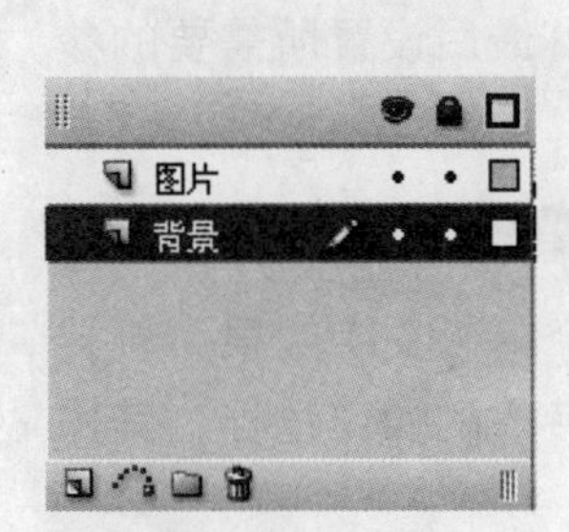

★ 图9-67

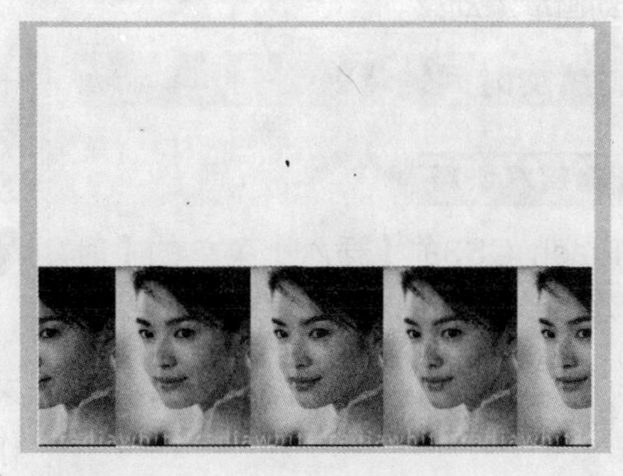

★ 图9-68

26 在第60帧处插入关键帧，将“横图片”元件删除，在舞台两侧放入“竖图片”元件，如图9-69所示。

★ 图9-69

27 编辑完成后，按【Ctrl+Enter】组合键测试动画，即可看到本例制作的动画效果，如图9-70所示。

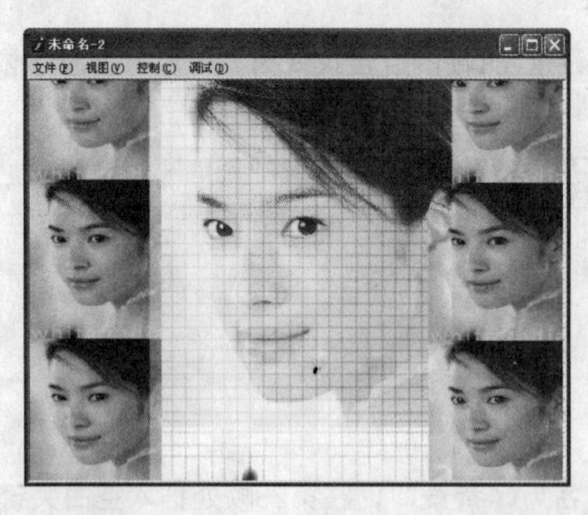

★ 图9-70

9.3 使用时间轴特效

在Flash CS3中，可以在文本、图形、位图和元件上使用Flash CS3新增的时间轴特效，为动画增添动感。

9.3.1 添加时间轴特效

知识点讲解

在Flash CS3的【插入】菜单的【时间轴特效】子菜单中，可以看到【变形/转换】、【帮助】和【效果】3个选项，每个选项都包含几种时间轴特效，如图9-71所示。

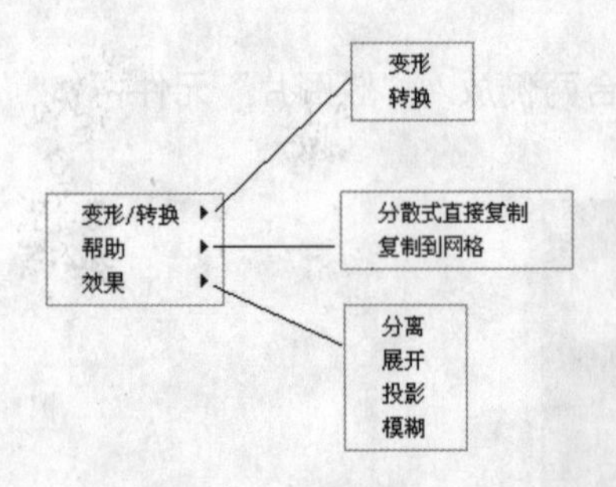

★ 图9-71

给Flash动画添加时间轴特效，首先选中需要添加时间轴特效的对象，然后在【插入】菜单的【时间轴特效】子菜单中，选择相应的时间轴特效选项，为该对象添加时间轴特效，最后设置所需要的参数即可。

动手练

下面以制作一个阴影文字效果为例，来介绍添加时间轴特效的操作过程，其操作步骤如下：

1 新建一个Flash CS3文档。

2 选择工具箱中的文本工具，在舞台中输入文字“阴影文字”。

3 执行【窗口】→【属性】命令，打开【属性】面板，设置文字的属性。

4 设置字体为“宋体”，字体大小为“50”，文本颜色为“红色”，设置效果如图9-72所示。

阴影文字

★ 图9-72

5 执行【插入】→【时间轴特效】→【效果】→【投影】命令，弹出【投影】对话框，如图9-73所示。

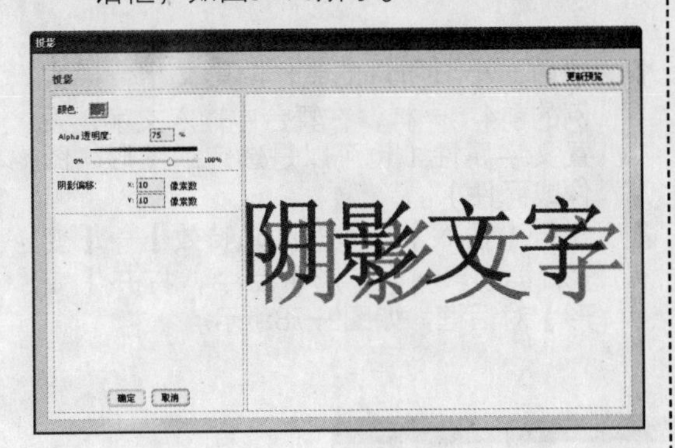

★ 图9-73

6 在【投影】对话框的左侧，设置阴影的颜色、透明度以及阴影偏移，

7 单击对话框右上角的【更新预览】按钮 更新预览 ，可以在对话框右侧的窗格中预览设置后的效果。

8 单击【确定】按钮，投影效果如图9-74所示。

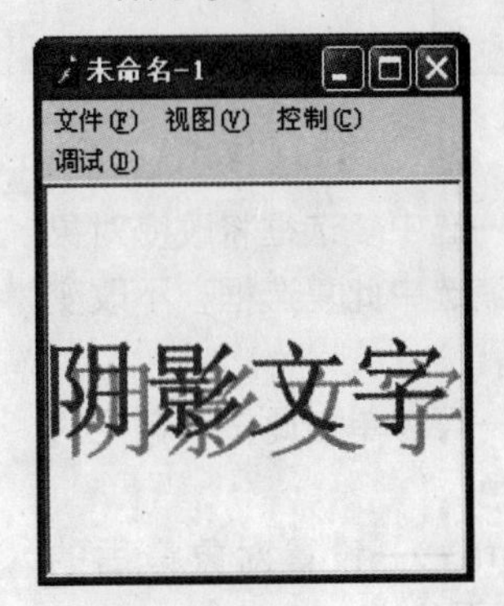

★ 图9-74

设置完投影效果后，如果对设置的效果不满意，还可以进行修改，执行【修改】→【时间轴特效】命令，可打开【时间轴特效】子菜单，如图9-75所示。

- 选择【编辑特效】选项，打开时间轴特效相应的设置对话框，可修改时间轴特效的设置。
- 选择【删除特效】选项，可删除选择的时间轴特效。

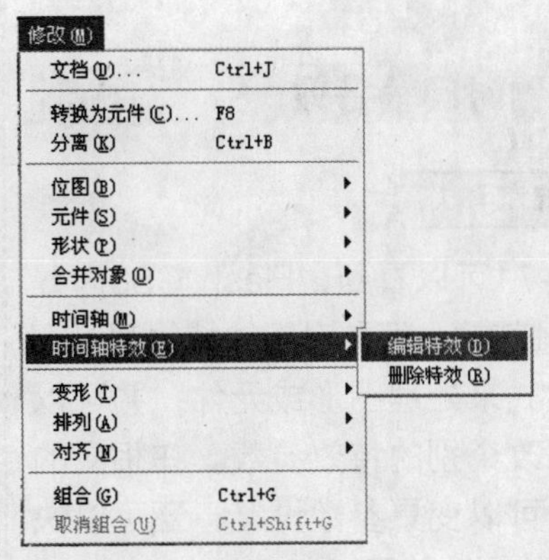

★ 图9-75

9 执行【窗口】→【库】命令（或按【Ctrl+L】组合键），打开【库】面板，可以看到Flash CS3自动把文本转换为图形元件，如图9-76所示。

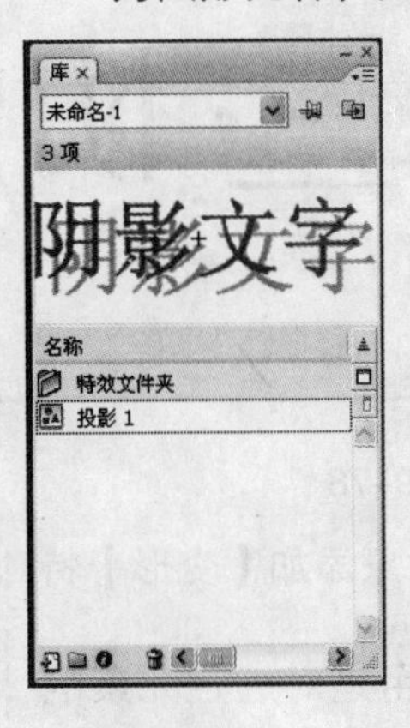

★ 图9-76

10 双击【库】面板中的“投影”图形元件的名称，弹出【特效设置警告】对话框，提示如果要对此元件进行编辑，则其中的特效将无法更改，如图9-77所示。

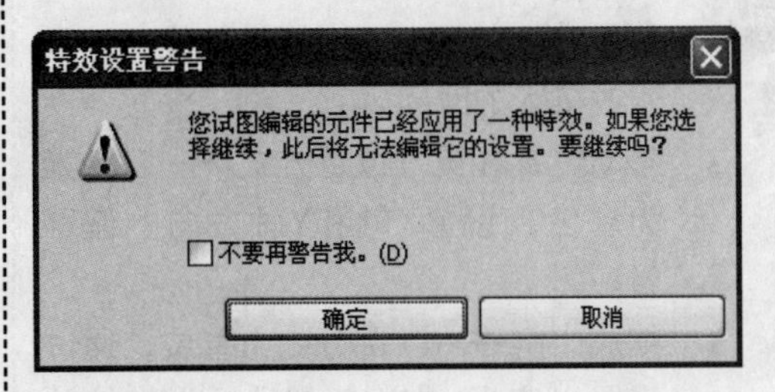

★ 图9-77

11 单击【确定】按钮，进入图形元件的编

辑状态。

9.3.2 设置时间轴特效

知识点讲解

从图9-71可以看到，Flash CS3内置了8种时间轴特效，每种时间轴特效都以一种特定的方式来处理图形或元件，并可以根据需要更改个别的特效参数。在相应的对话框中，可以变更参数设置，还可以快速查看所做的更改效果。

1. 变形

设置【变形】时间轴特效的操作步骤如下：

1 与前面小节所讲的制作阴影文字效果实例的前4步一样，在舞台中输入文字，设置文字属性（也可以是选定的图形、图像或元件）。

2 执行【插入】→【时间轴特效】→【变形/转换】→【变形】命令，打开【变形】对话框，如图9-78所示。

★ 图9-78

3 根据需要给选定的对象添加【变形】特效。

【变形】特效的作用是对选定元素的位置、缩放比例、旋转、Alpha透明度和色调进行调整。通过应用“变形”的单一特效或特效组合，可以产生淡入/淡出、放大/缩小以及左旋/右旋特效。【变形】对话框中各选项的含义如下所述。

- 效果持续时间——以帧为单位，设置特效持续的时间。
- 移动位置和更改位置方式——以像素为单位，设置X轴和Y轴方向的偏移量。
- 缩放比例——以百分比为单位，通过设置锁定/取消锁定，X轴和Y轴缩放效果为等比例缩放/非等比例缩放。
- 旋转——设置对象的旋转角度。
- 更改颜色——选中复选框将改变对象的颜色；取消选中此复选框，不改变对象的颜色。
- 最终颜色——可以单击此按钮指定对象的最终颜色。
- 最终的Alpha——设置对象最后的Alpha透明度百分比。
- 移动减慢——可以设置开始时减慢，然后逐渐加快；或开始时快，然后逐渐变慢。

4 单击对话框右上角的【更新预览】按钮 更新预览 ，可以预览一下设置的效果。

5 单击【确定】按钮，就完成了【变形】时间轴特效的设置。

2. 转换

设置【转换】时间轴特效的操作步骤

如下：

1 与设置【变形】时间轴特效的第1步相同。

2 执行【插入】→【时间轴特效】→【变形/转换】→【转换】命令，打开【转换】对话框，如图9-79所示。

★ 图9-79

3 根据需要给选定的对象添加【转换】特效。

【转换】特效的作用是擦除或淡入淡出选定的对象，【转换】对话框中各选项的含义如下所述。

- 效果持续时间——以帧为单位，设置特效持续的时间。
- 方向——可以设置过渡特效的方向。
- 淡化——同时选中此复选框和【入】单选按钮，可以获得淡入效果；同时选中此复选框和【出】单选按钮，可以获得淡出效果；不选中此复选框，不对选定对象进行淡化处理。
- 涂抹——同时选中此复选框和【入】单选按钮，对象将逐渐显示出来；同时选中此复选框和【出】单选按钮，对象将逐渐消失；不选中此复选框，不对选定对象进行涂抹处理。
- 移动减慢——可以设置开始时减慢，然后逐渐加快；或开始时快，然后逐渐变慢。

4 单击【转换】对话框右上角的【更新预览】按钮 更新预览 ，可以预览设置后的效果，如果对设置不满意，还可以根据需要进行修改。

5 单击【确定】按钮，即完成【转换】时间轴特效的设置。

3. 分散式直接复制

设置【分散式直接复制】时间轴特效的操作步骤如下：

1 同前一特效设置的第1步相同。

2 执行【插入】→【时间轴特效】→【帮助】→【分散式直接复制】命令，打开【分散式直接复制】对话框，如图9-80所示。

3 根据需要对选定的对象进行设置。

【分散式直接复制】特效的作用是根据设置的次数复制选定的对象，【分散式直接复制】对话框中各选项的含义如下所述。

- 副本数量——设置要复制的数量。
- 偏移距离——以像素为单位，分别设置X轴和Y轴方向的偏移量。
- 偏移旋转——设置偏移旋转的角度。
- 偏移起始帧——设置从该帧开始偏移。
- 缩放比例——设置缩放的方式和百分比。

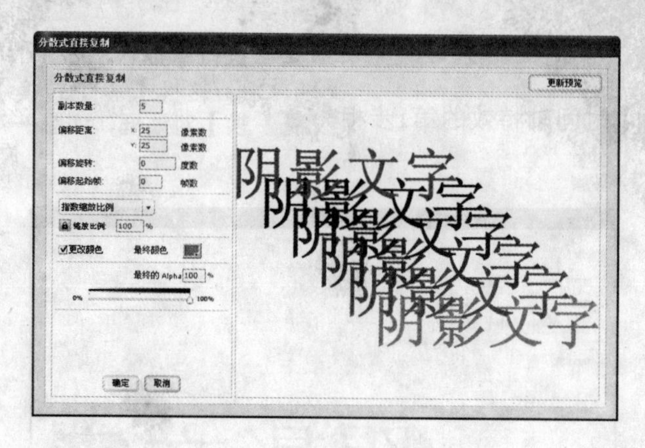

★ 图9-80

- 更改颜色——选中此复选框将改变副本的颜色；取选中此复选框，不改变副本的颜色。
- 最终颜色——单击此按钮，可以指定副本的最终颜色。中间的副本逐渐过渡到这种颜色上。
- 最终的Alpha——设置副本最终的透明度百分比。

4 单击【分散式直接复制】对话框右上角的【更新预览】按钮 更新预览 ，预览一下刚刚设置的效果，如果不满意，还可以重新进行设置。

5 单击【确定】按钮，即完成了此特效的设置。

4. 复制到网格

设置【复制到网格】时间轴特效的操作步骤如下：

1 同【变形】时间轴特效的第1步。

2 执行【插入】→【时间轴特效】→【帮助】→【复制到网格】命令，打开【复制到网格】对话框，如图9-81所示。

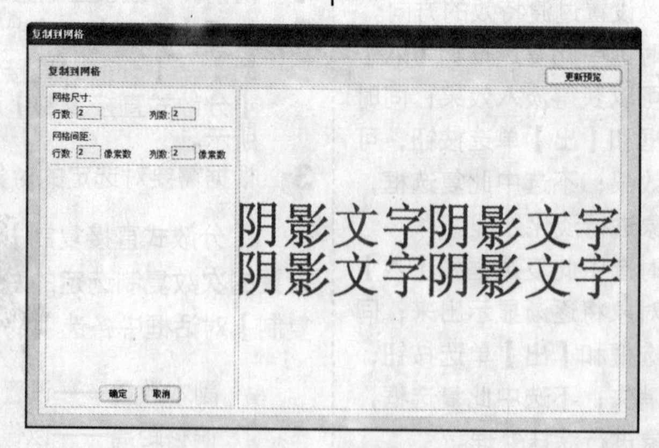

★ 图9-81

3 给选定的对象添加【复制到网格】特效。

【复制到网格】特效的作用是按列数复制选定的对象，【复制到网格】对话框中各选项的含义如下所述。

- 网格尺寸——设置网格的行数和列数。
- 网格间距——以像素为单位，设置行间距和列间距。

4　单击【复制到网格】对话框右上角的【更新预览】按钮 更新预览，预览刚刚设置的效果，如果想修改一下效果，可以重新设置。

5　单击【确定】按钮，即可完成设置。

5. 分离

设置【分离】时间轴特效的操作步骤如下：

1　同【变形】时间轴特效的第1步。

2　执行【插入】→【时间轴特效】→【效果】→【分离】命令，打开【分离】对话框，如图9-82所示。

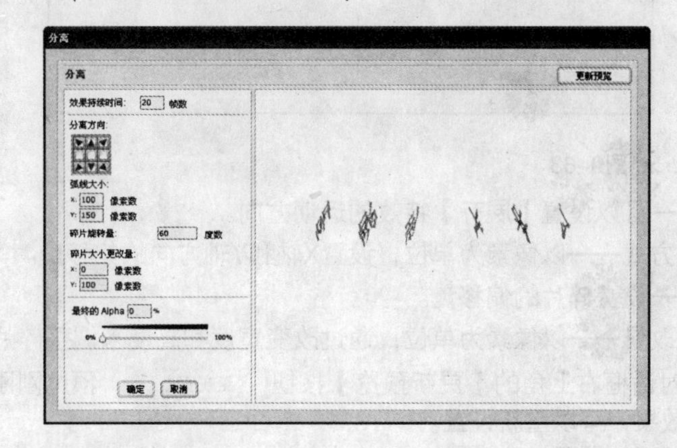

★ 图9-82

3　给选定的对象添加【分离】特效。

【分离】特效的作用是使对象产生爆炸的效果，文本或复杂组合对象的元素被分离、旋转和向外抛散。【分离】对话框中各选项的含义如下所述。

- 效果持续时间——以帧为单位，用来设置【分离】特效的持续时间。
- 分离方向——可以设置爆炸效果的运动方向。
- 弧线大小——以像素为单位，设置X轴和Y轴方向的偏移量。
- 碎片旋转量——设置碎片的旋转角度。
- 碎片大小更改量——以像素为单位，设置碎片的大小。
- 最终的Alpha——设置副本的最终透明度百分比。可以在其右侧的文本框中直接输入数值，也可以拖曳滑块进行调整。

4　单击【分离】对话框右上角的【更新预览】按钮 更新预览，预览刚刚设置的效果，如果想修改一下效果，可以重新设置。

5　单击【确定】按钮，即可完成设置。

6. 展开

设置【展开】时间轴特效的操作步骤如下：

1　同【变形】时间轴特效的第1步。

2　执行【插入】→【时间轴特效】→【效果】→【展开】命令，打开【展开】对话框，如图9-83所示。

3　给选定的对象添加【展开】特效。

【展开】特效的作用是扩展、收缩对象。【展开】对话框中各选项的含义如下所述。

- 效果持续时间——以帧为单位，设置【展开】特效的持续时间。
- 展开、压缩、两者皆是——设置特效的运动方式。

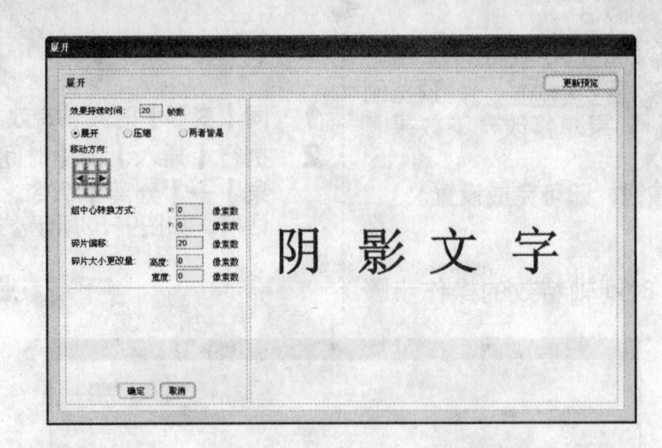

★ 图9-83

- 移动方向——可以设置【展开】特效的运动方向。
- 组中心转换方式——以像素为单位，设置X轴和Y轴方向的偏移量。
- 碎片偏移——设置碎片的偏移量。
- 碎片大小更改量——以像素为单位，通过改变宽度和高度来调整碎片的大小。

4 单击【展开】对话框右上角的【更新预览】按钮 更新预览 ，预览刚刚设置的效果，如果想修改一下效果，可以重新设置。

5 单击【确定】按钮，即可完成设置。

7. 投影

【投影】时间轴特效的设置在前面的设置阴影文字的实例中已具体说明过，这里不再赘述。

执行【插入】→【时间轴特效】→【效果】→【投影】命令，打开【投影】对话框，可以给选定的对象添加【投影】特效，如图9-84所示。

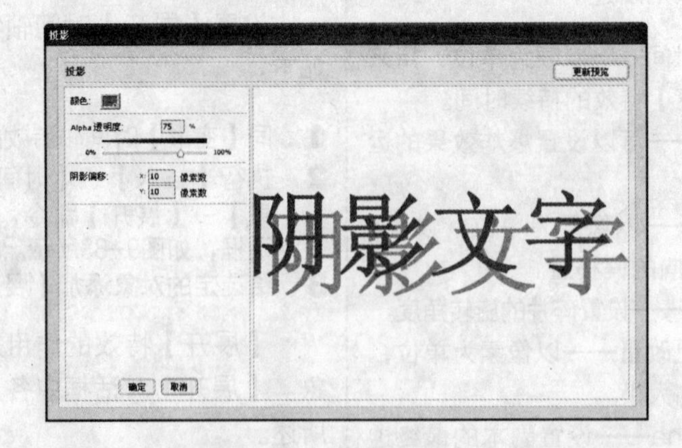

★ 图9-84

【投影】特效的作用是给选定的对象添加阴影。【投影】对话框中各选项的含义如下所述。

- 颜色——设置阴影的颜色。

- Alpha透明度——设置阴影的透明度百分比。
- 阴影偏移——以像素为单位，设置阴影在X轴和Y轴方向的偏移量。

8. 模糊

设置【模糊】时间轴特效的操作步骤如下：

1. 同【变形】时间轴特效的第1步。
2. 执行【插入】→【时间轴特效】→【效果】→【模糊】命令，打开【模糊】对话框，如图9-85所示。

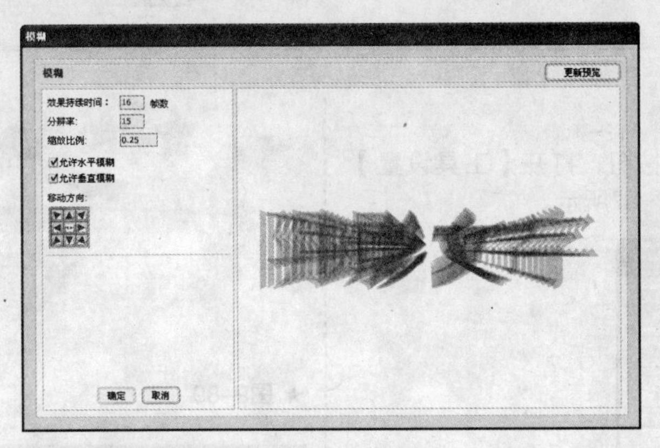

★ 图9-85

3. 给选定的对象添加【模糊】特效。

【模糊】特效的作用是改变对象的Alpha透明度百分比、位置或缩放比例，创建运动模糊特效。【分离】对话框中各选项的含义如下所述。

- 效果持续时间——以帧为单位，设置【模糊】特效的持续时间。
- 分辨率——复制对象的数量。
- 缩放比例——设置缩放的方向。
- 允许水平模糊——选中此复选框，设置在水平方向产生的模糊效果。
- 允许垂直模糊——选中此复选框，设置在垂直方向产生的模糊效果。
- 移动方向——设置模糊效果的运动方向。

4. 单击【模糊】对话框右上角的【更新预览】按钮 更新预览 ，预览刚刚设置的效果，如果想修改一下效果，可以重新设置。
5. 单击【确定】按钮，即可完成设置。

动手练

了解了时间轴特效的几种效果后，可以利用这几种特效制作精美的动画效果，请读者根据所掌握的知识制作满天花雨的梦幻般的动画效果。

具体操作步骤如下：

1. 新建一个Flash CS3文档。
2. 执行【插入】→【新建元件】命令，打开【创建新元件】对话框。

3 在【名称】文本框中输入“花朵”，并选中【影片剪辑】单选按钮，单击【确定】按钮，创建一个新的影片剪辑元件。

4 进入影片剪辑元件的编辑窗口，选择工具箱中的多角星形工具，在【属性】面板中将笔触颜色设为无，填充颜色设为自己喜欢的任意颜色，如图9-86所示。

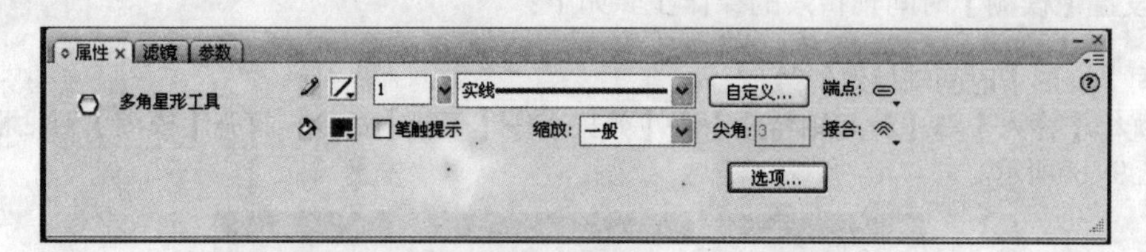

★ 图9-86

5 单击【选项】按钮，打开【工具设置】对话框，如图9-87所示。

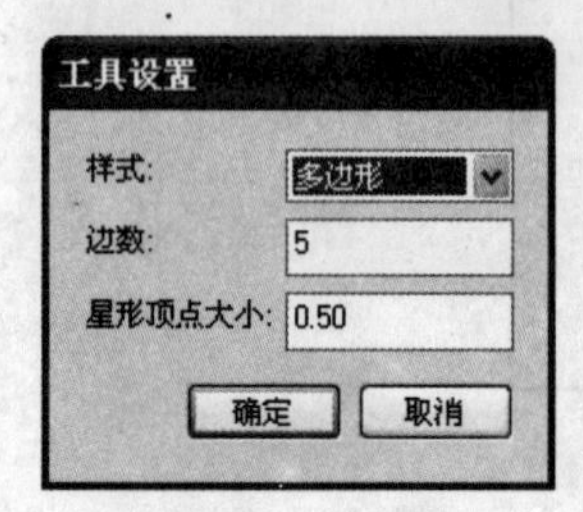

★ 图9-87

6 在【工具设置】对话框中将样式设为“星形”，边数设为“5”，星形顶点大小设为“0.50”，单击【确定】按钮。

7 在舞台上绘制一个星形，然后利用选择工具将星形的各边拉成弧形，使星形成为花的形状，如图9-88所示。

★ 图9-88

8 按住【Alt】键拖动花朵，复制多个花朵的形状，并分别填充不同的颜色，同时调整各花朵的大小，如图9-89所示。

9 选中所有花朵，进行多次复制，同时再次利用任意变形工具改变大小和角度，最后效果如图9-90所示。

★ 图9-89

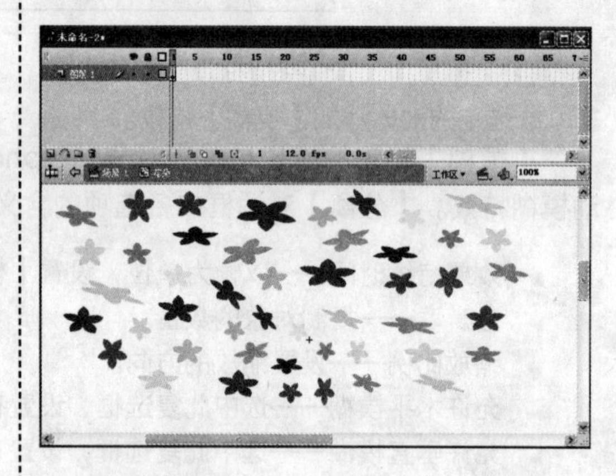

★ 图9-90

10 返回到主场景中，将“花朵”元件从【库】面板中拖放到舞台上。

11 执行【插入】→【时间轴特效】→【效果】→【分离】命令，打开【分离】对话框。

12 在【分离】对话框中设置效果的持续时间为“20帧”，分离方向为“向上”，弧线大小的X和Y分别设为“150像素”和“400像素”，其他设置如图9-91所示。

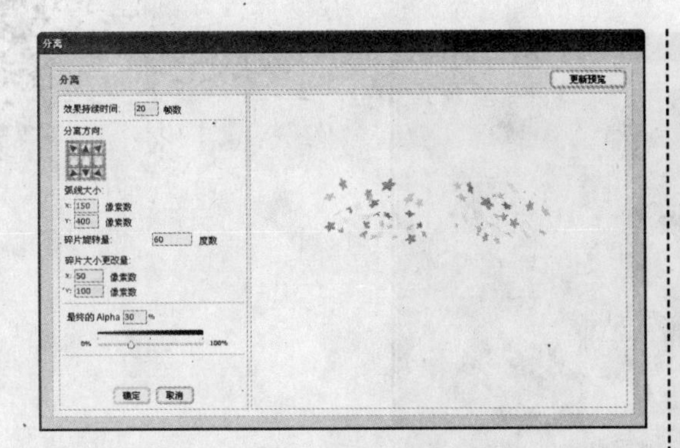

★ 图9-91

13 单击对话框右上角的【更新预览】按钮［更新预览］，可以看到修改参数后的效果，如果对该效果不满意，还可再次修改。

14 修改结束，单击【确定】按钮，可以看到在【库】面板中多了一个“分离1”元件和一个“特效文件夹”，图层名也自动改为“分离1”，如图9-92所示。

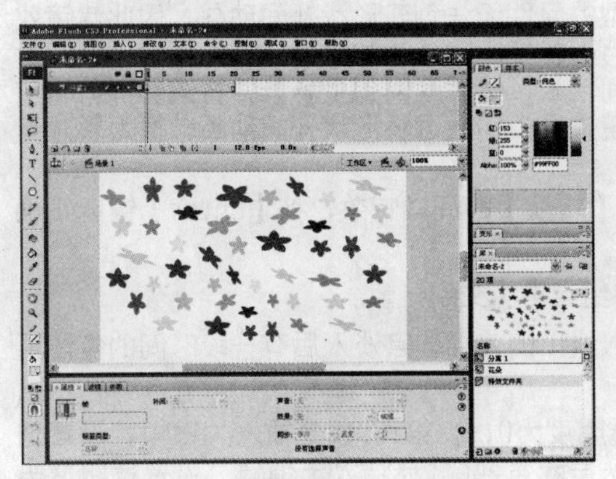

★ 图9-92

15 新建一个图层，将“花朵”元件再次拖放到舞台上。

16 执行【插入】→【时间轴特效】→【效果】→【分离】命令，打开【分离】对话框。

17 设置效果的持续时间为“30帧”，分离方向“向下”，弧线大小X为“100象素”，Y为“300象素”，“碎片旋转量”为“180°”，其他数值不变，如图9-93所示。

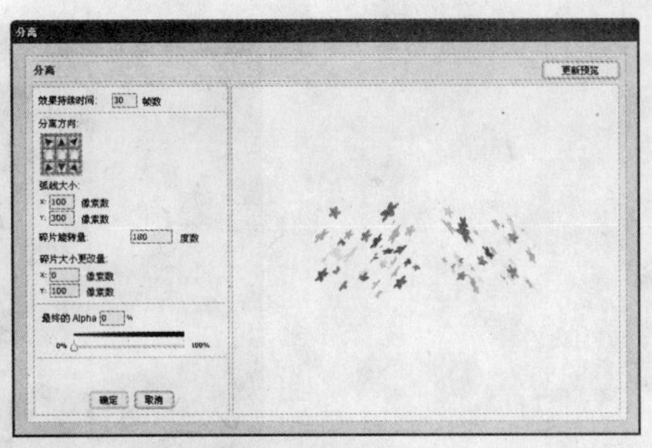

★ 图9-93

提示

制作两个持续时间不同的分离效果，主要目的是为了使花朵连续不断地飘洒下来。

18 单击【确定】按钮，在【库】面板中出现了“分离2”元件，图层名也变成了“分离2”。

19 执行【文件】→【导入】→【导入到舞台】命令，导入背景图片，并调整其大小，使其与舞台大小相同，如图9-94所示。

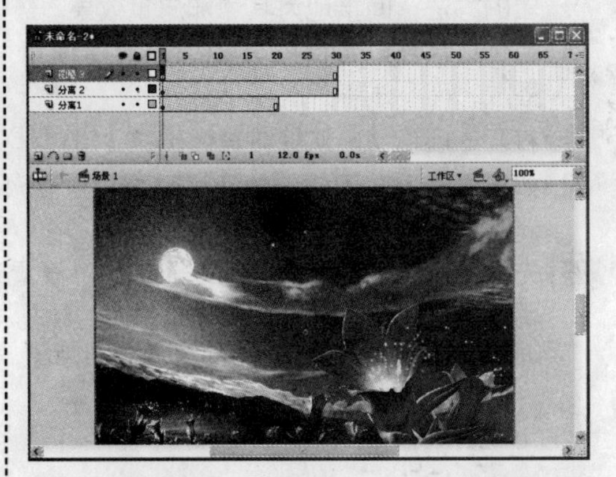

★ 图9-94

20 将图层3即背景图层移至两个分离图层的底端。

21 编辑完成后，按【Ctrl+Enter】组合键测试动画，即可看到本例制作的动画效果了，如图9-95所示。

★ 图9-95

疑难解答

问 在Flash CS3中不能为形状补间动画添加滤镜效果，但是如果对类似的形状变化动画应用滤镜效果，应该如何处理?

答 Flash CS3中之所以不能为形状补间动画添加滤镜效果，是因为滤镜效果只能添加到文本、按钮和影片剪辑中，而利用这三种类型的元件无法创建形状补间动画，因此滤镜效果不能直接添加到形状补间动画中。若要为形状补间动画添加滤镜，可先新建一个影片剪辑，然后在该影片中创建相应的形状补间动画，然后返回到主场景并将该影片剪辑应用到场景中，此时就可为其添加所需的滤镜效果，即通过将形状补间动画转换为影片剪辑的方法，间接地为其添加滤镜效果。

问 为什么制作Flash动画的时候对文字使用了【转换】时间轴特效，按【Enter】键能正确播放，而测试影片时却不行?

答 对文字进行动画处理时要按两次【Ctrl+B】组合键将文字打散。

问 如果想通过时间轴特效让一张图片产生淡入淡出的效果，且淡入后有一段时间的停留再淡出，该怎么做?

答 先把图片转化为元件，在第1帧处，设置透明度为0，在第100帧处插入关键帧，设置透明度为100%，在第200帧处插入关键帧。然后在第250帧处插入关键帧，设置透明度为0。最后在各关键帧之间创建补间动画。

Chapter 10

第10章　声音和视频的应用

本章要点

- *添加声音*
- *编辑声音*
- *压缩声音*
- *导入视频*
- *编辑视频*

在Flash动画的制作过程中，除了使用图形、文本等素材外，还可以应用声音、视频等素材。Flash CS3 对声音和视频的支持也是相当出色的，提供了许多使用声音的方式，可以使声音独立于时间轴外连续播放，或使动画和一个音轨同步播放。在Flash动画中添加声音，并熟练运用，可以使Flash作品更具吸引力。本章就来介绍应用声音的相关知识。

10.1 在Flash CS3中添加声音

Flash CS3支持最主流的声音文件格式，用户可以根据动画的需要添加任意声音文件。在Flash中，声音可以添加到时间轴的帧上，或者是按钮元件的内部。

10.1.1 Flash中的声音文件

知识点讲解

为更好地在影片中应用声音，在导入声音前先来介绍一下声音的有关信息。

- 采样率：采样率是指在录制音乐时单位时间内对声音信号采样的次数。采样率越高声音就越清晰，相应的声音文件体积也就越大。通常CD使用的是44.1kHz的采样率，即每秒钟对声音进行44100次采样，得到的音频质量相当好。

采样率用赫兹（1kHz）表示，它表示在以数字方式录制一个音频信号时的采样次数。采样率越高，音频范围越好。通常较高的采样率会带来丰富、完美的声音。声音采样越少，记录就会越偏离原来的声音。当声音文件的采样率降低时，文件体积也会相应减小。

- 位分辨率：位分辨率指的是用来描述每个采样点音频的比特数。位分辨率越大，音频就越细腻，声音就越丰富。并且位分辨率越高，文件占用的空间就越大。若采样点的信息使用8位来表示，则分辨率级别为2的8次方，即256。
- 声道：声音文件的声道概念同平常使用的音响设备的声道概念相同，可使用单声道、双声道或者两者的混合。

可以将高采样率、高位分辨率、多声道的信息通过软件或硬件的方法转换成低采样率、低位分辨率和单声道的声音。

声音在动画中起着很重要的作用，为动画添加声音可以起到烘托动画的作用，使动画更生动，更具表现力。在Flash CS3中可以导入多种格式的音频文件，主要有以下几种。

- WAV音频文件（仅限 Windows）：WAV音频文件是Windows的数字音频标准，它支持立体声和单声道。在Flash中可导入各种音频软件创建的WAV文件。
- AIF音频文件（仅限 Macintosh）：AIF音频文件是Macromedia广泛使用的一种数字音频格式。
- MP3（Windows 或 Macintosh）：MP3声音文件带给Flash用户的最明显好处就是它们能够跨平台。

如果系统上安装了 QuickTime 4 或更高版本，则可以导入这些附加的声音文件格式：

- AIFF（Windows 或 Macintosh）
- Sound Designer II（仅限 Macintosh）
- 只有声音的 QuickTime 影片（Windows 或 Macintosh）
- Sun AU（Windows 或 Macintosh）
- System 7 声音（仅限 Macintosh）
- WAV（Windows 或 Macintosh）

动手练

当用户需要把某个声音文件导入到Flash动画中，可以按下面的操作步骤来完成：

1　执行【文件】→【导入】→【导入到舞台】命令（或按【Ctrl+R】组合键），如图10-1所示。

2　弹出【导入】对话框，如图10-2所示。

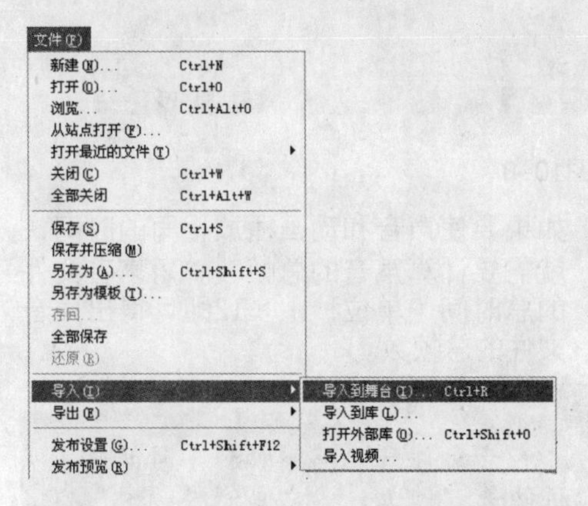

★ 图10-1

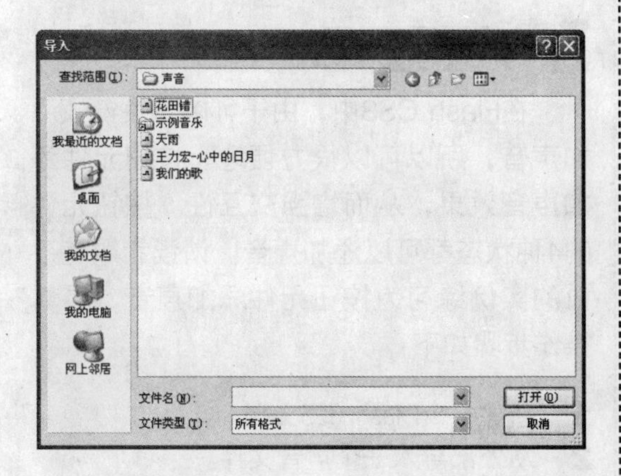

★ 图10-2

3　选择需要导入的声音文件，然后单击【打开】按钮。此时将打开【正在处理】对话框，并显示声音导入的进度条，如图10-3所示。此时若单击 取消 按钮，可取消导入选中的声音素材。

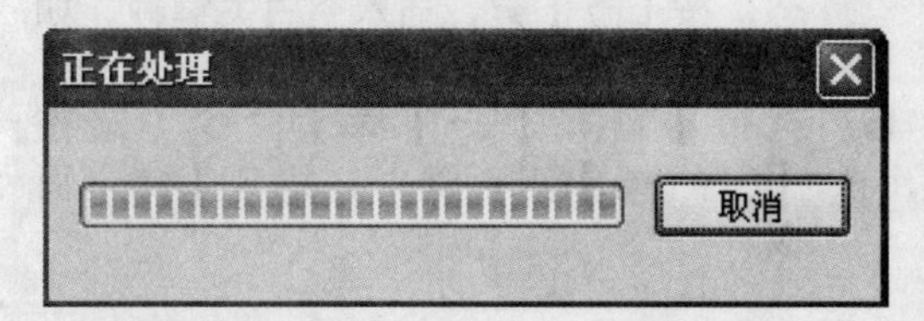

★ 图10-3

4　导入的声音文件会自动出现在当前影片的【库】面板中，如图10-3所示。

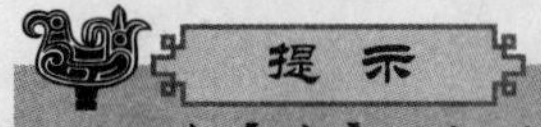

提　示

在【库】面板的预览窗格中，如果显示的是一条波形，则导入的是单声道的声音文件，如图10-4所示；如果显示的是两条波形，则导入的是双声道的声音文件，如图10-5所示。

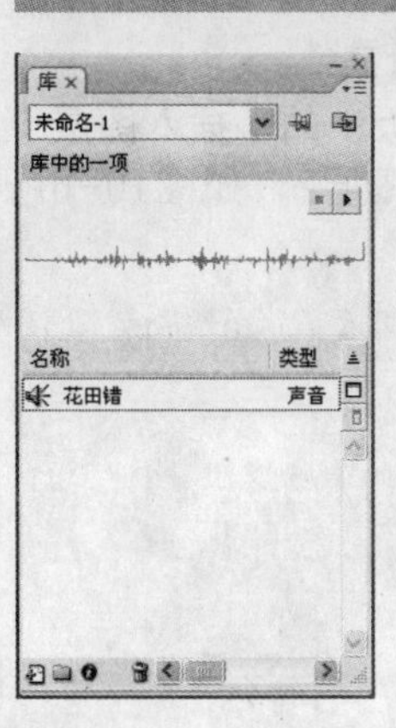

★ 图10-4

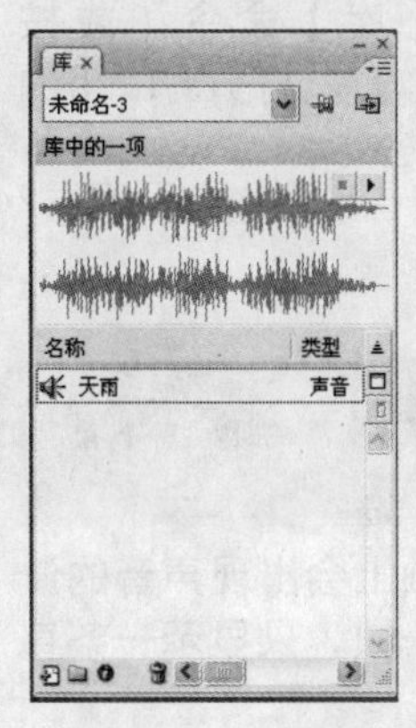

★ 图10-5

10.1.2　为关键帧添加声音

知识点讲解

在Flash CS3中，可以把声音添加到影片的时间轴上。通常会建立一个新的图层用来放置声音，而且在一个影片文件中可以有任意数量的声音图层，Flash CS3会对这些声音进行混合。但是太多的图层会增加影片文件的大小，也会影响动画的播放速度。

下面通过一个简单的实例来说明如何将声音添加到关键帧上。具体操作步骤如下：

1 新建一个Flash CS3文档。
2 从外部导入一个声音文件。
3 单击【时间轴】面板中的【插入图层】按钮，创建新的图层2，如图10-6所示。

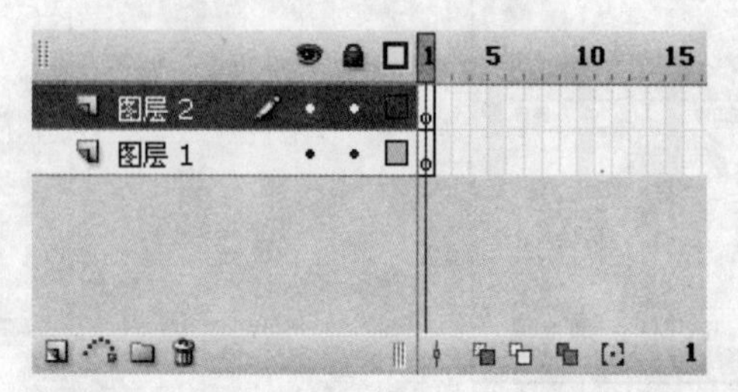

★ 图10-6

4 执行【窗口】→【库】命令（或按【Ctrl+L】组合键），打开Flash的【库】面板。
5 把【库】面板中的声音文件拖曳到图层2所对应的舞台中。

提 示

声音文件只能拖曳到舞台中，不能拖曳到图层上。

6 这时在图层的时间轴上会出现声音的波形，但是现在只有一帧，只显示一条直线，如图10-7所示。

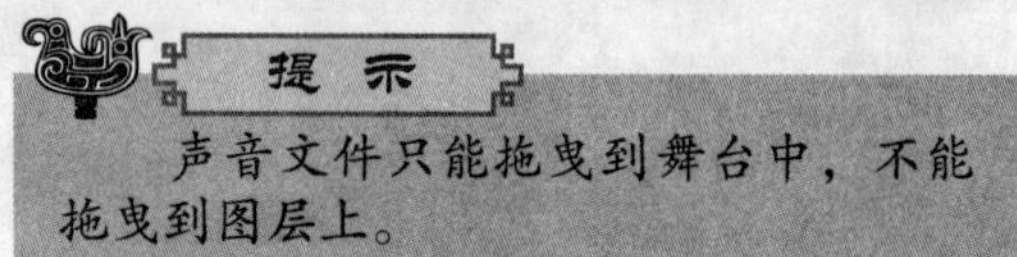
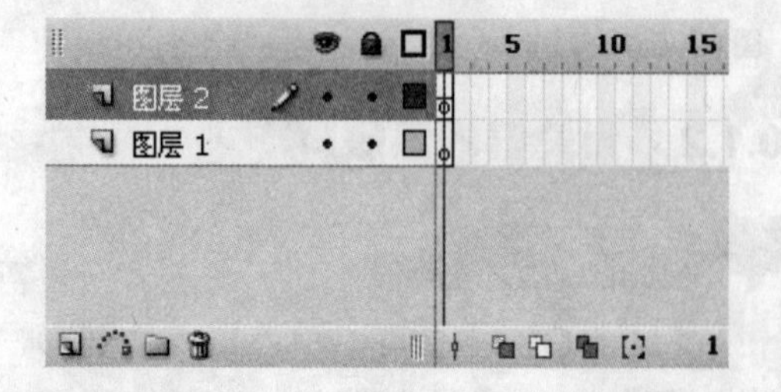

★ 图10-7

7 要将声音的波形明显地显示出来，在图层2的第1帧后的任意一帧中插入帧即可，如图10-8所示。

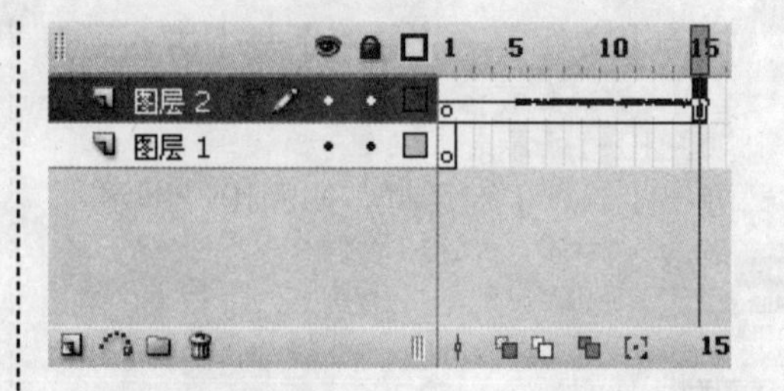

★ 图10-8

8 如果要使声音和动画播放相同的时间，就需要计算声音的总帧数。用声音文件的总时间（单位秒）×12即可得出声音文件的总帧数。

说 明

声音文件只能够添加到【时间轴】面板的关键帧上，和动画一样，也可以设置不同的起始帧。

动手练

在Flash CS3中，由于可以为关键帧添加声音，所以可以很方便地为按钮元件添加声音效果，从而增强交互性。按钮元件的4种状态都可以添加声音。请读者跟随下面的实例练习为按钮元件添加声音，具体操作步骤如下：

1 新建一个Flash CS3文档。
2 从外部导入一个声音文件。
3 选择舞台中需要添加声音的按钮元件，双击鼠标进入到按钮元件的编辑状态，如图10-9所示。
4 单击【时间轴】面板中的【插入图层】按钮，创建新的图层，命名为“声音”。
5 选择【时间轴】面板中的“按下”状态，按【F7】键，插入空白关键帧，如图10-10所示。
6 执行【窗口】→【库】命令（或按【Ctrl+L】组合键），打开【库】面板。

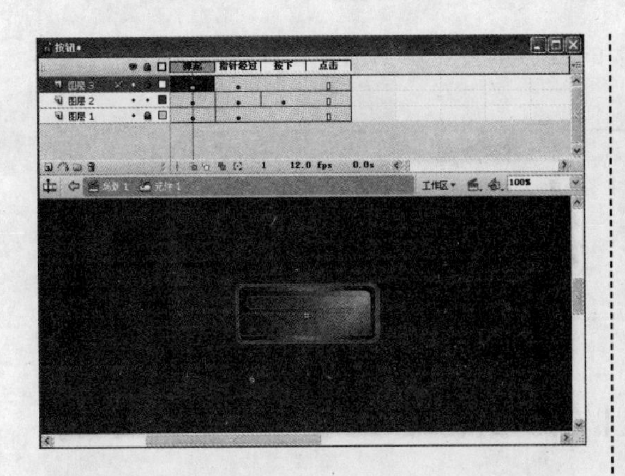

★ 图10-9

★ 图10-10

7　把【库】面板中的声音文件拖曳到“声音”图层的“按下”状态所对应的舞台中，如图10-11所示。

★ 图10-11

8　单击【时间轴】面板左上角的【场景1】按钮，返回场景的编辑状态。

9　执行【控制】→【测试影片】命令（或按【Ctrl+Enter】组合键），在Flash播放器中预览动画效果。

说　明

需要按钮在不同的状态下有不同的声音效果，直接把声音添加到相应的状态中即可。

10.2　编辑声音

Flash软件虽然不具备专业的声音编辑软件功能，但是如果仅仅是为了给动画配音，那么Flash CS3还是完全可以胜任的。在Flash CS3中，可以通过【属性】面板来完成声音的设定。

10.2.1　在【属性】面板中编辑声音

在Flash CS3中对声音素材的编辑，主要包括编辑音量大小、声音起始位置、声音长度以及声道切换效果等方面。可以通过【属性】面板对声音的播放属性进行设置。

在【属性】面板中编辑声音的操作非常简单，具体操作步骤如下：

1　新建一个Flash CS3文档。

2　从外部导入一个声音文件。

3　执行【窗口】→【库】命令（或按【Ctrl+L】组合键），打开【库】面板。

4　把【库】面板中的声音文件拖曳到图层1所对应的舞台中，如图10-12所示。

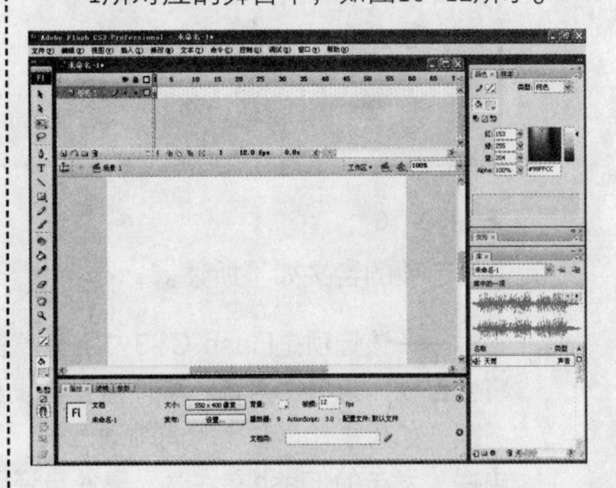

★ 图10-12

5 选中声音文件所在的帧，在【属性】面板的右下角会显示当前声音文件的采样率和长度，如图10-13所示。

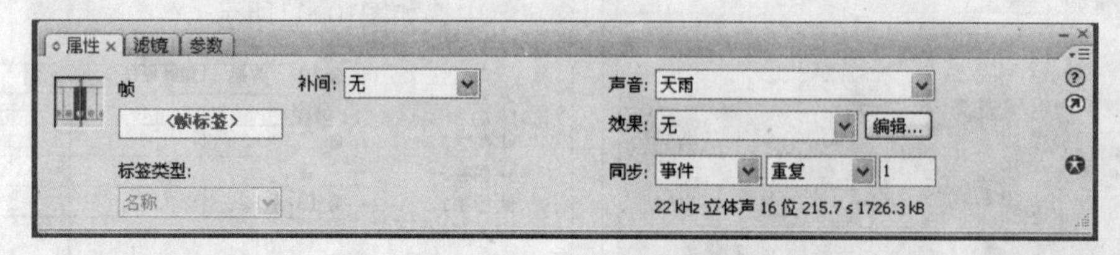

★ 图10-13

6 如果这时不需要声音，那么可以在【属性】面板中的【声音】下拉列表框中选择【无】选项，如图10-14所示。

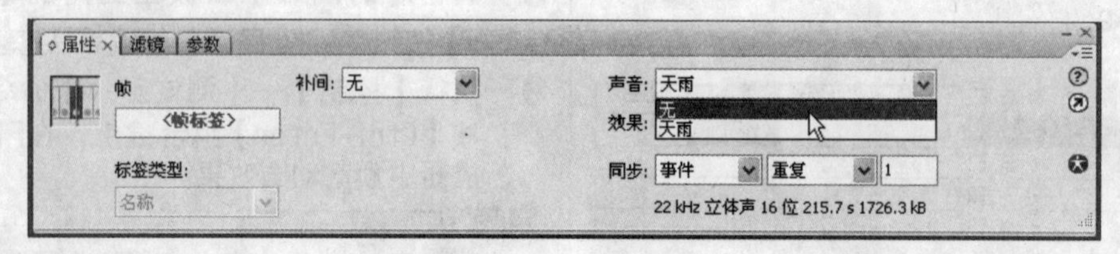

★ 图10-14

7 如果需要把短音效重复地播放，可以在【属性】面板中的【循环次数】文本框中输入需要重复的次数即可，如图10-15所示。

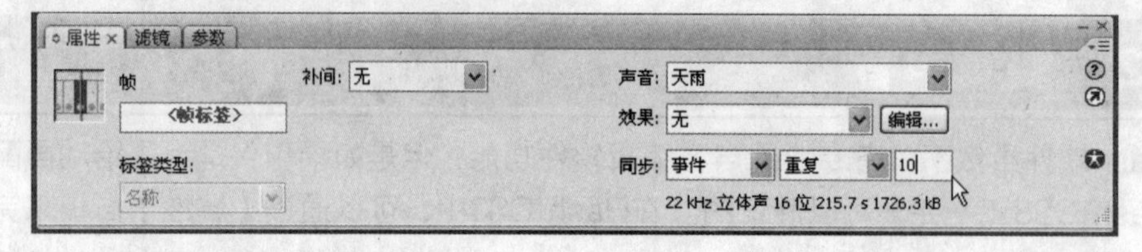

★ 图10-15

8 在【属性】面板中的【同步】下拉列表框中可以选择声音和动画的配合方式，如图10-16所示。

★ 图10-16

其中各选项的含义如下所述。

- 事件——该选项是Flash CS3内所有声音的默认选项。若不将其改为其他选项，声音将会自动作为事件声音。事件声音与发生事件和关键帧同时开始，它独立于时间轴外播放。如果事件声音比时间轴动画长，那么即使动画播放完了，声音还会继续播放。当播放发布的 Flash文件时，事件声音混合在一起。事件声音是最容易实现的，适用

于背景音乐和其他不需要同步的音乐。

注 意

事件声音可能会变成跑调的、烦人的、不和谐的声音循环。如果在动画循环之前声音就结束了，声音就会回到开头重新播放。几个循环之后，会变得让人无法忍受，为了解决上述情况，可以选择【开始】选项。

- 开始——该选项与【事件】选项的功能相近，但是两者之间有着重要的不同。选择该选项后，它会在播放前先检测是否正在播放同一个声音文件，如果有就放弃此次播放，如果没有它才会进行播放。该选项适用于按钮。若同时有三个一样的按钮，鼠标移动时播放相同的声音。实际上，当鼠标移动任何一个按钮时，声音即开始播放，但当移动第二个或第三个按钮时，声音会再次播放。
- 停止——即停止声音的播放。它可用来停止一些特定声音的播放。
- 数据流——该选项将同步声音，以便在网络上同步播放。简单来说就是一边下载一边播放，下载了多少就播放多少。但是它也有一个弊端，就是如果动画下载进度比声音快，没有播放的声音就会直接跳过，接着播放当前帧中的声音。

9 在【属性】面板的【效果】下拉列表框中选择声音的各种变化效果，Flash CS3可以制作音量大小的改变和左右声道的改变效果，如图10-17所示。

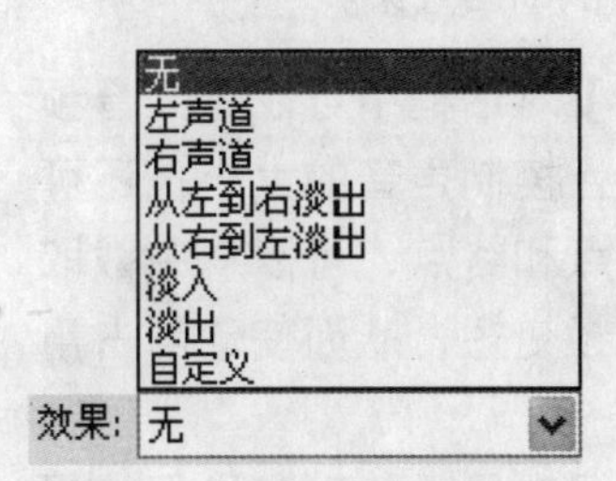

★ 图10-17

其中各选项的含义如下所述。

- 无——不对声音文件应用效果。选择此选项可以删除以前应用过的效果。
- 左声道/右声道——只在左声道或右声道中播放声音。
- 从左到右淡出/从右到左淡出——会将声音从一个声道切换到另一个声道。
- 淡入——会在声音的持续时间内逐渐增大音量。
- 淡出——会在声音的持续时间内逐渐减小音量。
- 自定义——可以通过使用【编辑封套】对话框创建自己的声音淡入和淡出效果。

10 声音编辑完毕，执行【控制】→【测试影片】命令（或按【Ctrl+Enter】组合键），在Flash播放器中预览动画的声音效果。

动手练

掌握了为动画添加声音的步骤之后，请读者利用所学的方法导入声音和图片素材，并将导入的素材应用到动画中，制作出图片配乐效果。

具体操作步骤如下：

1 新建一个Flash CS3文档，将其保存为“导入并应用素材”。

2 在【属性】面板中将场景尺寸设置为“550×300像素”，背景色设置为“白色”。

3 执行【文件】→【导入】→【导入到舞台】命令，打开“梦幻之夜”图片文件并将其导入到场景中。

4 使用任意变形工具在场景中对“梦幻之夜”图片的大小进行调整，使场景中能够完全显示出图片中的月亮、云朵和花草部分，如图10-18所示。

5 执行【文件】→【导入】→【导入到库】命令，将“钢琴曲”音乐文件导入到库中。

★ 图10-18

6 选中第1帧，在【属性】面板中单击声音: 无中的按钮，在弹出的下拉列表中选择导入的“钢琴曲”音乐文件，将声音素材应用到动画中，如图10-19所示。

★ 图10-19

7 因本例不需对声音音量和起始位置进行调整，所以可直接单击效果: 无中的按钮，在弹出的下拉列表中选择【从左到右淡出】选项，为声音添加播放控制效果。

8 单击同步: 事件中的按钮，然后在弹出的下拉列表中选择【开始】选项，并在重复下拉列表框中选择【循环】选项，在效果: 无下拉列表框中选择音乐效果，这里选择【从左到右淡出】选项，如图10-20所示。

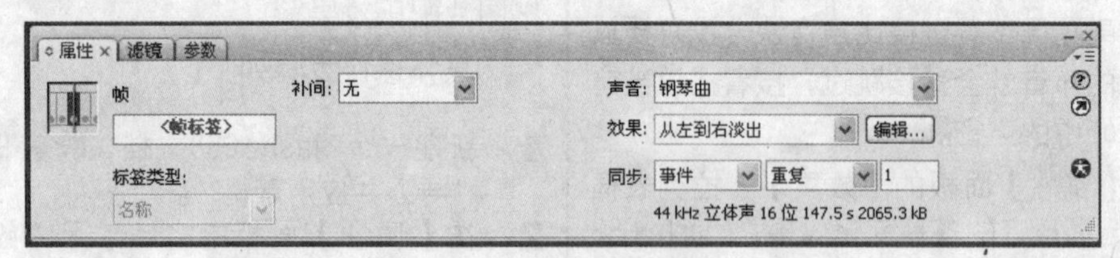

★ 图10-20

9 按【Ctrl+Enter】组合键测试动画，即可看到利用素材制作出的动画效果。

10.2.2 在【编辑封套】对话框中编辑声音

还可以通过单击【属性】面板中的【编辑】按钮来自定义声音的效果，在弹出的【编辑封套】对话框中可以定义音频的播放起点，并且控制声音的大小，还可以改变音频的起点和终点，可以从中截取部分音频，使音频变短，从而使动画占用较小的空间。

下面我们介绍对导入的声音进行编辑

的方法，具体操作步骤如下：

1 新建一个Flash CS3文档。
2 从外部导入一个声音文件。
3 执行【窗口】→【库】命令（或按【Ctrl+L】组合键），打开【库】面板。
4 把【库】面板中的声音文件拖曳到图层1所对应的舞台中。
5 打开【属性】面板，单击【属性】面板中的【编辑】按钮 编辑... ，打开声音的【编辑封套】对话框，如图10-21所示。其中上方区域表示声音的左声道，下方区域表示声音的右声道。

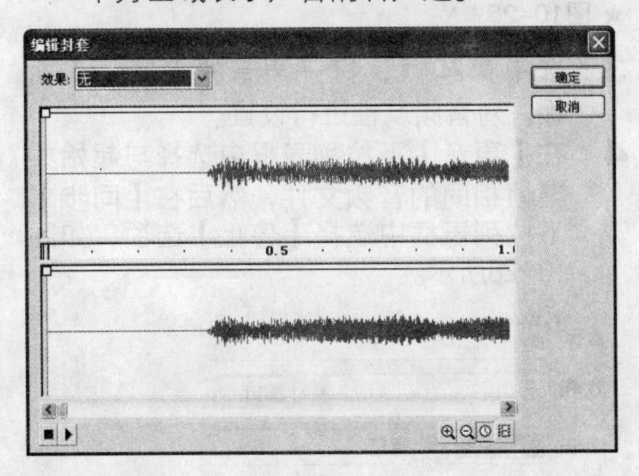

★ 图10-21

6 要在秒和帧之间切换时间单位，可以单击右下角的【秒】按钮或【帧】按钮。单击【帧】按钮，效果如图10-22所示。

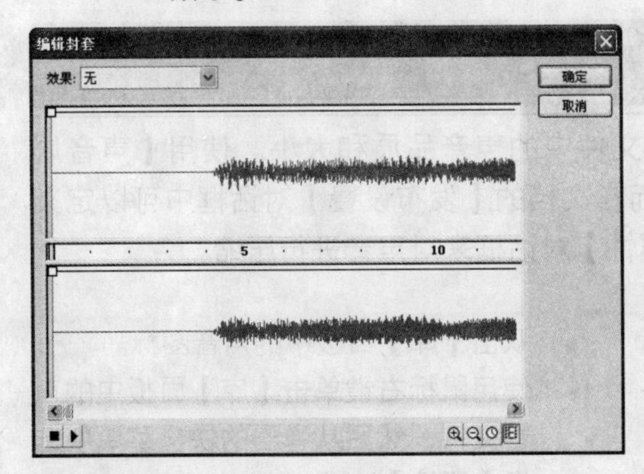

★ 图10-22

提 示

默认情况下是以秒为单位显示其刻度。无论是以秒为单位还是以帧为单位显示刻度，音频的波形并没有改变。

7 在对话框上方的【效果】下拉列表框中还可以修改音频的播放效果。
8 如果只截取部分音频，可以改变声音的起始点和终止点，可以拖曳【编辑封套】中的"开始时间"和"停止时间"控件来改变音频的起始位置和结束位置，如图10-23所示。单击对话框左下角的【播放】按钮即可试听编辑音频后的效果。

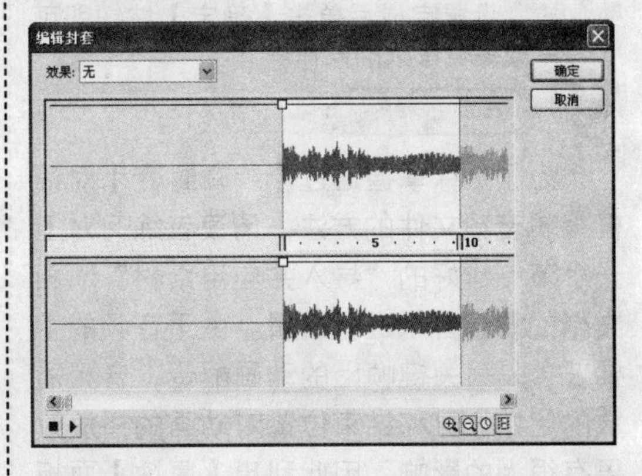

★ 图10-23

9 要改变音频的幅度，可拖动幅度包络线上的控制手柄改变音频上不同点的高度。如图10-24所示的是单击右下角的【放大】按钮后的效果。

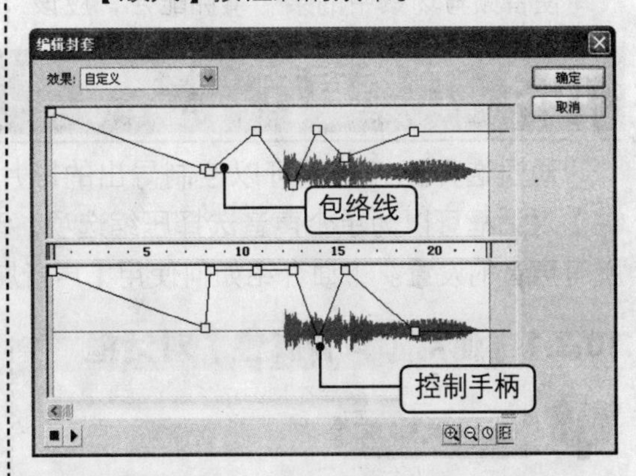

★ 图10-24

提 示

包络线表示声音播放时的音量，单击包络线，最多可以创建8个控制手柄。如果要删除控制手柄，只要将其拖动到窗口外即可。

10 为了更好地显示更多的音频波形或者更精确地编辑和控制音频，可以使用【放大】和【缩小】按钮。此外，当音频波形较长时，为了编辑音频，还可以使用对话框下方的滚动条来显示。

11 声音编辑完毕，单击【播放】按钮可以测试效果，如果不满意可以重新编辑，单击【终止】按钮可以停止声音的播放。设置完成后单击【确定】按钮即可完成编辑音频的操作。

动手练

为了熟练掌握通过【编辑封套】对话框编辑音频文件的方法，请读者练习对上一小节制作好的“导入并应用素材”动画文档的背景音乐进行编辑。由于音频的主要任务是为关键帧上的动画配音，音频播放的起始位置和结束位置对动画的播放效果有很大的影响，因此利用【属性】面板还可以控制关键帧上音频的播放。

具体操作步骤如下：

1 将音频添加到指定的关键帧上。如果要使音频与场景中的某个事件配合，应该先选择该事件发生的起始关键帧，以此作为音频的起始关键帧，然后再将音频添加到该帧上。

2 在音频层的时间轴上再创建一个关键帧，作为音频的结束关键帧，此时在音频层上的时间轴上将出现音频线，如图10-25所示。

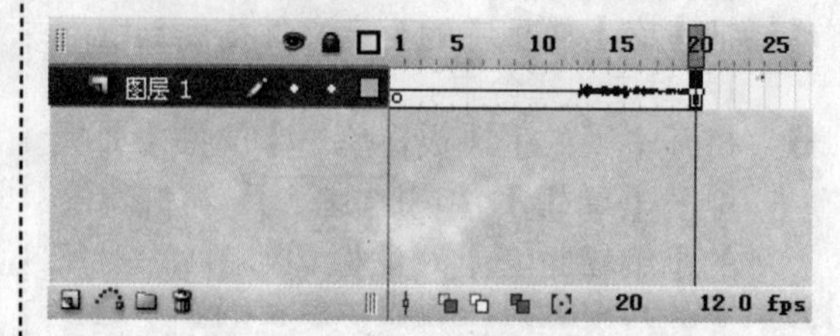

★ 图10-25

3 选中第20帧，打开声音的【属性】面板，对音频属性进行设置。

4 在【声音】下拉列表框中选择与起始关键帧相同的音频文件，然后在【同步】下拉列表框中选择【停止】选项，如图10-26所示。

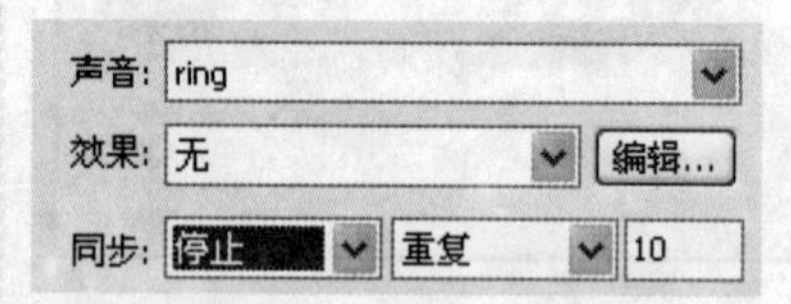

★ 图10-26

5 执行【控制】→【测试影片】命令，可预览效果。此时播放动画，播放到结束关键帧时，声音就会停止播放。

10.3 压缩声音

通过选择压缩选项可以控制导出的影片文件中的声音品质和大小。使用【声音属性】对话框可以为单个声音选择压缩选项，而在文档的【发布设置】对话框中可以定义所有声音的设置。下面介绍如何使用【声音属性】对话框来对声音进行压缩。

10.3.1 使用【声音属性】对话框

知识点讲解

在Flash CS3中有很多种方法都可以打开【声音属性】对话框，这里列出4种方法：

- 双击【库】面板中的声音图标。
- 使用鼠标右键单击【库】面板中的声音文件，然后从弹出的快捷菜单中选择【属性】选项。
- 在【库】面板中选择一个声音，然后在面板右上角的选项菜单中选择【属

性】选项。

- 在【库】面板中选择一个声音，然后单击【库】面板底部的属性图标。

当执行上述任何一个操作后，都可以打开如图10-27所示的【声音属性】对话框。

★ 图10-27

【声音属性】对话框中相关参数项的功能如下所述。

- 更新——对声音进行更新操作。
- 导入——单击此按钮，可以重新导入一个声音文件。
- 测试——单击此按钮，可以测试声音效果。
- 停止——单击此按钮，可以停止声音测试。
- 压缩——单击其右侧的下拉按钮，可以从弹出的下拉列表中选择声音的输出格式。

还可以为音乐文件设置链接属性。在【库】面板中选择一个声音文件，单击鼠标右键，从弹出的快捷菜单中选择【链接】选项，将弹出如图10-28所示的对话框。用户可以在此对话框中设置声音的输出方式，在【标识符】文本框中可以指定导出该对象所用的标识符，以便更新。

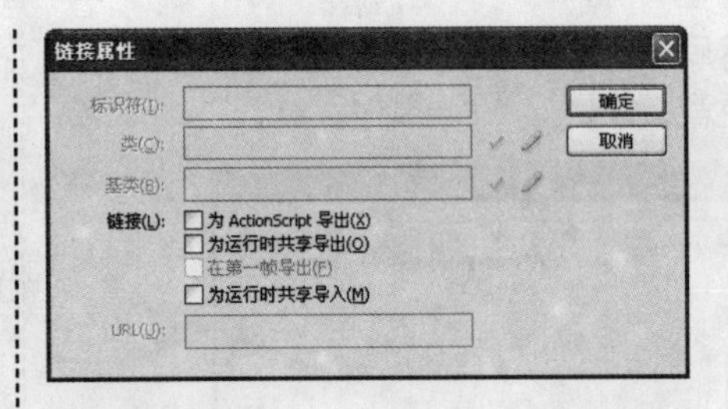

★ 图10-28

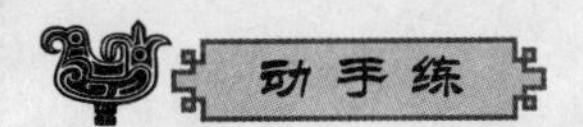

请读者练习这4种打开【声音属性】对话框的方法。除了可以利用【声音属性】对话框对声音的相关属性进行设置外，还可以通过快捷菜单对声音元件进行自动更新。

具体操步步骤如下：

1 在【库】面板中选择一个声音元件，单击鼠标右键，从快捷菜单中执行【更新】命令，如图10-29所示。

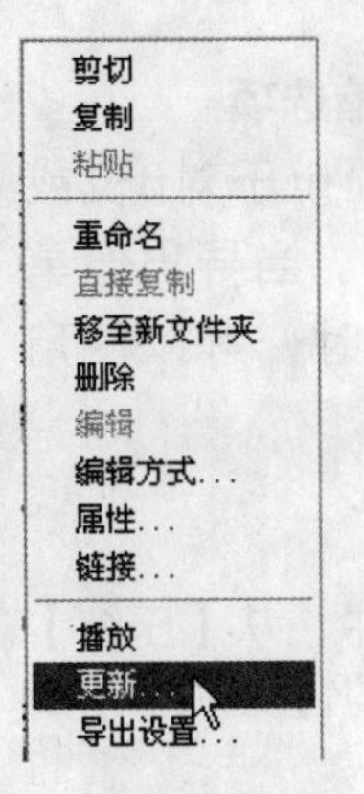

★ 图10-29

2 弹出【更新库项目】对话框，选中列表框中的【天雨】复选框，如图10-30所示。

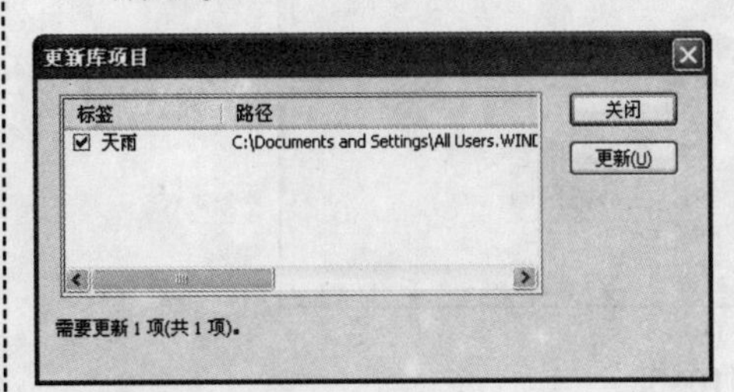

★ 图10-30

3 然后单击【更新】按钮，系统将自动更新声音文件，如图10-31所示。

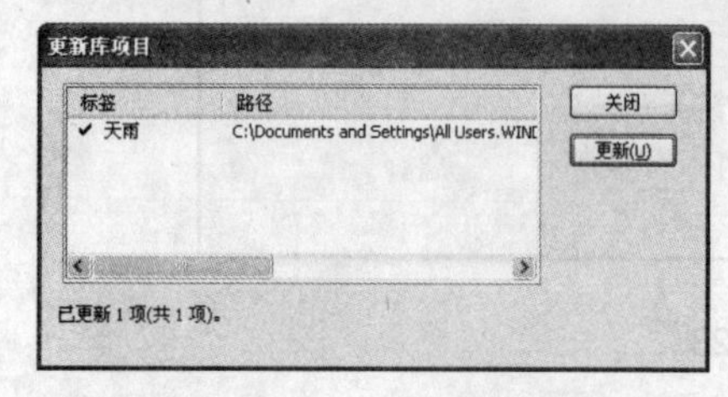

★ 图10-31

10.3.2 使用压缩选项

在【声音属性】对话框的上方会显示声音文件的一些基本信息，如名称、路径、采样率和长度等。而在下方可以对声音进行压缩设置。下面给大家介绍不同压缩选项的详细设置。

1. 使用【ADPCM】压缩选项

【ADPCM】压缩选项用于对8位或16位声音数据的压缩设置。当导出像单击按钮这样的短事件声音时，可以使用【ADPCM】压缩选项。

具体操作步骤如下：

1 在【声音属性】对话框中，从【压缩】下拉列表框中选择【ADPCM】选项，如图10-32所示。

★ 图10-32

2 选中【将立体声转换为单声道】复选框，会将混合立体声转换为单声（非立体声）。

3 通过【采样率】下拉列表框（如图10-33所示）中的选项可以控制声音的保真度和文件大小。较低的采样率可以减小文件体积，但同时也降低了声音品质。

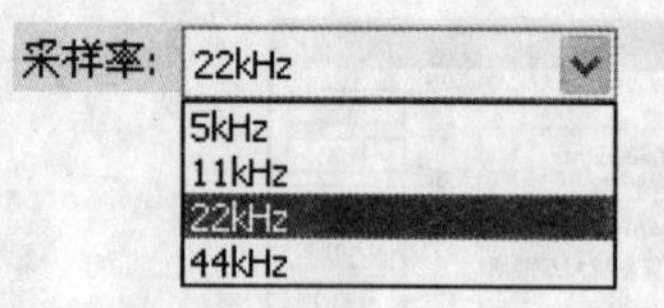

★ 图10-33

【采样率】下拉列表框中各选项的含义如下所述。

- 对于语音来说，5kHz是最低的可接受标准。
- 对于音乐短片断来说，11kHz是最低的建议声音品质，而这只是标准CD音频比率的四分之一。
- 22kHz是用于Web回放的常用选择，这是标准CD音频比率的二分之一。
- 44kHz是标准的CD音频比率。

2. 使用【MP3】压缩选项

通过【MP3】压缩选项可以用 MP3 压缩格式导出声音。当导出像乐曲这样较长的音频流时，可以使用【MP3】压缩选项。

具体操作步骤如下：

1 在【声音属性】对话框中的【压缩】下拉列表框中选择【MP3】选项，如图10-34所示。

2 选中【预处理】区域的【将立体声转换为单声道】复选框，会将混合立体声转换为单声道（非立体声）。

【预处理】区域只有在选择的比特率为20kb/s或更高时才可用。

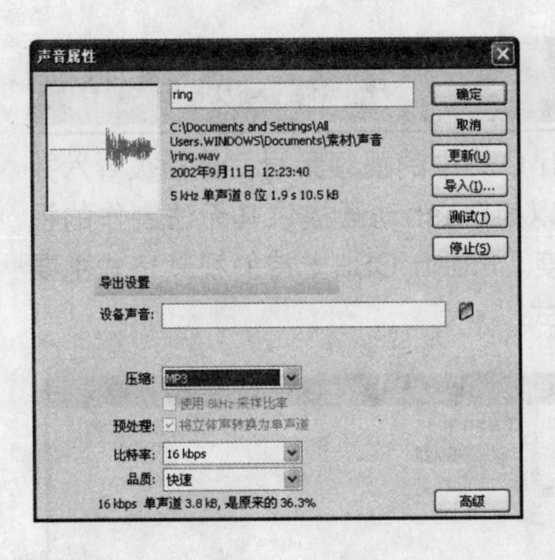

★ 图10-34

3 【比特率】下拉列表框中的选项可以确定导出的声音文件中每秒播放的位数，Flash CS3支持8kb/s~160kb/s CBR（恒定比特率）。当导出音乐时，需要将比特率设为16kb/s或更高，以获得最佳效果。

4 【品质】下拉列表框中的选项可以确定压缩速率和声音品质。

- "快速"选项的压缩速率较快，但声音品质较低。
- "中"选项的压缩速率较慢，但声音品质较高。
- "最佳"选项的压缩速率最慢，但声音品质最高。

3. 使用【原始】压缩选项

选择【原始】压缩选项在导出声音时不进行压缩，具体操作步骤如下：

1 在【声音属性】对话框中的【压缩】下拉列表框中选择【原始】选项，如图10-35所示。

2 选中【将立体声转换为单声道】复选框，会将混合立体声转换为单声道（非立体声）。

3 选择【采样率】下拉列表框中的一个选项，可以控制声音的保真度和文件体积。较低的采样率可以减小文件体积，但也降低了声音品质。其具体选项和使用【ADPCM】压缩选项相同。

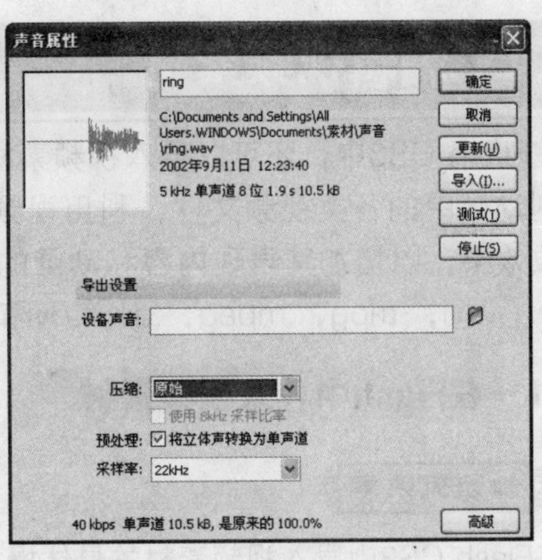

★ 图10-35

4. 使用【语音】压缩选项

【语音】压缩选项使用一种特别适合于语音的压缩方式导出声音。

具体操作步骤如下：

1 在【声音属性】对话框中的【压缩】下拉列表框中选择【语音】选项，如图10-36所示。

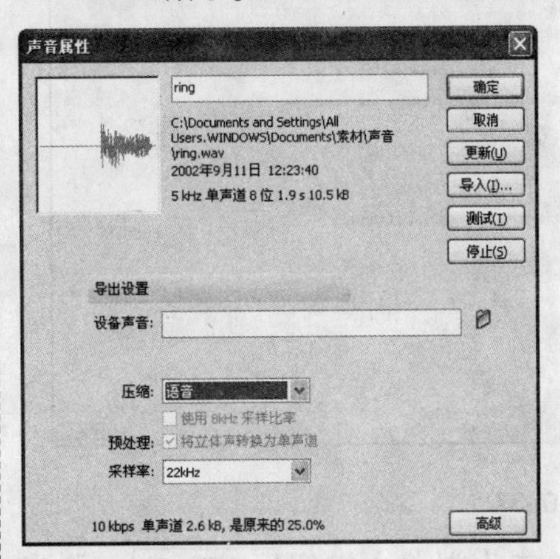

★ 图10-36

2 选择【采样率】下拉列表框中的一个选项，可以控制声音的保真度和文件体积。较低的采样率可以减小文件体积，但也降低了声音品质。其具体选项和使用【ADPCM】压缩选项相同。

10.4 编辑视频素材

在Flash CS3中，还可以导入视频素材，Flash CS3中的视频素材，是指被导入并应用到动画中的各类视频文件，利用视频素材可以为Flash动画提供其无法制作的视频播放效果，以增加其表现内容和动画的丰富程度。Flash CS3支持的视频格式主要有.mov，.avi，.mpg，.mpeg，.dv，.dvi和.flv等格式。

10.4.1 在Flash中导入视频素材

在Flash CS3中导入视频素材的具体操作步骤如下：

1 执行【文件】→【导入】→【导入视频】命令，打开【导入视频】对话框的【选择视频】页面，然后选中【在您的计算机上】单选按钮，如图10-37所示。

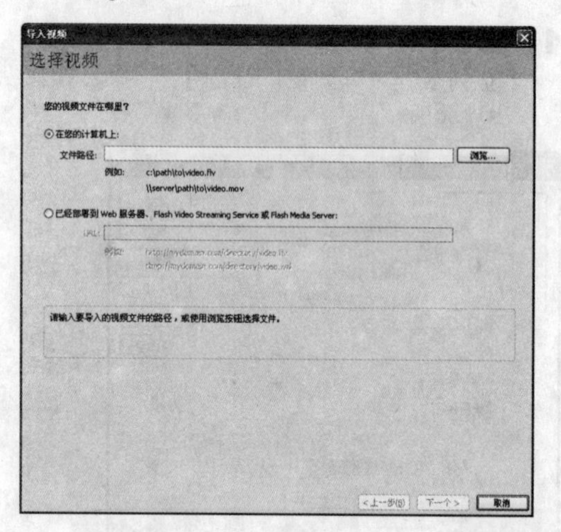

★ 图10-37

2 单击【浏览】按钮 浏览... ，弹出【打开】对话框，在该对话框中选择视频素材所在的路径，并选中要导入的视频文件，如图10-38所示。

3 单击【打开】按钮返回【选择视频】页面，此时该页面中列出了导入视频文件的路径和名称，如图10-39所示。

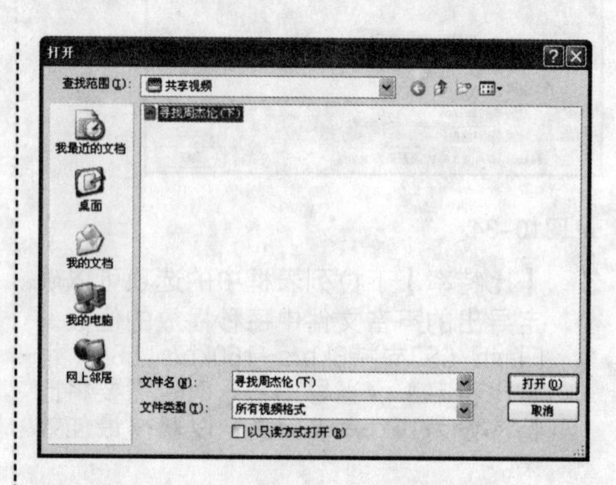

★ 图10-38

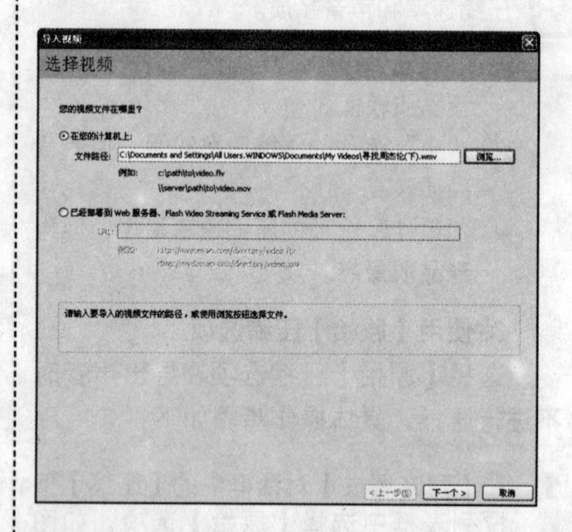

★ 图10-39

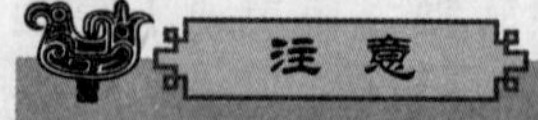

选中【已经部署到Web服务器、Flash Video Streaming Service或Flash Media Server】单选按钮，并在URL文本框中输入相应的链接地址，则可在动画中插入网络中的视频文件。

4 单击【下一个】按钮进入【部署】页面。

5 在【部署】页面中选中【在SWF中嵌入视频并在时间轴上播放】单选按钮，如图10-40所示。

提　示

为保证动画中的视频在未连接网络的情况下，仍能正常播放，就应选择这种部署方式。

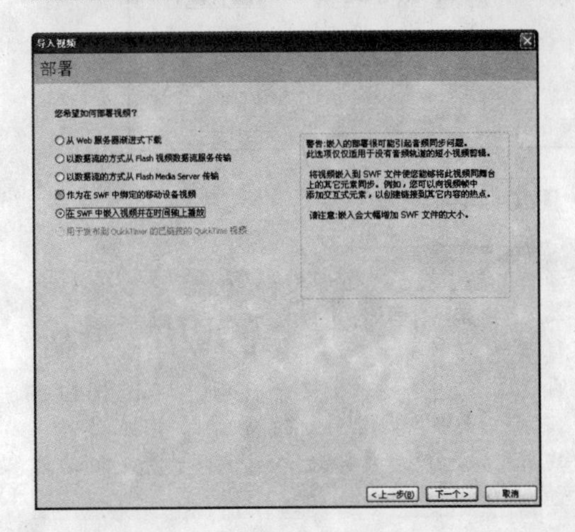

★ 图10-40

【部署】页面中各种视频部署方式的具体功能如下所述。

- 【从Web服务器渐进式下载】：使用这种视频部署方式，用户可以首先把视频文件上传到相应的Web服务器上，然后通过渐进式的视频传递方式，在Flash中使用HTTP视频流播放该视频。这种方式需要Flash Player 7或更高的播放器版本的支持。
- 【以数据流的方式从Flash视频数据流服务传输】：使用这种视频部署方式，用户需要拥有支持Flash Communication Server服务的服务商所提供的账户，并将视频上传到该账户中，然后才能使用这种方式配置视频组件并播放该视频。这种方式需要Flash Player 7或更高的播放器版本的支持。
- 【以数据流的方式从Flash Media Server传输】：使用这种视频部署方式，用户可以将视频上传到托管的Flash Communication Server中，然后该方式会转换用户导入的视频文件，并配置相应的视频组件以播放视频。使用这种方式需要Flash Player 7或更高的播放器版本的支持。
- 【作为在SWF中绑定的移动设备视频】：使用这种视频部署方式，可直接将视频文件嵌入到Flash动画中，并使视频与动画中的其他元素同步。这种方式嵌入视频后会大幅增加动画文件的体积，所以通常只应用于短小的视频文件。
- 【用于发布到QuickTime的已链接的QuickTime视频】：这种视频部署方式需要电脑中安装了QuickTime才能应用，这种方式可以将发布到QuickTime的QuickTime视频文件链接到Flash动画中。

6 单击【下一个】按钮进入【嵌入】页面，在【符号类型】下拉列表框中选择【嵌入的视频】选项。

注　意

在【符号类型】下拉列表框中主要有【嵌入的视频】、【影片剪辑】和【图形】三个选项。选择【嵌入的视频】选项，Flash CS3将视频文件默认为视频处理，而选择【影片剪辑】和【图形】选项，则Flash CS3会将视频文件作为元件处理。

7 在【音频轨道】下拉列表框中选择【集成】选项，然后选中【先编辑视频】单选按钮，如图10-41所示。

注　意

在【音频轨道】下拉列表框中有【集成】和【分离】两个选项。

选择【集成】选项，Flash CS3会将导入的视频和视频中的声音作为一个对象处理，如图10-42所示。

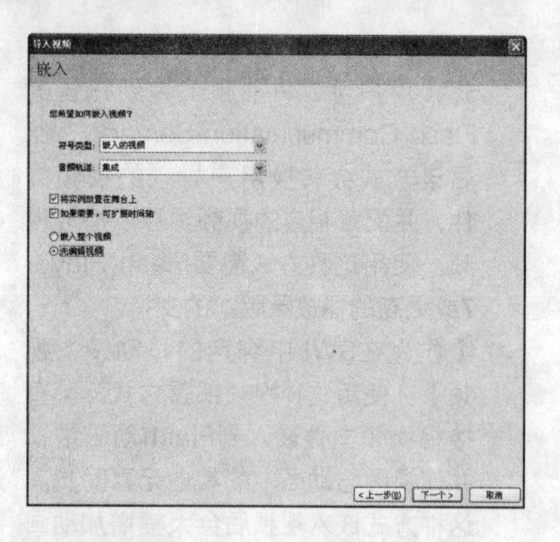

★ 图10-41

选择【分离】选项，Flash CS3会将导入的视频和视频中的声音作为不同的对象分别进行处理，如图10-43所示。如果动画中只需要视频中的图像部分，就可采用【分离】方式嵌入视频。

acz.wmv　　嵌入的视频

acz.wmv Audio　　声音

acz.wmv Video　　嵌入的视频

★ 图10-42　　★ 图10-43

另外，选中【将实例放置在舞台上】复选框，可将视频导入并放置到场景中，作用类似于【导入到舞台】命令；选中【如果需要，可扩展时间轴】复选框，Flash CS3会根据视频的长度自动对时间轴的长度进行延伸。

8 单击【下一个】按钮进入【拆分视频】页面，在该页面中单击✚按钮新建一个视频剪辑，然后使用鼠标拖动滑块对视频进行预览，并拖动◿和◺滑块对要保留的视频区域进行调整，如图10-44所示。

9 调整后，单击【预览剪辑】按钮对编辑的视频效果进行预览，同进可通过面板中的◇◫▷□◫◇按钮对视频播放进度进行控制。

10 确认视频编辑无误后，单击【更新剪辑】按钮即可保存对视频的修改，如要编辑多个视频，重复这几步操作即可。

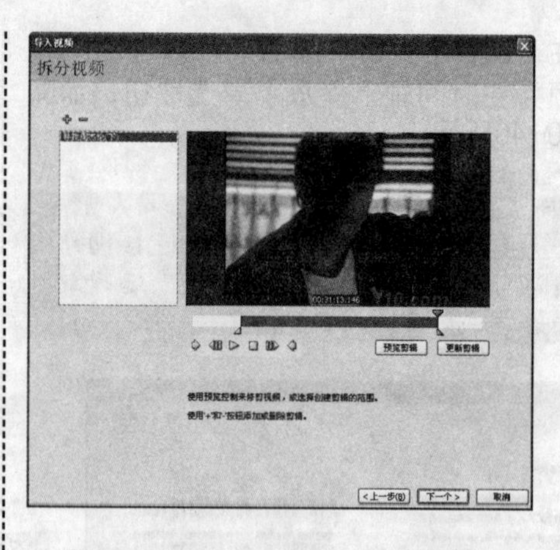

★ 图10-44

注　意

若不需要对视频文件进行编辑，直接导入整个视频文件，只需在【嵌入】页面中选中【嵌入整个视频】单选按钮即可，此时将跳过【拆分视频】页面中的相应操作，直接进入【编码】页面，如图10-45所示。

★ 图10-45

11 进入【编码】页面后，在下拉列表框中选择一种视频编辑配置文件，如图10-46所示。

12 单击【编码】页面中的【视频】选项卡，可以设置视频编解码器、关键帧的位置以及帧频等，如图10-47所示。

13 单击【编码】页面中的【音频】选项卡，可以对音频的数据速率进行设置，如图10-48所示。

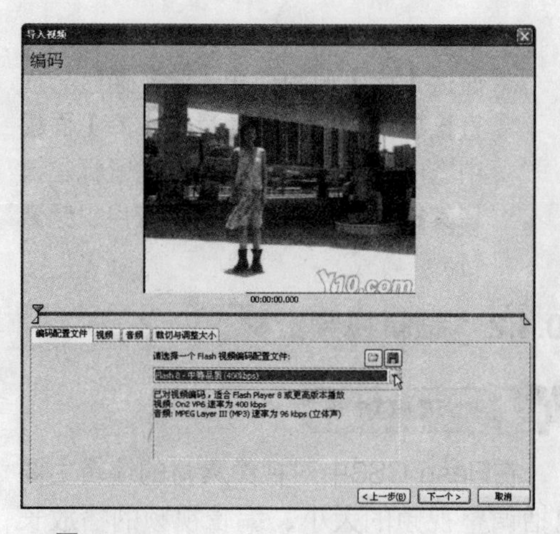

★ 图10-46

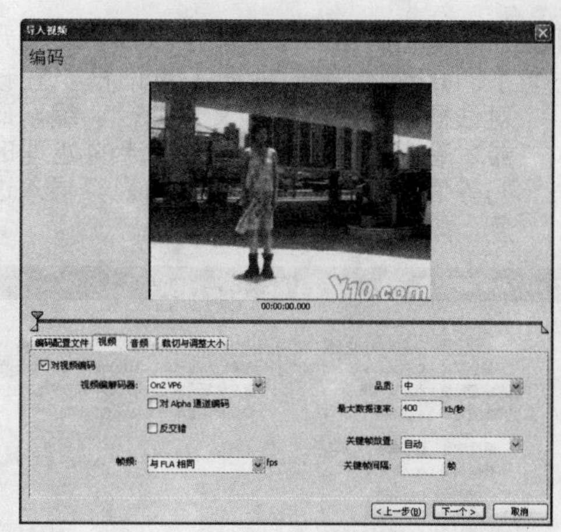

★ 图10-47

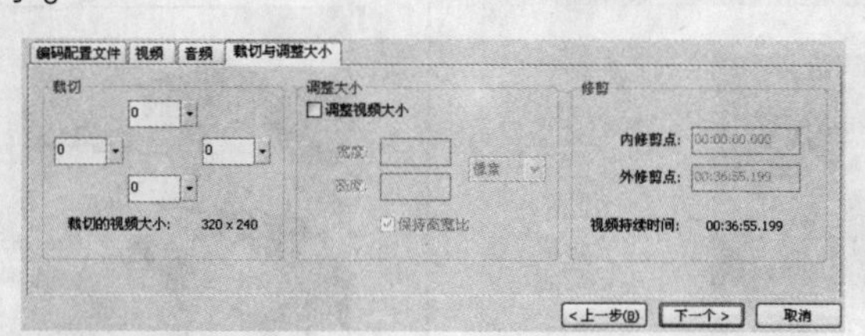

★ 图10-48

14 单击【编码】页面中的【裁切与调整大小】选项卡，可以对视频素材进行裁切以改变大小，如图10-49所示。

★ 图10-49

15 单击【下一个】按钮，进入【完成视频导入】页面，如图10-50所示。

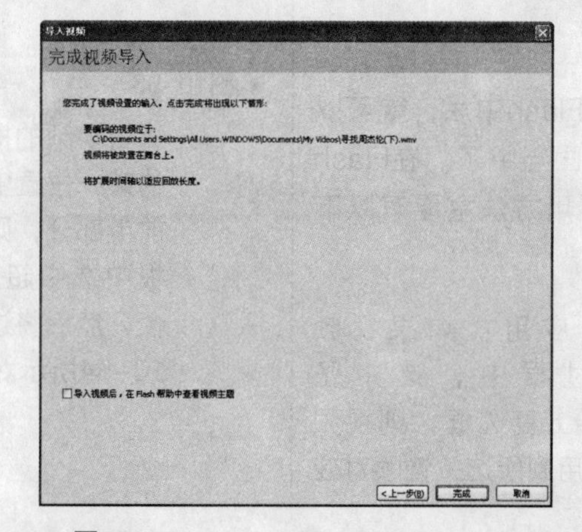

★ 图10-50

16 在该页面中单击【完成】按钮，将打开【Flash视频编码进度】对话框。在该对话框中列出了视频文件路径、编解码器、音频数据速率以及预计的处理时间等信息，并显示出当前的视频导入进度，如图10-51所示。

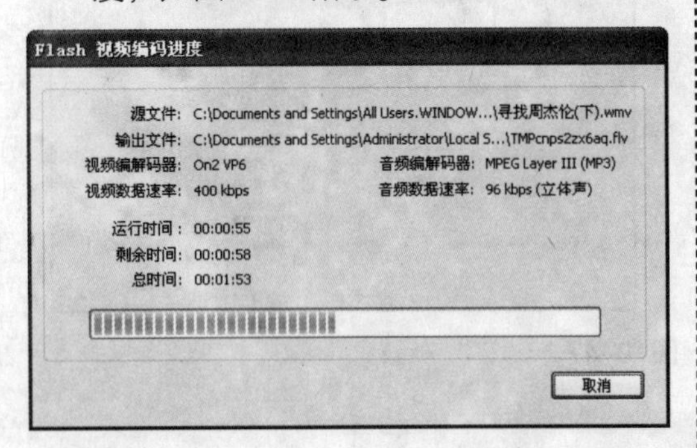

★ 图10-51

17 当进度完成后，即将视频素材导入到Flash中，如图10-52所示。

★ 图10-52

将视频素材导入到Flash中后，就可以将其应用到所制作的动画当中了。在Flash CS3中对视频素材的应用方法主要有以下两种。

- 通过导入直接应用：如果视频素材在导入过程中，选中了☑将实例放置在舞台上复选框，则视频导入后将直接应用到所选关键帧对应的场景中。
- 通过【库】面板应用：除了通过导入直接应用外，也可通过在【库】面板中选中视频素材，然后按住鼠标左键将其拖动到场景中的方式应用视频素材。

10.4.2 编辑视频素材

知识点讲解

在Flash CS3中对视频素材的编辑主要包括调整视频的大小、编辑视频的播放长度等属性。

- 调整视频的大小：在Flash CS3中可利用任意变形工具对视频的大小、倾斜以及旋转等属性进行调整（如图10-53所示），具体的调整方法与利用任意变形工具调整图片素材的方法类似。

★ 图10-53

- 编辑视频的播放长度：如果在动画中的某一位置上，只需要播放视频中的前半部分，则可通过在【时间轴】面板中选中超过所需视频长度的所有帧，然后将这部分帧删除即可，如图10-54所示。

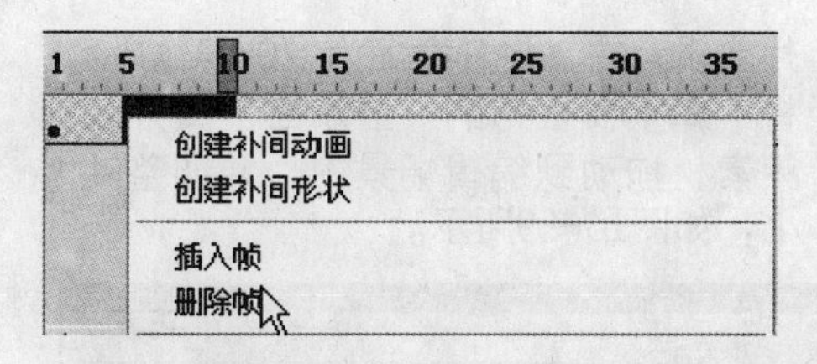

★ 图10-54

注 意

使用这种方法，无论删除视频所对应帧中的哪一部分，其结果都是去掉视频中多于帧长度的部分，即只能对视频播放的总长度进行编辑，而不能对视频中相应的内容进行裁剪。

动手练

掌握了导入及编辑视频素材的方法，就可以利用视频素材制作Flash动画了，下面以制作一个“DVD”影片剪辑为例练习视频素材的导入和应用，以及影片剪辑元件的新建和制作方法。

具体操作步骤如下：

1 新建一个Flash CS3文档。

2 执行【文件】→【导入】→【导入到库】命令，将“显示器”图片导入到库中，如图10-55所示。

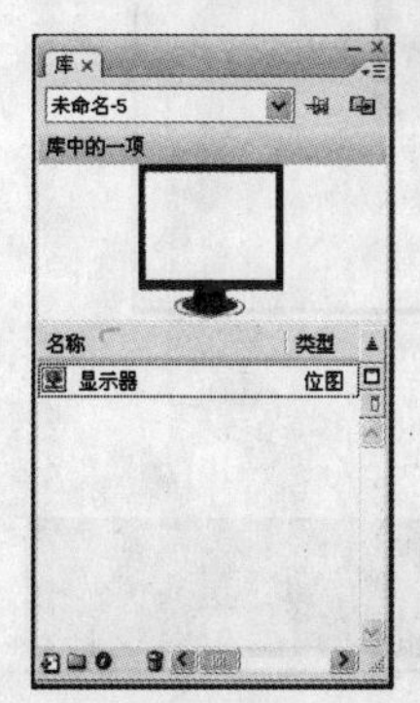

★ 图10-55

3 执行【文件】→【导入】→【导入视频】命令，打开【导入视频】对话框。

4 单击【浏览】按钮，弹出【打开】对话框，选择需要的视频素材。

5 单击【打开】按钮返回【选择视频】页面，此时该页面中列出了导入视频文件的路径和名称。

6 单击【下一个】按钮进入【部署】页面。

7 在【部署】页面中选中【在SWF中嵌入视频并在时间轴上播放】单选按钮，如图10-56所示。

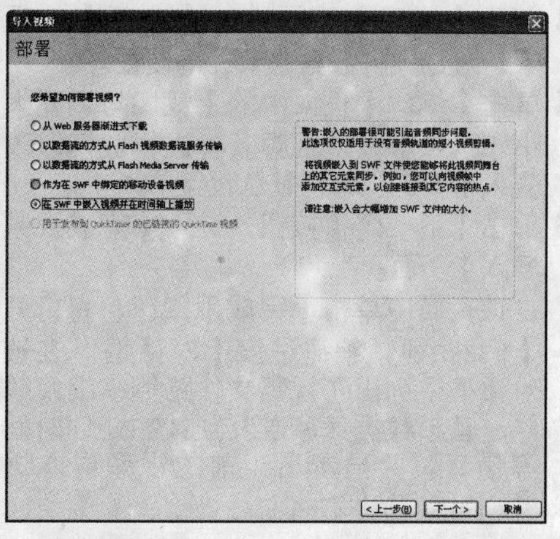

★ 图10-56

8 单击【下一个】按钮进入【嵌入】页面，在【符号类型】下拉列表框中选择【嵌入的视频】选项。

9 在【音频轨道】下拉列表框中选择【集成】选项，然后选中【先编辑视频】单选按钮。

10 单击【下一个】按钮进入【拆分视频】页面，在该页面中单击✚按钮新建一个视频剪辑，然后使用鼠标拖动滑块对视频进行预览，并拖动◿和◺滑块对要保留的视频区域进行调整，如图10-57所示。

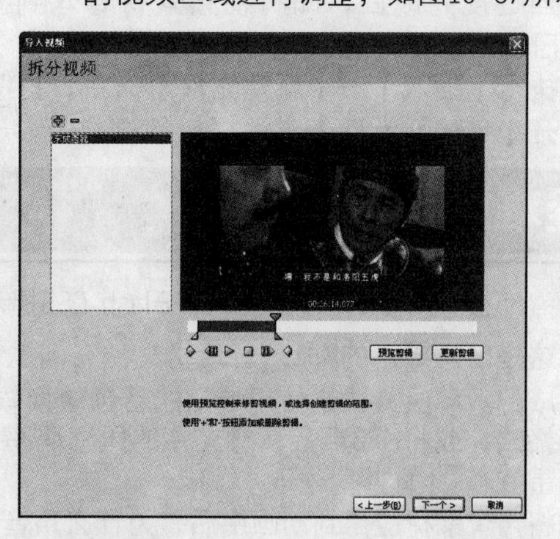

★ 图10-57

11 单击【更新剪辑】按钮即可更新视频。

12 单击【下一个】按钮进入【编码】页面，在下拉列表框中选择一种视频编辑配置文件。

13 单击【编码】页面中的【视频】选项卡，设置视频编解码器、关键帧的位置以及帧频等。

14 单击【编码】页面中的【音频】选项卡，对音频的数据速率进行设置。

15 单击【编码】页面中的【裁切与调整大小】选项卡，对视频素材进行裁切以改变大小，这里保持默认设置。

16 单击【下一个】按钮，进入【完成视频导入】页面。

17 在该页面中单击【完成】按钮，将打开【Flash视频编码进度】对话框。在该对话框中列出了视频文件路径、编解码器、音频数据速率以及预计的处理时间等信息，并显示出当前的视频导入进度，如图10-58所示。

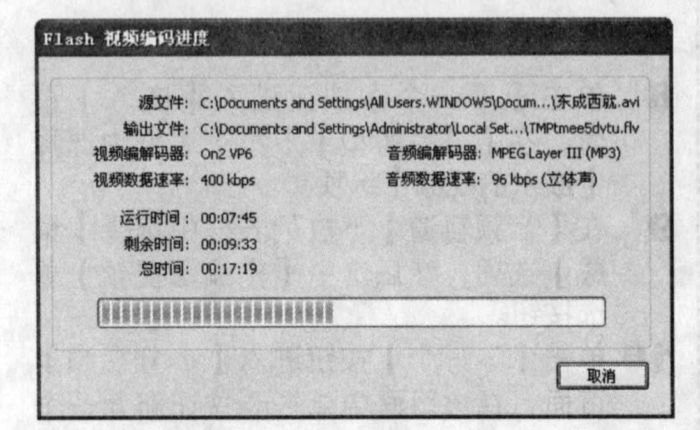

★ 图10-58

18 当进度完成后，即将视频素材导入到Flash CS3中。

19 执行【插入】→【新建元件】命令，打开【创建新元件】对话框，创建一个影片剪辑元件，将其命名为“DVD”。

20 将【库】面板中的“显示器”图片和视频素材拖动到编辑场景中，并调整其大小，如图10-59所示。

★ 图10-59

21 单击场景1的名称返回主场景，并将制作的“DVD”影片剪辑元件拖动到场景中。

22 按【Ctrl+Enter】组合键测试一下动画的效果，如图10-60所示。

★ 图10-60

疑难解答

问 为什么导入MP3声音素材时，Flash CS3提示该素材无法导入？

答 这是因为导入的MP3声音素材文件有问题，或Flash CS3不支持该声音素材的压缩码率造成的。解决方式是使用专门的音频转换软件，将MP3声音素材文件的格式转换为WAV声音格式，或将MP3声音素材文件的压缩码率重新转换为128kb/s，转换后即可将声音素材正常导入到Flash CS3中。

问 将声音素材应用到动画中后，为什么声音的播放和动画不同步？应该怎样处理？

答 出现这种情况，通常是因为没有正确设置声音的播放方式造成的。解决方法是在【属性】面板的 同步: 事件 下拉列表框中选择【数据流】选项，然后根据声音的播放情况，对动画中相应帧的位置进行适当调整即可。用这种方法处理后，就不会再出现声音和动画不同步的情况。

问 在导入视频文件的过程中，会在读取文件时出现问题，一个或多个文件没有导入，这是什么原因造成的呢?

答 当发生这种问题时，一般将其转换成MOV格式后导入，都可以解决。注意应先在电脑中装上QuickTime软件后重新启动电脑。

Chapter 11

第11章　ActionScript基础应用

本章要点

- *【动作】面板简介*
- *Action脚本的基本语法*
- *ActionScript 3.0介绍*
- *ActionScript 3.0的新特性*

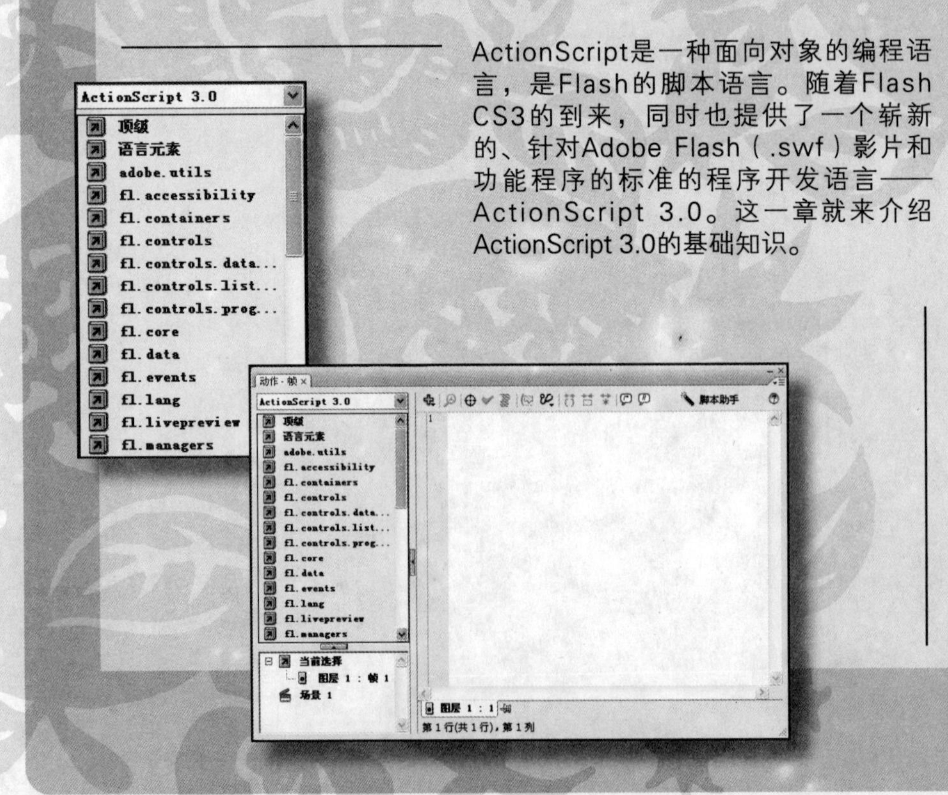

ActionScript是一种面向对象的编程语言，是Flash的脚本语言。随着Flash CS3的到来，同时也提供了一个崭新的、针对Adobe Flash（.swf）影片和功能程序的标准的程序开发语言——ActionScript 3.0。这一章就来介绍ActionScript 3.0的基础知识。

11.1 【动作】面板简介

知识点讲解

在Flash中，行为是用动作来表示的，所以制作交互式动画的第一步是要弄清楚该动画中可能用到或产生的一些动画。另外，在交互动画中，没有接到指令时是不会产生动作的，而这些指令一般是来自鼠标对按钮的作用、击键或由关键帧发出的。

Flash CS3提供了一个专门用来编写程序的窗口，就是【动作】面板，如图11-1所示。在运行Flash CS3后有两种方式可以打开【动作】面板。

- 执行【窗口】→【动作】命令。
- 按【F9】键。

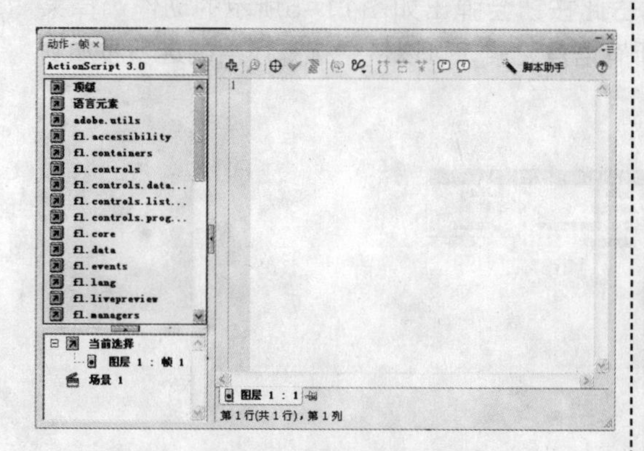

★ 图11-1

在【动作】面板右侧的【脚本】窗格中输入动作脚本来创建脚本。在【脚本】窗格中可以直接编辑动作、输入动作的参数或者删除动作，这和在文本编辑器中创建脚本非常相似。也可以双击【动作】工具箱中的某一项或单击【脚本】窗格上方的【将新项目添加到脚本中】按钮，向【脚本】窗格中添加动作。

【动作】面板以分类的方式列出了ActionScript 3.0中的所有语句，如图11-2所示。用户可以用双击或拖曳的方式将需要的动作放置到右侧的编辑区中。

在Flash CS3中使用脚本助手，可以快速、简单地编辑动作脚本，更加适合初学者使用，如图11-3所示。

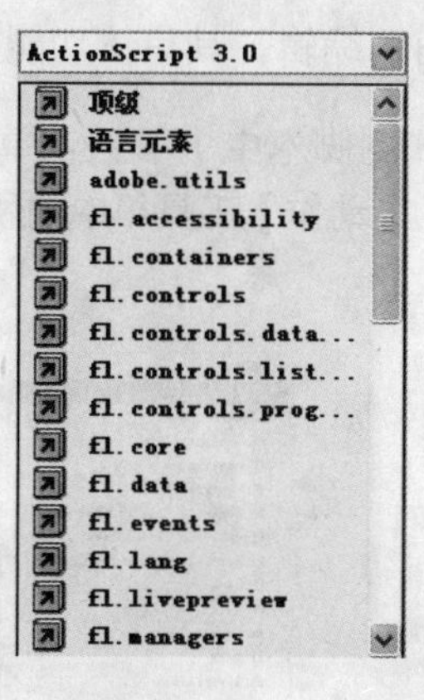

★ 图11-2

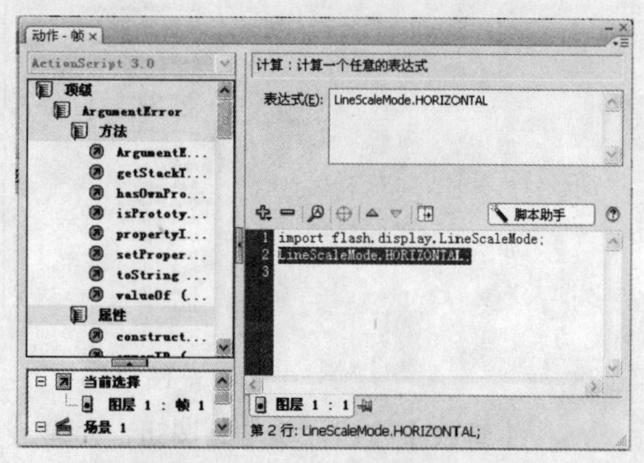

★ 图11-3

脚本助手用于提示用户输入脚本的元素，有助于用户更轻松地向Flash文件或应用程序中添加简单的交互性。如果用户不想从头编写脚本，可以从【动作】工具箱中（或单击工具栏上的相应按钮）选择一个语言元素，将它拖动到【脚本】窗格中，然后使用【脚本助

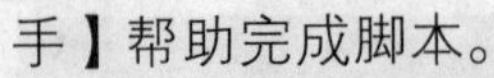

手】帮助完成脚本。

当用鼠标选择某个指令时，右侧编辑区上方工具栏中的【将新项目添加到脚本中】、【查找】、【插入目标路径】、【语法检查】、【自动套用格式】、【显示代码提示】以及【调试选项】等几个工具按钮呈可用状态，如图11-4所示。

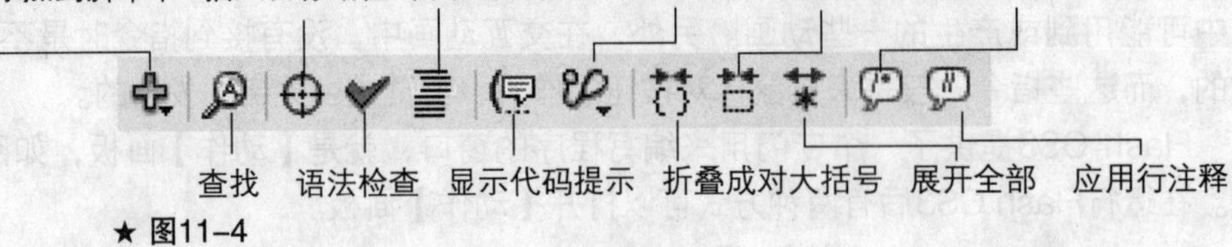

★ 图11-4

这几个按钮可以辅助编辑，其具体功能如下所述。

- 【将新项目添加到脚本中】按钮：单击此按钮会弹出如图11-5所示的动作选择菜单，其中显示了【动作】工具箱中的所有语言元素，可以从中选择所需的选项添加到脚本中。

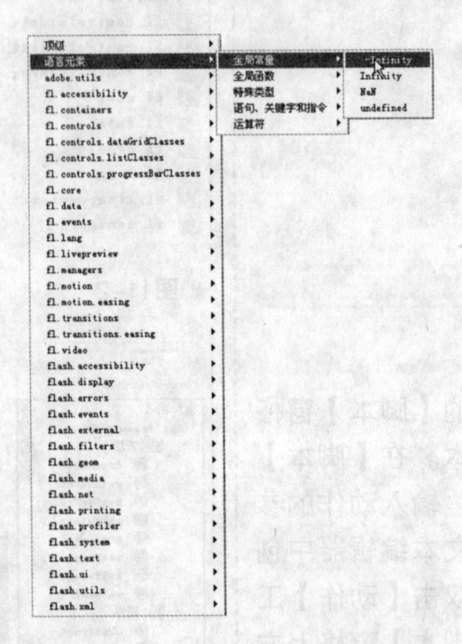

★ 图11-5

- 【查找】按钮：单击此按钮，会弹出【查找和替换】对话框，如图11-6所示。使用【查找】按钮允许用户查找并根据需要替换脚本中的文本字符串，不仅可以替换所查找的文本在脚本中的第一个实例或所有实例，还可以指定是否要求文本的大小写相匹配。

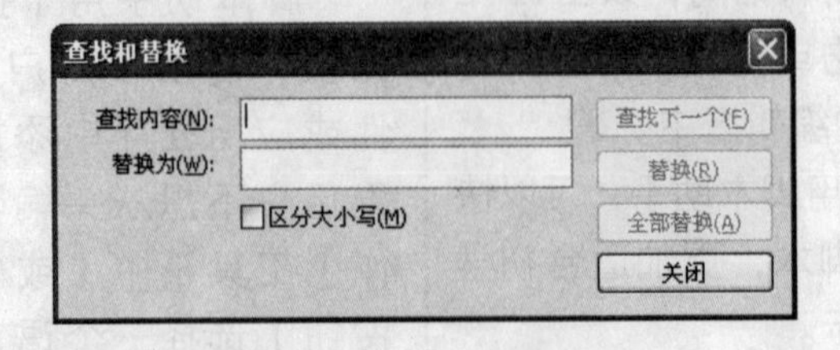

★ 图11-6

- 【插入目标路径】按钮：要将这些动作应用到时间轴的实例上，需要设置目标路径作为目标的实例地址，可以设置绝对或相对目标路径。
- 【语法检查】按钮：检查当前脚本中的语法错误。语法错误列在【编辑器错误】面板中。在【编辑器错误】面板中指出了编写的所有程序的错误代码，如图11-7所示。

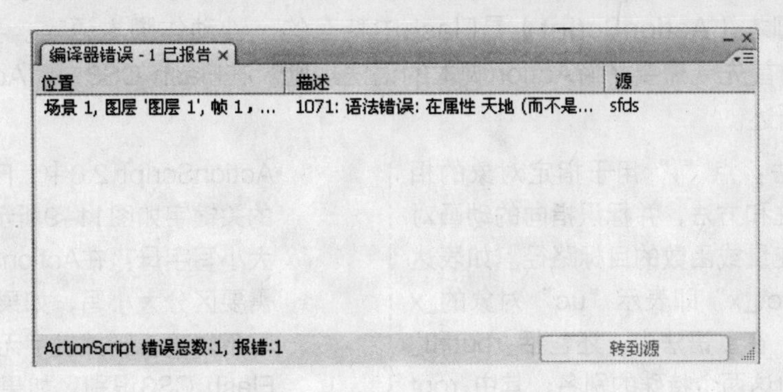

★ 图11-7

- 【自动套用格式】按钮：设置用户的脚本格式以实现正确的编码语法和更好的可读性。可以在【首选参数】对话框中设置自动套用格式的首选参数，在【编辑】菜单中执行【首选参数】命令或按【Ctrl+U】组合键，可以访问此对话框，如图11-8所示。

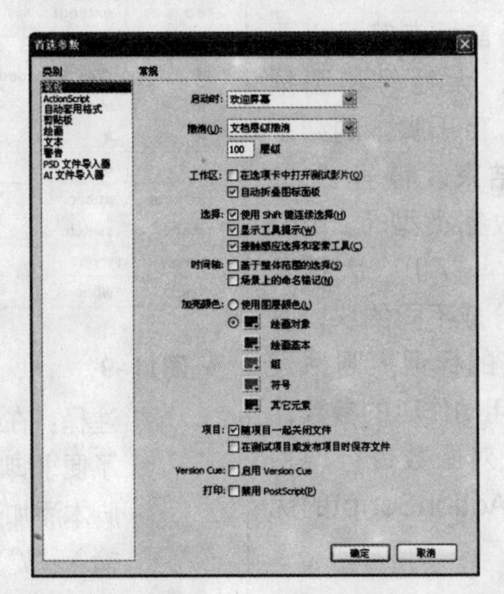

★ 图11-8

- 【显示代码提示】按钮：如果用户已经关闭了自动代码提示，可以使用此按钮手动显示正在编写的代码行的代码提示。
- 【调试选项】按钮：在脚本中设置和删除断点，以便在调试Flash文档时可以停止，然后跟踪脚本中的每一行。

单击【动作】面板右上角的 - 按钮，可以将面板折叠成只剩标题栏的状态；单击 □ 按钮，可以将折叠起来的面板展开。

11.2 Action脚本的基本语法

知识点讲解

Action脚本（ActionScript）是Flash中特有的一种动作脚本语言。要学习和使用Action脚本，首先就需要了解Action脚本的语法规则。在Flash CS3中，Action脚本的基本语法如下所述。

- 点语法：点“.”用于指定对象的相关属性和方法，并标识指向的动画对象、变量或函数的目标路径。如表达式“uc._x”即表示“uc”对象的_x属性。在点语法中，还包括_root和_parent这两个特殊的别名，其中_root表示动画中的主时间轴，通常用于创建一个绝对的路径。而_parent则用于对嵌套在当前动画中的子动画进行引用。
- 语言标点符号：语言标点符号主要包括分号、冒号、大括号和圆括号。其中分号“;”用于脚本的结束处，表示该脚本结束。冒号“:”用于为变量指定数据类型（如var myNum:Number = 7）。大括号“{}”用于将代码分成不同的块，以作为区分程序段落的标记。圆括号“( )”用于放置使用动作时的参数，定义一个函数以及对函数进行调用等，也可用于改变ActionScript的优先级。

注意

如果在编辑过程中省略分号，Flash CS3仍然可以识别编辑的脚本，并自动加上分号。

- 关键字：在ActionScript 2.0中，具有特殊含义且供Action脚本调用的特定单词，被称为“关键字”。在编辑Action脚本时，不能使用Flash 8保留的关键字作为变量、函数以及标签等的名字，以免发生脚本的混乱。在ActionScript 2.0中，Flash CS3保留的关键字如图11-9所示。
- 大小写字母：在ActionScript 2.0中，需要区分大小写，如果关键字的大小写不正确，则关键字无法在执行时被Flash CS3识别。如果变量的大小写不同，就会被视为是不同的变量。

add	and	break	case
catch	class	continue	default
delete	do	dynamic	else
eq	extends	finally	for
function	ge	get	gt
if	ifFrameLoaded	implements	import
in	instanceof	interface	intrinsic
le	lt	ne	new
not	on	onClipEvent	or
private	public	return	set
static	switch	tellTarget	this
throw	try	typeof	var
void	while	with	

★ 图11-9

- 注释：在Action脚本的编辑过程中，为了便于脚本的阅读和理解，可为相应的脚本添加注释，其方法是直接在脚本中输入“//”，然后输入注释的内容。

注意

在Action脚本中，注释内容以灰色显示，其长度不受限制，也不会参与脚本的执行。

动手练

下面通过为“故乡的云”动画文档中的相应关键帧添加用于停止播放的Action脚本，使动画在播放完成后出现自动停止的效果，练习在动画中为帧添加Action脚

本的方法。

具体操作步骤如下：

1 打开“故乡的云”动画文档。
2 在【时间轴】面板中选中“田野”图层的最后一帧，即第200帧。
3 执行【窗口】→【动作】命令，打开【动作】面板。
4 在【动作】面板中输入以下脚本（注意大小写）：

```
stop( );
```

如图11-10所示。

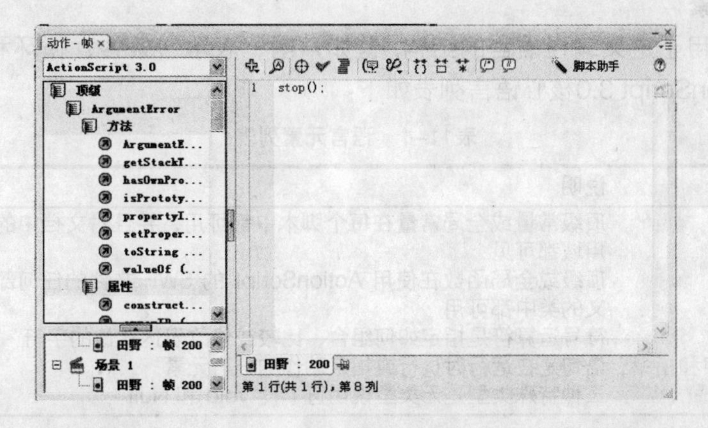

★ 图11-10

说　明

“stop( );”脚本的作用是停止播放，在结束关键帧中添加该脚本，就可使动画在播放到这一帧时停止，即实现动画停止播放的效果。

5 输入脚本后，单击✔按钮检查输入的脚本是否存在错误。检查无误后，关闭面板。
6 最后按【Ctrl+Enter】组合键测试动画，即可看到添加Action脚本后，动画在最后一帧停止播放的效果，如图11-11所示。

★ 图11-11

11.3 ActionScript 3.0介绍

知识点讲解

ActionScript 3.0演变成一门强大的面向对象的编程语言意味着Flash平台的重大变革。这种变化也意味着ActionScript 3.0将创造性地用语言迅速建立出适应网络的丰富应用程序，成为丰富网络应用项目的本质部分。

ActionScript 3.0 包括两部分：语言元素和Flash Player API类。

1. 语言元素

语言元素用于定义编程语言的结构，譬如声明、表示、条件、循环和类型。Flash CS3中的 ActionScript 3.0核心语言列表如下：

表11-1　语言元素列表

语言元素	说明
全局常量	顶级常量或全局常量在每个脚本中都可用，并且对文档中的所有时间轴和作用域都可见
全局函数	顶级或全局函数在使用 ActionScript 的 SWF 文件的任何部分或任何用户定义的类中都可用
运算符	符号运算符是指定如何组合、比较或修改表达式值的字符
语句、关键字和指令	语句是在运行时执行或指定动作的语言元素
特殊类型	三种特殊类型是无类型说明符 (*)、void 和 Null

2. Flash Player API类

Flash Player API 类位于 flash.* 包中。Flash Player API 是指 Flash 包中的所有包、类、函数、属性、常量、事件和错误。Flash CS3中的 flash.* 包列表如下：

表11-2　flash.* 包列表

包	说明
顶级	顶级中包含核心 ActionScript 类和全局函数
adobe.utils	adobe.utils 包中包含供 Flash 创作工具开发人员使用的函数和类
fl.accessibility	fl.accessibility 包中包含支持 Flash 组件中的辅助功能的类
fl.containers	fl.containers 包中包含加载内容或其他组件的类
fl.controls.dataGridClasses	fl.controls.dataGridClasses 包中包含 DataGrid组件用于维护和显示信息的类
fl.controls.listClasses	fl.controls.listClasses 包中包含 List 组件用于维护和显示数据的类
fl.controls.progressBarClasses	fl.controls.progressBarClasses 包中包含特定于ProgressBar 组件的类
fl.controls	fl.controls 包中包含顶级组件类，如 List、Button 和 ProgressBar
fl.core	fl.core 包中包含与所有组件有关的类
fl.data	fl.data 包中包含处理与组件关联的数据的类
fl.events	fl.events 包中包含特定于组件的事件类
fl.lang	fl.lang 包中包含支持多语言文本的 Locale 类
fl.livepreview	fl.livepreview 包中包含特定于组件在 Flash 创作环境中的实时预览行为的类
fl.managers	fl.managers 包中包含管理组件和用户之间关系的类
fl.motion.easing	fl.motion.easing 包中包含可与 fl.motion 类一起用来创建缓动效果的类

（续表）

包	说明
fl.motion	fl.motion 包中包含用于定义补间动画的函数和类
fl.transitions.easing	fl.transitions.easing 包中包含可与 fl.transitions类一起用来创建缓动效果的类
fl.transitions	fl.transitions 包中包含一些类，可通过它们使用 ActionScript 来创建动画效果
fl.video	fl.video 包中包含用于处理 FLVPlayback 和 FLVPlaybackCaptioning 组件的类
flash.accessibility	flash.accessibility 包中包含可用于支持 Flash 内容和应用程序中的辅助功能的类
flash.display	flash.display 包中包含 Flash Player 用于构建可视显示内容的核心类
flash.errors	flash.errors 包中包含一组常用的错误类
flash.events	flash.events 包支持新的 DOM 事件模型，并包含 EventDispatcher类
flash.external	flash.external 包中包含可用于与 Flash Player 的容器进行通信的 ExternalInterface 类
flash.filters	flash.filters 包中包含用于位图滤镜效果的类
flash.geom	flash.geom 包中包含 geometry 类（如点、矩形和转换矩阵）以支持 BitmapData 类和位图缓存功能
flash.media	flash.media 包中包含用于处理声音和视频等多媒体资源的类
flash.net	flash.net 包中包含用于在网络中发送和接收的类，如 URL 下载和 Flash Remoting
flash.printing	flash.printing 包中包含用于打印基于 Flash 的内容的类
flash.profiler	flash.profiler 包中包含用于调试和分析 ActionScript 代码的函数
flash.system	flash.system 包中包含用于访问系统级功能（例如安全、多语言内容等）的类
flash.text	flash.text 包中包含用于处理文本字段、文本格式、文本度量、样式表和布局的类
flash.ui	flash.ui 包中包含用户界面类，如用于与鼠标和键盘交互的类
flash.utils	flash.utils 包中包含实用程序类，如 ByteArray 等数据结构
flash.xml	flash.xml包中包含Flash Player的旧XML功能以及其他特定于 Flash Player 的 XML功能

11.4 ActionScript 3.0的新特性

ActionScript 3.0是在ActionScript 2.0的核心语言中融入ECMAScript，并引入了新改进的一些功能区域下出现的。所有这些特点在ActionScript 3.0语言的使用中都会体现出来。下面是ActionScript 3.0的一些新特性：

- 运行时排错——错误运行时会弹出错误报告，帮助调试影片。
- 运行时变量类型检测——在回放时会检测变量的类型是否合法。
- 类封装——静态定义的类以增强性能。
- 方法封装——方法与相关的类实例进行绑定，因此在方法中的“this”将不会改变。
- E4X——一个新的、更易于操作的XML。
- 正规表达式——支持本地化的正规表达式。

- 命名空间——不但在XML中支持命名空间，而且在类的定义中也同样支持。
- int和uint数据类型——新的数据变量类型，允许ActionScript使用更快的整型数据来进行计算。
- 新的显示列表模式——一个新的、自由度较大的管理屏幕上显示对象的方法。
- 新的事件类型模式——一个新的基于侦听器事件的模式 。

动手练

了解了ActionScript 3.0的新特性，但是应该在哪里输入Flash CS3的代码呢，在ActionScript 1.0和ActionScript 2.0中可以在时间轴上写代码，也可以在选中的对象如按钮或是影片剪辑上书写代码。代码加入在on()或是onClipEvent()代码块中以及一些相关的事件如press或是enterFrame中。

但在Flash CS3中使用ActionScript 3.0时，代码只能被写在时间轴上，所有的事件如press和enterFrame现在同样都要写在时间轴上（或者将代码书写在外部类文件中），也就是说不能将代码直接写在.fla文件中。

当在选中的对象上输入代码时会出现如图11-12所示的提示，即不能应用代码。

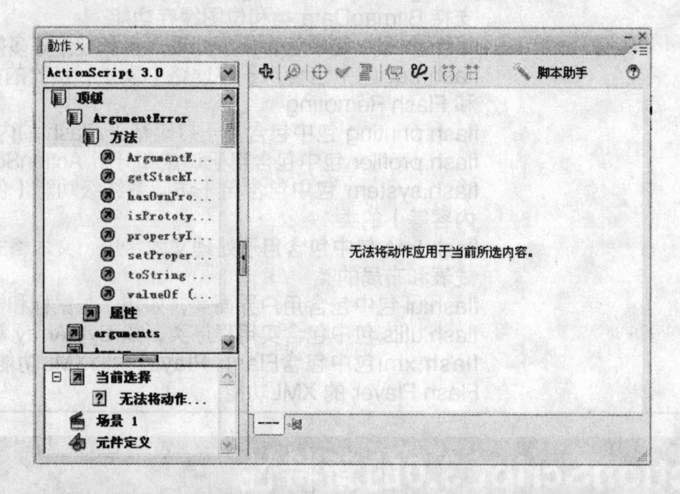

★ 图11-12

11.5 类

知识点讲解

在Flash动画制作过程中，可以在库中创建一个元件，用这个元件可以在舞台上创建出很多的实例。与元件和实例的关系相同，类就是一个模板，而对象（如同实例）就是类的一个特殊表现形式。

1. 文档类（Document class）

Flash CS3引入了文档类的概念，定义为与SWF文件的主时间轴关联的类。当初始化主时间轴时，文档类就已经被构造了。可以在文件的【属性】面板或ActionScript 3.0的

【发布设置】面板上设置文档类。

具体操作步骤如下：

1 执行【文件】→【发布设置】命令（或按【Ctrl+Shift+F12】组合键），如图11-13所示。

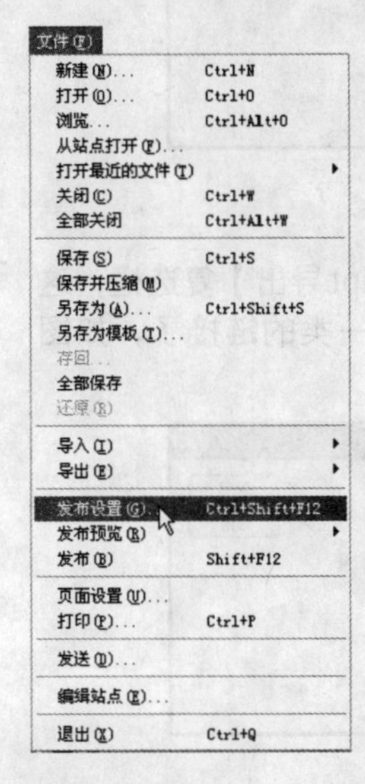

★ 图11-13

2 弹出【发布设置】对话框，如图11-14所示。

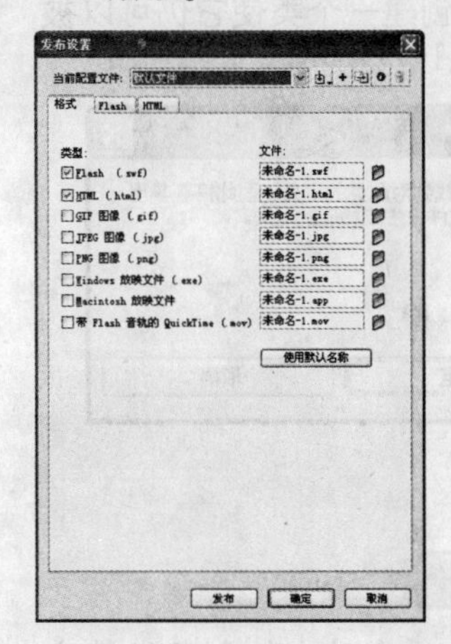

★ 图11-14

3 单击【Flash】选项卡。

4 在【ActionScript版本】选项后单击【设置】按钮。

5 在弹出的【ActionScript 3.0 设置】对话框中设置文档类，如图11-15所示。

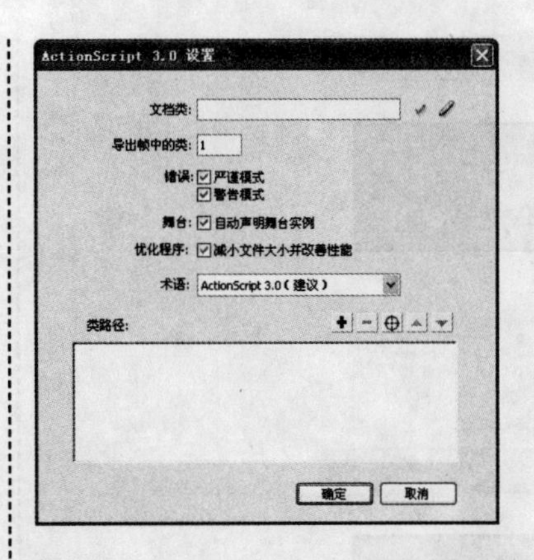

★ 图11-15

2. 密封的类

ActionScript 3.0引入了密封的类的概念。密封的类拥有唯一固定的特征和方法，其他的特征和方法不可能被加入。这使得比较严密的编译时间检查成为可能，可以创造出健壮的项目。同时，因为不需要为每一个对象实例增加内在的杂乱指令，所以可以提高内存的使用效率。当然动态类依然可以使用，只要声明为dynamic的关键字。

3. 元件-类链接

在ActionScript 3.0中不再需要链接ID了，取而代之的是直接实例化或为动态创建的实例元件指定一个特定的类名称，即在元件和类之间进行链接，这就是元件-类链接（Symbol-class linkage）。

进行链接的具体操作步骤如下：

1 新建一个Flash CS3文档。

2 单击【矩形工具】按钮，在场景中绘制一个矩形，如图11-16所示。

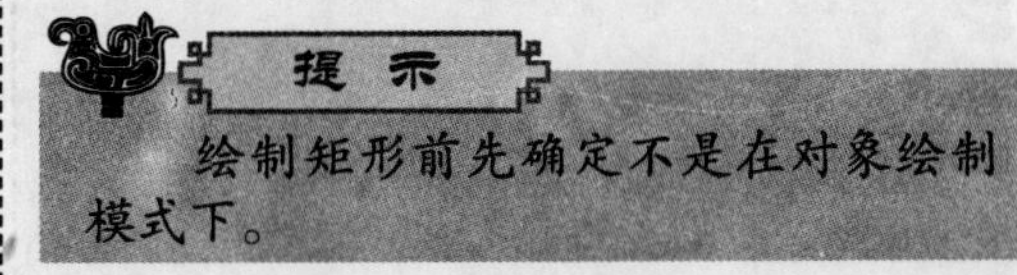

提　示

绘制矩形前先确定不是在对象绘制模式下。

3 单击【选择工具】按钮，双击选中矩形，如图11-17所示。

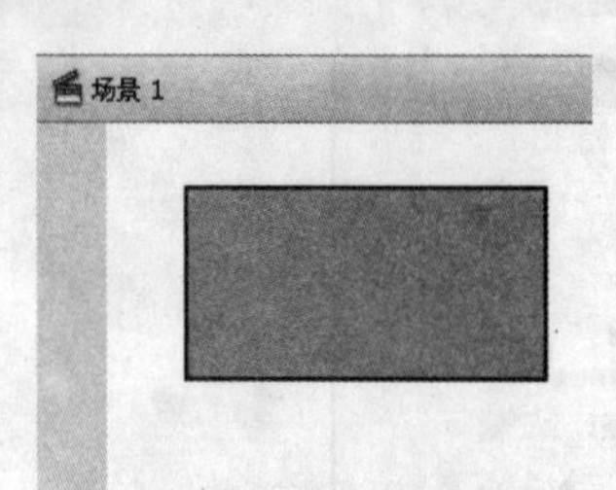

★ 图11-16

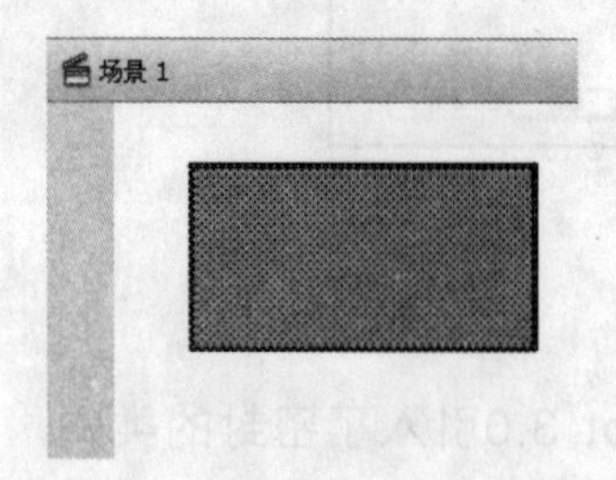

★ 图11-17

4 按【F8】键，弹出【转换为元件】对话框，单击【确定】按钮，将矩形转换成元件，如图11-18所示。

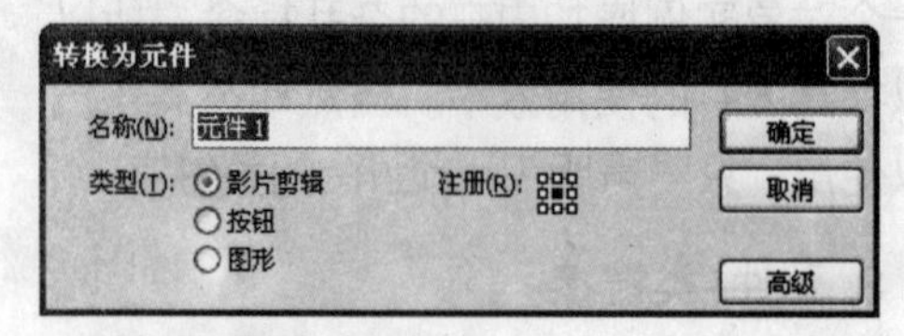

★ 图11-18

5 执行【窗口】→【库】命令（或按【Ctrl+L】组合键），打开【库】面板。

6 在【库】面板中选择该元件，右击该元件弹出快捷菜单，从中选择【链接】选项，如图11-19所示。

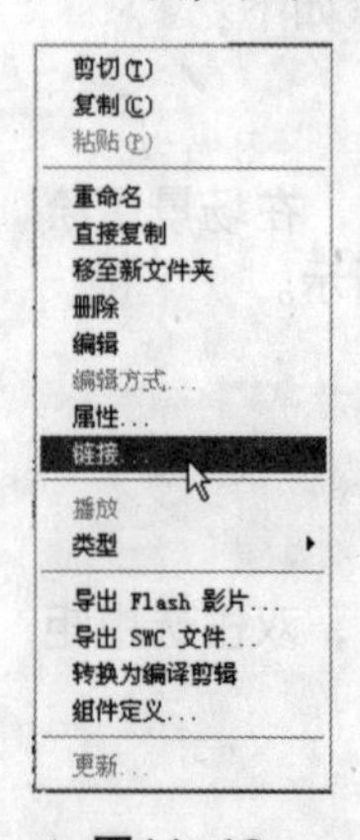

★ 图11-19

7 打开【链接属性】对话框，如图11-20所示。

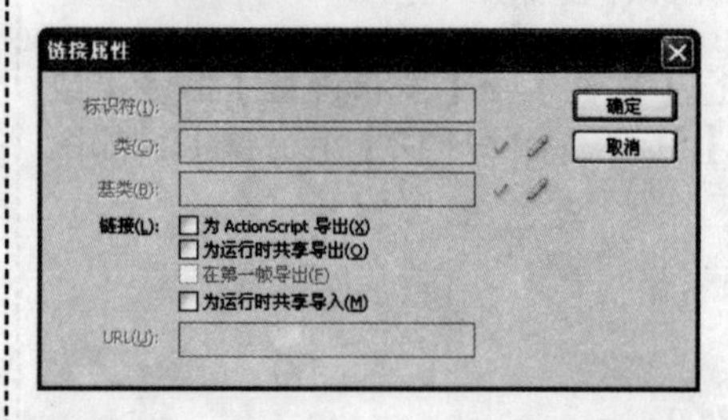

★ 图11-20

8 选中【为ActionScript导出】复选框，这时就可以设置元件一类的链接了，如图11-21所示。

★ 图11-21

9 如果类不能在指定的类路径当中找到，那么Flash会弹出【ActionScript 类警告】对话框，创建一个类使它仍可以被实例化，如图11-22所示。

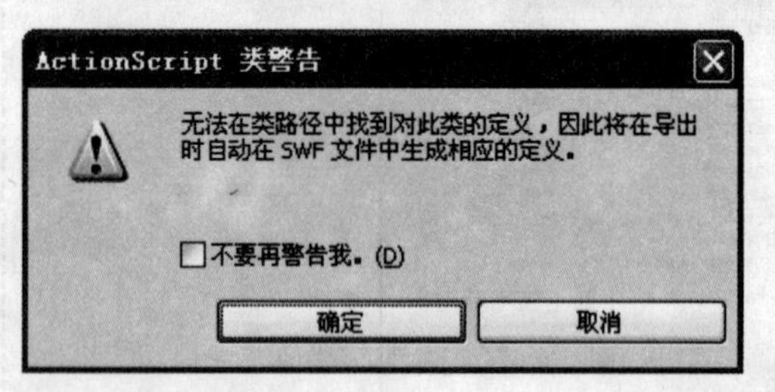

★ 图11-22

下面通过制作一个动态的创建类的实例，使用文档类将代码从主时间轴的第一帧上移到一个外部文档中，它类似通过元件与类建立链接。

具体操作步骤如下：

1 创建一个新的Flash CS3文档并将它保存为“fancyBall.fla”，如图11-23所示。

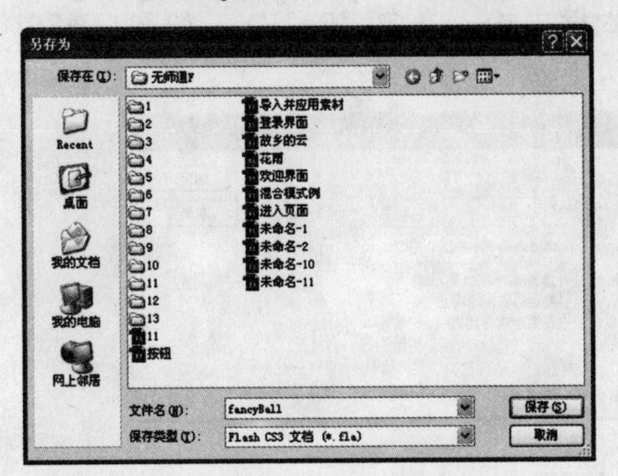

★ 图11-23

2 执行【文件】→【新建】命令，在打开的【新建文档】对话框中，选择【ActionScript文件】选项，如图11-24所示，创建一个新的ActionScript文件。

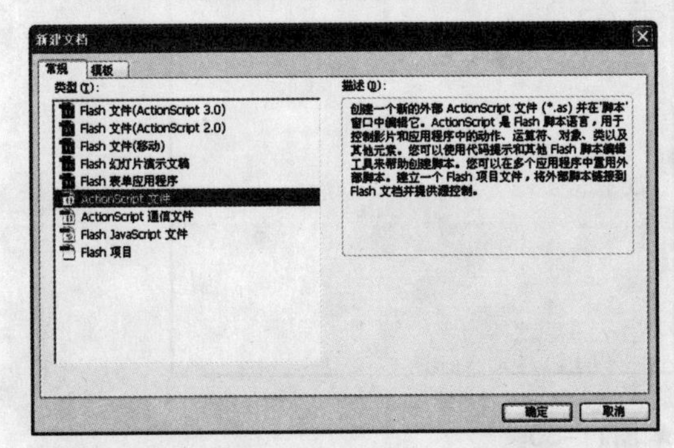

★ 图11-24

3 保存这个ActionScript文件为“Ball.as”，与刚才创建的fancyBall.fla文件保存在同一路径下，如图11-25所示。

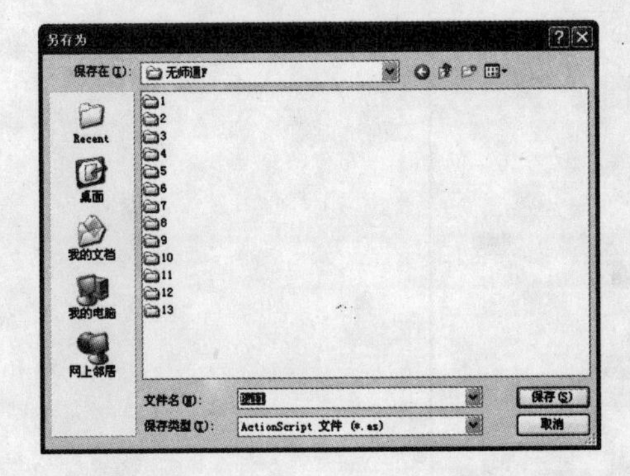

★ 图11-25

4 在“Ball.as”文件里面输入如下代码。
代码：

```
package {
    import flash.display.MovieClip;
    import flash.events.MouseEvent;
    public class Ball extends MovieClip {
        public function Ball() {
            trace("ball created: " + this.name);
            this.buttonMode = true;
            this.addEventListener(MouseEvent.CLICK, clickHandler);
            this.addEventListener(MouseEvent.MOUSE_DOWN,mouseDownListener);
            this.addEventListener(MouseEvent.MOUSE_UP, mouseUpListener);
        }
        private function clickHandler(event:MouseEvent):void {
            trace("You clicked the ball");
        }
        function mouseDownListener(event:MouseEvent):void {
            this.startDrag();
        }
        function mouseUpListener(event:MouseEvent):void {
            this.stopDrag();
        }
    }
}
```

如图11-26所示。

上面的代码定义了一个新类名为Ball，它继承了MovieClip类（内置在flash.display package中）。

在使用ActionScript 3.0书写外部类时，不同于在fla文件内部书写代码，必须明确地导入所需要的类。

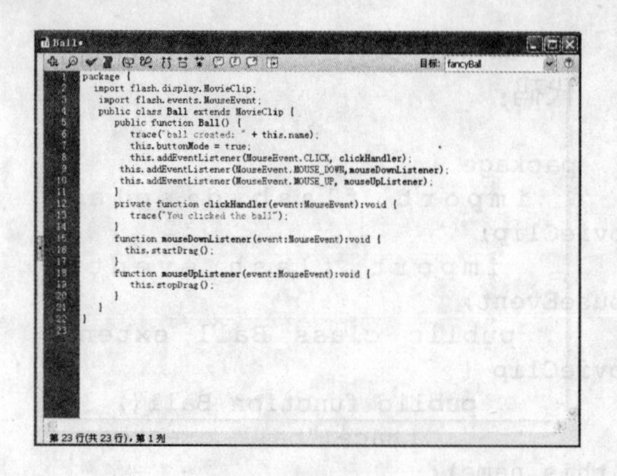

★ 图11-26

5 保存并关闭Ball.as文档，然后打开fancyBall.fla文件。

6 使用椭圆工具在场景中绘制一个圆并将其转换为影片剪辑元件，如图11-27所示。

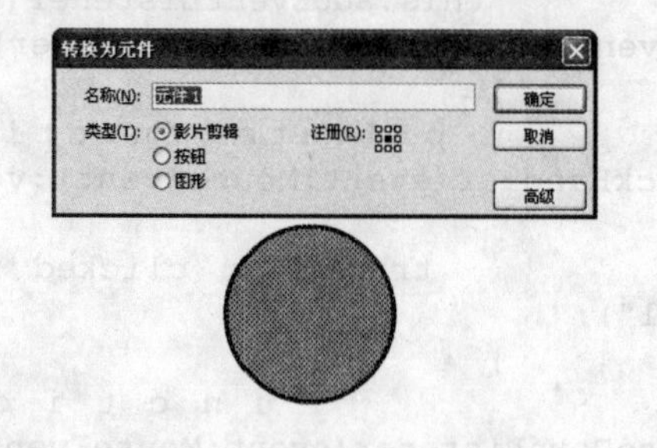

★ 图11-27

7 执行【窗口】→【库】命令（或按【Ctrl+L】组合键），打开【库】面板。

8 右击刚刚建立的元件，从弹出的快捷菜单中选择【链接】选项，如图11-28所示。

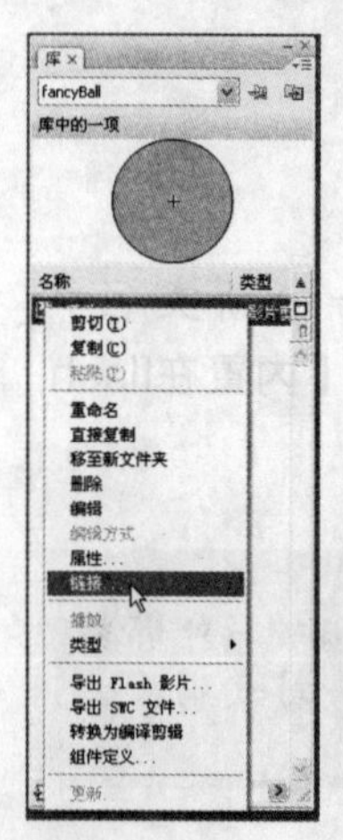

★ 图11-28

9 弹出【链接属性】对话框，选中【为ActionScript导出】复选框，在【类】文本框中输入类名“Ball”，如图11-29所示。

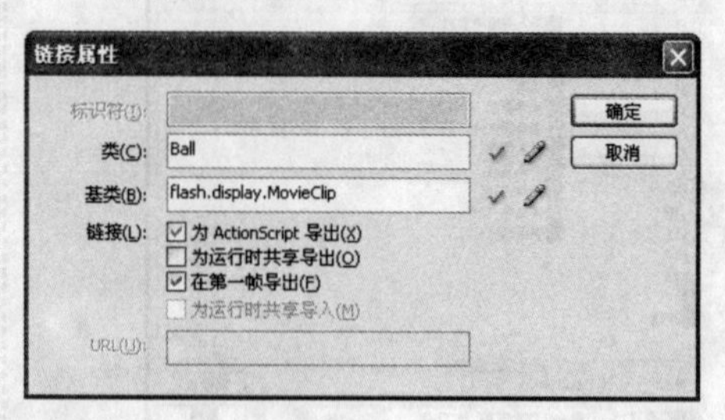

★ 图11-29

10 单击【确定】按钮。

11 按【Ctrl+Enter】组合键测试影片，如图11-30所示。

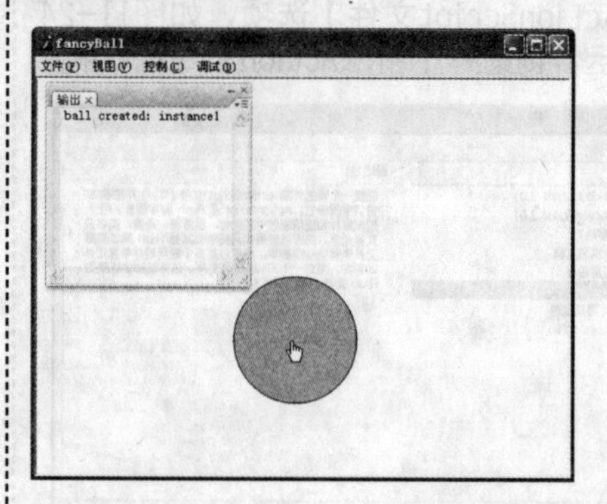

★ 图11-30

12 按组合键【Ctrl+L】打开【库】面板，选择建好的元件，将其拖动到【删除】按钮上（或者直接单击【删除】按钮），将元件删除掉，如图11-31所示。

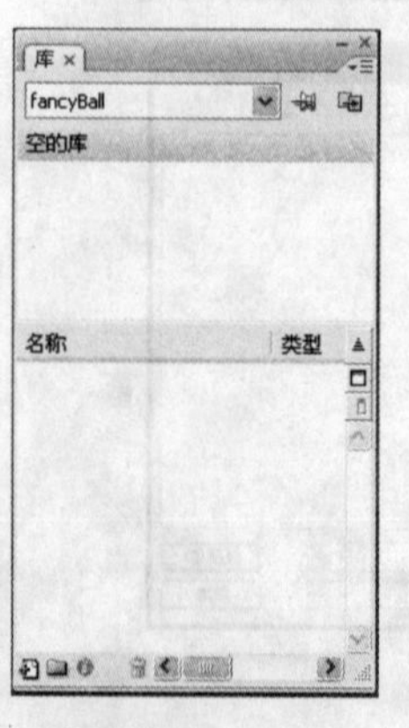

★ 图11-31

13 选中时间轴的第1帧，按【F9】键，打开【动作】面板，在其中输入如下代码。

代码:

```
var b1:Ball = new Ball();
```

如图11-32所示。

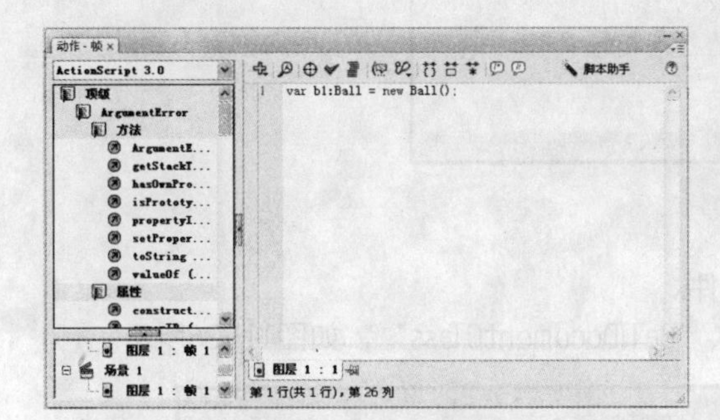

★ 图11-32

14 按下【Ctrl+Enter】组合键测试影片，其效果如图11-33所示。

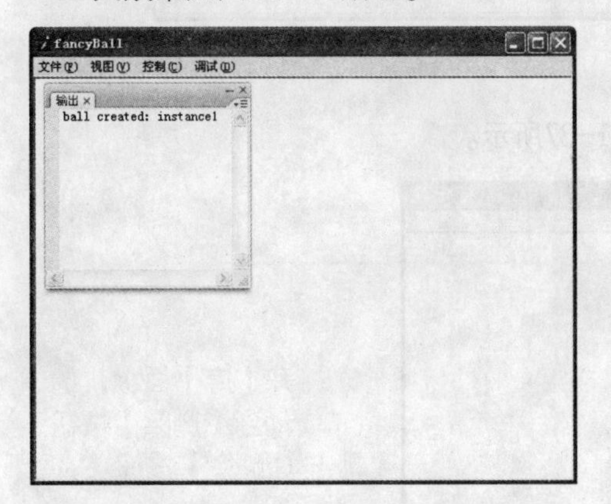

★ 图11-33

我们会发现没有任何东西出现在场景中，但是在输出面板上会显示："ball created: instance1"。尽管Flash创建了ball的一个新的实例，但它是不可视的，因为没有使用addChild()将它加入到显示列表中。

15 删去fancyBall.fla第1帧上的代码。

16 创建一个新的ActionScript文件，保存为"BallDocumentClass.as"，与fancyBall.fla处于同一目录下，如图11-34所示。

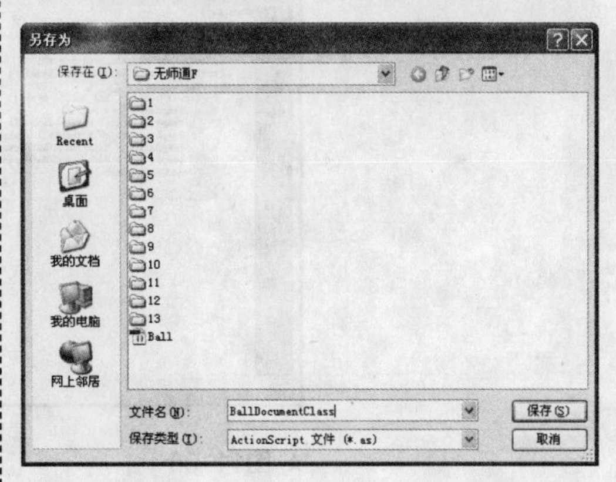

★ 图11-34

17 在BallDocumentClass.as中加入如下代码。

代码:

```
package {
    import flash.display.MovieClip;
    public class BallDocumentClass extends MovieClip {
        private var tempBall:Ball;
        private var MAX_BALLS:uint = 10;
        public function BallDocumentClass() {
            var i:uint;
            for (i = 0; i < MAX_BALLS; i++) {
                tempBall = new Ball();
                tempBall.scaleX = Math.random();
                tempBall.scaleY = tempBall.scaleX;
                tempBall.x = Math.round(Math.random() * (this.stage.stageWidth - tempBall.width));
                tempBall.y = Math.round(Math.random() * (this.stage.stageHeight - tempBall.height));
                addChild(tempBall);
            }
        }
    }
}
```

如图11-35所示。

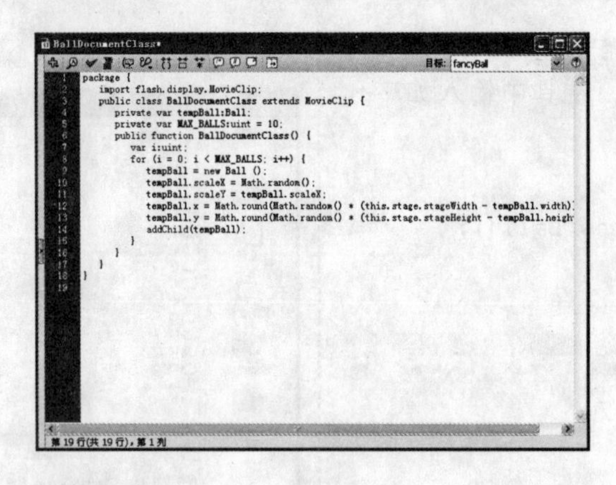

★ 图11-35

18 保存并关闭这个文档，打开fancyBall.fla文件。

19 在【属性】面板的【文档类】文本框中输入“BallDocumentClass”，如图11-36所示。

★ 图11-36

20 按【Ctrl+Enter】组合键测试影片，效果如图11-37所示。

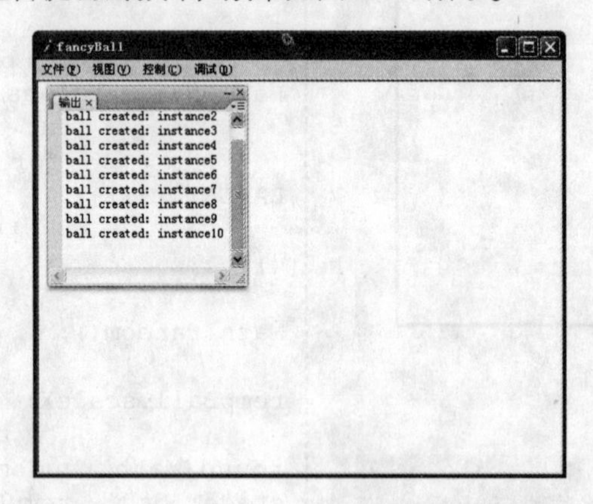

★ 图11-37

提　示

使用文档类允许将代码放置在外部文件中，而不是时间轴上，可以在许多的fla文件中重用代码，并且在团队协作版本控制系统（CVS）中更容易共享代码。

11.6 变量

知识点讲解

变量是在代码中描述或是容纳不同值或数据的名称。在Action脚本中，变量主要用来存储数值、字符串、对象、逻辑值及动画片段等信息。一个变量由变量名和变量值组成，变量名用于区分不同的变量，而变量值用于确定变量的类型和内容。变量名可以是一个字母，也可以是由一个单词或几个单词构成的字符串。

在ActionScript 3.0中声明变量时需要使用var关键词。

代码：

```
var myVariableName; // 需要使用var
```

从Flash 5版本开始，var关键词就已经可用了，但是在现在的ActionScript 3.0中它是必须的。例外的情况是在定义动态对象实例的变量数据时。

代码：

```
myDynamicObject.newVar = value; // 不需要var
```

在上面的例子中，newVar在myDynamicObject对象中是新定义的一个变量，没有使用var关键词。实际上，var关键词从来不在复杂引用中应用。

ActionScript 3.0中还有一个新的地方是只能在某一代码范围或是时间轴代码上使用一次var。从另一个角度说，当在一段代码的顶端声明了变量x，那就不能在下面代码中的x变量使用var 关键词。

代码：

```
var x = value; // ok
…
var x = differentValue;
//   错误:你只能使用一次var关键词.
```

当在Flash的时间轴上定义变量时，它会应用在整个时间轴上，而不只是当前的帧。

注 意

为变量命名时变量名中不能有空格和特殊符号，但可以使用数字。同时变量名不能是关键词或逻辑变量。变量名在它作用的范围中也必须是唯一的，即不能在同一范围内为两个变量指定同一变量名。

变量可以存储不同类型的值，因此在使用变量之前，必须先指定变量存储的数据类型，因为数据类型将对变量的值产生影响。在Flash CS3中，变量的类型主要有以下几种。

- 逻辑变量：用于判断指定的条件是否成立，它包括true（真）和false（假）两个值，true表示条件成立，false表示条件不成立，如live=true。
- 数值型变量：用于存储特定的数值，如mx=100。
- 字符串变量：用于存储特定的文本信息，如name="王二"。
- 对象型变量：用于存储对象型的数据，如mySound=newSound( )。

11.7 ActionScript 3.0的其他特点

1. int和uint整数类型

它们是用来描述32位整型或整数的，是ActionScript 3.0中新增的类型。int类型是一个标准的整型，uint是一个未标记的整型，或不为负值的整数，主要用于表现像素颜色和其他一些int所不能很好工作的领域。这些数值只能是整数值，它们不能为空null,undefined或是NaN。

这两种类型的写法为int和uint，第一个字母并没有大写，这意味着它们并不是指定给对象或是与类关联的类型，这些类型本质上与Number类型共享（在MIN_VALUE和MAX_VALUE中的应用）。

2. 增强处理运行错误的能力

应用ActionScript 2.0时，许多表面上"完美无暇"的运行错误无法得到记载。这使得Flash播放器无法弹出提示错误的对话框，就像JavaScript语言在早期的浏览器中所表现的一样。也就是说，由于缺少错误报告，不得不花更多精力去调试ActionScript 2.0程序。

ActionScript 3.0引入在编译当中容易出现的更加广泛的错误情形，改进的调试方式使其能够健壮地处置应用项目当中的错误。提示的运行错误提供足够的附注（例如出错的源文件）和以数字提示的时间轴，帮助开发者迅速地定位产生错误的位置，如图11-38所示。

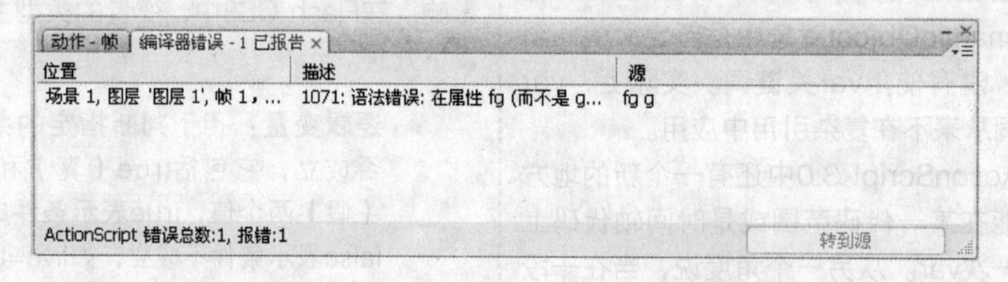

★ 图11-38

3. ECMAScript 中的 XML（E4X）

ActionScript 3.0的特点之一是全面支持ECMAScript中的 XML（E4X），最新的规范标准为ECMA-357。E4X 提供一种自然、流利的语言使其能够快速地构造XML。而不是像传统XML的解析接口一样，E4X使得XML成为通用的数据类型。E4X简化操作XML将大大地减少相当数量的代码以适用应用项目的发展需要。

4. 规范的表达方式

ActionScript 3.0引入支持通用规则，使其能够迅速搜寻和快速地操作字符（串）。ActionScript 3.0实施规则定义在第三版的ECMAScript 语言说明书当中（ECMA-262）。

5. 命名空间（Namespaces）

Namespaces是一种创新机制用以控制声明的可见性。Namespaces与传统的通过指定类型来控制声明（公开的、私有的、保护的）的机制是相似的。它们的本质是通过自定义路径，能够使用用户所选择的名字。例如使用mx_internal 命名空间为它的内部数据来源。命名空间使用统一的资源标识符（URI）以避免冲突，当与E4X一起使用时同样可以使用XML命名空间。

下面我们就通过实例介绍一下ActionScript 3.0的具体应用。在这个例子中，将创建一个简单的形体并使用改良的事类模型来使它可以点击。

创建一个可以点击的圆的具体操作步骤如下：

1 新建一个Flash CS3文档，将它保存为“simpleBall.fla”，如图11-39所示。

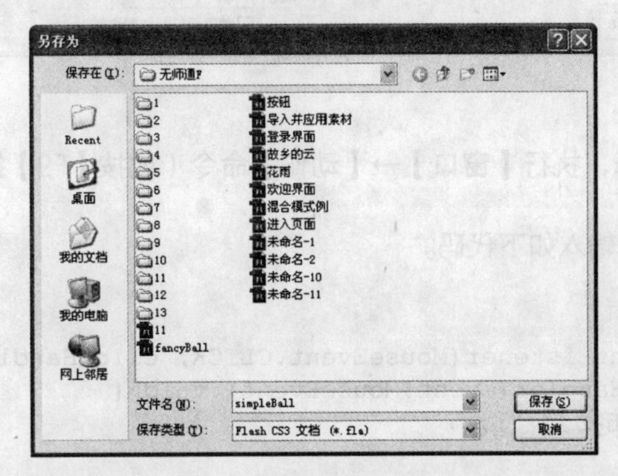

★ 图11-39

2 单击【椭圆工具】按钮，按住【Shift】键在场景中绘制一个正圆，如图11-40所示。

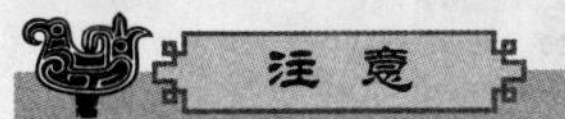

在绘制时候确定你的对象绘制模式（Object Drawing mode）是关闭的。

3 单击【选择工具】按钮，双击选中绘制的圆，如图11-41所示。

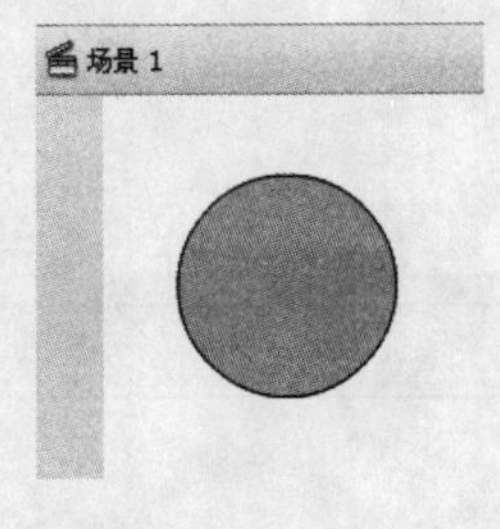

★ 图11-40

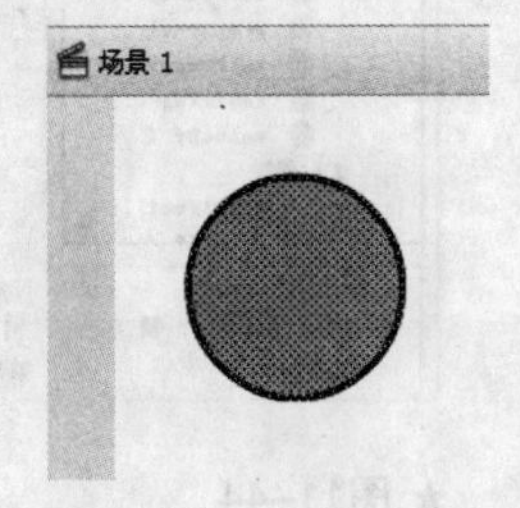

★ 图11-41

4 执行【编辑】→【转换为元件】命令（或按【F8】键），打开【转换为元件】对话框，将名称改为“circle”，如图11-42所示。

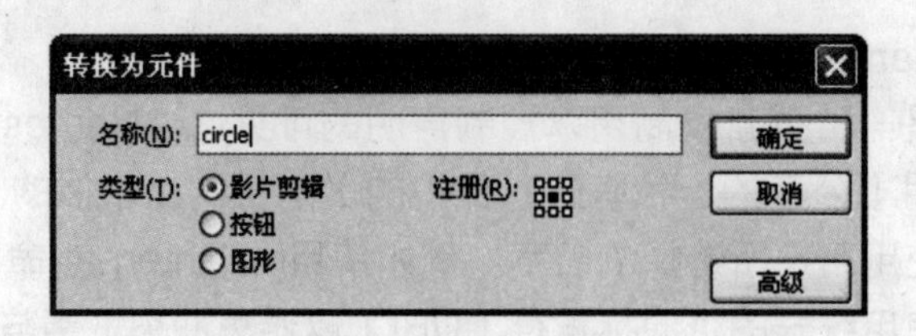

★ 图11-42

5 然后单击【确定】按钮，将它转换为影片剪辑元件。

6 保持元件处于选中的状态，在【属性】面板上为它起一个实例名为“ball_mc”，如图11-43所示。

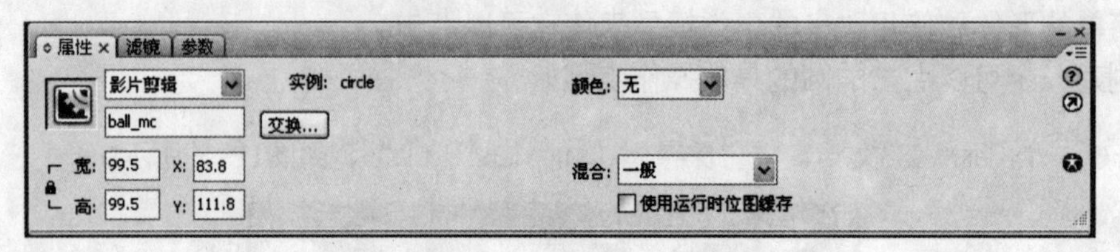

★ 图11-43

7 取消对元件的选择，执行【窗口】→【动作】命令（或按【F9】键），打开【动作】面板。

8 在【动作】面板中输入如下代码。

代码:

```
ball_mc.addEventListener(MouseEvent.CLICK, clickHandler);
function clickHandler(event:MouseEvent):void {
trace("哈，你点击我了！");
}
```

【动作】面板如图11-44所示。

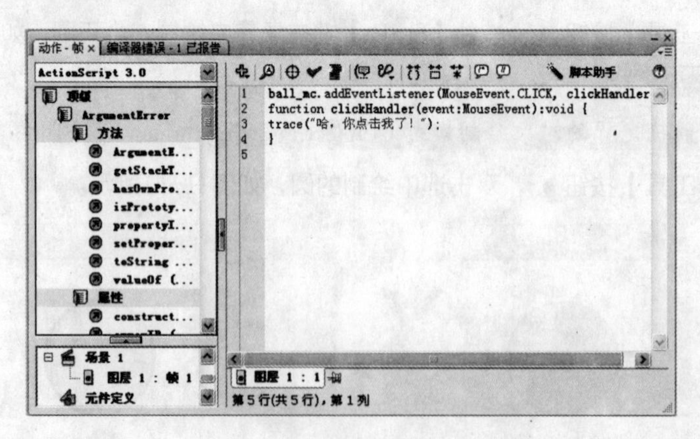

★ 图11-44

在这段代码中，ball_mc实例变成了可以点击的了，因为加入了事件侦听用来检测用户是否有点击动作，所以无论何时只要用户点击了ball_mc影片剪辑，clickHandler()函数就会执行。

9 执行【控制】→【测试影片】命令（或按【Ctrl+Enter】组合键），在Flash播放器中预览动画效果。

10 当点击圆时，就会在面板上输出“哈，你点击我了！”，效果如图11-45所示。

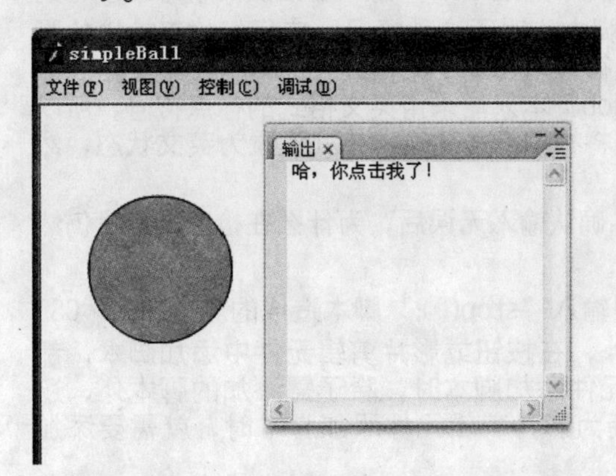

★ 图11-45

11 关闭SWF文件返回Flash操作环境，编辑ActionScript代码，在原有代码的上面加入如下一行代码：

```
ball_mc.buttonMode = true;
```

12 重新测试影片，当光标位于圆之上时，光标就会变成一只小手的形状，如图11-46所示。用于给用户一个提示，这是可以点击的。

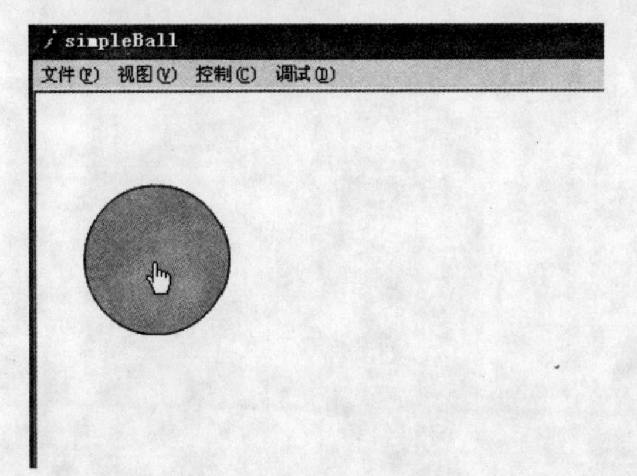

★ 图11-46

13 关闭SWF文件返回Flash操作环境，打开【动作】面板，编辑代码如下所述。

代码：

```
ball_mc.buttonMode = true;
ball_mc.addEventListener(MouseEvent.CLICK, clickHandler);
ball_mc.addEventListener(MouseEvent.MOUSE_DOWN, mouseDownListener);
ball_mc.addEventListener(MouseEvent.MOUSE_UP, mouseUpListener);
function clickHandler(event:MouseEvent):void {
  trace("哈,你点击我了!");
}
function mouseDownListener(event:MouseEvent):void {
  ball_mc.startDrag();
}
function mouseUpListener(event:MouseEvent):void {
  ball_mc.stopDrag();
}
```

【动作】面板如图11-47所示。

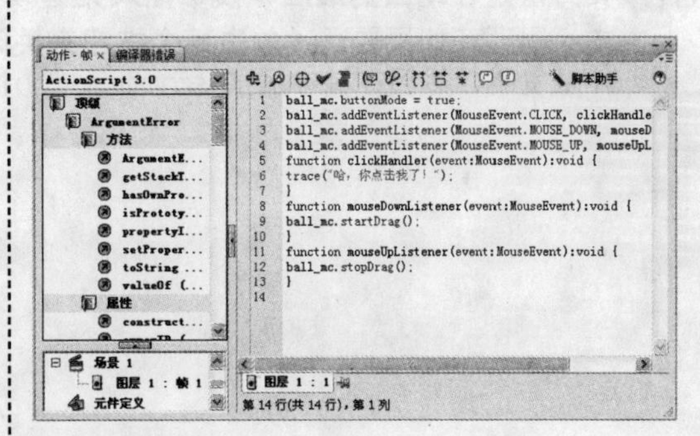

★ 图11-47

14 测试影片，这时就可拖动这个圆了，如图11-48所示的是把图11-46中的圆拖动到右下角的效果。

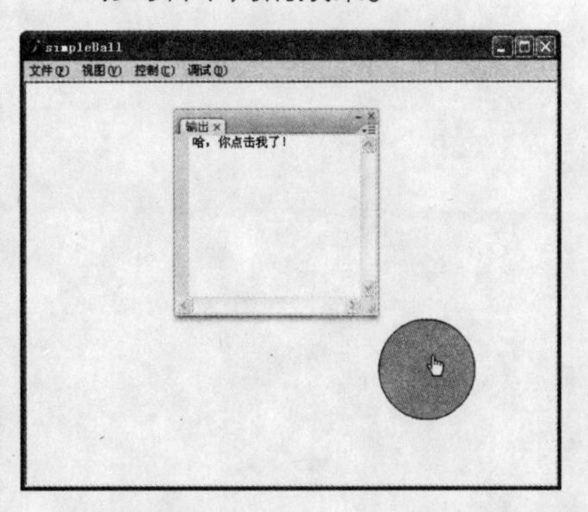

★ 图11-48

疑难解答

问 为什么按照书上的提示，在【动作】面板中输入相应的脚本后，在检查脚本时出现错误提示？

答 这种情况通常由两种原因引起。一是在输入脚本的过程中，输入了错误的字母或字母的大小写有误，使得Flash CS3无法正常判定脚本。对于这种情况，应仔细检查输入的脚本，并对错误处进行修改。二是输入的标点符号采用了中文格式，即输入了中文格式下的分号、冒号或括号等。由于Flash中的Action脚本只能采用英文格式的标点符号，所以也会导致出现错误提示，对于这种情况，应将标点符号的输入格式设置为英文状态，然后重新输入标点符号。

问 在影片剪辑元件中添加"stop( );"脚本，并确认输入无误后，为什么在检查脚本时仍然出现错误提示？

答 出现这种情况是因为直接在影片剪辑元件中输入"stop( );"脚本造成的。在Flash CS3中除了在关键帧中可直接输入Action脚本外，在按钮或影片剪辑元件中添加脚本，都需要添加相应的事件触发器。例如为按钮元件添加脚本时，除了需添加的脚本外，还应添加"on( );"脚本作为事件触发器。而为影片剪辑元件添加脚本时，就需要添加"onClipEvent( );"脚本作为事件触发器。

问 若要使制作的动画只播放一次，并在播放完成后自动关闭，应如何实现？

答 其方法是在动画的最后一帧中插入关键帧，然后在该帧中添加fscommand("quit", "");脚本。同理，如果要通过单击某个按钮来关闭该动画，只需在该按钮元件中添加指定的事件触发器，然后在其中添加fscommand("quit", "");脚本即可。

Chapter 

第12章　Flash组件应用

本章要点

- *认识Flash CS3的组件*
- *组件的应用*
- *组件检查器*

Flash CS3中提供的各种组件可以使动画具备某种特定的交互功能。组件是具有已定义参数的复杂影片剪辑，这些参数在影片制作期间进行设置；同时组件也带有一组唯一的动作程序方法，可用在运行时设置参数和其他选项。下面我们来了解一下Flash CS3中的组件。

12.1 认识Flash CS3的组件

知识点讲解

组件是面向对象技术的一个重要特征。执行【窗口】→【组件】命令，可以打开【组件】面板，在Flash CS3的【组件】面板中默认提供了两组不同类型的组件，如图12-1所示。单击左侧的⊞图标，打开一个组，可以看到其中有许多组件，如图12-2所示。

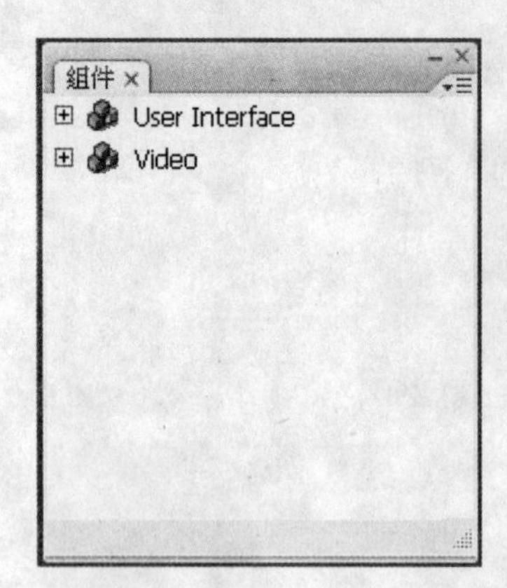

★ 图12-1

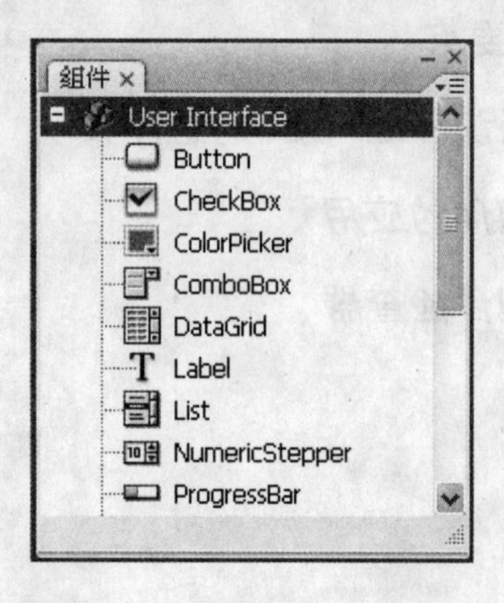

★ 图12-2

每种类型的Flash组件只需要在电影中添加一次。

动手练

在Flash CS3中添加组件有两种方法：一种是在编辑环境中使用【组件】面板和【库】面板；另一种是使用ActionScript方法添加可用的组件，即可通过在舞台中直接拖动，将组件添加到舞台中，然后使用【属性】面板或【组件参数】面板为组件指定基本参数。在编辑环境中添加组件后，使用【属性】面板、ActionScript或结合使用这两种手段指定参数。

请读者跟随下面的步骤练习将组件添加到Flash电影和库中：

1　将【组件】面板中的组件直接拖动到舞台上或直接双击【组件】面板中的组件。组件将同时出现在库中。在添加某种类型的组件后，如果要继续添加该组件的实例，可以直接从库中拖动而不必选择【组件】面板中的项目。

2　选中舞台中的组件，使用【属性】面板中的【参数】选项卡为实例命名，还可以指定实例的其他参数，如图12-3所示。

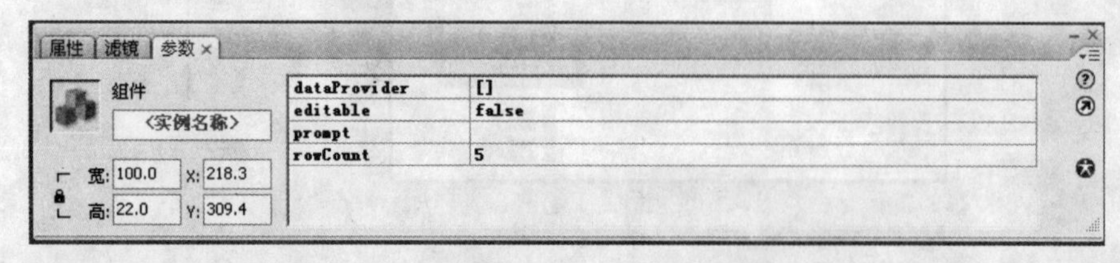

★ 图12-3

3 在【参数】选项卡中根据需要改变组件的大小。

12.2 组件的应用

在Flash CS3中，组件的基本应用主要包括添加组件以及设置组件属性等两个方面，在完成这两步操作之后，只需为组件添加相应的Action脚本即可实现基本的交互功能。为了让大家更好地了解常用组件的使用方法，下面通过一些实际的操作来进行说明。

12.2.1 Button组件

Button（按钮）组件是一个比较简单的组件，下面就其使用方法及参数设置做一个详细的介绍。具体操作步骤如下：

1 新建一个Flash CS3文档。

2 执行【窗口】→【组件】命令（或按【Ctrl+F7】组合键），如图12-4所示，打开【组件】面板。

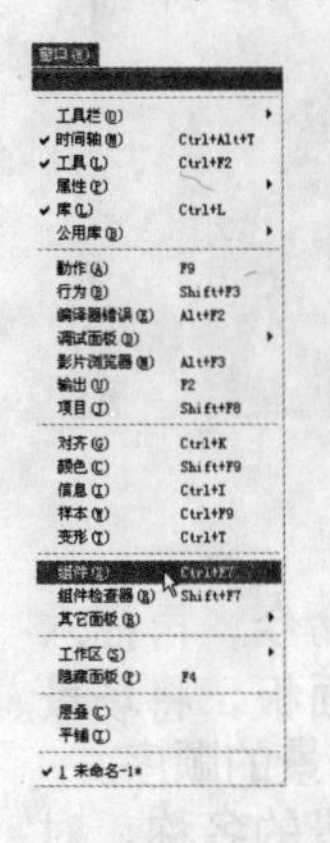

★ 图12-4

3 在【组件】面板中选择【User Interface（用户界面）】→【Button】选项，并将其拖曳到舞台中，如图12-5所示。

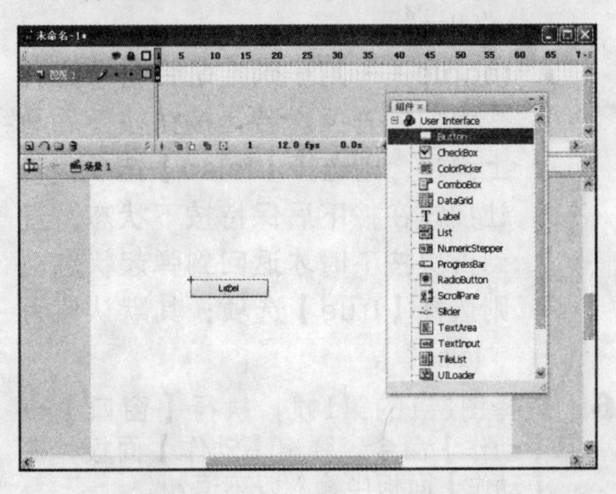

★ 图12-5

4 选中按钮实例，在【属性】面板中将实例命名为“Button01”。

5 单击【参数】选项卡，在参数【lable】右侧的文本框中输入“点我看看”，如图12-6所示。

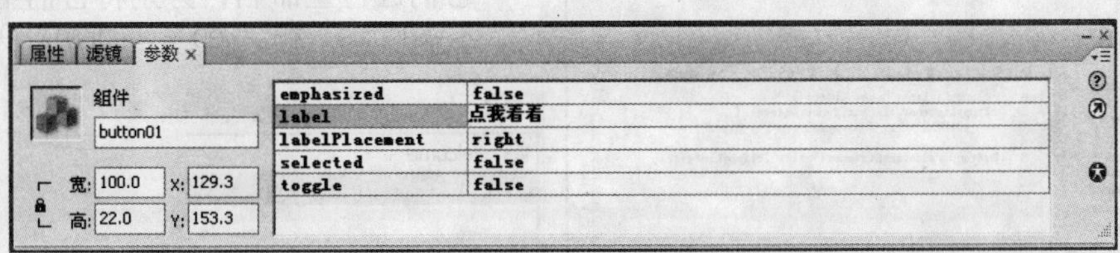

★ 图12-6

Button组件各参数的具体功能及含义如下所述。

- emphasized——用于为按钮添加自定义图标，在该参数右侧的文本框中可输入自定义图标所在的路径。

- label——用于设置按钮的名称，其默认值为“Button”。
- labelPlacement——用于确定按钮上的文本相对于图标的方向，包括【left】、【right】、【top】和【bottom】等4个选项，其默认值为“right”。
- selected——用于根据toggle的值设置按钮是被按下还是被释放，若toggle的值为“true”则表示按下，值为“false”表示释放，默认值为“false”。
- toggle——用于确定是否将按钮转变为切换开关。若让按钮按下后马上弹起，则选择【false】选项；若让按钮在按下后保持按下状态，直到再次按下时才返回到弹起状态，则选择【true】选项；其默认值为“false”。

6 选择图层1的第1帧，执行【窗口】→【动作】命令，弹出【动作】面板，在【动作】面板中输入以下语句。

代码：

```
clippyListener = new Object();
clippyListener.click = function(eve) {
    getURL("http://www.baidu.com", "_blank");
};
Button01.addeventListener("click",clippyListener);
```

如图12-7所示。

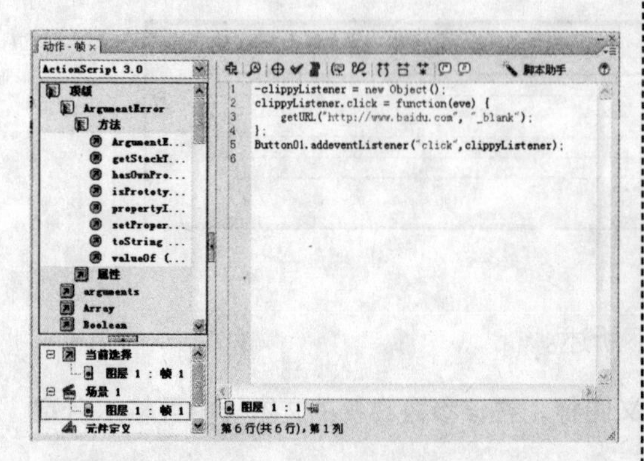

★ 图12-7

7 组件设置完毕，执行【控制】→【测试影片】命令（或按【Ctrl+Enter】组合键），在Flash播放器中预览动画效果。

动手练

请读者制作一个通过按钮进入某网页的动画，练习为动画添加按钮组件。

具体操作步骤：

1 新建一个Flash CS3文档。

注意

此处的Flash文档必须是ActionScript 2.0，因为ActionScript 3.0不支持将动作应用到按钮元件上。

2 在图层1插入一幅图片，如图12-8所示。

★ 图12-8

3 执行【插入】→【场景】命令，再插入一个场景，打开【场景】面板，将场景1拖到场景2的下方，改变场景的顺序。

4 在【场景】面板中双击场景的名称，对它们进行重命名，分别将它们重命名为“welcome”和“web”，如图12-9所示。

★ 图12-9

5 单击“welcome”场景，在图层1的第1帧中导入一幅图片，并输入相关文字。在【属性】面板中设置文本的格式，在【文本类型】下拉列表框中选择【输入文本】选项，使用单行文本，如图12-10所示。

★ 图12-10

6 执行【窗口】→【公用库】→【按钮】命令，从公用库中选择一个按钮拖入舞台中，如图12-11所示。

★ 图12-11

7 在舞台中的按钮上单击鼠标右键，在弹出的快捷菜单中选择【动作】选项，打开【动作】面板，在其中输入如图12-12所示的语句，它的作用是转到“web”场景的第1帧后停下来。

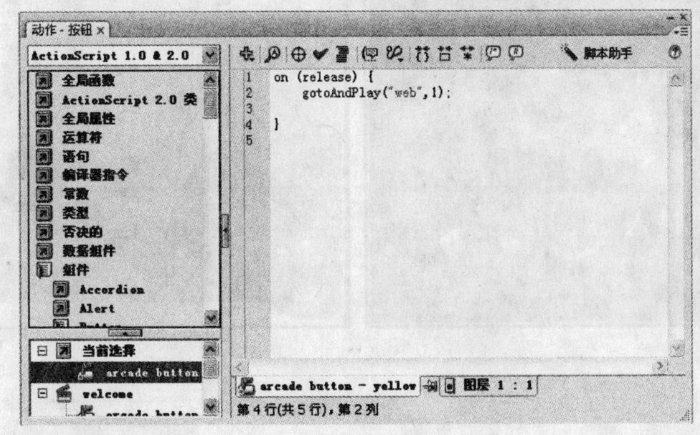

★ 图12-12

8 单击“welcome”场景，为其添加动作，如图12-13所示。

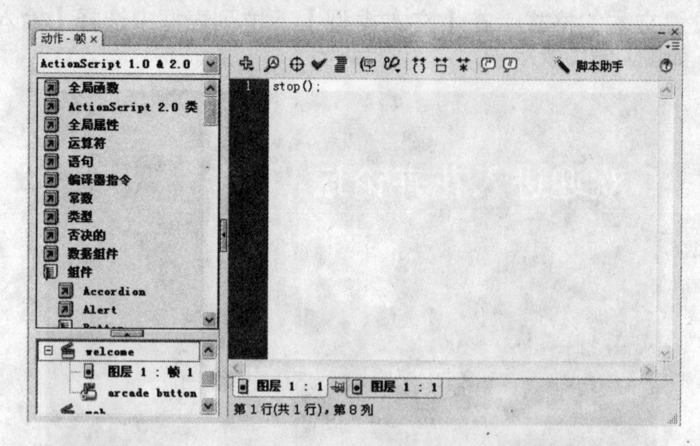

★ 图12-13

9 同样为“web”场景添加动作，如图12-14所示。

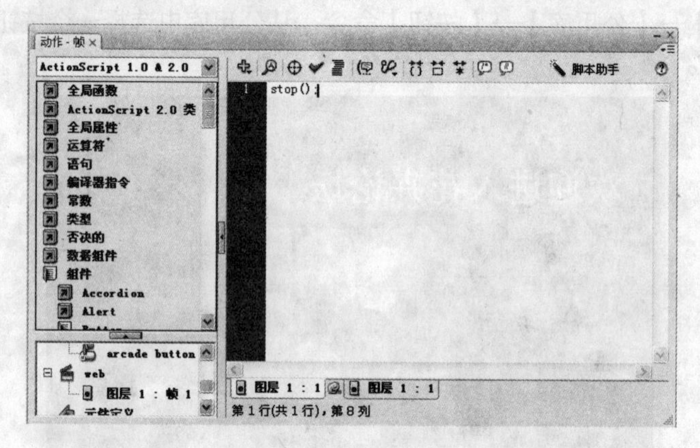

★ 图12-14

10 按【Ctrl+Enter】组合键测试动画，效果如图12-15所示。

★ 图12-15

12.2.2　CheckBox组件

CheckBox（复选框）选项允许用户选择或者不选这一选项；对于一组复选框选项，用户可以不选或者选择选项中的一个或多个。各种应用程序中都有这一界面对象。下边简单介绍一下该组件的使用方法，具体操作步骤如下：

1　新建一个Flash CS3文档。

2　执行【窗口】→【组件】命令（或按【Ctrl+F7】组合键），打开【组件】面板。

3　在【组件】面板中选择【User Interface】→【CheckBox】选项，将其拖曳到舞台中，如图12-16所示。

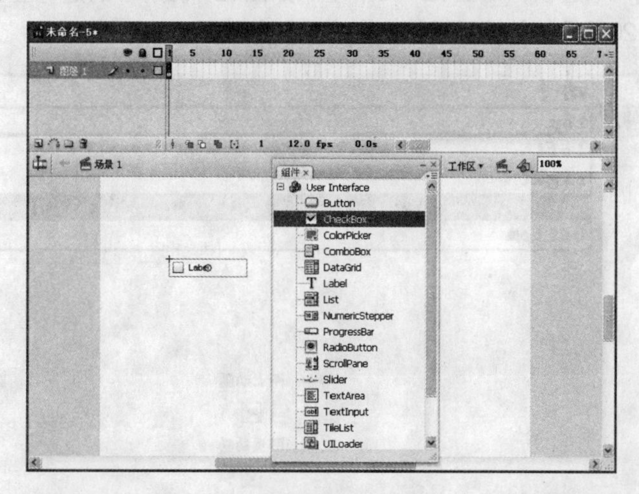

★ 图12-16

4　使用鼠标左键选中舞台中的复选框组件，其在【参数】面板中的参数选项如图12-17所示。

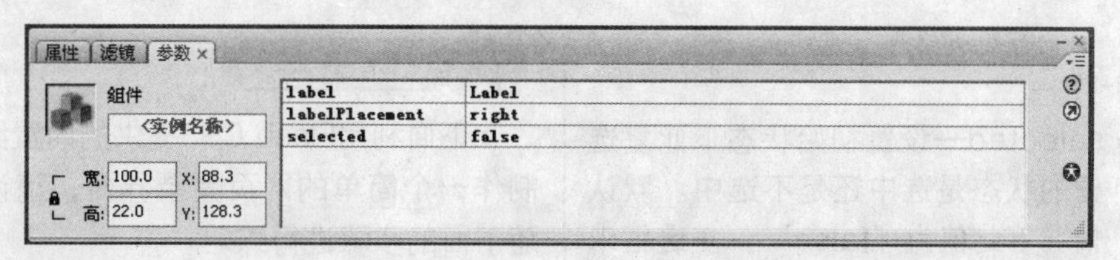

★ 图12-17

其中各项参数的意义如下所述。

- label——这个参数的文本内容会显示在方形复选框的旁边作为此选项的注释，如图12-18所示的是将label的内容分别改为“武侠”、“科幻”和“动漫”的三个复选框。

武侠

科幻

动漫

★ 图12-18

- labelPlacement——设置标签文字在复选框周围的位置，默认状态下是右置的，用户可以在此项上单击鼠标左键，弹出的下拉菜单中有【left】、【right】、【top】和【bottom】4个选项，如图12-19所示。如图12-18所示的是标签文字右置的效果，而如图12-20所示的是设置标签文字在顶部的效果。

label	动漫
labelPlacement	top
selected	left
	right
	top
	bottom

★ 图12-19

武侠

科幻

动漫

★ 图12-20

网上动画

网页动画

网络动画

★ 图12-21

- selected—设置初始状态下此复选框的状态是选中还是不选中。默认情况下此值为“false”，复选框未被选中；如果该值为“true”，则复选框在初始状态下是选中的，如图12-21所示。设置方法是在此栏单击鼠标左键，在弹出的下拉菜单中选择【false】或者【true】选项。

5 组件设置完毕，执行【控制】→【测试影片】命令（或按【Ctrl+Enter】组合键），在Flash播放器中预览动画效果。

动手练

下面利用Flash CS3提供的内置组件来制作一个简单的网页登录界面，请读者跟随下面的步骤进行练习。

具体操作步骤如下：

1 新建一个Flash CS3文档，并将其保存为“登录界面”。

2 在图层1的第1帧中导入背景图片。

3 单击【新建图层】按钮，新建两个图层，并将其分别重命名为“文本”和“组件”。

4 将图层1命名为“背景”，如图12-22所示。

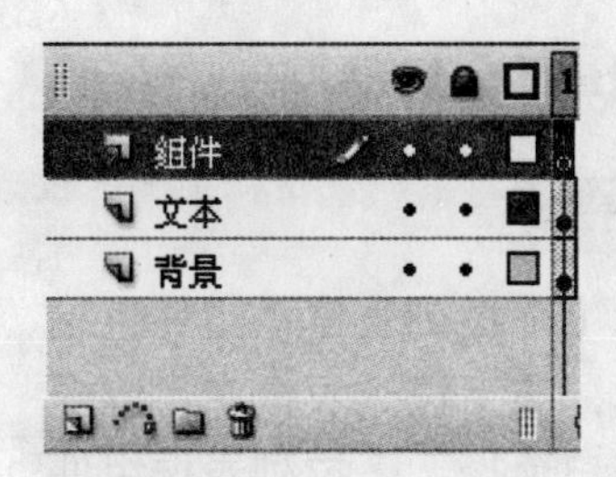

★ 图12-22

5 单击“文本”图层，在其中输入提示文字，如图12-23所示。在【属性】面板中设置它的格式，在【文本类型】下拉列表框中选择【输入文本】选项，使用单行文本。

★ 图12-23

6 执行【窗口】→【组件】命令（或者按【Ctrl+F7】组合键），单击“组件”图层的第1帧（下面的操作都是在此层上进行的），然后向舞台中拖出一个TextInput（文本输入框），作为姓名的输入框，如图12-24所示。

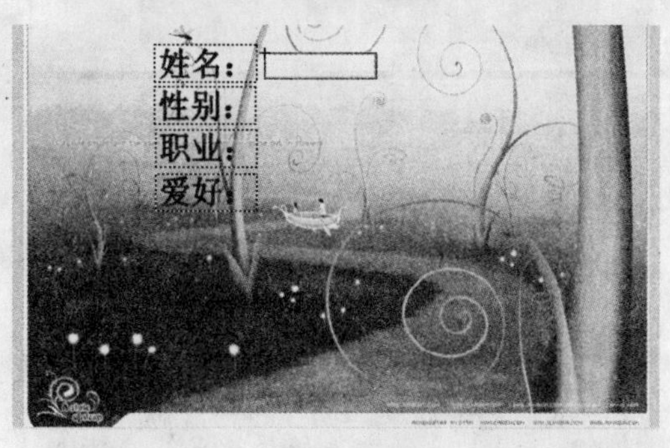

★ 图12-24

7 在【组件】面板中将RadioButton（单选按钮）组件拖到舞台中“性别”文本的右侧，然后在【属性】面板的【参数】选项卡中设置组件的参数，如图12-25所示。

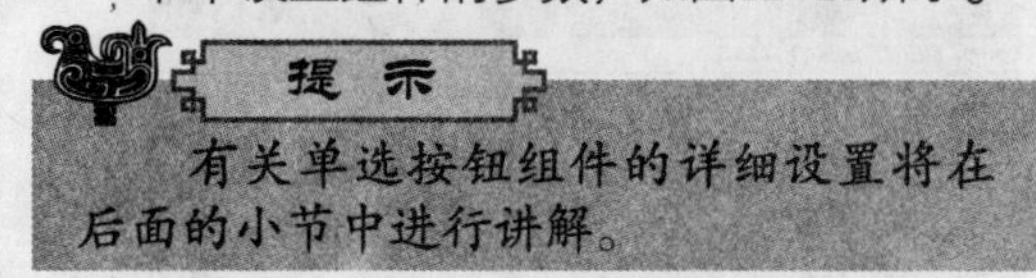

提　示

有关单选按钮组件的详细设置将在后面的小节中进行讲解。

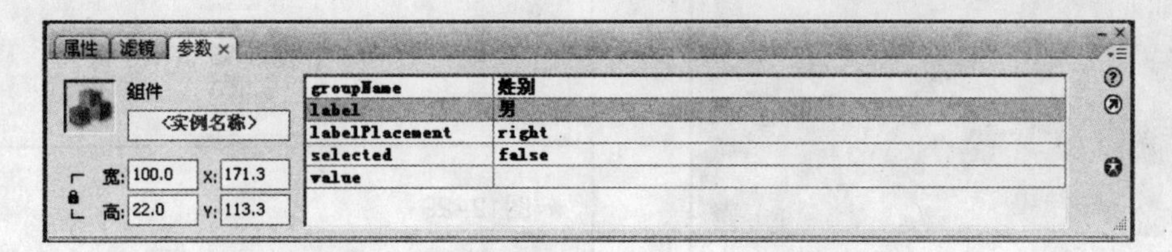

★ 图12-25

8 用同样的方法再拖动一个单选按钮到舞台中，放置到上一个单选按钮的右侧，并且设置它的【label】参数为“女”，其他参数不变。这时的舞台效果如图12-26所示。

9 在【组件】面板中拖放4个复选框组件到“爱好”文本的右侧，并且排列它们的位置。

10 在【属性】面板的【参数】选项卡中分别将它们的【label】参数设置为“音乐”、“舞蹈”、“体育”和“旅游”，如图12-27所示。

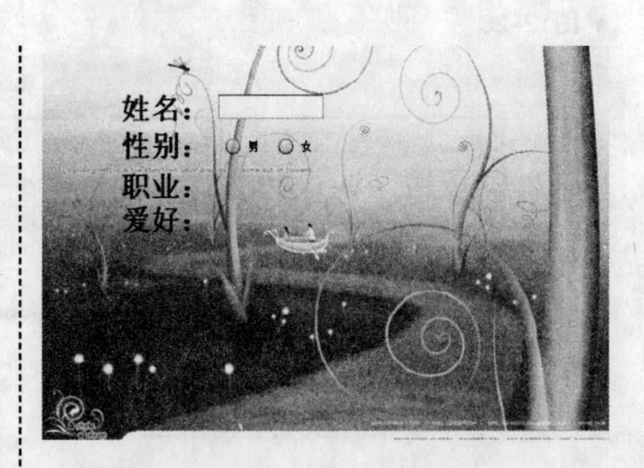

★ 图12-26

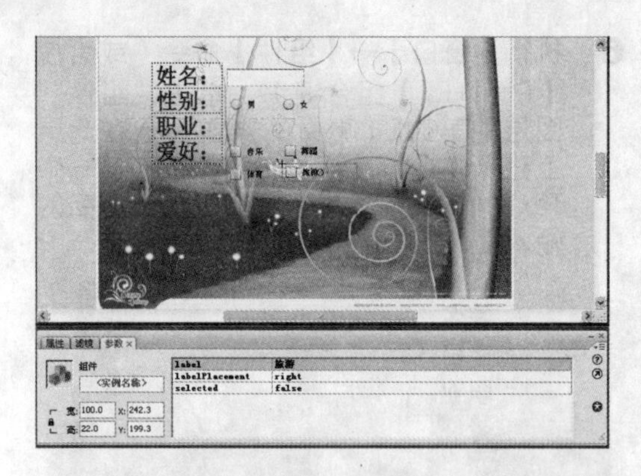

★ 图12-27

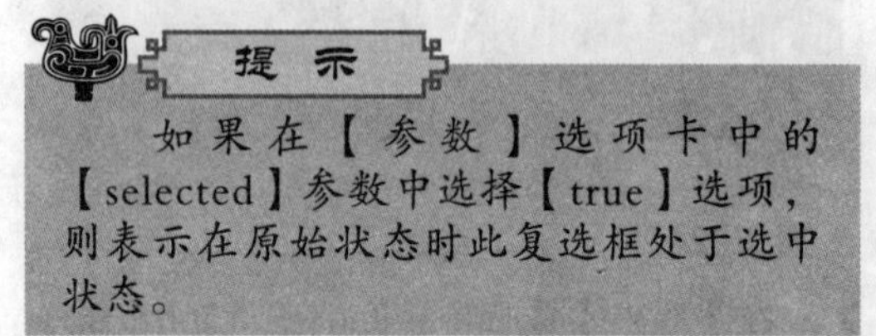

提　示

如果在【参数】选项卡中的【selected】参数中选择【true】选项，则表示在原始状态时此复选框处于选中状态。

11 按【Ctrl+Enter】组合键测试动画，效果如图12-28所示。

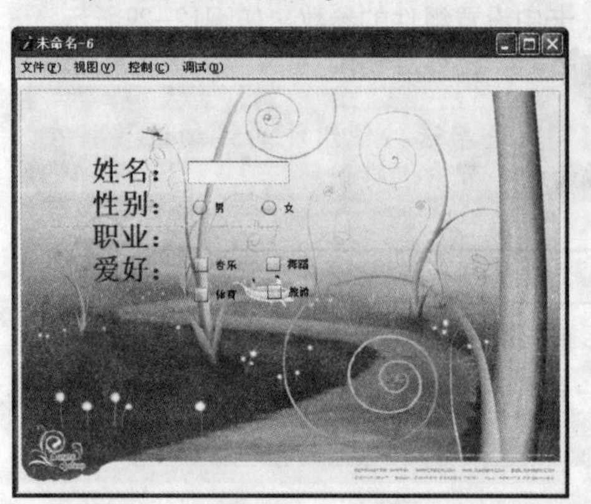

★ 图12-28

12.2.3 ComboBox组件

知识点讲解

ComboBox（下拉列表框）组件也是常见的界面元素，在下拉列表框中可以提供多种选项供用户选择。下拉列表框组件虽然使用比较简单，但功能却很强大。具体操作步骤如下：

1 新建一个Flash CS3文档。

2 执行【窗口】→【组件】命令（或按【Ctrl+F7】组合键），打开【组件】面板。

3 在【组件】面板中选择【User Interface】→【ComboBox】选项，将组件拖曳到舞台中，如图12-29所示。

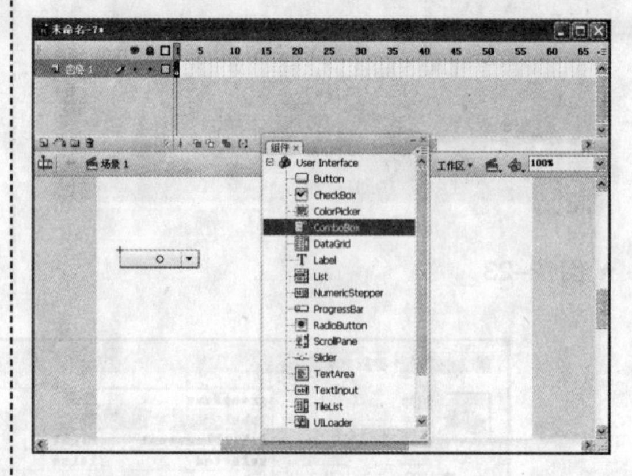

★ 图12-29

4 使用鼠标左键选中舞台中的下拉列表框组件，其在【参数】面板中的设置如图12-30所示。

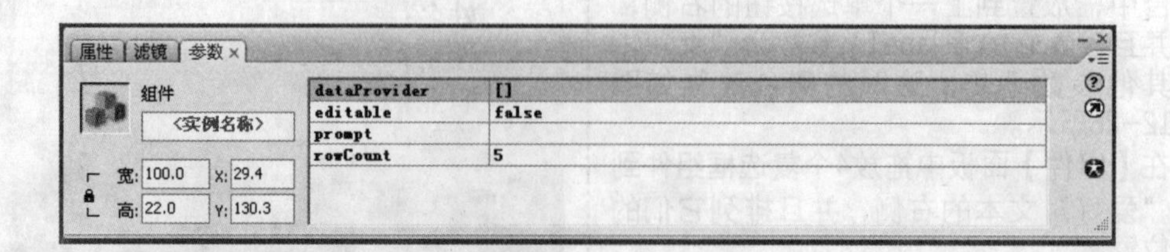

★ 图12-30

其中各项参数的意义如下所述。

▸ dataProvider——此项的功能是为各选项设置数值。使用鼠标左键单击此参数使其处

于激活状态，在其右侧会出现一个按钮，单击此按钮就会弹出如图12-31所示的【值】对话框。在这个对话框中可以设置标签名称、添加新选项、删除已有选项和对选项排列。

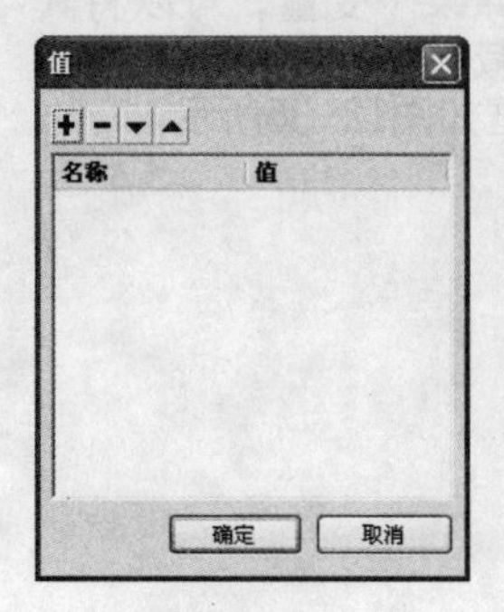

★ 图12-31

- editable——设定用户是否可以修改菜单项内容。默认值为“false”，用户可以使用鼠标左键单击此参数选项，从下拉菜单中选择【true】或【false】选项。
- prompt——设置ComboBox的前置标签。
- rowCount——这里设置在下拉菜单中最多可以同时显示的选项数目。如果选项数目多于行数设置，执行【控制】→【测试影片】命令（或按【Ctrl+Enter】组合键）测试的时候，就会自动出现滚动条。

5 在如图12-31所示的【值】对话框中进行如下设置。

单击按钮，列表中就会添加新选项，使用鼠标左键单击【label】选项右侧的文本框，输入用户需要的文本内容；单击【data】选项后的文本框，设置该文本框的排序。如此操作可以输入多个选项，如图12-32所示。

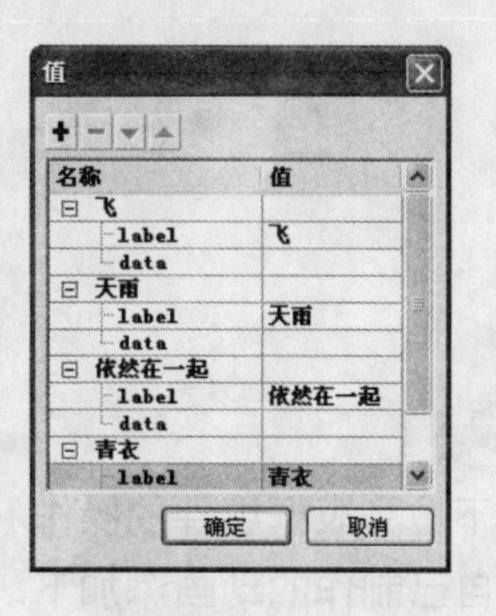

★ 图12-32

选中一个选项，单击按钮可以删除选项，单击或者按钮可以将所选条目下移或者上移，如图12-33所示。

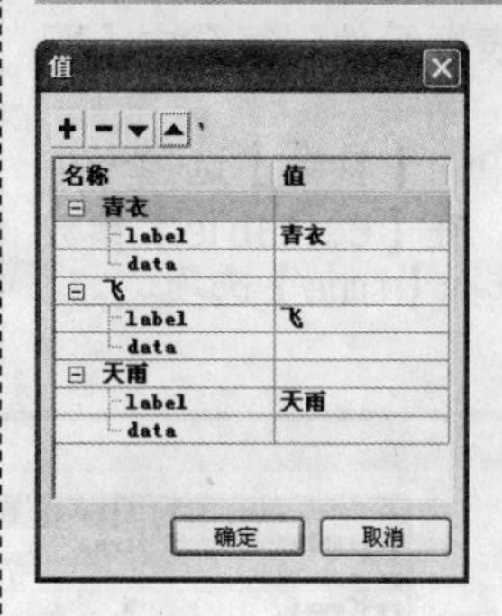

★ 图12-33

6 在【属性】面板的【prompt】参数后单击鼠标左键，输入文本“歌曲”。

7 设置好参数以后，【属性】面板的显示如图12-34所示。

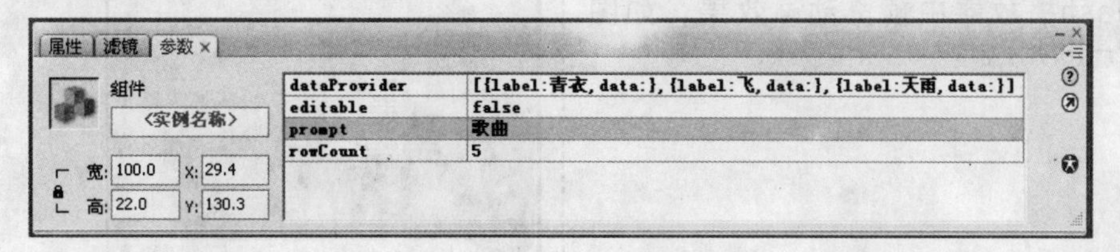

★ 图12-34

8 执行【控制】→【测试影片】命令（或按【Ctrl+Enter】组合键），在Flash播放器中预览动画效果，如图12-35所示。

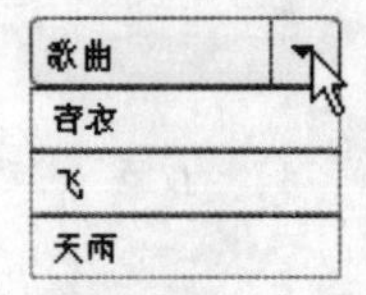

★ 图12-35

掌握了如何添加下拉列表框组件的操作步骤，请读者练习为自己制作的动画添加下拉列表框组件，以前面小节制作的“登录界面”为例。

具体操作步骤如下：

1 打开“登录界面”动画文档。

2 选中“组件”图层，在【组件】面板中选择一个下拉列表框组件到舞台中【职业】的右侧。

3 在【属性】面板中的【参数】选项卡中设置组件的参数，在【editable】参数右侧的文本框中选择【true】选项。

4 接着单击【dateProvider】参数右侧的按钮，打开【值】对话框。

5 单击加号按钮添加变量值，并且在【label】参数右侧的文本框中输入变量名称，再次单击加号按钮可以添加其他变量。如果要删除某个变量，可以将其选中，然后单击减号按钮即可。变量添加完毕后的对话框如图12-36所示。

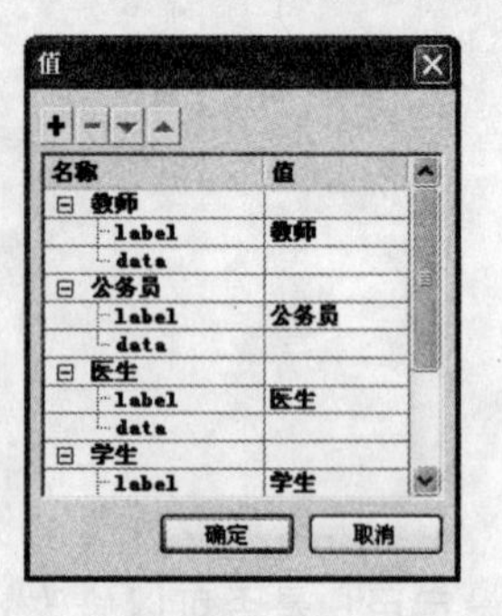

★ 图12-36

提 示

如果想要改变变量的位置，可以通过▲按钮和▼按钮来实现。

6 单击【确定】按钮，这时的【属性】面板如图12-37所示，其他参数保持默认设置。

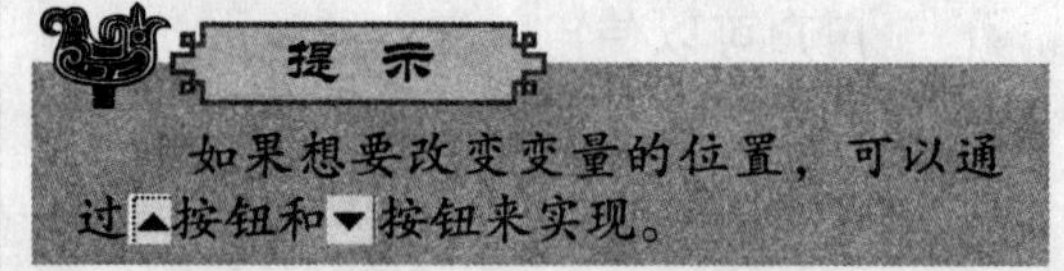

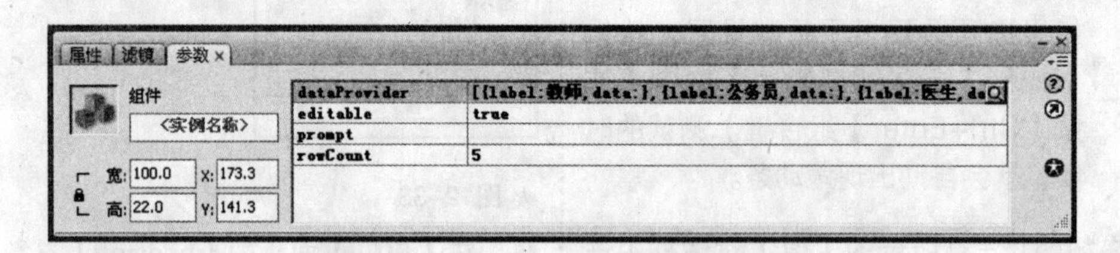

★ 图12-37

7 执行【控制】→【测试影片】命令（或按【Ctrl+Enter】组合键），在Flash播放器中预览动画效果，如图12-38所示。

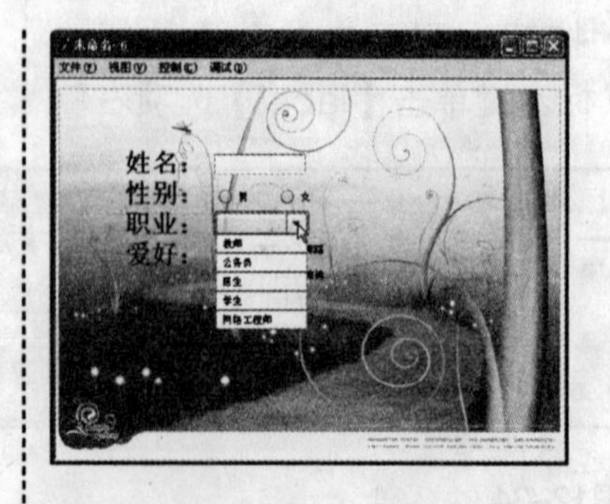

★ 图12-38

12.2.4 ScrollPane组件

知识点讲解

ScrollPane（滚动窗）组件是动态文本框与输入文本框的组合，在动态文本框和输入文本框中可添加水平和竖直滚动条，并通过拖动滚动条来显示更多的内容。添加该组件的操作步骤如下：

1 新建一个Flash CS3文档。

2 按【Ctrl+F8】组合键，新建一个影片剪辑元件，如图12-39所示。

★ 图12-39

3 单击【确定】按钮进入到影片剪辑元件的编辑状态。

4 执行【文件】→【导入】→【导入到舞台】命令（或按【Ctrl+R】组合键），向当前的影片剪辑元件内导入一张图片素材，如图12-40所示。

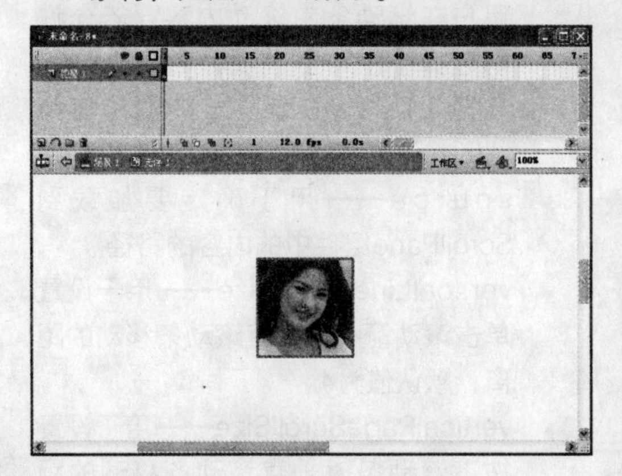

★ 图12-40

5 单击【时间轴】面板左下角的【场景1】按钮，返回场景的编辑状态。

6 执行【窗口】→【库】命令（或按【Ctrl+L】组合键），打开【库】面板。

7 选择【库】面板中的影片剪辑元件，单击鼠标右键，在弹出的快捷菜单中选择【链接】选项，如图12-41所示。

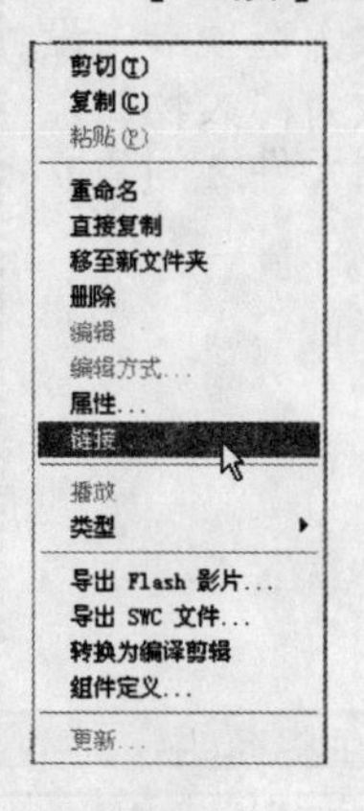

★ 图12-41

8 在弹出的【链接属性】对话框中，选中【为ActionScript导出】复选框，然后在【类】文本框中输入“人物”，如图12-42所示。

★ 图12-42

9 单击【确定】按钮，将弹出如图12-43所示的对话框，再次单击【确定】按钮。

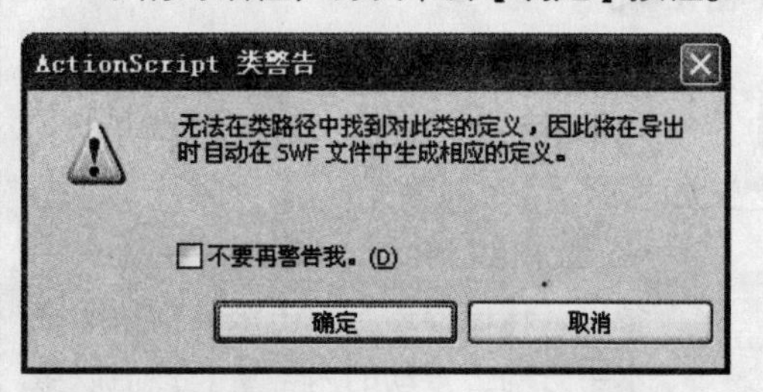

★ 图12-43

10 执行【窗口】→【组件】（或按【Ctrl+F7】组合键）命令，打开【组件】面板。

11 在【组件】面板中选择【User Interface】→【ScrollPane】选项，并将其拖曳到舞台中，如图12-44所示。

12 在【属性】面板的【参数】选项卡中设置组件的【source】参数为“人物”，这样就在组件与影片剪辑元件之间建立了联系，如图12-45所示。

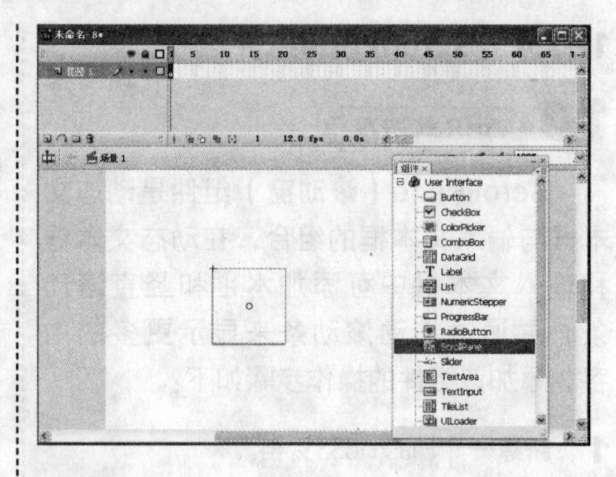

★ 图12-44

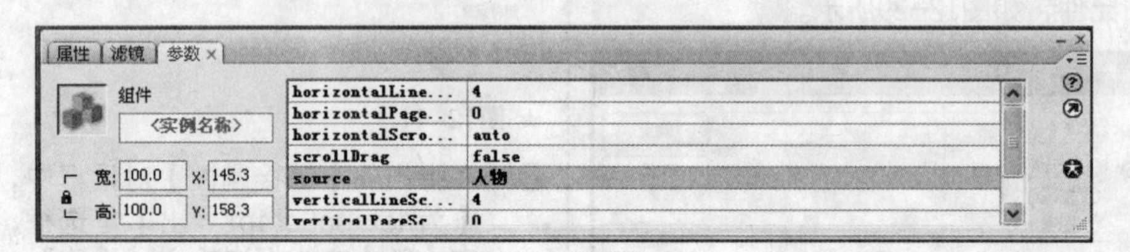

★ 图12-45

13 组件设置完毕，执行【控制】→【测试影片】命令（或按【Ctrl+Enter】组合键），在Flash播放器中预览动画效果。如图12-46所示。

★ 图12-46

在如图12-45所示的【参数】面板中，ScrollPane组件各参数的具体功能及含义如下所述。

- horizontalLineScrollSize——设置一个值，该值描述当单击滚动箭头时在水平方向上滚动的内容量。该值以像素为单位，默认值为“4”。
- horizontalPageScrollSize——用于设置按下水平滚动条时水平滚动条移动的距离，默认值为0。
- horizontalScrollPolicy——用于设置是否显示水平滚动条，包括【on】、【off】和【auto】等三个选项，其默认值为“auto”。
- scrollDrag——用于确定是否允许用户在滚动条中滚动内容，若允许则选择【true】选项，若不允许则选择【false】选项，其默认值为“false”。
- source——用于确定要加载到ScrollPane组件中的内容的路径。
- verticalLineScrollSize——用于设置单击滚动箭头时垂直滚动条移动的距离，默认值为4。
- verticalPageScrollSize——用于设置按下滚动条时垂直滚动条移动的距离，默认值为0。
- verticalScrollPolicy——用于设置是否显示垂直滚动条，包括【on】、【off】和【auto】等三个选项，其默认值为“auto”。

动手练

浏览大图片是我们经常遇到的情况，这时一般都要用到滚动条，通过ScrollPane组件就可以实现这一效果。请读者跟随下面的步骤制作一个“浏览放大图片”实例。

具体操作步骤如下：

1 新建一个Flash CS3文档。

2 按【Ctrl+F8】组合键，新建一个名为“文字”的影片剪辑元件，单击【确定】按钮进入影片剪辑元件的编辑状态。

3 单击第1帧，然后使用文本工具在舞台中输入“浏览放大图片”几个字，并且设置它的字体样式和颜色，如图12-47所示。

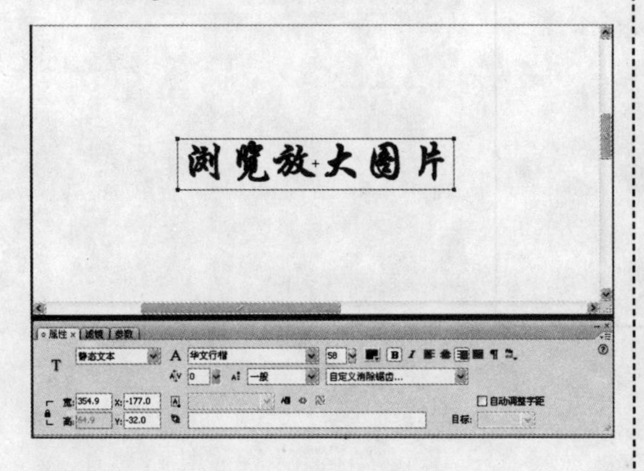

★ 图12-47

提　示

输入文字后要将文字打散。

4 新建一个图层，命名为“mask”，使用椭圆工具在舞台中绘制一个黑色圆形，并将此图形转换为图形元件，同时将其移动到“浏”字的位置上，将该字覆盖，如图12-48所示。

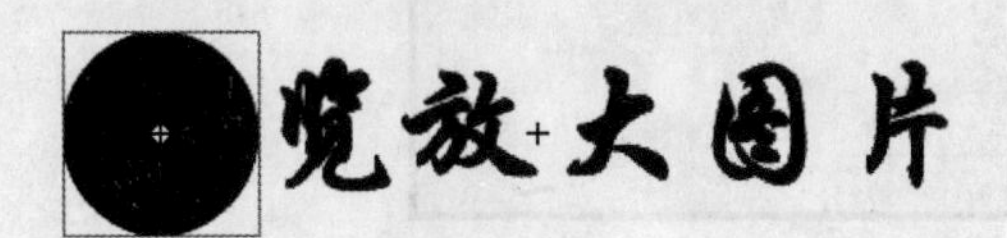

★ 图12-48

5 选中“mask”图层的第30帧，按【F6】键插入一个关键帧，并在图层1的第30帧上按【F5】键插入普通帧。

6 单击【选择工具】按钮，将黑色圆形移动到“片”字上，如图12-49所示。

★ 图12-49

7 选中“mask”图层的第1帧，单击鼠标右键，从弹出的快捷菜单中选择【创建补间动画】选项。

8 在图层列表中右击“mask”图层，在弹出的快捷菜单中选择【遮罩】选项，将该层设置为遮罩层。这时的舞台及【时间轴】面板如图12-50所示。

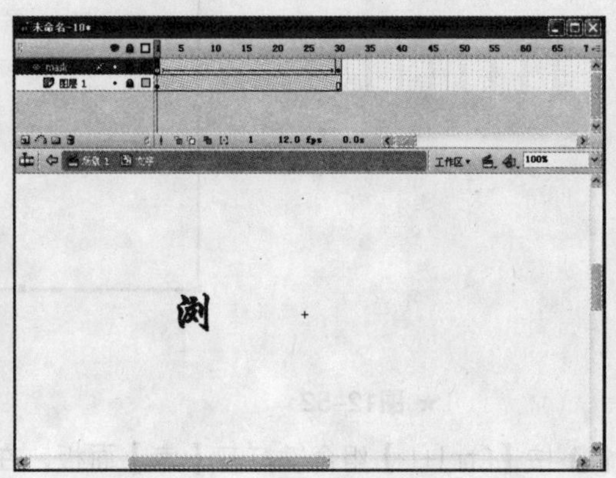

★ 图12-50

9 按【Ctrl+F8】组合键新建另一个影片剪辑元件，命名为“雅典娜”，单击【确定】按钮进入此影片剪辑元件的编辑状态。

10 在此影片剪辑元件中导入一幅图片，如图12-51所示。

提　示

导入的图片一定要使用大一点的图片，这样做好的滚动条才会起作用。

★ 图12-51

11 执行【窗口】→【组件】命令（或按【Ctrl+F7】组合键），打开【组件】面板。

12 拖动此面板中的滚动窗组件到主场景的舞台中，在舞台中选中此组件，单击工具箱中的【任意变形工具】按钮，将滚动窗组件放大，如图12-52所示。

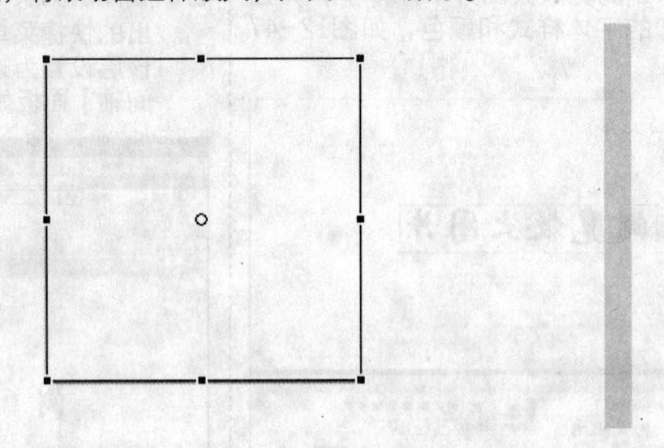

★ 图12-52

13 按【Ctrl+L】组合键打开【库】面板，在其中右击“雅典娜”影片剪辑元件，在弹出的快捷菜单中选择【链接】选项，打开【链接属性】对话框。

14 在【链接属性】对话框中选中【为ActionScript导出】复选框，如图12-53所示。

链接属性
标识符(I):
类(C): 雅典娜
基类(B): flash.display.MovieClip
链接(L): 为 ActionScript 导出(X)
为运行时共享导出(O)
在第一帧导出(F)
为运行时共享导入(M)
URL(U):
确定
取消

★ 图12-53

15 单击【确定】按钮，将弹出【类警告】对话框，再次单击【确定】按钮。

16 在舞台中单击滚动窗组件，在打开的【属性】面板中设置此组件的属性。

17 在【属性】面板的【参数】选项卡中设置组件的【source】参数为“雅典娜”，这样就在组件与影片剪辑元件之间建立了联系。

18 在【库】面板中选择“文字”影片剪辑元件并将其拖动到主场景的舞台中，放置到滚动窗组件的下方，如图12-54所示。

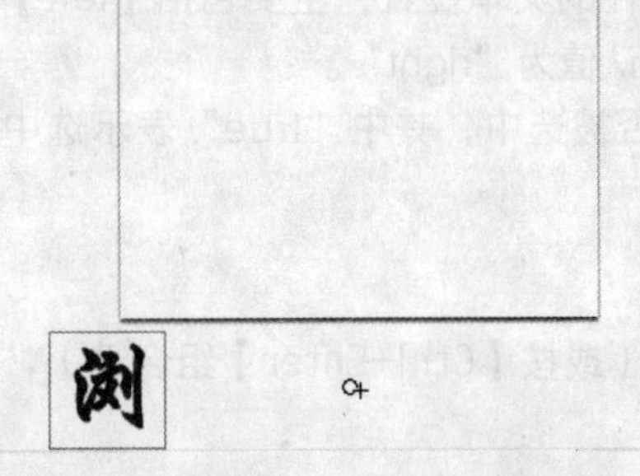

★ 图12-54

19 执行【控制】→【测试影片】命令（或按【Ctrl+Enter】组合键），在Flash播放器中预览动画效果，如图12-55所示。

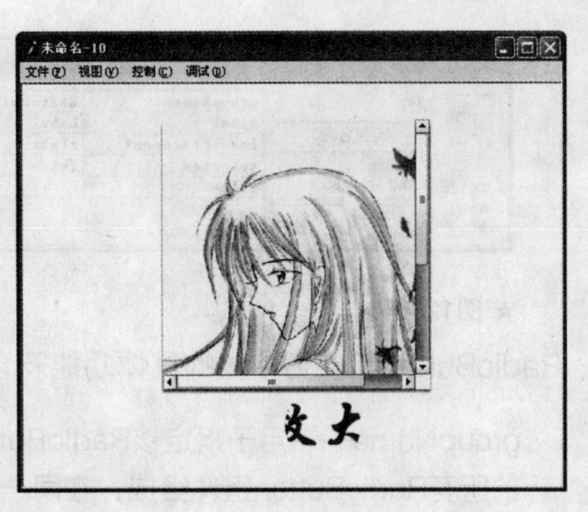

★ 图12-55

12.2.5　RadioButton组件

RadioButton（单选按钮）组件允许用户从一组选项中选择唯一的选项。下面具体介绍其操作步骤：

1 新建一个Flash文档。

2 执行【窗口】→【组件】命令（或按【Ctrl+F7】组合键），打开【组件】面板。

3 在【组件】面板中选择【User Interface】→【RadioButton】选项，并将其拖曳到舞台中，如图12-56所示。

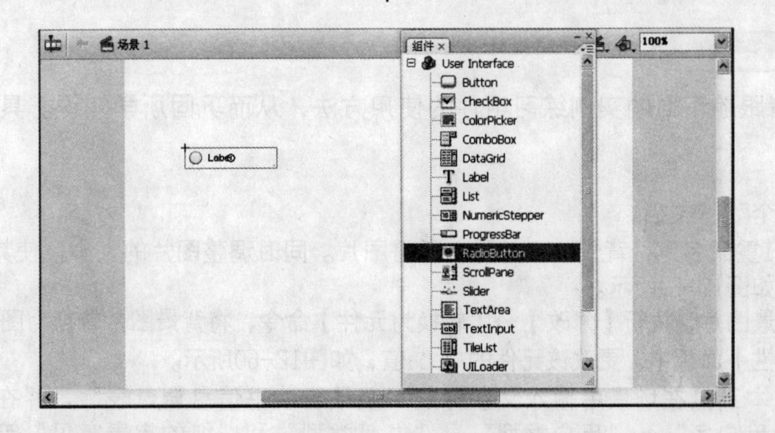

★ 图12-56

4 使用鼠标左键选中舞台中的单选按钮组件，其在【参数】面板中的设置如图12-57所示。

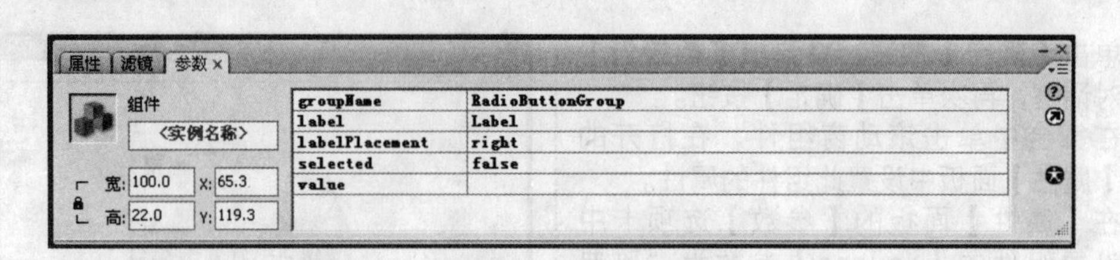

★ 图12-57

RadioButton组件各参数的具体功能及含义如下所述。

- groupName——用于指定该RadioButton组件所属的项目组，项目组由与本参数相同的所有RadioButton组件组成，在同一项目组中只能选择一个RadioButton组件，并返回该组件的值。
- label——用于设置RadioButton的文本内容，其默认值是“Radio Button”。
- labelPlacement ——用于确定RadioButton组件的文本位置，主要包括【left】、【right】、【top】和【bottom】等4个选项，默认值为“right”。
- selected——用于确定单选按钮的初始状态是否被选中，其中“true”表示选中，“false”表示未选中，默认值为“false”。
- value——用于设置RadioButton的对应值。

5 组件设置完毕，执行【控制】→【测试影片】命令（或按【Ctrl+Enter】组合键），在Flash播放器中预览动画效果，如图12-58所示。

武侠

科幻

动漫

★ 图12-58

动手练

请读者跟随下面的实例练习组件的使用方法，从而巩固所学知识。具体操作步骤如下：

1 新建一个Flash文档。

2 将图层1重命名为“背景”，并导入所需图片。同时调整图片的大小，使其与场景大小相同，如图12-59所示。

3 选中背景图片，执行【修改】→【转换为元件】命令，将背景图片转换为图形元件。

4 在【属性】面板中，更改该元件的Alpha值，如图12-60所示。

5 使用文本工具在场景中输入文字标题“我最喜欢书信息调查表”，并在其下方依次输入“用户名”、“用户类型”、“书籍类型”和“您的宝贵意见”等文字，如图12-61所示。

★ 图12-59

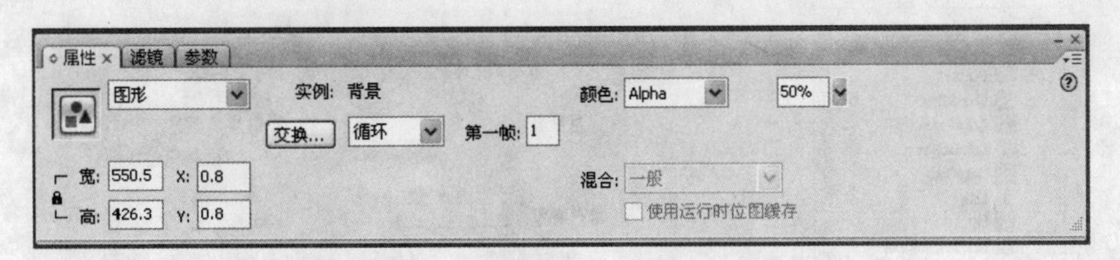

★ 图12-60

★ 图12-61

6 使用文本工具在"用户名"文字右侧拖动出一个文本输入区域。在【属性】面板中将其【文本类型】设为"输入文本"，并命名为"yh"，其他项保持默认设置即可，如图12-62所示。

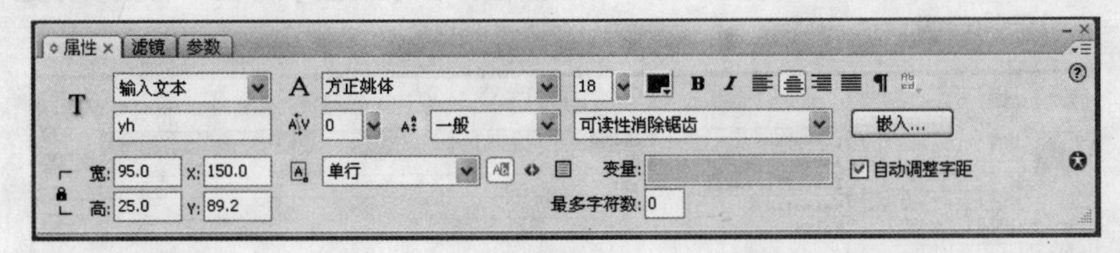

★ 图12-62

7 用同样的方法在"您的宝贵意见"文字右侧拖动出类似的文本输入区域，并将其实例名称设置为question，并选择【多行】方式，如图12-63所示。

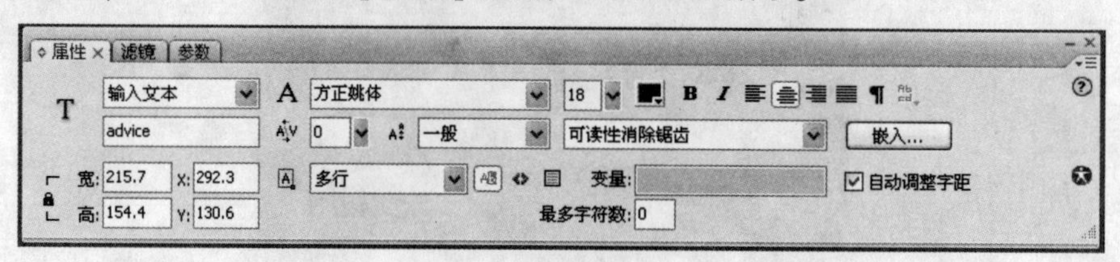

★ 图12-63

8 新建“组件”图层，执行【窗口】→【组件】命令，打开【组件】面板，如图12-64所示。

9 拖动ComboBox组件到“用户类型”文字的右侧，拖动4个RadioButton组件到“书籍类型”文字的右侧，如图12-65所示。

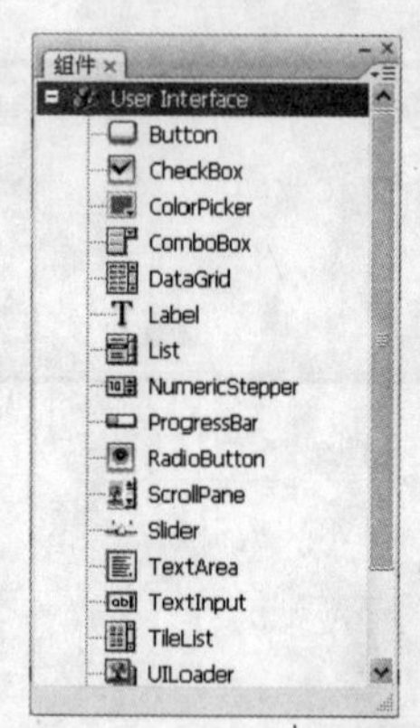

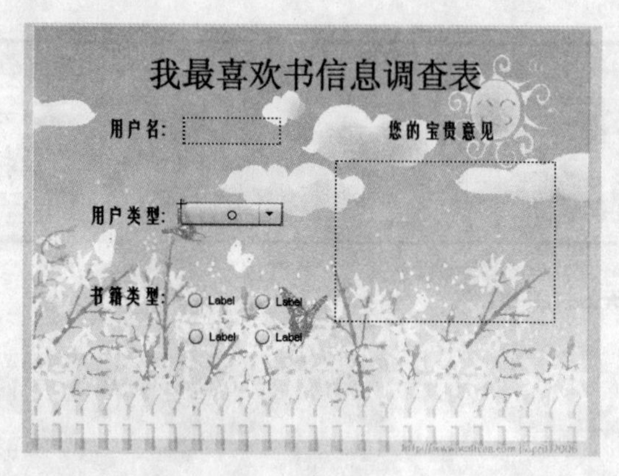

★ 图12-64 ★ 图12-65

10 选中“用户类型”文字右侧的ComboBox组件，在【属性】面板中将其实例名称设置为“lx”，将其参数进行如图12-66所示的设置。

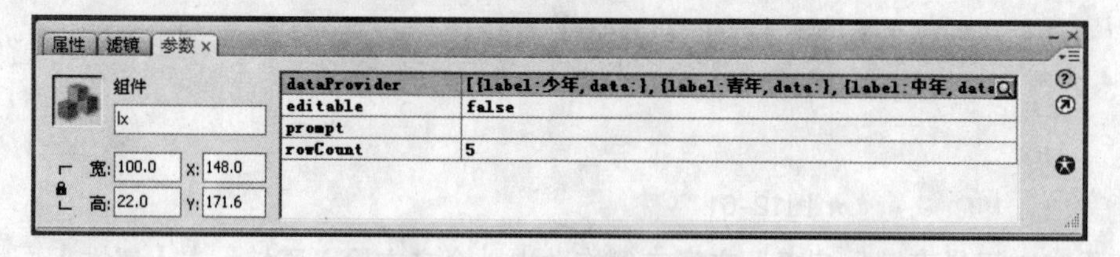

★ 图12-66

11 选中“书籍类型”文字右侧的第一个单选按钮，在【属性】面板中将其参数进行如图12-67所示的设置。

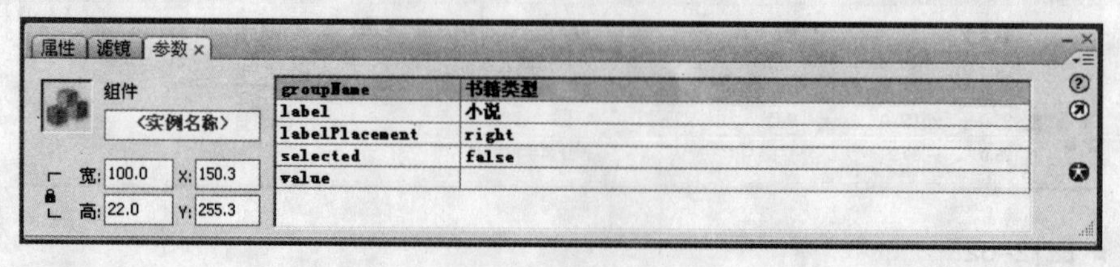

★ 图12-67

12 用同样的方法设置其他几个单选按钮，将其显示文字设为“军事”、“历史”和“影视”。

13 在【用户名】输入框的下面绘制一条直线。

14 执行【控制】→【测试影片】命令，预览动画效果，如图12-68所示。

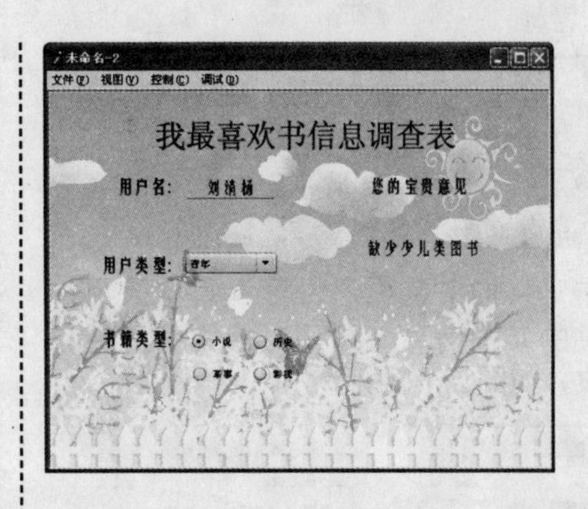

★ 图12-68

12.3 组件检查器

知识点讲解

组件检查器用于显示和设置所选组件的参数和属性等信息。在组件较多的情况下，使用组件检查器，可以对组件的参数和属性信息进行快速检查和修改，从而提高动画制作的效率。其具体操作步骤如下：

1 执行【窗口】→【组件检查器】命令（或按【Shift+F7】组合键），打开【组件检查器】面板，如图12-69所示。

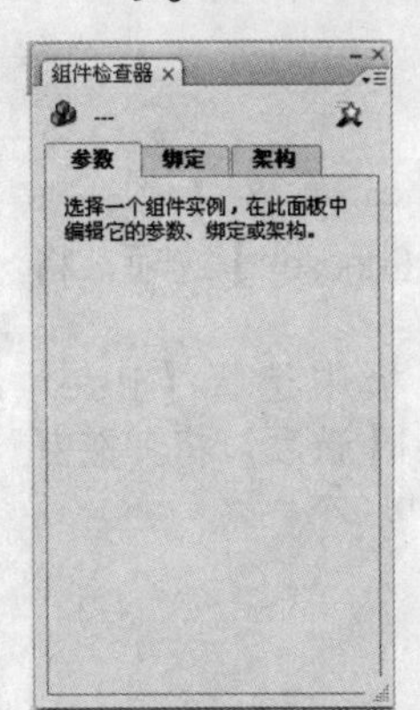

★ 图12-69

2 在场景中选中要检查的组件，此时在【组件检查器】面板的【参数】选项卡中将显示该组件设置参数的相关信息，如图12-70所示。在其中选中某个参数项目，即可对其进行修改。

★ 图12-70

3 单击【绑定】选项卡，可查看该组件绑定数据的相关信息，若没有绑定数据，则该选项卡中内容为空，如图12-71所示。

★ 图12-71

注　意

在【绑定】选项卡中单击按钮可添加绑定数据。在添加绑定数据之前，需要为当前组件设置一个实例名称。

4 单击【架构】选项卡，可查看与该组件相关的架构信息，并可对相关信息进行修改，如图12-72所示。

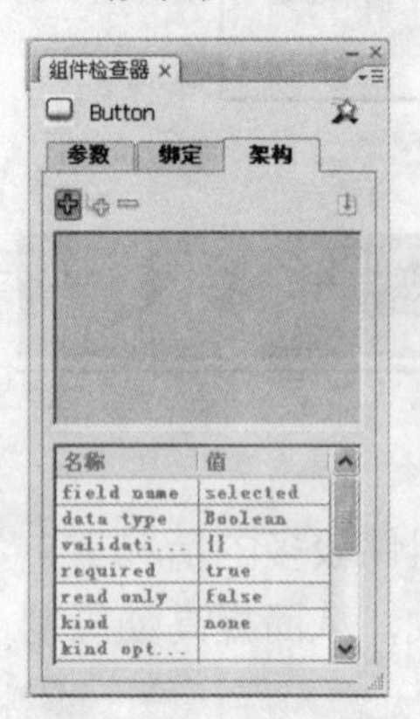

★ 图12-72

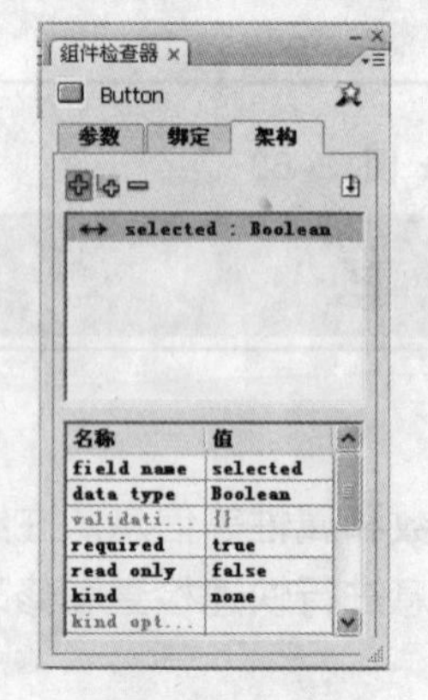

★ 图12-73

提　示

ActionScript 3.0不支持【架构】功能，所以必须以ActionScript 1.0和ActionScript 2.0为目标。如图12-73所示的是ActionScript 2.0下的【架构】选项卡。

5 检查完毕后，单击面板右上角的按钮，关闭【组件检查器】面板。

动手练

下面请读者制作一个显示选定时间的实例。在这个实例中可以实现在日期组件里面选择一个日期，然后系统自动地在上面的标签处显示选取的日期。

1 在开始页的【新建】栏中，选择【Flash文件（ActionScript 2.0）】选项，如图12-74所示。

2 执行【窗口】→【组件】命令（或按【Ctrl+F7】组合键），打开【组件】面板，如图12-75所示。

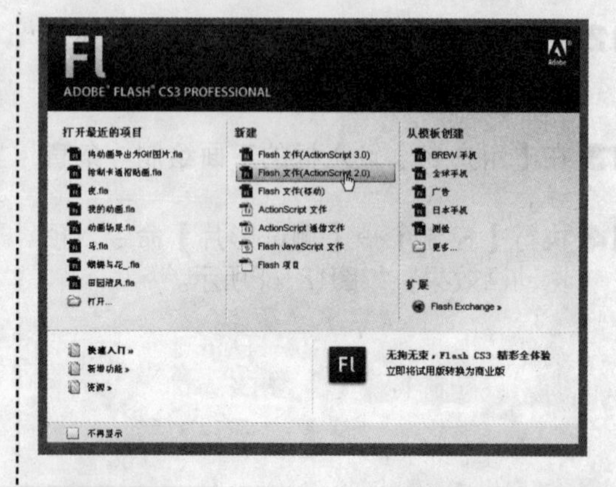

★ 图12-74

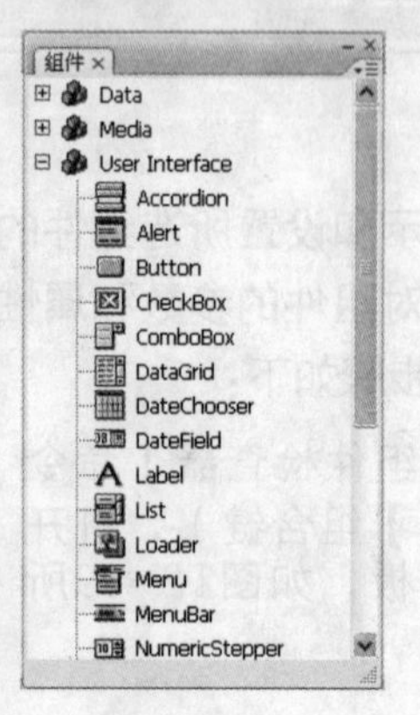

★ 图12-75

3 在【组件】面板中选择【User Interface】→【DateChooser】选项，将其拖曳到舞台中。

4 继续在【组件】面板中选择【User Interface】→【Label】选项，将其拖曳到舞台中，如图12-76所示。

★ 图12-76

5 在【属性】面板中设置DateChooser组件的实例名称为“date”，如图12-77所示。

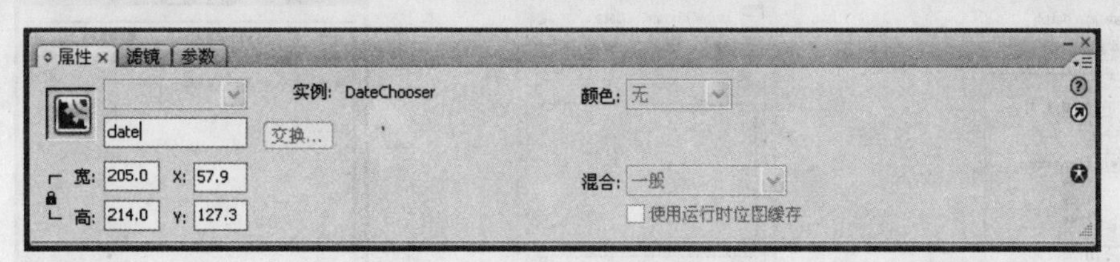

★ 图12-77

6 在【属性】面板中设置Label组件的实例名称为“text”，如图12-78所示。

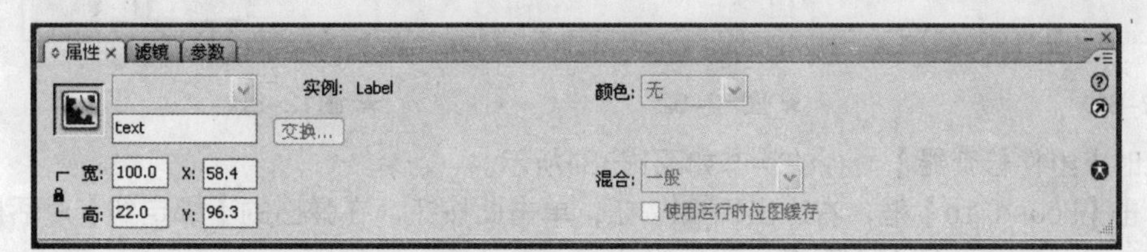

★ 图12-78

7 在【属性】面板中切换到【参数】选项卡，如图12-79所示。

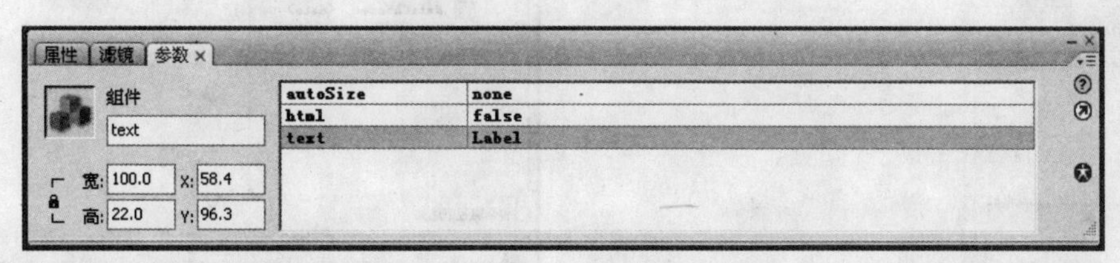

★ 图12-79

8 将【text】参数设为“text”，如图12-80所示。

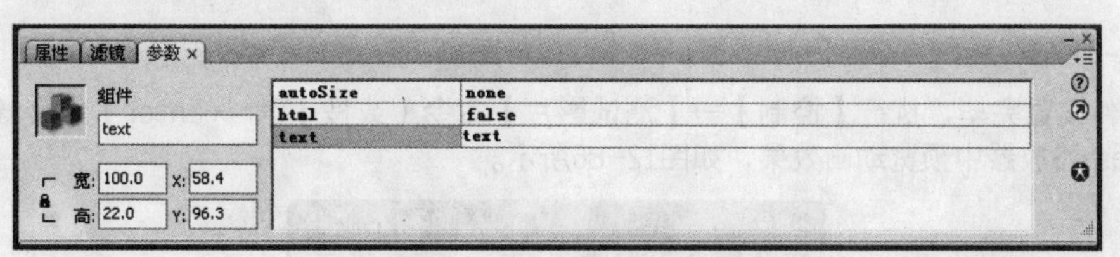

★ 图12-80

9 执行【窗口】→【组件检查器】命令（或按【Alt+F7】组合键），打开【组件检查器】面板，如图12-81所示。

10 选择舞台中的DateChooser组件，单击【组件检查器】面板中的【绑定】选项卡，如图12-82所示。

11 单击✚号按钮，会弹出【添加绑定】对话框。选择其中的【selectedDate:Date】选项，单击【确定】按钮，如图12-83所示。

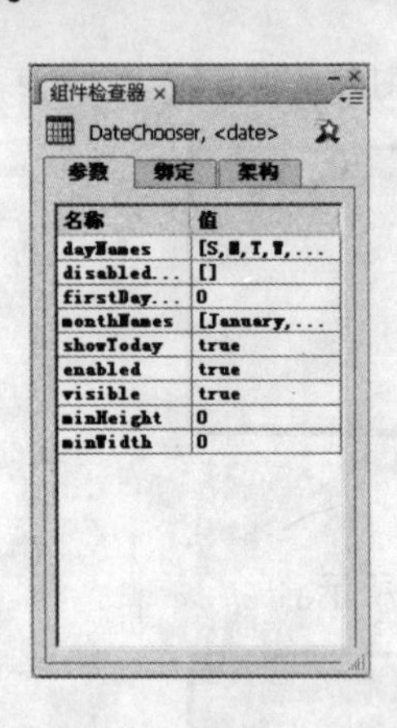

★ 图12-81

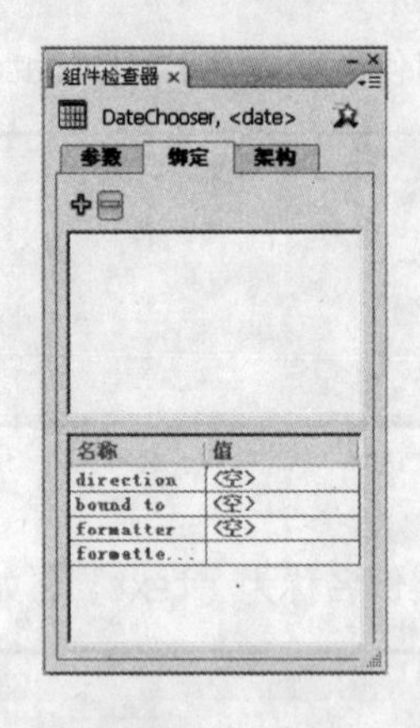

★ 图12-82

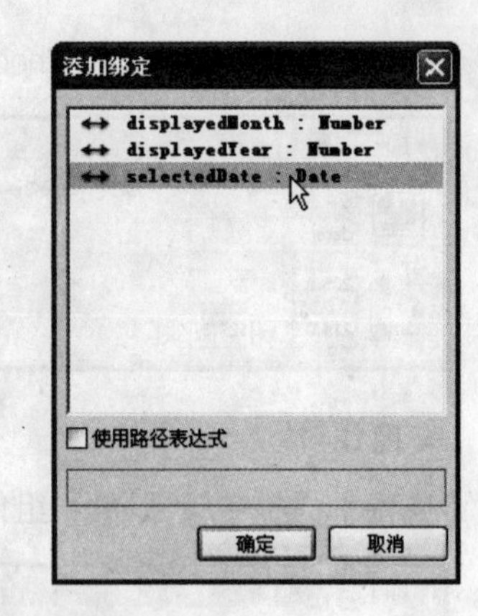

★ 图12-83

12 此时【组件检查器】面板的状态如图12-84所示。

13 单击【Bound to】框，右边出现按钮，单击此按钮，在弹出的【绑定到】对话框中选择名为“text”的Label组件，如图12-85所示。

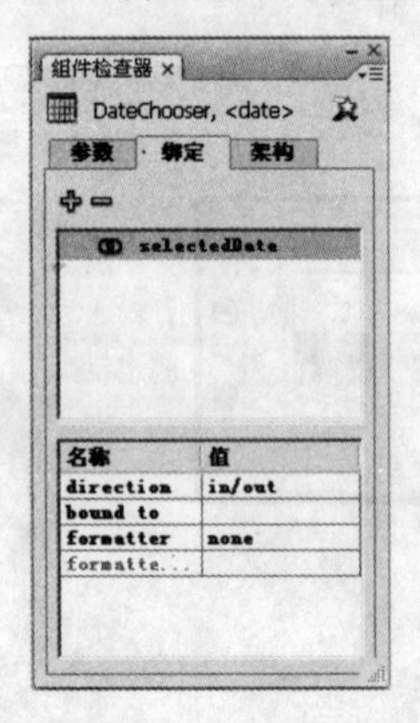

★ 图12-84

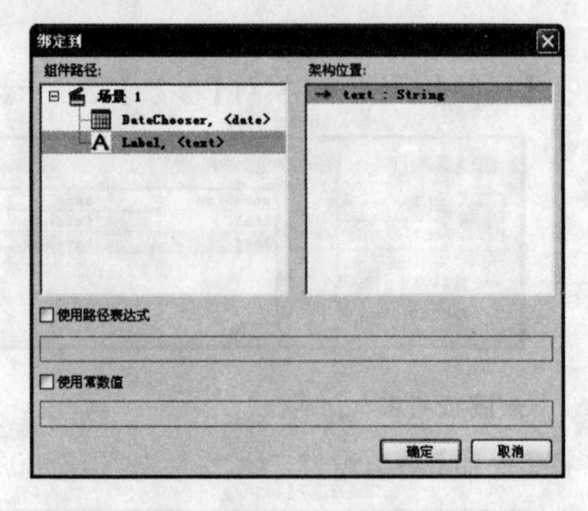

★ 图12-85

14 组件设置完毕，执行【控制】→【测试影片】命令（或按【Ctrl+Enter】组合键），在Flash播放器中预览动画效果，如图12-86所示。

★ 图12-86

技 巧

在舞台中的组件一定要设置实例的名称。

疑难解答

问 Flash CS3中的组件外观可以修改吗？修改的方法是怎样的？

答 在Flash CS3中，组件外观可以进行修改。修改组件外观的方法主要有以下两种方式。

第一种方式是利用Action脚本修改，通过为组件添加“_global.style.setStyle("color",0xfff fff);”，“_global.style.setStyle("themecolor","haloBlue");”或“_global.style.setStyle("fontseze", 10);”等脚本对该组件的外观进行修改。

第二种方式是通过替换组件的方法进行修改，其具体操作步骤如下：

1 在【库】面板中选中要替换外观的组件，单击鼠标右键，在弹出的快捷菜单中选择【链接】选项，然后在打开的【链接属性】对话框的【标识符】文本框中查看该组件的链接标识符，如图12-87所示。

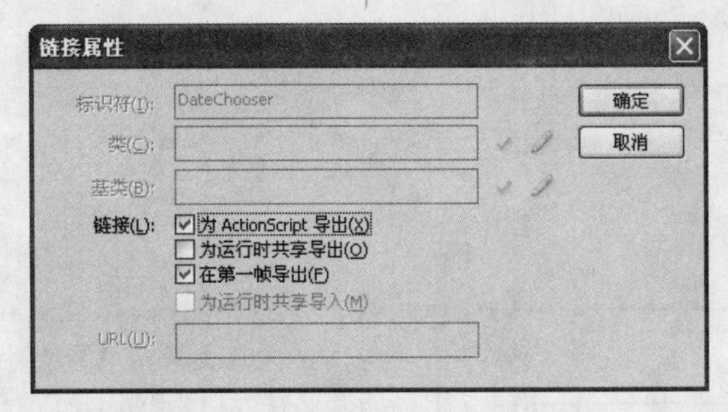

★ 图12-87

2 保存当前文档，然后创建一个用于替换组件外观的新元件。

3 在【库】面板中选中新元件，单击鼠标右键，在弹出的快捷菜单中选择【链接】选项，然后在打开的【链接属性】对话框选中【为ActionScript导出】复选框，并在【标识符】文本框将其设置为与组件相同的链接标识符。

问 在Flash CS3中是否可以跨场景绑定组件？

答 目前还不支持绑定到其他场景中的组件。如果试图绑定到另一场景中的组件，绑定会失败，但不会显示任何错误信息，所以建议读者不要跨场景绑定组件。

问 单击按钮就播放音乐，再单击按钮就停止播放，这个效果该如何做？

答 制作一个两帧动画，第一帧上添加函数“stop()”，同时在按钮上添加函数“gotoandstop(2)”。第二帧上添加函数“stopallsound”，同时在按钮上添加函数“gotoandoplay(1)”。

Chapter 13

第13章　优化和发布动画

本章要点

- *测试Flash动画*
- *优化Flash动画*
- *导出Flash动画*
- *发布Flash动画*
- *发布预览*

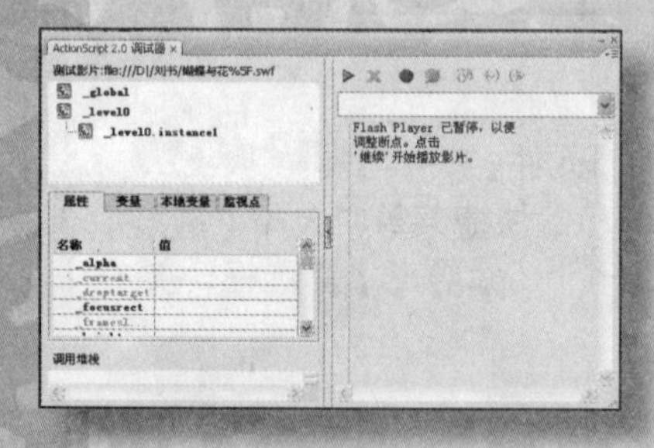

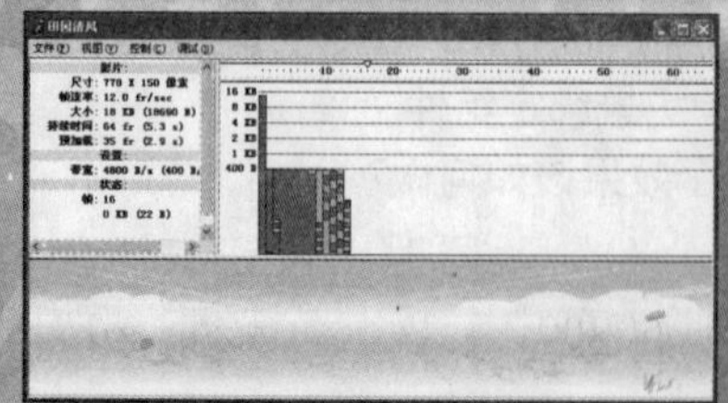

要想将自己制作的Flash动画作品发到网上与网友共享，一般要将其放在网页中。因此制作完Flash动画后，需要发布动画。除Flash影片文件格式以外，Flash CS3还能以其他格式导出和发布动画，根据发布的格式不同进行相应的优化。下面介绍一下如何优化Flash文件，以及各种格式的影片文件的发布设置。

13.1 测试Flash动画

在编辑Flash动画时，需要经常对动画进行测试以确保动画尽可能地按自己预期的效果播放。在测试制作完成的Flash作品时，既可以对单个场景的下载性能进行测试，也可以对整个动画的下载性能进行测试。

一般情况下，在对Flash作品进行测试时应注意以下几个问题：

- 是否使Flash作品的体积达到最小。
- 在网络环境下，动画能否被正常下载和观看。
- Flash作品是否按照设计的思路产生预期的效果。

测试Flash动画的操作步骤如下：

1 打开需要测试的动画文件，执行【控制】→【测试】命令（或按【Ctrl+Enter】组合键），此时将打开动画的测试窗口，在该窗口中可查看动画的实际播放状态，如图13-1所示。

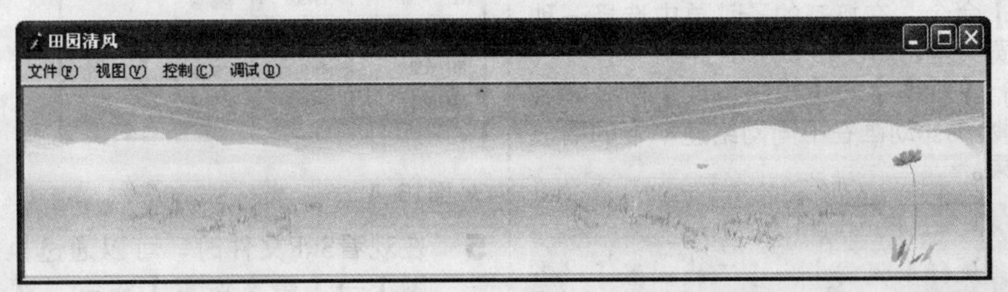

★ 图13-1

每个.fla文件播放一次后都会自动在该文件所在的位置上生成一个SWF文件，以后只要双击该SWF文件即可播放动画。

2 单击【视图】菜单，弹出如图13-2所示的下拉菜单。

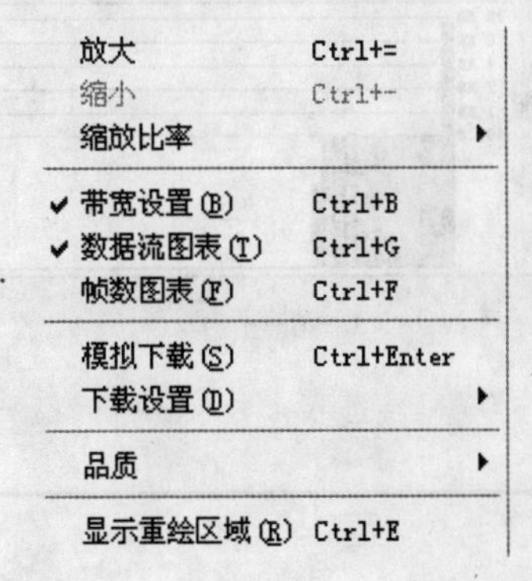

★ 图13-2

各菜单命令的功能如下所述。

- 放大——放大Flash动画。
- 缩小——缩小Flash动画。
- 缩放比率——改变动画的缩放比率。
- 带宽设置——执行此命令后，SWF动画文件所占的空间将缩小，以便显示带宽设置。
- 数据流图表——选择此项以显示哪个帧将导致暂停。交替的淡灰色和深灰色块代表每一帧，块的大小显示了其相应帧的大小。
- 帧数图表——选择此项以显示帧的大小。此种外观有利于观察是哪个帧导致了数据流延迟。

3 在测试窗口中执行【视图】→【下载设置】命令，在打开的子菜单中选择一种带宽类型，如图13-3所示。

4 执行【视图】→【模拟下载】命令，可模拟Flash动画在不同网络速率下的播放效果。

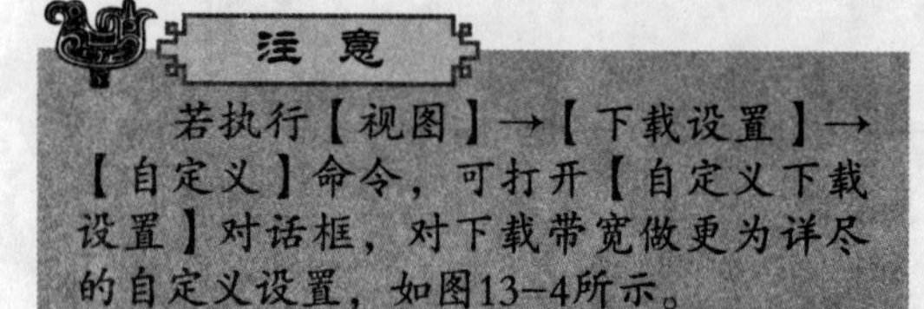

注意

若执行【视图】→【下载设置】→【自定义】命令，可打开【自定义下载设置】对话框，对下载带宽做更为详尽的自定义设置，如图13-4所示。

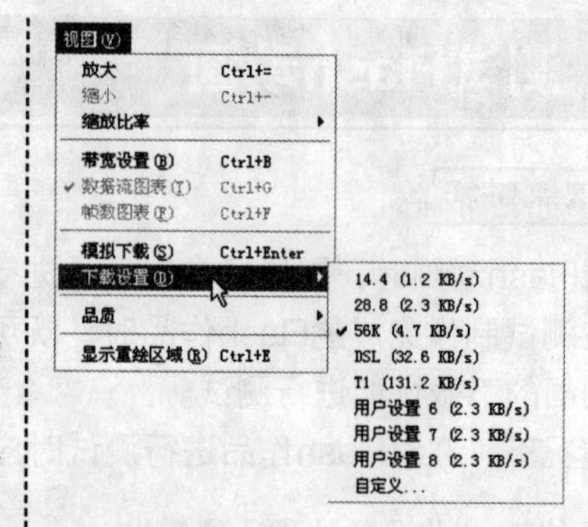

★ 图13-3

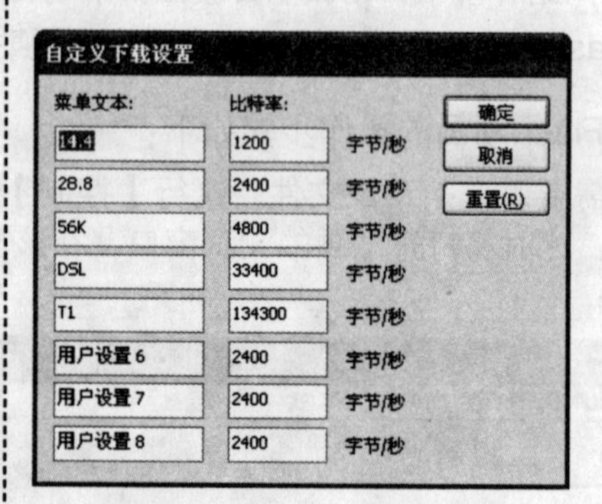

★ 图13-4

5 在观看SWF文件时，可以通过执行【视图】→【带宽设置】命令，然后执行【视图】→【数据流图表】命令，打开带宽数据流显示图表，在该图表中可查看下载和播放动画时的带宽使用情况，如图13-5所示。

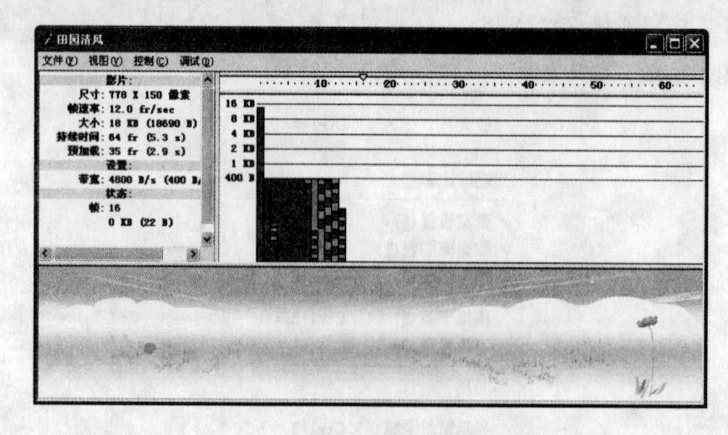

★ 图13-5

说　明

再次执行【视图】→【带宽设置】命令可隐藏该显示图。

提　示

在该显示图左边的窗口中显示了影片、设置和状态三部分内容。

- 影片——显示动画的总体属性，包括场景的尺寸、帧频、文件大小、播放的持续时间和预先加载时间等属性信息。
- 设置——显示当前使用的带宽信息。
- 状态——显示当前帧号、该帧数据大小及已经载入的帧数和数据量。

在右侧图表中，每个长条都代表动画中的某一帧，长条的长度对应着相应帧的大小。单击一个图表上的长条，则在左边的窗口中显示相应帧的设置并停止动画。

6 执行【视图】→【帧数图表】命令，打开帧数显示图表，在该图表中可查看各帧中的数据使用情况，如图13-6所示。

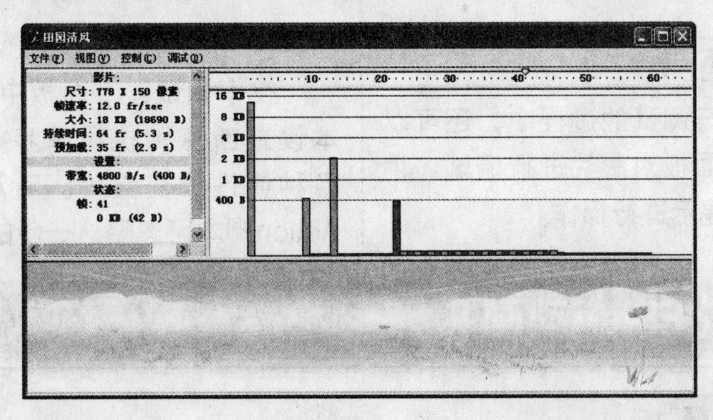

★ 图13-6

注　意

【数据流图表】和【帧数图表】命令，只有在【视图】菜单中的【带宽设置】选项被选中后才能使用。

7 执行【视图】→【模拟下载】命令，可打开或隐藏带宽显示图下方的SWF文件，如果隐藏了SWF文件，则文档在不模拟网络环境的情况下就开始下载，如图13-7所示。

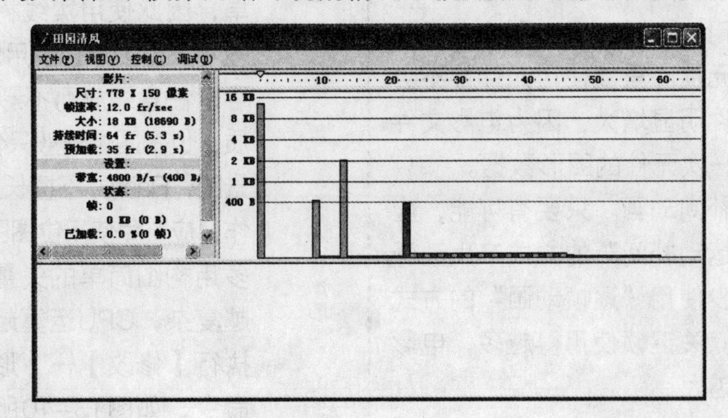

★ 图13-7

8 在图表上单击条形的标志，对应帧的设置会显示在左侧窗口中，同时停止文档的下载。

9 完成测试，关闭测试窗口，返回到Flash动画的制作场景中。

10 执行【窗口】→【工具栏】→【控制器】命令，可以打开【控制器】工具栏，如图13-8所示。利用其中的按钮对动画的停止、播放、前进和倒退等进行控制。

★ 图13-8

动手练

在对动画进行测试的过程中，还可以通过【调试器】面板对影片进行调试。请读者根据下面的提示进行操作。

在主菜单中执行【调试】→【调试影片】命令，可以打开【调试器】面板，在该面板中可对动画中添加的Action脚本的执行情况进行查看，如图13-9所示。

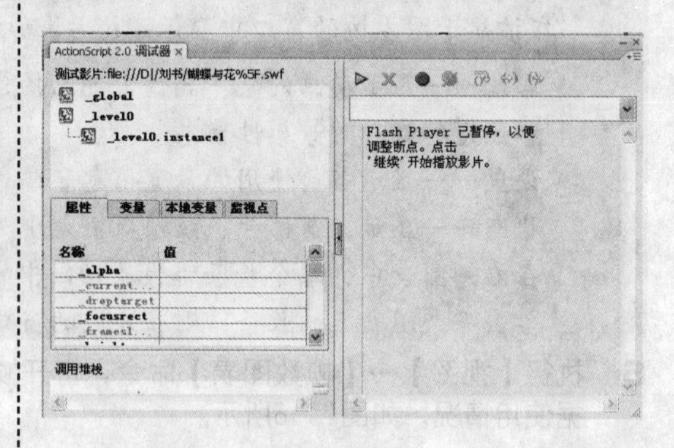

★ 图13-9

在【调试器】面板中可以为Action脚本设置断点、执行单步播放，以及查看各种属性和变量等。若动画中没有添加Action脚本可忽略这一步的测试。

13.2 优化Flash动画

知识点讲解

使用Flash制作出精美的动画效果后常常会发现Flash影片文件的体积较大，动辄就上百KB，常常会使网上浏览者在不断等待中失去耐心。对Flash影片进行优化就显得尤为重要了，但前提是不能有损影片的播放质量。

以下简要列出了优化动画的一般原则：

- 尽可能多的使用元件。如果电影中的元素有使用一次以上者，则应考虑将其转换为元件。重复使用元件并不会使电影文件明显增大，因为电影文件只需储存一次元件的图形数据。
- 尽量使用补间动画。只要有可能，应尽量以“运动补间”的方式产生动画效果，而少使用“逐帧动画”的方式产生动画。关键帧使用得越多，电影文件就会越大。
- 多采用实线，少用虚线。限制特殊线条类型，如短划线、虚线和波浪线等的数量。由于实线的线条构图最简单，因此使用实线将使文件更小。
- 多用矢量图形，少用位图图像。矢量图可以任意缩放而不影响Flash动画的画质，位图图像一般只作为静态元素或背景图，Flash并不擅长处理位图图像的动作，应避免使用位图图像元素的动画。
- 多用构图简单的矢量图形。矢量图形越复杂，CPU运算起来就越费力。可执行【修改】→【形状】→【优化】命令，如图13-10所示，将矢量图形中不必要的线条删除掉，从而减小文

件体积。

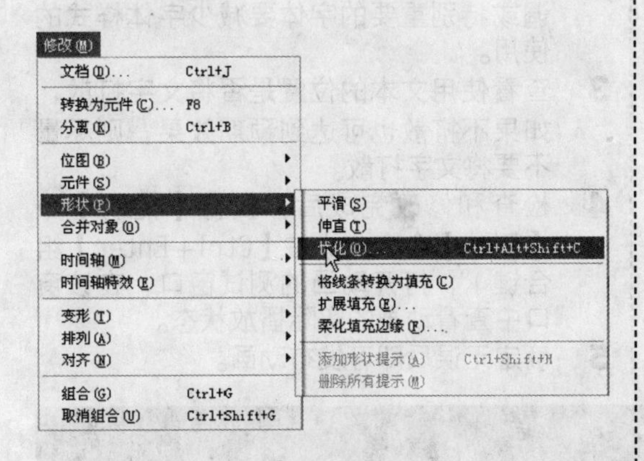

★ 图13-10

- 导入的位图图像文件尽可能小一点，并以JPEG方式压缩。
- 声音文件最好以MP3方式压缩。MP3是使声音最小化的格式，应尽量多使用。
- 限制字体和字体样式的数量。尽量不要使用太多不同的字体，使用的字体越多，电影文件就越大。尽可能使用Flash内置的系统字体。
- 尽量不要将文本分离。文本分离后就变成图形了，这样会使文件增大。
- 尽量少使用渐变色。使用渐变色填充一个区域比使用纯色填充区域要多占50KB左右。
- 在需要创建实例的各种颜色效果时，应使用元件【属性】面板中的【颜色】下拉列表框，如图13-11所示。

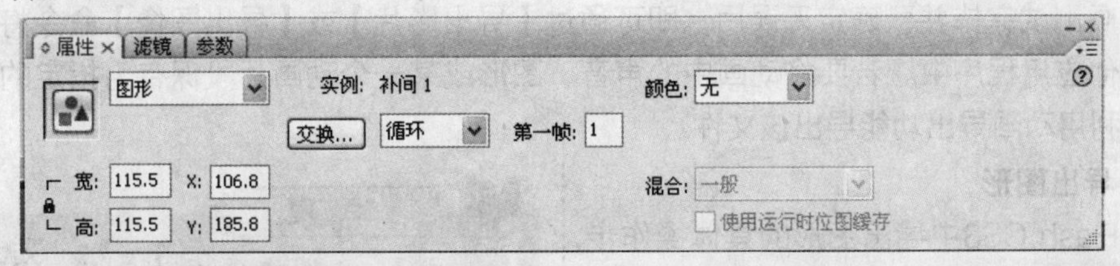

★ 图13-11

- 尽量缩小动作区域。限制每个关键帧中发生变化的区域，一般应使动作发生在尽可能小的区域内。
- 尽量避免在同一时间内安排多个对象同时产生动作。有动作的对象不要与其他静态对象安排在同一图层里。应该将有动作的对象安排在各自专属的图层内，以便提高Flash动画的处理速度。
- 用“Load Movie”语句减轻电影开始下载时的负担。若有必要，可以考虑将电影划分成多个子电影，然后再通过主电影里的“Load Movie”和“Unload Movie”语句随时调用和卸载子电影。
- 使用预先下载画面。如果有必要，可在电影一开始时加入预先下载画面“Preloader”，以便后续电影画面能够平滑播放。较大的音效文件尤其需要预先下载。
- 电影的长宽尺寸越小越好。尺寸越小，电影文件就越小。可通过执行【修改】→【文档】命令（或按【Ctrl+J】组合键），调节电影的长宽尺寸。
- 先制作小尺寸影片，然后再进行放大。为减小文件体积，可以考虑在Flash里将电影的尺寸设置小一些，然后导出迷你Flash影片，接着执行【文件】→【发布设置】命令（或按【Ctrl+Shift+F12】组合键），将【HTML】选项里的影片尺寸设置得大一些，这样在网页里就会呈现出尺寸较大的影片，而画质丝毫无损、依然优美。

提 示

在进行上述修改时，不要忘记随时测试电影的播放质量和下载情况以及查看电影文件的体积。

动手练

优化动画主要包括对动画、色彩、元素和文本的优化等。

对文本进行优化的操作步骤如下：

1 打开一个已经制作完成的Flash动画。

2 首先查看动画制作过程中用到的文本对象，是否过多的使用了多种字体样式，因为这样不但会使动画的数据量增大，而且风格不易统一，对一些不是特别强调或特别重要的字体要减少字体样式的使用。

3 查看使用文本的位置是否将文字打散，如果不打散也可达到预期效果，则尽量不要将文字打散。

4 检查和修改完成后，执行【控制】→【测试】命令（或按【Ctrl+Enter】组合键），打开动画的测试窗口，在该窗口中查看动画的实际播放状态。

5 确定无误后即可发布动画。

13.3 导出Flash动画

知识点讲解

动画测试完毕并已确定无误后，即可通过【导出影片】或【导出图像】命令将动画导入到其他应用程序中。若要将动画中的声音、图形或某一个动画片段保存为指定的文件格式，可利用动画导出功能导出该文件。

1. 导出图形

在Flash CS3中导出图形的具体操作步骤如下：

1 在场景或某一帧中选中要导出的图形。

2 执行【文件】→【导出】→【导出图像】命令，打开【导出图像】对话框，如图13-12所示。

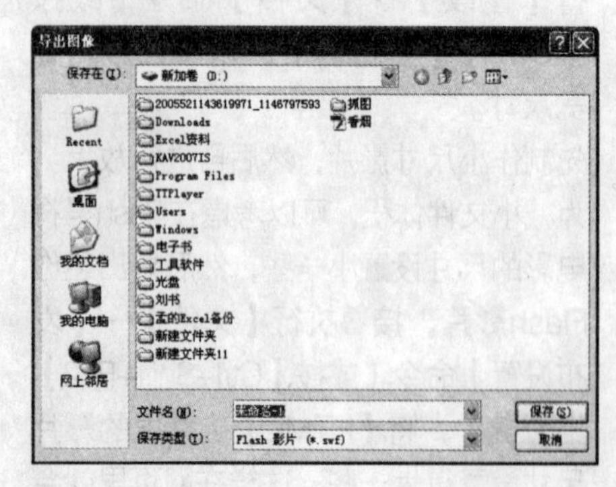

★ 图13-12

3 在【保存在】下拉列表框中指定文件要导出的路径，在【文件名】文本框中输入文件名称，在【保存类型】下拉列表框中选择图形的文件格式。

4 单击 保存(S) 按钮，将动画导出为指定的图像文件。

注意

将Flash图像保存为GIF、JPEG、PICT（Macintosh）或BMP（Windows）文件时，图像会丢失其矢量信息，仅以像素信息保存。

2. 导出声音

在Flash CS3中导出声音的具体操作步骤如下：

1 选中某一帧或场景中要导出的声音。

2 执行【文件】→【导出】→【导出影片】命令，打开【导出影片】对话框，如图13-13所示。

★ 图13-13

3 在该对话框的【保存在】下拉列表框中指定文件要导出的路径，在【文件名】文本框中输入文件名称，在【保存类型】下拉列表框中选择【WAV音频（*wav）】格式。

4 单击 保存(S) 按钮，打开【导出Windows WAV】对话框，在【声音格式】下拉列表框中选择一种声音格式，如图13-14所示。

★ 图13-14

5 单击 确定 按钮，按设置的格式将声音导出为指定的声音文件。

3. 导出动画片段

在Flash CS3中导出动画片段的具体操作步骤如下：

1 选中要导出的影片片段。

2 执行【文件】→【导出】→【导出影片】命令，打开【导出影片】对话框。

3 在该对话框的【保存在】下拉列表框中指定文件要导出的路径，在【文件名】文本框中输入文件名称，在【保存类型】下拉列表框中选择需要的影片类型（如AVI）。

4 单击 保存(S) 按钮，打开【导出Windows AVI】对话框，在该对话框中对导出影片的尺寸、视频格式、压缩以及声音格式进行设置，如图13-15所示。

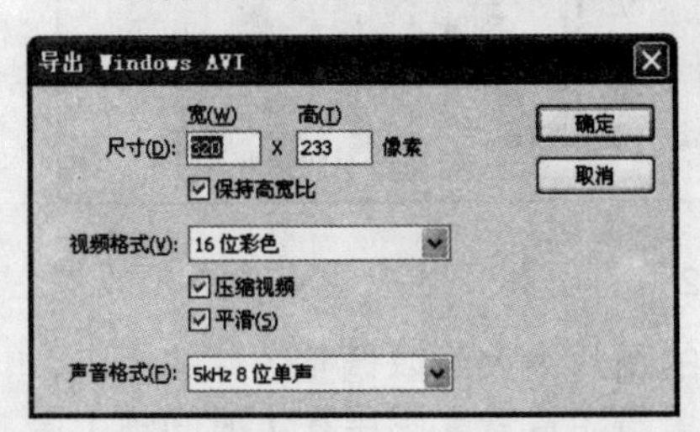

★ 图13-15

说 明

在单击【保存】按钮后，Flash CS3会根据影片类型的不同，打开与之对应的对话框。

5 单击【确定】按钮，打开【视频压缩】对话框，在该对话框中对视频压缩的程序和压缩质量进行设置，如图13-16所示。

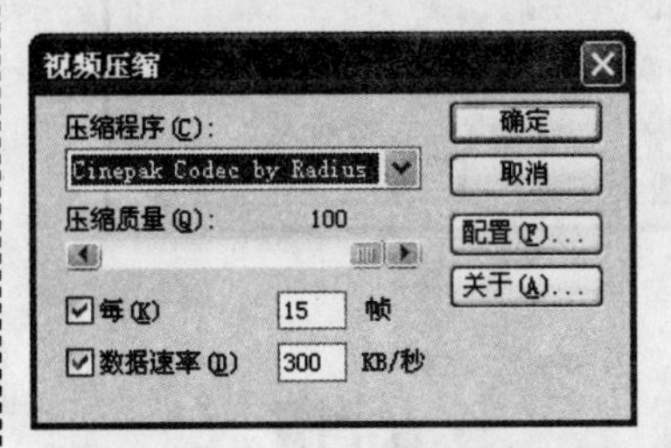

★ 图13-16

注 意

在【导出 Windows AVI】对话框中若未选中【压缩视频】复选框，则不会打开【视频压缩】对话框，而直接导出影片文件。

6 单击【确定】按钮，将选中的动画片段导出为指定的影片文件。

动 手 练

下面制作一个简单的逐帧动画，然后将制作的逐帧动画导出为GIF格式。通过本例使读者掌握在Flash CS3中导出动画的基本方法。

具体操作步骤如下：

1 新建一个Flash CS3文档，将其存储为“将动画导出为GIF图片”。

2 在【文档属性】对话框中将场景尺寸设置为“550×480像素”，背景色为“白色”，如图13-17所示。

3 双击图层1的图层名称，将其重命名为“背景”，如图13-18所示。

4 选中“背景”图层的第1帧，执行【文件】→【导入】→【导入到舞台】命令，将背景图片导入到场景中，并调整其大小，如图13-19所示。

★ 图13-17

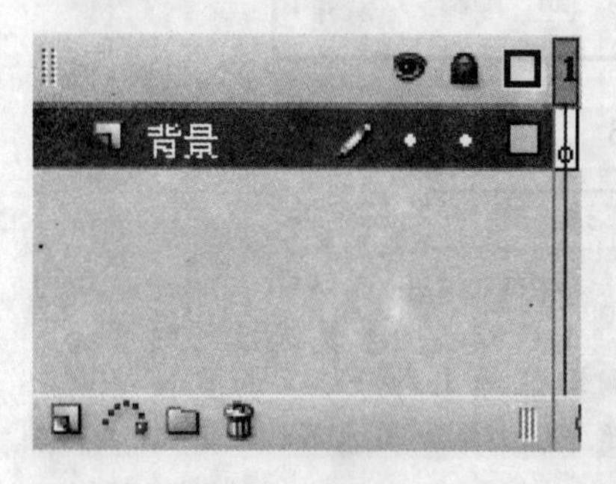

★ 图13-18

★ 图13-19

5 选择第16帧，按【F5】键插入帧，使帧的内容延续到第16帧，如图13-20所示。

★ 图13-20

6 单击【新建图层】按钮新建一个图层，命名为“人物”。

7 单击该图层第1帧，执行【文件】→【导入】→【导入到舞台】命令，将走路系列图片导入，此时会弹出一个对话框，如图13-21所示。

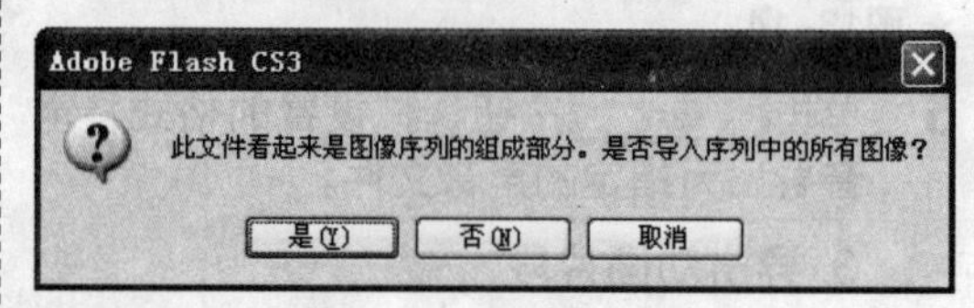

★ 图13-21

8 单击【是】按钮，Flash会自动把gif中的图片按序号以逐帧形式导入到场景中，如图13-22所示。

★ 图13-22

9 导入的图片太大可以调整图片的大小，首先单击“背景”图层在【时间轴】面板中的“锁定”按钮，对此图层进行锁定，如图13-23所示。

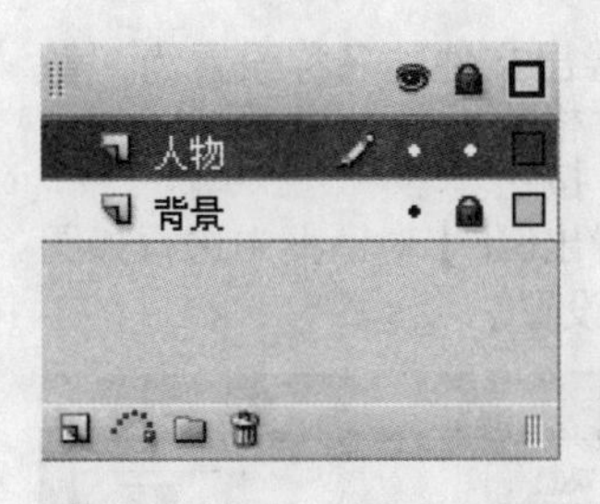

★ 图13-23

提　示

在进行多帧编辑时，编辑的是场景中的全部对象，为了避免误操作，所以要将一些不需要编辑的图层进行锁定。

10 单击【时间轴】面板下方的【编辑多个帧】按钮，再单击【修改绘图纸标记】按钮，在弹出的下拉菜单中选择【绘制全部】选项，如图13-24所示。

总是显示标记
锚定绘图纸
绘图纸 2
绘图纸 5
绘制全部

★ 图13-24

11 执行【编辑】→【全选】命令，此时的时间轴和场景效果如图13-25所示。

★ 图13-25

12 在【属性】面板上单击【锁定】按钮将长宽比例锁定，设置宽为120，如图13-26所示，按下【Enter】键后所有选中的图像变小。

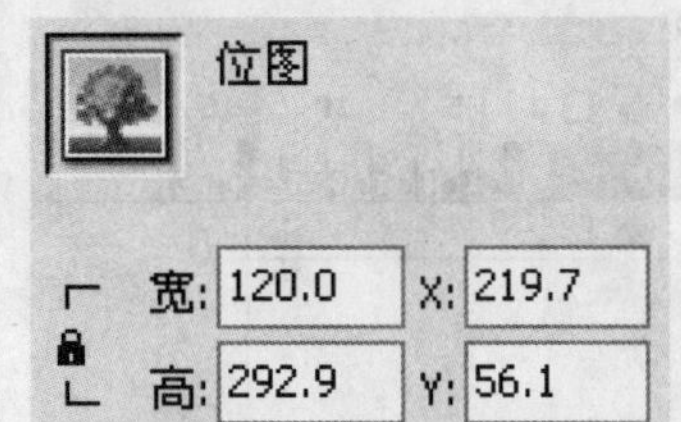

★ 图13-26

13 单击工具箱中的【选择工具】按钮，将所有图片拖放到场景中央，执行【窗口】→【对齐】命令，在弹出的【对齐】面板中单击【上对齐】按钮，将所有的图像上对齐。

14 单击【编辑多个帧】按钮，取消编辑多个帧。再单击【绘图纸外观】按钮，用鼠标选中每一帧上的位图，利用键盘上的左右方向键移动位图，使所有位图重叠在一起，如图13-27所示。

★ 图13-27

15 单击【绘图纸外观】按钮取消其多帧查看效果。

16 按【Ctrl+Enter】组合键测试一下动画的效果，会发现一帧一个动作对于人物走动来说速度太快，可以在“人物”图层的各帧上按【F5】插入普通帧，如图13-28所示。

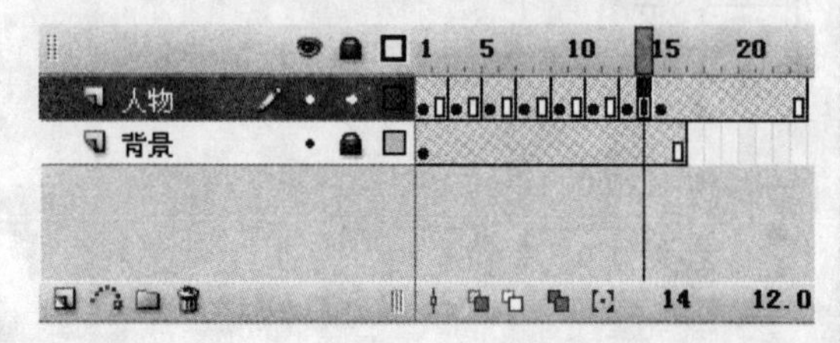

★ 图13-28

17 选中第17~23帧中的所有帧，右击鼠标，在弹出的快捷菜单中执行【删除帧】命令，将多余的帧删除。

18 执行【控制】→【测试影片】命令（或按【Ctrl+Enter】组合键），确认无误后，执行【文件】→【导出】→【导出影片】命令，打开【导出影片】对话框。

19 在【导出影片】对话框中设置导出的文件路径，将导出文件的名称设置为“散步”，将文件格式设置为GIF格式，然后单击【保存】按钮。

20 在打开的【导出GIF】对话框中进行如图13-29所示的设置。

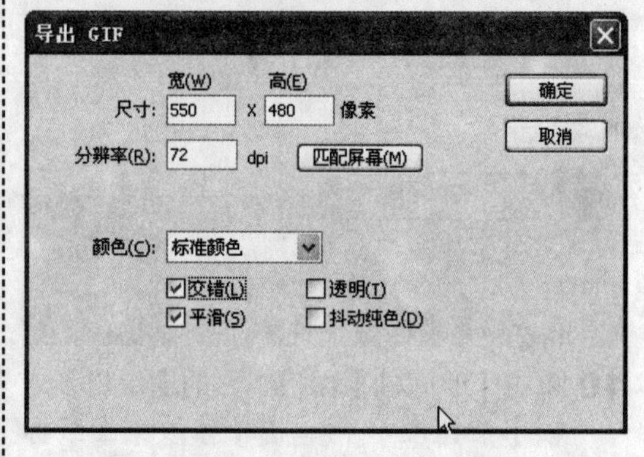

★ 图13-29

21 单击【确定】按钮，将动画按设定的参数发布为GIF动画。

13.4 发布Flash动画

当测试Flash影片运行无误后，就可以将影片发布了。在默认的情况下，Flash会自动生成SWF格式的影片文件，同时也能够生成相应的HTML网页文件。

除了发布成标准的SWF格式以外，还可以将Flash影片发布成其他格式，如GIF、JPEG、PNG和QuickTime等，以适应不同的需要。

13.4.1 发布设置

知识点讲解

Flash提供的发布功能非常强大，执行【文件】→【发布设置】命令（或按【Ctrl+Shift+F12】组合键），就可以打开如图13-30所示的【发布设置】对话框，在默认情况下只有两种发布格式，用户可以选中其他复选框，来选择不同的发布格式。

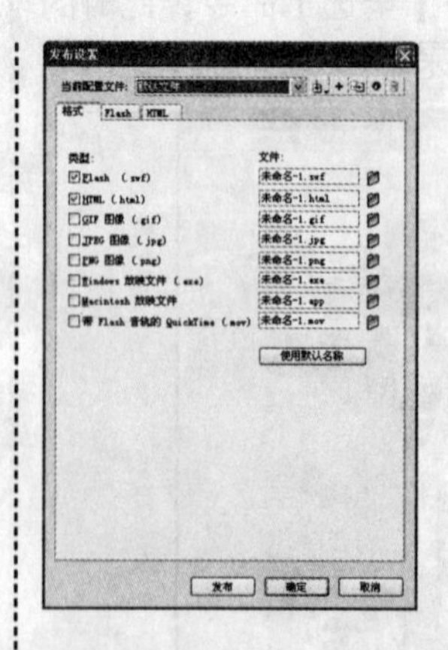

★ 图13-30

此对话框打开后默认显示的是【格式】选项卡，通过其中的复选框可以选择Flash动画发布时的格式。选中某种格式

后，在【发布设置】对话框中就会显示所选格式的选项卡，单击该格式的选项卡可以对其进行具体的设置。

13.4.2 发布Flash影片

Flash影片文件是因特网上使用最多的一种动画格式，单击【发布设置】对话框中的【Flash】选项卡，即可对将要生成的Flash动画文件进行相应的设置，如图13-31所示。

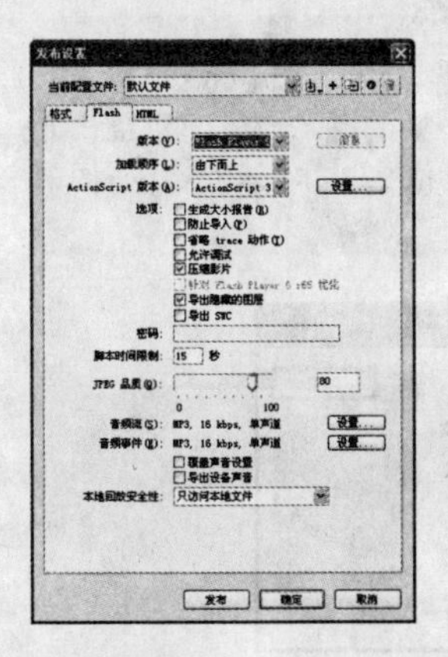

★ 图13-31

其中各选项的含义如下所述。

- 版本——在其下拉列表框中选择一个播放器版本，但不是所有的功能都能够在Flash Player之前的影片中起作用。
- 加载顺序——指定Flash加载影片各层以显示影片第一帧的顺序。由下而上或由上而下控制着 Flash在速度较慢的网络中的显示顺序。
- ActionScript版本——选择动作脚本 1.0、2.0或3.0以反映文档中使用的版本。
- 生成大小报告——可生成一个文本文件格式的报告，报告中列出最终Flash文件中的数据量。
- 省略trace操作——会使 Flash 忽略当前SWF文件中的跟踪动作（trace），来自跟踪动作的信息就不会显示在【输出】面板中。
- 防止导入——该选项可防止其他人导入SWF文件并将其转换回 Flash 文档，同时可以决定使用密码来保护Flash 的SWF文件。
- 允许调试——会激活调试器并允许远程调试Flash影片。
- 压缩影片——压缩 SWF 文件以减小文件体积和缩短下载时间。
- 密码——选中【允许调试】复选框后，在【密码】文本框中输入密码。
- JPEG 品质——拖曳滑块或输入一个值。图像品质越低，生成的文件就越小；图像品质越高，生成的文件就越大。
- 音频流/音频事件——对当前影片中的所有声音进行压缩。

13.4.3 发布HTML网页

HTML是一种语言，大多数Web页面的布局都是采用这种语言来描述的。如果需要在Web浏览器中显示Flash动画，必须创建一个用来包含动画的HTML网页文件。可以通过Flash的发布命令，自动生成相应的HTML网页文件，从而省去烦琐的操作，如图13-32所示。

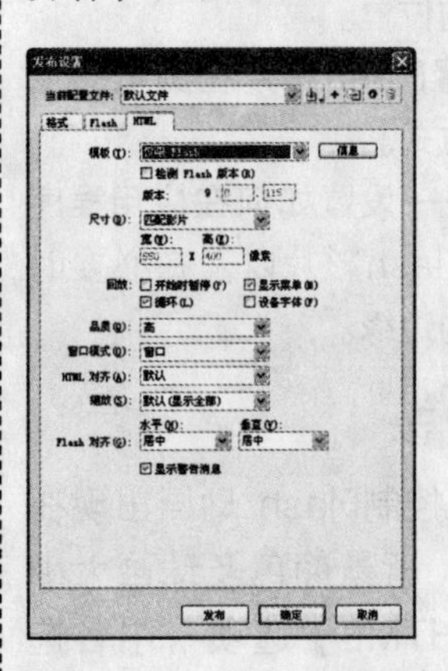

★ 图13-32

其中各选项的含义如下所述。

- 模板——该选项用来设定使用何种已安装的模板。
- 尺寸——指定生成的网页中Flash影片的宽和高。【匹配影片】选项（默认设置）使用 SWF 文件的大小。【像素】选项会在【宽度】和【高度】文本框中输入宽度和高度的像素数量。【百分比】选项指定影片文件将占浏览器窗口的百分比。
- 开始时暂停——会一直暂停播放影片文件，直到用户单击按钮或从快捷菜单中执行【播放】命令后才开始播放。
- 循环——在Flash内容到达最后一帧后再重复播放。
- 显示菜单——会在用户右击影片文件时，显示一个快捷菜单。
- 设备字体——会用消除锯齿（边缘平滑）的系统字体替换用户系统上未安装的字体。
- 品质——在影片下载时间和显示效果之间找一个平衡点，品质越低效果就越差，但是下载速度就越快，反之亦然。
- 窗口模式——设置Flash动画的背景透明效果。
- HTML 对齐——设置Flash影片在浏览器窗口中的位置。
- 缩放——设置Flash影片在浏览器窗口中的缩放方式。
- Flash 对齐——设置如何在应用程序窗口内放置Flash影片以及在必要时如何裁剪它的边缘。

动手练

HTML参数可以控制Flash 动画出现在浏览器窗口的位置、背景颜色及动画大小等信息，了解了【HTML】选项卡中各选项的含义就可以对动画的HTML文件参数进行修改和设置了。请读者跟随下面的步骤练习发布动画的HTML文件。

1. 执行【文件】→【发布设置】命令，打开【发布设置】对话框。
2. 选中【发布设置】对话框中的【HTML】复选框。
3. 选中【HTML】复选框后，在【发布设置】对话框中会出现【HTML】选项卡，单击【HTML】选项卡将弹出一个对话框。
4. 设置要使用的模板，在【模板】下拉菜单中可指定要使用的模板。

提 示

如果希望了解各个模板的设置，单击下拉列表框右侧的【信息】按钮，弹出【HTML模板信息】对话框，如图13-33所示。

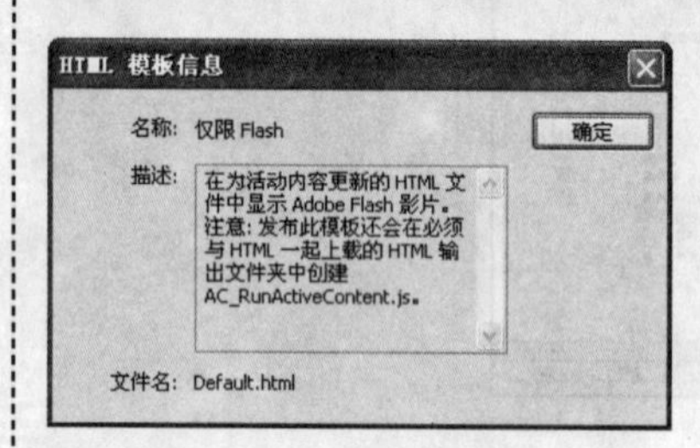

★ 图13-33

5. 根据需要设置其他属性。
6. 单击【发布】按钮，即可发布当前动画。

13.4.4 发布可选图像文件

知识点讲解

利用【发布设置】对话框可以将动画输出为多种格式的可选图像文件。

1. 发布GIF图像

如果需要在任何的Web浏览器中都能顺利地显示动画，可以将Flash动画发布为GIF格式。在【格式】选项卡中选中【GIF图像】复选框，在【发布设置】对话框中将增加【GIF】选项卡，如图13-34所示。

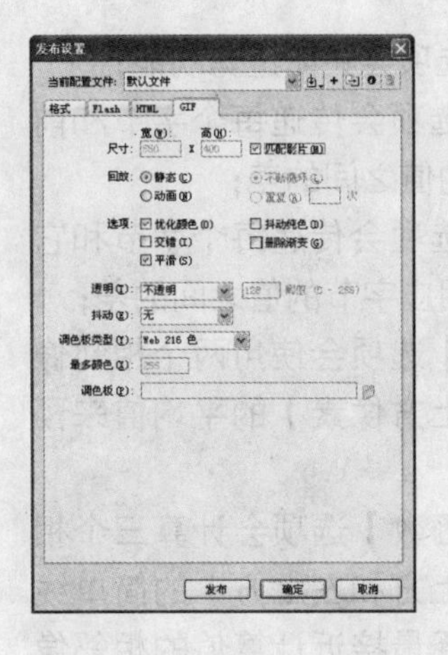

★ 图13-34

其中各选项的含义如下所述。

- 尺寸——输入导出的位图图像的宽度和高度值（以像素为单位），或者选中【匹配影片】复选框使GIF和Flash影片大小相同并保持原始图像的高宽比。
- 回放——确定Flash创建的是静止图像还是 GIF 动画。如果选择【动画】选项，可选中【不断循环】单选按钮或输入重复次数。
- 选项——指定导出的 GIF 文件的外观设置范围。
- 透明——设置动画的背景透明度及转换为GIF格式的透明度。
- 抖动——可以改善颜色品质，但是会增大文件的体积。
- 调色板类型——定义图像的调色板类型。
- 最多颜色——设置 GIF 图像中使用的颜色数量。选择颜色数量较少，生成的文件就会较小，但却可能会降低图像的颜色品质。
- 调色板——定义图像的调色板。

2. 发布JPEG图像

与GIF图形不同的是，JPEG图形可以使用更多的颜色。GIF文件使用无损压缩（指文件本身），JPEG图形使用有损压缩。GIF图形的处理要比JPEG图形的处理所需的内存小（同样的图形尺寸）。

如果需要将动画输出为具有照片效果的图像，可以将Flash动画发布为JPEG格式，在【格式】选项卡中选中【JPEG图像】复选框，在【发布设置】对话框中将增加【JPEG】选项卡，如图13-35所示。

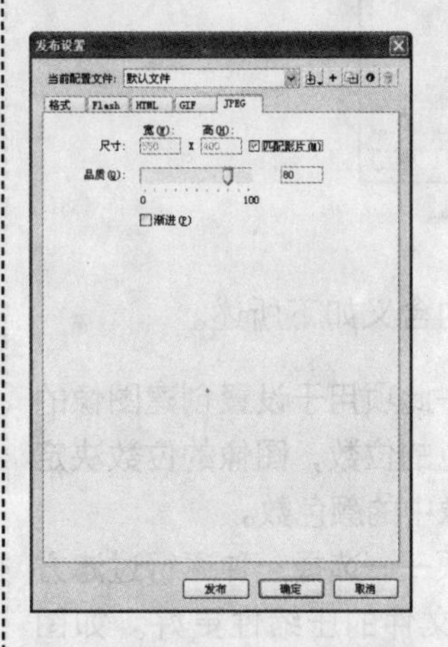

★ 图13-35

其中各项选项含义如下所述。

- 尺寸——输入导出的位图图像的宽度和高度值（以像素为单位），或者选中【匹配影片】复选框使GIF和Flash影片大小相同并保持原始图像的高宽比。
- 品质——拖动滑块或输入一个值来控制所使用的 JPEG 文件压缩量。
- 渐进——可在 Web浏览器中逐步显示连续的 JPEG 图像，从而以较快的速度在低速网络连接上显示加载的图像。

3. 发布PNG图像

PNG格式是一种静态图形格式，也是唯一支持透明度的跨平台位图格式，还是Fireworks的标准文件格式。可以将Flash动画发布为PNG的格式，如图13-36所示。

★ 图13-36

其中各选项的含义如下所述。

- 位深度——此项用于设置创建图像的像素和颜色的位数，图像的位数决定了用于图像中的颜色数。
- 过滤器选项——选择一种逐行过滤方法使PNG文件的压缩性更好。如图13-37所示的是它的下拉列表框。

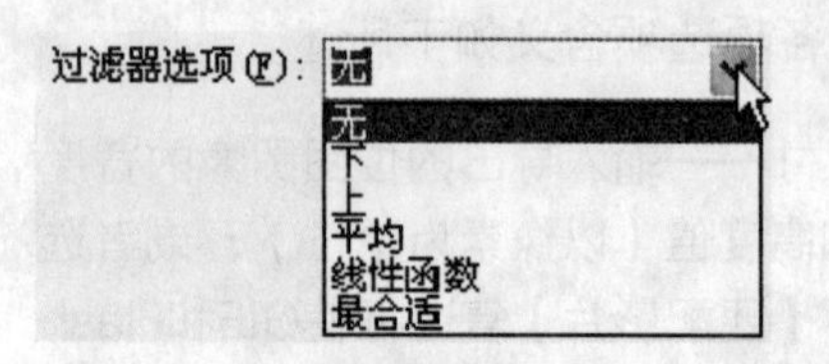

★ 图13-37

选择【无】选项会关闭过滤功能；

选择【下】选项会传递每个字节和前一像素相应字节的值之间的差；

选择【上】选项会传递每个字节和它上面相邻像素的相应字节的值之间的差；

选择【平均】选项会使用两个相邻像素（左侧像素和上方像素）的平均值来预测该像素的值；

选择【线性函数】选项会计算三个相邻像素（左侧、上方和左上方）的简单线性函数，然后选择最接近计算值的相邻像素作为预测值；

选择【最合适】选项会分析图像中的颜色，并为选定的 PNG 文件创建一个唯一的颜色表。该选项对于显示成千上万种颜色的系统而言是最佳的。它可以创建最精确的图像颜色，但所生成的文件要比用“网页 216 色”创建的 PNG 文件还大。

说 明

发布PNG图像的大部分设置和发布GIF图像一致，这里就不再赘述了。

13.5 发布预览

知识点讲解

对动画的发布格式进行设置后，就可以根据设置的发布参数，对动画的发布效果进行预览。要使用设定好的发布格式和设置来预览 Flash 动画的SWF文件，可以使用【发布预览】命令。该命令会导出文件，并在默认浏览器上打开预览。如果预览放映文件，Flash 会启动该放映文件。

如图13-38所示，使用【发布预览】命令预览文件的操作步骤如下：

1 执行【文件】→【发布预览】命令，然后从子菜单中选择要预览的文件格式。

说 明

只有在【发布设置】对话框的【格式】选项卡中设置了文件格式，才能在打开的子菜单中进行选择，未设置的文件格式将呈灰色显示。另外，直接按【F12】键可采用系统默认的发布预览方式对动画进行预览。

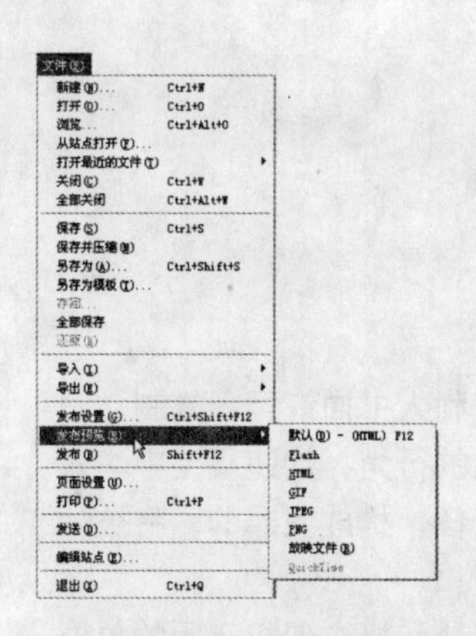

★ 图13-38

2 Flash会在与Flash源文件相同的位置上创建一个指定类型的文件。

动手练

在设置发布参数并预览效果后，即可正式对动画进行发布。在Flash CS3中发布动画的方法主要有以下两种：

- 执行【文件】→【发布】命令。
- 按【Shift+F12】组合键。

疑难解答

问 为什么使用逐帧动画导出的GIF图片文件是静止的?

答 出现这种情况可能是因为选择了错误的导出命令或设置了错误的导出参数造成的。要将动画导出为连续播放的GIF图片，应执行【文件】→【导出】→【导出影片】命令进行导出，若执行【导出图像】命令，则导出的GIF图片就是静止的图片。另外，在设置GIF的导出参数时，应在【动画】文本框中将数值设置为0，使其以连续的方式重复播放GIF图片中的各帧内容。

问 为什么不能使用QuickTime格式导出发布的动画？遇到这种情况应如何处理?

答 出现这种情况是因为电脑中没有安装QuickTime软件造成的，使得Flash CS3在发布和导出动画时，因为找不到相应组件而出现错误提示或导致发布失败。遇到这种情况时，只需在电脑中安装QuickTime这个软件（该软件可通过网上下载获取），然后就可以正常使用该格式导出和发布动画了。

问 无法导出为带音频的Flash动画?

答 QuickTime Pro在播放MPEG视频时仅支持其音频部分。如果源文件是MPEG格式，则导出为任何视频格式（包括FLV）时都会导致音频的丢失。建议使用第三方视频/音频创作软件来以与QuickTime兼容的格式制作视频。

如果没有其他视频创作软件，无法制作与QuickTime兼容的格式的视频。但是又希望将MPEG格式的视频导出为FLV，可以在支持的Windows平台上使用Flash进行导出。将MPEG文件导入到一个新Flash文档的库中，执行【文件】→【导入】→【导入到库】命令，将MPEG文件导入到库中。MPEG进入库中后，右击该MPEG元件，从弹出的快捷菜单中选择【属性】选项，打开【属性】对话框，单击【导出】按钮制作MPEG的带音频的FLV版本（此FLV可通过Macintosh系统上的Flash播放）。

反侵权盗版声明

举报电话：(010)88254396；(010)88258888

传　　真：(010)88254397

E － mail：dbqq@phei.com.cn

通信地址：北京市万寿路173信箱

电子工业出版社总编办公室

邮　　编：100036